Discovery CHANNEL

GUIAS OCEANO

República Dominicana y Haití

AF892256

OCEANO

ACERCA DE ESTE LIBRO

Equipo editorial

Para la versión original:
Edición
Lesley Gordon
Director del proyecto
Brian Bell

Para la versión en lengua española:
Dirección
Carlos Gispert
Edición
Joaquín Navarro
Traducción
Álvaro García García
Diseño de cubierta
idee

© 2002 Apa Publications GmbH & Co. Verlag KG Singapore Branch, Singapore
© 2002 OCEANO Langenscheidt Langenscheidt KG, Berlin and Munich

OCEANO GRUPO EDITORIAL, S.A.
Milanesat, 21-23
EDIFICIO OCEANO
08017 Barcelona (España)
Teléfono: 93 280 20 20*
Fax: 93 203 17 91
www.oceano.com

Reservados todos los derechos. Quedan rigurosamente prohibidas, sin la autorización escrita de los titulares del *copyright*, bajo las sanciones establecidas en las leyes, la reproducción total o parcial de esta obra por cualquier medio o procedimiento, comprendidos la reprografía y el tratamiento informático, y la distribución de ejemplares de ella mediante alquiler o préstamo público.

ISBN: 84-95199-91-2
(OCEANO Langenscheidt Ediciones, S.L.)
ISBN: 84-494-2057-1
(OCEANO GRUPO EDITORIAL, S.A.)
ISBN: 987-9361-39-3
(EDICIONES OCEANO ARGENTINA, S.A., firma integrante de la presente coedición)

Impreso por
Insight Print Services Pte. Ltd. Singapur
Printed by
Insight Print Services Pte. Ltd. Singapore

Océano y Discovery Channel aúnan su dilatada experiencia y gran profesionalidad para introducir en el mercado esta nueva serie de Guías Océano. Calidad y máxima actualización configuran nuestros principales objetivos para el Nuevo Milenio.

Cómo utilizar esta guía

Este libro ha sido cuidadosamente estructurado para dar a conocer al lector ambos países y sus respectivas culturas, así como para guiarle por sus muchos lugares de interés y actividades.

◆ La sección **Rasgos**, señalada con una barra amarilla en el margen superior de cada página, se ocupa de la historia y la cultura de la República Dominicana y Haití en una serie de ensayos informativos.

◆ La sección central **Lugares**, indicada con una barra azul, ofrece un recorrido completo por todos aquellos lugares y monumentos que vale la pena conocer. Un número junto a los sitios de mayor interés remite a los mapas.

◆ La sección **Guía práctica**, con una barra naranja, proporciona un útil punto de referencia repleto de información sobre viajes, hoteles, tiendas, restaurantes y mucho más.

Los colaboradores

Para esta edición de la *Guía Océano de la República Dominicana y Haití*, el editor jefe **Lesley Gordon** reunió un espléndido equipo de expertos. **James Ferguson** narra la

turbulenta historia de la isla. También escribió la introducción de Haití y colaboró en la edición de esta guía.

Yves Colon, periodista haitiano afincado en Florida ha contribuido con los capítulos *El Haití moderno*, *La literatura haitiana* y el artículo *La arquitectura tropical*. Ha escrito así mismo las secciones sobre Haití en los capítulos dedicados a la gastronomía, el idioma y la gente.

El escritor **David Howard,** experto en el Caribe y Latinoamérica, ha colaborado con los capítulos *La República Dominicana hoy*, *Una metrópoli caribeña* y la sección sobre la República Dominicana en el apartado *Rasgos*.

Maxine Schur, escritora residente en California, es la autora de *La vieja ciudad colonial*.

Joann Biondi escribió el capítulo *El arte haitiano*.

Monika Latzel, escritora alemana, ha contribuido con *Pasiones deportivas*, *La península de Samaná* y *El valle del Cibao*. Otra colaboradora alemana, **Ilona Weöres**, radicada en Nueva York, escribió *Del Caribe a la Costa del Coco*, *Hacia el lago Enriquillo* y el cuadro informativo *Ascensión al Pico Duarte*.

Simon Lee es un escritor inglés especializado en libros de viajes que vive en Trinidad. Ha aportado el ensayo acerca de *Los orígenes del vudú*, además de los artículos *Mucho más que merengue*, *La vuelta a la naturaleza* y el cuadro informativo *Constructores de imperios*.

Un equipo formado por dos hermanos dominicanos, **José Velázquez** y **Beatriz Velázquez**, ha contribuido con *El apacible noroeste*, *La cordillera Central*, y la sección sobre la República Dominicana en el capítulo dedicado al idioma.

Ellen Sarbone, autora de libros de viajes, escribió los capítulos *La Costa del Ámbar*, *Puerto Príncipe*, *Excursiones desde Puerto Príncipe* y *El sur*. Así mismo, revisó de forma concienzudan la sección dedicada a Haití de la *Guía práctica*.

El fotógrafo y periodista **Leah Gordon** escribió los capítulos *Haití central, el oeste y el valle del Artibonito* y *La costa norte*, y proporcionó textos adicionales para la sección sobre Haití de la *Guía práctica* y algunas fotografías.

Entre los principales fotógrafos de esta guía figuran **Yves Fonck** y **Catherine Karnow**. Damos las gracias a **Caroline Radula-Scott** por su inestimable contribución a la edición, así como a **Penny Phenix** por el índice.

Leyendas de los mapas

- Frontera internacional
- Límite provincial
- Aduana
- Parque nacional/ Reserva natural
- Ruta de transbordador
- Aeropuerto: internacional/regional
- Estación de autobuses
- Información turística
- Oficina de correos
- Iglesia/Ruinas
- Monasterio
- Mezquita
- Sinagoga
- Castillo/Ruinas
- Yacimiento arqueológico
- Cueva
- Estatua/Monumento
- Lugar de interés

Los principales lugares de interés que aparecen en la sección *Lugares* tienen una correspondencia alfanumérica con un mapa a todo color (por ejemplo, ❶). En la parte superior de las páginas impares, un segmento del mapa indica dónde encontrarlo.

República Dominicana y Haití
GUIAS OCEANO

Sumario

Planos y mapas

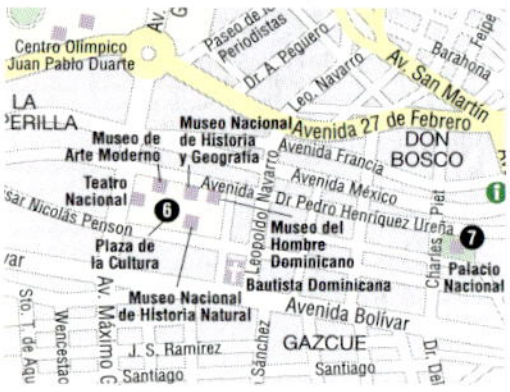

En el interior de la portada hay un mapa de la República Dominicana y Haití. En el interior de la contraportada hay un plano del centro de Santo Domingo y otro de Puerto Príncipe.

Introducción

Historia

Rasgos

A caballo por Playa Bonita, en Las Terrenas, en la península de Samaná

Una mirada a...

Cuadros informativos

Lugares

Guía práctica

◆ **El índice completo de la Guía práctica está en la página 345.**

AYITI

LA ESPAÑOLA

Esta isla plurilingüe integrada por dos países cuenta con una apasionante historia, hermosas playas, ritmos inconfundibles, vudú y frondosos bosques

Una isla, dos países bien diferenciados: así se puede resumir la complejidad de la República Dominicana y Haití. La historia se ha cobrado su peaje sobre la isla y sus pobladores, quienes han sufrido la afrenta de la esclavitud, las guerras, las ocupaciones extranjeras y las dictaduras más despiadadas. En todo ese tiempo, dos culturas han sobrevivido y evolucionado, una fuertemente influenciada por España y Latinoamérica, la otra por África y Francia.

La isla fue bautizada por Cristóbal Colón cuando desembarcó en ella en el año 1492 y tomó posesión del territorio en nombre de la Corona de España. La llamó La Isla Española. Aunque es un nombre útil porque se refiere a la totalidad de la isla, los dominicanos tienden a evitarlo del mismo modo que evitan cualquier cosa que les relacione demasiado estrechamente con Haití.

Situada junto a la puerta trasera de Estados Unidos, La Española se encuentra a unos 960 kilómetros al sudeste de Florida y ha mantenido una precaria posición entre la estabilidad y la inestabilidad y la inevitable amenaza de la intervención estadounidense, algo que ninguna de las dos naciones ha conseguido evitar en el pasado reciente. Al oeste está Cuba, al sudoeste, Jamaica, y al este, Puerto Rico y el archipiélago de las Antillas. La República Dominicana ocupa aproximadamente dos tercios de la isla, con una superficie de 48 734 kilómetros cuadrados, y Haití ocupa el tercio restante, con una superficie de 27 750 kilómetros cuadrados.

Origen volcánico

Ocho espectaculares cadenas montañosas se elevan a lo largo de La Española. La principal, perteneciente a la cordillera Central, dentro de la República Dominicana, tiene la mayor elevación del Caribe, el Pico Duarte, con 3 087 metros de altitud. La cordillera Central acoge así mismo el río más largo, el Yaque del Norte, y los enormes parques nacionales Armando Bermúdez y José del Carmen. Al oeste se encuentra el lago más grande de la isla, el Enriquillo.

La configuración del terreno revela el origen volcánico de la isla, aunque en la actualidad no hay en ella ningún volcán activo. Mucho más preocupantes son los huracanes, portadores de las peligrosas tormentas tropicales, de los fuertes vientos de hasta 240 kilómetros por hora y de las inundaciones durante los cuatro meses que dura la amenaza. Los huracanes, bautizados por el Centro Nacional de Huracanes en Miami, se originan sobre el Atlántico y su fuerza se mide utilizando la escala de Saffir Simpson, conforme a la cual el viento se clasifica según una gradación del uno al cinco. Una clasificación de uno significa una velocidad del viento de 119-153 kilómetros por hora, y de cinco, la más alta, significa vientos por encima de los 250 kilómetros por hora.

PÁGINAS ANTERIORES: carnaval en Haití; arte en todas las esquinas; músicos haitianos; recolectando cocos en la República Dominicana.
IZQUIERDA: Las Terrenas, en la península de Samaná.

Las tormentas pueden devastar las poblaciones, los terrenos y los cultivos; en 1979 el huracán *David* descargó su furia sobre la isla y en 1998 el huracán *Georges* causó miles de muertos.

El clima tropical es caluroso y húmedo, con una estación lluviosa en verano y un invierno seco. Enero y febrero son los meses más secos, mientras que mayo y agosto son los más lluviosos. No obstante, la lluvia no suele durar demasiado y, al igual que sucede en el resto del Caribe, en cuanto sale el sol todo se seca y se calienta de nuevo con rapidez. Las temperaturas durante el día oscilan entre los 27 °C y los 32 °C, mientras que por la noche se sitúan en torno a los 20 °C. En las zonas montañosas se llegan a registrar temperaturas por debajo de 0 °C en invierno.

La naturaleza de la isla es sumamente rica y variada, con más de 5 000 especies de plantas, de las cuales casi la mitad son endémicas, desde helechos y bambúes hasta frangipanis e hibiscos. En la República Dominicana hay zonas costeras protegidas que comprenden densos manglares: los mangles rojos de agua dulce se dan en las aguas más profundas, mientras que los mangles negros prefieren las aguas someras y en ellos hallan cobijo bandadas de pelícanos, garzas y otras muchas especies de aves que se alimentan de los moluscos, los camarones y los pequeños peces que viven en ellas.

Por contraste, los bosques de Haití han sido arrasados por la deforestación causada por la tala de árboles para leña, carbón vegetal y la construcción. Gran parte de la isla ya no sirve para el cultivo, puesto que no quedan árboles que protejan la tierra de los elementos. Aunque Haití no se ha volcado en la protección del medio ambiente con tanto entusiasmo como la República Dominicana, también en ese país se han puesto en marcha programas de reforestación, pero el progreso es lento.

Aves y playas

En La Española viven casi 260 especies distintas de aves, si bien la fauna alada es más diversa en las vecinas islas caribeñas. Trate de ver los pájaros carpinteros y los loros autóctonos de La Española.

En la costa hay algunas playas bellísimas de fina arena dorada y aguas cristalinas. El litoral y los arrecifes coralinos, si bien dañados por los huracanes, las anclas de los barcos y la pesca intensiva, todavía ofrecen a los buceadores la oportunidad de nadar junto a una gran variedad de especies marinas, incluidos manatíes y tortugas. Si viaja usted a La Española en invierno, quizás desee presenciar uno de los espectáculos más maravillosos de las Antillas: de enero a marzo miles de ballenas jorobadas migran a las aguas del Atlántico que rodean la República Dominicana para aparearse y muchas de ellas pueden verse frente a la península de Samaná.

La Española es, sin duda, una isla con dos naciones: las diferencias entre sus habitantes y paisajes son evidentes, pese a que comparten una misma tierra e historia. La República Dominicana y Haití ofrecen a los turistas una curiosa combinación de Latinoamérica y el Caribe, lo que supone una única y fascinante oportunidad de conocer dos tradiciones contrastadas.

DERECHA: la vida en el campo haitiano.

303
304
Caya de Moua
Port de Baracoua
R. de Maravi
M. de Baracoua
ISLE DE CUBA
aux Espagnols
Mata
Pointe de Mayosi
Baye de Tequiry
Porto Descondido
LES FRERES BOUCANIERS DE LA
Cap St. Nicolas
Mole St. Nicolas
Cap aux Foux
la Plate form
DÉBARQUEMENT DE CHRISTOPHE COLOMB au Môle St. Nicolas
6 DÉCEMBRE 1492
1492 1697
1697–1804
ISLE
Pte. de la Seringue
Cap Rose
Trou Bonbon
Trou Jeremie
Grande Ance
Petite Caymite
Caymites
Bec de Marsoin
les Baraderes
R. de Nipe
Pointe
Cap Dame Marie
Pays desert
M. de la Hotte
Ligne de division de la partie du Sud
R. de Cavaillon
Asile
R. serpente
qui avoit
Pointe des Irois
I. de Navaza
QUARTIER
Cap Tiberon
B. du C. Tiberon
Cavaillon
Aquin
Fond des
Pte. du vent
Pte. des aigrettes
les Basses
Tapion de la Caouane
les Anglois
Pte. des Chardonieres
Pte. a Piment
les Damassins
Roche a bateau
l'Ance a Juif
l'Ance a Dric
Port Salut
Pointe a Gravois
les Anses
les 3 Rivieres
les Coteaux
le Fond
LES CAYES
R. de l'Acul
l'Etron de Porc
B. des Flamans
Cr. Baye du Mesle
Petite et
Fort St. Louis
Bt. St. George
Grosse Caye
Baye d'Aquin
Caycatean
la Folle
Isle a Vache
Pointe de l'Abacou
Port a Nonet
TOUSSAINT LOUVERTURE GOUVERNEUR GENERAL
1801
ABOLITION DE L'ESCLAVAGE 1793
303
304

ISLE DE
SAINT-DOMINGUE
PARTIE FRANÇOISE OU
HAYTI
1789
Revue et corrigée en 1804
306
307
Isle de la Tortue
Pointe a Masson
les Sept Freres
la Grange
Port Paix
St. Louis
Plaine de Jean Ravel
Port Margot
Cap François
Le Cap
Baye de Mancenille
Port a Piment
les Gonaïves
R. de l'Artibonite
Plaine desolée
Savane de la Croix
Atalaye
Cabaret de la Porte
Plaines de Savanes
Hincha
Banica
Grandes Savanes ou Prairies naturelles
Le Mirebalais
Falaises inaccessibles
Chemin du Goave
Quartier de St. Jean
Quartier des Espagnols
Sac de Léogane
Isle de la Gonave
Cul de Sac
Port au Prince
Etang du Cul de Sac
Riquile ou l'Etang salé
Etang doux
Leogane
Petit Goave
Grand Goave
Jaquemel
Compagnie de St. Domingue
Saletrou
Petit Trou
Ances a Pitre
les 7 Canaux
Azua
Baye de Naibe ou de Neyba
Punta de Aguila
la Riviere de Nayauco
le Faux Cap
la Pointe de Mongon
Frailes
Puerto Escondido
Bervaux del.

Fechas decisivas

500 a.C. Llega desde México y Florida el pueblo precerámico de los sibonéis, pescadores y recolectores.
650-1200 d.C. En el curso de varios siglos, los taínos, después de una migración paulatina desde la actual Venezuela, llegan a las Grandes Antillas en canoas excavadas en troncos, escapando de los agresores caribes que les han ido siguiendo por el archipiélago.

La Isla Española (1492-1697)

Durante casi dos siglos, La Española perteneció a España, aunque las naciones europeas rivales pronto se mostraron ansiosas por desafiar el dominio español.

1492 Cristóbal Colón establece el primer asentamiento europeo en la isla de La Española.
1493 En el segundo viaje de Colón a La Española llegan a la isla colonos y buscadores de oro.
1494 El papa Alejandro VI ratifica el tratado de Tordesillas, por el que España y Portugal se reparten el Nuevo Mundo.
1496 El hermano de Colón, Bartolomé, funda el asentamiento de Nueva Isabela en la costa sur, después trasladado y rebautizado como Santo Domingo.
1498 Tercer viaje de Colón; la tensión acumulada en La Española culmina en una revuelta.
1500 Los hermanos Colón son enviados de vuelta a España por el juez inquisidor Francisco de Bobadilla.
1509-1524 Diego Colón es nombrado gobernador de La Española y posteriormente virrey de las Indias.
1511 Fray Antonio de Montesinos denuncia los abusos de los colonos sobre los taínos.
1551 Se publica el libro de Bartolomé de las Casas *Brevísima relación de la destrucción de las Indias.*
1586 Sir Francis Drake saquea Santo Domingo.
Década de 1650 Se instalan en el noroeste bucaneros franceses.
1655 Una expedición inglesa se apodera de Jamaica.

Auge y caída de Saint-Domingue (1697-1804)

A lo largo del siglo XVIII la colonia francesa de Saint-Domingue se convierte en la más rica del mundo, asentada sobre los frágiles cimientos de la esclavitud.
1697 Por el tratado de Ryswick se cede la parte occidental de La Española (Saint-Domingue) a Francia.
1730 La población de esclavos de Saint-Domingue alcanza la cifra de 120 000.
1758 Se frustra en Saint-Domingue una rebelión encabezada por Mackandal entre cuyos planes estaba el envenenamiento masivo de la población.
1789 Llega a la colonia la noticia de la Revolución Francesa.
1791 Estalla una insurrección de los esclavos.
1793 El comisionado republicano francés Sonthonax decreta la abolición de la esclavitud.
1795 El Santo Domingo español, en el lado oriental de La Española, pasa a poder de Francia a raíz del tratado de Basilea.
1798 Se retiran de Saint-Domingue las fuerzas expedicionarias británicas tras una campaña de cinco años.
1801 Napoleón Bonaparte expulsa a Toussaint Louverture de Saint-Domingue y restituye la esclavitud.
1803 Muere en Francia Toussaint Louverture.
1804 Jean-Jacques Dessalines declara la independencia del nuevo estado de Haití.

Una isla dividida (1804-1914)

Con la independencia de Haití se inicia un siglo de confusión política y aumenta la hostilidad hacia la parte hispanohablante del este de la isla.
1806 Muere Dessalines asesinado por oficiales sublevados; Henri Christophe asume el poder en el norte de Haití, y Alexandre Pétion en el sur.
1809 España recupera la parte oriental de La Española al cabo de 14 años de ocupación francesa.
1820 La muerte de Henri Christophe conduce a la reunificación de Haití con el general Jean-Pierre Boyer al frente.
1821 Independencia del Santo Domingo español, llamado el «Haití español».
1822 Durante el mandato de Boyer, Haití ocupa Santo Domingo.
1823 James Monroe, presidente de Estados Unidos, formula la doctrina Monroe, por la que se subraya el dominio estadounidense en la región del Caribe.

1825 Boyer acepta pagar una indemnización de 150 millones de francos a Francia a cambio del reconocimiento por parte de ésta de la soberanía de Haití.
1838 Nace en Santo Domingo el movimiento subversivo La Trinitaria, cuyo objetivo es independizarse de Haití con el nombre de República Dominicana.
1843 Boyer es derrocado.
1844 Independencia de la República Dominicana.
1848 Haití, durante el mandato de Faustin Soulouque, intenta invadir la República Dominicana; una segunda invasión en 1859 también fracasa.
1861 España recupera la República Dominicana, pero se retira en 1865 tras la guerra de la Restauración.
1882 Ulises Hereaux inicia una dictadura de 17 años de duración en la República Dominicana.
1905 Estados Unidos asume el control de las fronteras dominicanas.
1914 La apertura del canal de Panamá aumenta la importancia estratégica del Caribe.

OCUPACIÓN Y DICTADURA (1915-1986)

Aunque las sucesivas intervenciones de Estados Unidos en Haití y la República Dominicana tenían como objetivo crear estabilidad, en su lugar provocaron la resistencia armada.
1915 Las tropas estadounidenses ocupan Haití; un año más tarde las fuerzas de Estados Unidos asumen el control de la República Dominicana.
1918 El jefe de la guerrilla haitiana, Charlemagne Péralte, es asesinado en plena campaña contra Estados Unidos.
1925 Estados Unidos se retira de la República Dominicana y nueve años después abandona Haití.
1930 Rafael Leónidas Trujillo accede al poder en la República Dominicana, dando comienzo a 30 años de dictadura.
1935 Trujillo ordena la masacre de unos 15 000 inmigrantes haitianos en la República Dominicana.
1939 Un grupo de socialdemócratas exiliados opuestos al régimen de Trujillo funda el Partido Revolucionario Dominicano (PRD).
1957 François *Papa Doc* Duvalier es elegido presidente de Haití.
1961 Asesinato de Trujillo.
1962 El reformista Juan Bosch, del PRD, triunfa en las elecciones dominicanas, pero los militares lo derrocan un año más tarde.
1965 Estados Unidos ocupa la República Dominicana para impedir que nazca «otra Cuba».
1966 Joaquín Balaguer gana la primera de seis polémicas elecciones en la República Dominicana.
1971 Muere Papa Doc y le sucede su hijo Jean-Claude *Baby Doc*.

IZQUIERDA: retrato de Jean-Jacques Dessalines.
DERECHA: Jean-Bertrand Aristide recupera el poder.

1978 El PRD se hace con el poder en la República Dominicana tras una amenaza de golpe de estado.
1986 A raíz de los disturbios, Baby Doc huye de Haití y le sucede una junta militar; Balaguer vuelve a asumir la presidencia de la República Dominicana.

HACIA LA DEMOCRACIA: A PARTIR DE 1986

Tras la dictadura de Duvalier, los militares haitianos tuvieron que enfrentarse a un pueblo ávido de libertades políticas, mientras que en la República Dominicana el cambio se produce de manera pacífica.
1987 Las elecciones en Haití terminan en un baño de sangre al atacar las tropas militares y paramilitares a los votantes.
1990 Jean-Bertrand Aristide gana con una mayoría del 70% en las primeras elecciones limpias celebradas en Haití.

1991 Aristide es derrocado y se marcha al exilio.
1994 Una intervención liderada por Estados Unidos devuelve a Aristide al poder.
1996 Balaguer se ve obligado a abandonar la presidencia de la República Dominicana. Aristide deja el cargo a su sucesor electo, René Préval.
1997 Una reunión histórica entre Fernández y Préval crea esperanzas de unas mejores relaciones fronterizas entre ambos países.
1998 El PRD gana las elecciones al Congreso.
2000 Hipólito Mejía, del PRD, gana las elecciones dominicanas y René Préval las haitianas.
2002 Se celebra en Santo Domingo el XVIII Certamen de Miss América Latina.

LOS PRIMEROS POBLADORES

Durante varios siglos los amerindios llevaron una «existencia utópica», hasta que Cristóbal Colón llegó con su flota a la isla

Cuando se contemplan las desnudas y erosionadas montañas de Haití desde un avión, resulta difícil imaginar que en el pasado fueron uno de los lugares más hermosos y fértiles de la Tierra. Donde ahora las áridas laderas presentan afloramientos rocosos y las cicatrices de los barrancos, hubo en otros tiempos selvas tropicales y amplias extensiones de pinos. En la costa –hoy en día pelada por obra de los carboneros– prosperaban los manglares, los estuarios estaban cubiertos de bosques y existía una rica variedad faunística y una exuberante vegetación.

Parte de aquel esplendor natural todavía subsiste en la República Dominicana, pero en Haití apenas queda nada que recuerde el primitivo aspecto de la isla. El solo hecho de cruzar la frontera pone de manifiesto la magnitud de la catástrofe ecológica, ya que en la República Dominicana aún se conservan retazos de bosques, pastos y arroyos. Entrar en Haití, sin embargo, es entrar en un paisaje agostado y yermo, donde los montes y los valles han quedado reducidos a un estado casi desértico y los arroyos se han secado probablemente para siempre.

Una tierra prometida

Resulta desgarrador leer las emocionadas palabras de admiración con que Cristóbal Colón describió el soberbio panorama que se le ofrecía ante los ojos a finales del siglo XV. Las tierras de la isla eran, escribió, «fertilísimas en demasiado grado... y llenas de árboles de mil maneras y altas, y parece que llegan al cielo». A primera vista, era lo más parecido a la tierra prometida que Colón tenía la certeza que debía de existir al otro lado del Atlántico. Verde, con abundante agua fresca, aparentemente colmada de recursos naturales, ofrecía además la expectativa de riquezas infinitas. «En las tierras –continúa Colón– hay muchas minas de metales y hay gente en estimable número». No existe ningún documento por el que podamos saber cuántas personas vivían en la isla cuando las naves de Cristóbal Colón aparecieron en el horizonte en diciembre de 1492, pero las estimaciones de los primeros cronistas europeos oscilan entre las 100 000 y el millón de pobladores. Los historiadores modernos tienden a convenir en que la población era probablemente de unos 500 000 indígenas.

IZQUIERDA: retrato de un amerindio taíno.
DERECHA: Cristóbal Colón zarpa con su tripulación en busca de las riquezas de América.

La llegada de los taínos

Aquellos primeros habitantes, los cuales llamaban a la isla Ayití, que significa «terreno elevado»,

eran taínos, descendientes de un pueblo sudamericano de lengua arawak que hacia el año 500 a.C. aproximadamente había salido de lo que ahora es Venezuela. Estos amerindios habían vivido en las márgenes del río Orinoco durante varios cientos de años antes de hacerse a la mar y arribar al archipiélago de las Antillas.

El subsiguiente proceso de migración duró siglos, en los cuales al descubrimiento de una isla le seguía el de otra. Empezando en Trinidad, los taínos avanzaron lentamente a lo largo de las pequeñas islas del Caribe oriental, las llamadas Pequeñas Antillas, divisando en ocasiones territorios vecinos en la distancia o quizás zarpando con la esperanza de descubrir una nueva isla en el horizonte. Para ello contaban con unas magníficas canoas que medían hasta 25 metros de eslora capaces de transportar a 50 personas por estas traicioneras aguas. En tales embarcaciones se desplazaron en oleadas sucesivas hasta Cuba, las Bahamas y Ayití.

Los enemigos caribes

El motivo de esta importante migración no está demasiado claro, pero parece ser que los taínos fueron expulsados del delta del Orinoco por otro pueblo indígena, los caribes, o kalinagos, como se llamaban a sí mismos. Este pueblo amerindio de cultura menos refinada, que también procedía de la cuenca del Amazonas, se mostraba sumamente agresivo en sus relaciones con los taínos. Ya fuese por la competencia por los recursos naturales o por un conflicto cultural, los caribes les declararon la guerra y comenzaron a atacar sus poblados, capturando a las mujeres y matando a los hombres. Los taínos, aunque bien organizados, no eran rival para los belicosos caribes. Escapar era su única opción.

Existe cierta controversia entre los historiadores respecto a si los caribes eran realmente esos agresores sedientos de sangre que cuenta la leyenda. Ciertamente, las crónicas de los primeros observadores europeos deben interpretarse con cautela, así como la creencia generalizada de que los caribes eran inveterados caníbales. Si bien existen pruebas de que los guerreros caribes se comían algunas partes de sus víctimas, es probable que se tratase de un ritual esporádico más que de una práctica habitual. Pero lo que sí parece estar claro es que ellos, a su vez, comenzaron a abandonar el continente rumbo al Caribe hacia el 1000 d.C.

Los taínos volvieron a sufrir el acoso de sus ancestrales enemigos, quienes realizaban incursiones en canoas para matarlos, raptarlos y saquear sus poblados, lo cual obligó a los taínos a desplazarse hacia el oeste, en dirección a las islas de mayor tamaño de las Grandes Antillas.

Los primeros pobladores

Allí se encontraron con los primeros pobladores de la región, los sibonéis, que habían llegado a Ayití y a otras islas en torno al 500 a.C. Oriundos

EL LEGADO LINGÜÍSTICO

El antiguo idioma de los amerindios todavía subsiste en el español actual en numerosas palabras de uso corriente: huracán, maíz, canoa (*canaua*), tabaco (*tobaco*), hamaca, sabana, barbacoa.

Otros términos caribeños, traducidos literalmente, son auténticas joyas de la creatividad lingüística, por ejemplo: padre de los dedos = pulgar; alma de la mano = pulso; mi corazón = esposa; el que me da nietos = yerno; penacho de Dios = arco iris; la olla está hirviendo = terremoto.

Los europeos recibían el nombre de «enemigos deformes» debido a los extraños ropajes y armaduras que vestían.

de Florida o México, estaban mucho menos evolucionados en el aspecto cultural que los taínos. Normalmente se establecían en pequeños poblados cerca de la costa, donde vivían de la caza y de la pesca. No conocían la alfarería y utilizaban caracolas, piedras o madera para fabricar sus herramientas básicas. Según parece, su dieta consistía básicamente en pescado, reptiles y frutos silvestres, ya que no practicaban la agricultura.

FUMADORES DE PUROS

Los taínos cultivaban tabaco; para fumarlo utilizaban una pipa rematada en dos puntas que se introducían en los agujeros de la nariz o bien enrollaban las hojas para hacer puros.

Estas reducidas y primitivas poblaciones pronto fueron absorbidas o reemplazadas por los taínos, quienes hacia el año 1200 dominaban la totalidad de las Grandes Antillas, con la excepción del oeste de la actual isla de Cuba.

De modo que es probable que los taínos sólo hubiesen habitado Ayití durante dos o tres siglos antes de que llegase la expedición de Cristóbal Colón. Los caribes, entretanto, no estaban muy lejos, pues habían alcanzado el actual Puerto Rico, desde donde ya realizaban incursiones a través de los 100 kilómetros que separan ambas islas, y es casi seguro que andando el tiempo habrían invadido Ayití.

El modo de vida amerindio

Los taínos que recibieron a Colón en la orilla no eran de ningún modo «salvajes». Vivían en una sociedad comunitaria estructurada en torno a extensas familias y agrupados en asentamientos compuestos por unas mil personas, normalmente enclavados a orillas de los ríos o en la costa. Al frente de cada poblado había un jefe o cacique, que era al mismo tiempo el sacerdote y el legislador local. Era un cargo hereditario que solían ocupar los hombres, aunque también las mujeres podían ser cacicas. Estos jefes contaban con el apoyo y los consejos de una asamblea de ancianos, quienes ayudaban a organizar los trabajos comunitarios en función de la edad y el sexo. Los poblados estaban débilmente estructurados en cacicazgos comarcales, cada uno de ellos gobernado por un eminente jefe local y que, a su vez, se agrupaban en cacicazgos regionales encabezados por el cacique comarcal más importante.

Estas colectividades, muy unidas y disciplinadas, vivían en poblados estables que consistían en grandes casas hechas de madera y paja. Varias familias emparentadas podían compartir una de estas viviendas, llamadas *bohíos*. La tierra era propiedad de la comunidad, que la trabajaba; los taínos eran excelentes agricultores que cultivaban boniatos, manises (cacahuetes) y alubias. Su

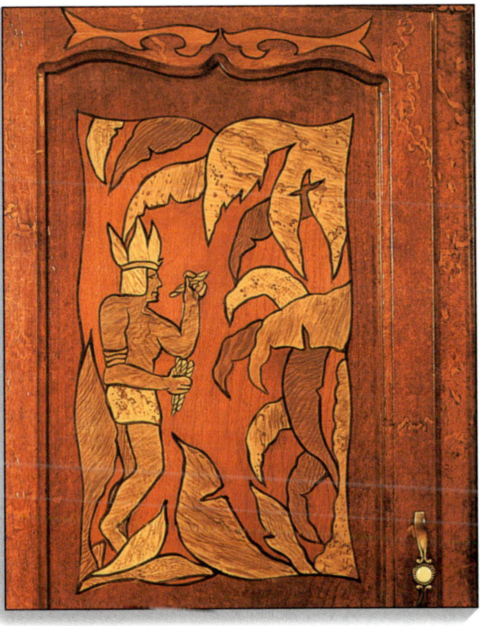

IZQUIERDA: una escena de la vida taína en el Museo del Hombre Dominicano, en Santo Domingo.
ARRIBA CENTRO: detalle de un armario.
ARRIBA DERECHA: petroglifos taínos.

alimento básico era la tapioca o mandioca, de la que obtenían harina para hacer pan después de extraerle los jugos venenosos. El mar y los ríos impolutos bullían de peces y de tortugas, y cazaban pájaros y animales pequeños que cocinaban en *barbacoas*, una de las pocas palabras del idioma taíno que todavía se conservan en la actualidad (*véase pág. 24*).

Estos pacíficos amerindios también tenían sus propias creencias religiosas. Adoraban a una trinidad de dioses: una figura masculina asociada con la tapioca y los volcanes; una diosa femenina de la fertilidad relacionada con el mar y la luna; y una deidad con forma de perro cuya función era cuidar a los recién fallecidos. Además de estas

divinidades, creían en el poder espiritual de la naturaleza y de los antepasados muertos. Tales fuerzas eran adoradas por medio del *zemís*, fetiches hechos con los restos de los difuntos o de madera, piedra y algodón. El cacique ejercía así mismo la función de chamán o sacerdote, presidiendo las ceremonias religiosas con la ayuda de un tipo de polvos alucinógenos.

Aficionados a los juegos de pelota

Hábiles alfareros y consumados constructores de casas y embarcaciones, los taínos eran, además, grandes aficionados a los juegos, en particular a un deporte de equipo que se jugaba con una pelota de caucho en una cancha denominada *batey*. Colón y quienes le siguieron se quedaron asombrados al ver no sólo una pelota que rebotaba, sino también a equipos de entre 10 y 30 jugadores que impulsaban la bola de un lado a otro del campo sin utilizar ni los pies ni las manos. En las canchas deportivas se celebraban también bailes y rituales funerarios y matrimoniales.

El paraíso perdido

Resulta quizás demasiado fácil idealizar la existencia de los habitantes precolombinos de Ayití y de otras islas del Caribe, pero no cabe duda de que su vida antes de la llegada de los europeos era idílica comparada con la que les esperaba. En toda América el «encuentro» entre los pueblos

indígenas y las culturas colonizadoras produciría terribles trastornos y un enorme sufrimiento humano, pero en ningún lugar este proceso resultó tan devastador como en la isla que Colón reclamó para la Corona de España el 12 de diciembre de 1492. La llamó la Isla Española.

Las razones ocultas detrás de la audaz expedición trasatlántica de Colón son de sobra conocidas, pero no por eso dejan de resultar complejas en su ambigüedad. La certeza de que la Europa de la época ansiaba la seda, las especias y los demás artículos de lujo que se podían encontrar en «las Indias» avivaba el deseo de encontrar una ruta alternativa a la ruta terrestre hacia Asia y así eludir el control turco del Mediterráneo oriental. En este sentido, el plan de Colón fue una simple propuesta de negocios que financiaron poderosos banqueros de su Génova natal y que sancionaron oficialmente el rey Fernando II de Aragón y la reina Isabel I de Castilla. Los reyes Católicos también apoyaron su plan porque eran conscientes de que su más directo rival, Portugal, estaba ganando terreno en la carrera por llegar a las Indias por mar.

Hubo así mismo una dimensión ideológica en la participación española. Las expulsión de los moriscos del sur de España a principios de 1492 había suscitado un ambiente de profunda religiosidad cristiana, y

Un ideal enriquecedor

«El oro es excelente; todo aquel que lo posea puede hacer lo que desee en este mundo, y puede de este modo conseguir llevar almas al Paraíso».

– Cristóbal Colón

la sugerencia de Colón de que las riquezas que encontrase podrían financiar una nueva cruzada para reconquistar Tierra Santa no cayó en oídos sordos. Aseguró, además, que en el curso de su expedición obligaría a cualquier «pagano» que se topase en el camino a convertirse al cristianismo.

Colón se hace a la mar

En medio de esta mezcla de consideraciones económicas y espirituales estaba la propia ambición personal del navegante: gracias a este viaje obtendría el 10% de todas las riquezas traídas de vuelta en ese viaje y en los sucesivos y el título de «almirante de la Mar Océana».

Empujada por una combinación de objetivos políticos, monetarios y personales, la minúscula flota compuesta por las carabelas *Santa María*, *Pinta* y *Niña* zarpó del puerto de Palos, en el sur de España, el 14 de agosto de 1492, llegó a las islas Canarias unos días más tarde y se hizo a la mar rumbo a lo desconocido el 6 de septiembre. Treinta y siete días después, tras un período lleno de dudas y de esperanzas inimaginables, las carabelas llegaron a Guanahaní, en las Bahamas, una isla que Colón rebautizó en el acto con el nombre de San Salvador. Allí, los europeos fueron recibidos por los hospitalarios taínos, quienes les informaron de que el yacimiento del oro de sus adornos se encontraba más al sur. «Todos los habitantes podrían ser llevados a Castilla, o hechos esclavos en la isla –anotó Colón–. Con cincuenta hombres podemos subyugarles y hacer de ellos lo que queramos.»

Creyendo encontrarse en algún remoto puesto avanzado de Japón, Colón se mostró bastante decepcionado por la simplicidad de la cultura taína y la perceptible ausencia de riqueza. La expedición prosiguió por la costa de Cuba, donde la primera impresión no fue mucho más alentadora, hasta arribar a Ayití al cabo de dos meses

Extremo izquierda: un inhalador antropomorfo tallado en un hueso de manatí.
Izquierda y Arriba: los taínos reciben a los navegantes españoles.

del primer desembarco en San Salvador. El destino –o la fatalidad– le deparó a Ayití ser el primer asentamiento europeo permanente en América, porque el día de Nochebuena de 1492 la *Santa María* encalló en un arrecife frente a la costa norte y Colón decidió utilizar la madera para construir un fuerte.

Un precio muy alto

Los colonos españoles obligaban a los taínos a entregarles una cantidad fija de oro en polvo. Si no conseguían reunirla, se les ejecutaba o se les cortaban las manos.

Una calurosa bienvenida

Los taínos, con el cacique Guacanagarí al frente, ayudaron de buena gana a aquellos extraños recién llegados a recuperar los pertrechos de la nave (a Colón le asombró que no robasen «ni un punto de encaje») y aceptaron de buen grado la construcción del fuerte Navidad en la playa. Su generosidad parecía no tener límites, y 39 europeos se ofrecieron encantados como voluntarios para quedarse de guarnición en la isla, donde reunirían todo el oro que pudieran y buscarían posibles minas mientras Colón regresaba a España para organizar otra expedición.

Tras dejar a Diego Araña, un socio de confianza, a cargo de Navidad, Colón zarpó a comienzos de enero. Antes de abandonar la isla, sin embargo, tuvo un breve y violento encuentro con otra colectividad taína que vivía en el extremo oriental de la misma, en la bahía de Samaná. Allí, los intentos de intercambiar cuentas de collar y otras baratijas por los potentes arcos y flechas de los amerindios terminó en una funesta batalla en la que los taínos acabaron huyendo «sorprendidos por nuestro coraje y las heridas infligidas con nuestras armas».

El acero español y la primitiva artillería eran infinitamente más destructivos que cualquier arma de los taínos, y es posible que su docilidad inicial se debiese en parte a eso. Pero la paciencia de los taínos, al parecer, sí tenía límites, ya que cuando Colón regresó de nuevo a La Española en noviembre de 1493, se encontró con el fuerte quemado y todos los hombres de la guarnición muertos o desaparecidos. Guacanagarí le explicó que su pueblo no era responsable del ataque, sino que otro cacique más poderoso, llamado Canaobo, había ordenado la matanza en represalia por las «violentas exigencias de los europeos de comida, mujeres y oro».

El primer asentamiento español

En el ínterin, Colón había vuelto a España, donde fue recibido como un héroe, y había contado exageradas historias del oro y otras riquezas que había descubierto en lo que todavía creía que era parte de Asia. Con el respaldo de los reyes y un nuevo escudo de armas («A Castilla y León Colón dio un Nuevo Mundo»), muy pronto tuvo lista una nueva expedición. Esta flota de 17 barcos transportaba 1 200 hombres, animales domésticos, semillas y brotes de caña de azúcar; fue una fuerza colonizadora embrionaria, escasamente armada y en la que figuraban varios religiosos. Unos 200 hidalgos se unieron al viaje por su propia cuenta atraídos por la expectativa de riquezas fáciles.

Pese a encontrar el fuerte Navidad reducido a cenizas y las relaciones con los taínos muy deterioradas, Colón siguió adelante con sus planes de fundar una colonia. Tras establecer un asentamiento llamado La Isabela cerca de la actual ciudad dominicana de Puerto Plata, envió exploradores al interior de la isla para que buscasen pepitas de oro en la región del Cibao, adonde algunos taínos de confianza le habían indicado que debían dirigirse.

Así empezó la primera fiebre del oro en América y con ella el primer genocidio de la época moderna. «No hay en todo el mundo gente mejor», había dicho Colón de los taínos. En el plazo de medio siglo, los habitantes indígenas de La Española se habían extinguido.

IZQUIERDA: delicada pieza de oro.
DERECHA: se esclavizaba a los taínos para que trabajasen en las minas de oro.

Dn. Cristoval Colon

EN MANOS ESPAÑOLAS

En la ambición de oro y plata de los españoles nació y murió la prosperidad de La Española. Y entonces aparecieron los bucaneros...

La Española, como reza el eslogan del departamento de turismo, fue «la tierra que Colón más amó». Pero aunque el navegante sea recordado como el fundador del primer asentamiento europeo en las Américas, su gobierno sobre la primera colonia española fue poco menos que desastroso. En la República Dominicana actual las personas supersticiosas prefieren no pronunciar su nombre porque se cree que es portador de un *fukú*, o maldición.

Durante los siete años siguientes al segundo viaje de 1493, la presencia española en la isla estuvo dominada por Colón y sus dos hermanos, Diego y Bartolomé, además de plagada de riñas y violencia interna. Gran parte de esa violencia se descargaba contra los cada vez más hostiles taínos, quienes, tras haber destruido el fuerte Navidad, fueron tratados abiertamente como enemigos.

La estéril búsqueda de oro de los españoles, que acabaron por darse cuenta de que los campos de oro del Cibao habían sido un espejismo, junto con su trato cruel a los taínos, agravó la situación. En 1495 los españoles sofocaron fácilmente una revuelta de los taínos, de los que 500 fueron enviados cautivos a Sevilla para servir como esclavos. La mayoría murieron durante la travesía o a las pocas semanas de llegar a Europa.

Los impopulares hermanos Colón

En 1496 Bartolomé decidió abandonar el asentamiento de La Isabela a favor de un nuevo emplazamiento en la costa sur, donde fundó La Nueva Isabela, cuyo nombre se cambió al poco tiempo por el de Santo Domingo. Pero para entonces los colonos estaban inquietos y empezaban a sospechar que las historias de Colón no habían sido más que fantasías. Incluso el traslado del asentamiento principal fue visto como parte de un plan secreto urdido para reforzar el poder de los hermanos de Colón. Estalló una rebelión capitaneada por el antiguo alcalde de La Isabela, Francisco Roldán, que acusó a los hermanos de monopolizar las riquezas de la isla. Desesperado por acallar a los disidentes, Colón aceptó distribuir las tierras y los trabajadores amerindios entre los colonos mediante un sistema conocido como repartimiento: todos los colonos tenían derecho a un cierto número de poblados taínos de acuerdo con su posición social.

Pero las decepciones y las frustraciones continuaron alimentando el resentimiento contra Colón, y en 1500 la Corona española, alarmada por las noticias de inestabilidad en los nuevos territorios, envió al juez inquisidor Francisco de Bobadilla para que investigase la situación. Nada más

llegar, lo primero que vio fue a siete españoles colgados de la horca. Tras indultar a los demás hombres acusados de traición por Colón, arrestó a los tres hermanos y los envió de regreso a Sevilla cargados de cadenas. Colón sólo vería La Española una vez más, en 1504, ya que su cuarto y último viaje terminó en una debacle.

El crecimiento de Santo Domingo

A raíz de la intervención de Bobadilla, llegaron 2 500 colonos más, así como un nuevo gobernador, Nicolás de Ovando. Durante su mandato el pueblo de Santo Domingo adquirió el aspecto de una pequeña ciudad, con algunos edificios de piedra y un incipiente trazado en cuadrícula de sus calles partiendo del río Ozama.

IZQUIERDA: monumento a Colón en Santo Domingo.
DERECHA: el conquistador Hernán Cortés.

Al mismo tiempo, la explotación de los taínos proseguía, pero con algunas modificaciones. Tras suprimir el sistema de repartimiento de Colón, Ovando introdujo la encomienda, un modelo de trabajos forzados por el que poblaciones enteras, al mando de su cacique, eran asignadas a los colonos en calidad de siervos o vasallos feudales. Se suponía que a cambio de su trabajo durante seis u ocho meses al año los taínos gozaban de la protección de su amo o encomendero, quien también se encargaba de su bienestar espiritual.

Una represión brutal

Es posible que este sistema fuese levemente más bondadoso que la política de esclavización en masa practicada por Colón, pero no sirvió para frenar el genocidio de los taínos. De hecho, la represión de la resistencia taína que llevó a cabo Ovando fue incluso más brutal de lo que había sido hasta entonces. En 1503, por ejemplo, Anacaona, la cacica viuda de Caonabo (que había muerto en cautividad en el año 1494), invitó a Ovando a una reunión de jefes taínos en el reino sudoccidental de Xaraguá. Cuando unos 80 caciques se hallaban reunidos en la casa comunal de Anacaona, Ovando ordenó a sus hombres que incendiasen el edificio con los taínos dentro. A Anacaona la ahorcaron, al parecer en deferencia a su alcurnia. Para cuando en el año 1509 concluyó el mandato de Ovando, quedaban menos de 60 000 taínos.

Capital de las Indias

La saga de los Colón no terminó con el fallecimiento del almirante Cristóbal, puesto que el sucesor de Ovando fue Diego Colón, el hijo mayor del descubridor. Llegó a la colonia convencido de que tenía derecho a la parte de las riquezas que su difunto padre había negociado con la Corona de España. Con el título de gobernador (1509-1515) y luego como virrey de las Indias (1520-1524), Diego administró La Española como un negocio familiar que podía explotar a voluntad. Otorgó de manera pródiga encomiendas a sus amigos y colaboradores además de a sí mismo, y sembró una de las primeras plantaciones de caña de azúcar de la isla, en las afueras de Santo Domingo.

El nuevo rico Diego también tenía aspiraciones aristocráticas, razón por la que había contraído matrimonio con María de Toledo, perteneciente a la nobleza española. Durante su permanencia en el poder dirigió el rápido desarrollo de la ciudad de Santo Domingo, a la que dotó de numerosos edificios de gran belleza y majestuosidad que venían a sumarse a los que había construido Ovando. Su propio alcázar, un hermoso palacio de dos pisos a orillas del río, constituía el epicentro del imperio español en el Nuevo Mundo pues servía como sede del Gobierno y lugar de reunión de la elite social de la colonia. No muy lejos de él se iniciaron por aquel entonces las obras de la primera catedral de América, cuya primera piedra colocó Diego Colón en 1514.

Durante un breve período, Santo Domingo fue un centro de poder y prestigio. Fue testigo del surgimiento de una serie de construcciones pioneras: el primer hospital permanente en el Nuevo Mundo; la primera universidad; la primera casa de moneda de ultramar. Fue además la sede de la Real Audiencia, un tribunal de apelación responsable únicamente ante la Corona de España, y no tardó en convertirse en el asiento de una clase en ascenso de burócratas del imperio, tanto militares como administrativos y eclesiásticos. Desde España llegaron las primeras órdenes religiosas, las cuales fundaron sus propias instituciones y centros de enseñanza. En esta ciudad nació el embrión del futuro imperio latinoamericano de España.

LA REVUELTA DE ENRIQUILLO

En 1519 el cacique Enriquillo capitaneó a los hombres de su encomienda en una victoriosa sublevación en la que lograron huir a las montañas. Se instalaron allí, donde ofrecieron refugio a otros fugitivos, hasta que al final fueron «perdonados» por la Corona española.

Interviene la Iglesia

No obstante, fuera de este minúsculo enclave, apenas había otros habitantes en La Española. Un puñado de aldeas y algunos toscos asentamientos comunicados entre sí mediante caminos de mulas se hallaban dispersos por la mitad oriental de la isla, mientras la población taína, cuyo número continuaba descendiendo a pasos agigantados, permanecía recluida en poblados improvisados que, en teoría, estaban a cargo de un encomendero aunque, en realidad, solían estar desatendidos. Hubo un intento de poner este rudimentario sistema bajo algún tipo de control, pero fracasó cuando los monjes de la orden de los jerónimos, enviados desde España para que se encargasen de una reforma destinada a humanizar las encomiendas, chocaron contra la falta de cooperación de los colonos. En cualquier caso, en 1519 una devastadora epidemia de viruela dio al traste con las esperanzas de detener la mortandad de los taínos; a lo sumo sobrevivieron 3 000, quedando al borde mismo de la extinción.

Para entonces, la Iglesia se había involucrado en la polémica que suscitaba el trato que se dispensaba a los taínos y la consiguiente escasez de mano de obra. El creciente descontento oficial por las actividades de Diego Colón le habían obligado a presentarse en España para rendir cuentas, pero parece ser que fue perdonado tras un período de cinco años. En 1520 regresó a la colonia, donde las primitivas minas de oro generaban escasas riquezas a sus desilusionados propietarios y donde la economía se basaba en poco más que en una ganadería mal organizada. Vastas extensiones de terreno despoblado habían sido cedidas al ganado, que a menudo se escapaba al monte.

IZQUIERDA: la captura del cacique amerindio Caonabo.
ARRIBA: recreación artística del antiguo Santo Domingo.

El nacimiento de la industria azucarera

Pero existía un artículo de consumo que parecía tener un futuro más prometedor: el azúcar. Los brotes de caña que Colón había transportado desde las Canarias en 1493 habían prosperado en el fértil suelo de La Española, y algunos colonos observaron que el insaciable apetito de los europeos por el azúcar podía volverse a su favor.

Sin embargo, un problema fundamental se interponía en su camino: a causa del descenso de la población taína carecían de mano de obra disponible para trabajar en las plantaciones. Fue en ese momento cuando las autoridades españolas comenzaron a prestar atención al fraile dominico Bartolomé de las Casas y a otros defensores de los derechos de los indígenas, quien quizás sin pretenderlo había sugerido la solución al problema. Esclavizar a los súbditos de la Corona española, había alegado, resultaba intolerable, pero la moral cristiana podía admitir que «paganos», en particular negros africanos, pudieran ser utilizados como esclavos.

La racionalización religiosa de la esclavitud de los negros no era nada nuevo; los comerciantes portugueses llevaban vendiendo esclavos africanos a España desde la década de 1450, pero por lo general los empleaban como sirvientes domésticos. La mano de obra de los esclavos negros también fue una característica de la industria azucarera en las islas Canarias a finales de ese mismo siglo. La Iglesia católica toleraba este sistema ya que consideraba que en el proceso cabía la posibilidad de evangelizar a los africanos, por lo que la Corona española empezó a adjudicar contratos (conocidos como asientos) a aquellos tratantes que pudiesen garantizar un suministro continuo de esclavos.

Una nueva mano de obra esclava

En 1518 el rey Carlos I de España contrató a un favorito de la Corte, Lorenzo de Gomenot, para que todos los años enviase a América 4 000 africanos. Según De las Casas (un hombre que a veces tendía a exagerar), en 1540 ya había en La Española unos 30 000 esclavos negros. Entretanto, la primera revuelta de esclavos se registró en 1522, en la plantación de azúcar de Diego Colón. Los esclavos, armados con palos y piedras, fueron masacrados por la milicia de la colonia.

En sus inicios, la industria azucarera tuvo que hacer frente a otras dificultades. La falta de experiencia, tecnología y capital creó enormes problemas a los primeros hacendados, que tenían que valerse de molinos movidos por hombres o mulas

PROTECTORES DE LOS AMERINDIOS

En las Navidades de 1511 Antonio de Montesinos, un fraile dominico, pronunció una inesperada y feroz diatriba ante los feligreses españoles reunidos en Santo Domingo. «¿Con qué autoridad –preguntó– habéis hecho tan detestables guerras a estas gentes que estaban en sus tierras mansas y pacíficas?» Los indignados colonos exigieron el retorno inmediato a España del sacerdote responsable de tan francas palabras, donde intercedió directamente ante la Corte Real para que se dispensase un mejor trato a los taínos.

El sermón de Montesinos inspiró a otro fraile, Bartolomé de las Casas (1474-1566), que había llegado a La Española en 1502 y había sido testigo del genocidio de los taínos. Renunció a su propia encomienda, consciente de que era un sistema inhumano, y dedicó el resto de su vida a defender la causa de los amerindios. Escribió el libro *Brevísima relación de la destrucción de las Indias* (1551), que tuvo una enorme repercusión y causó una profunda vergüenza y preocupación en España, donde muy pocos sabían de la magnitud de la tragedia de los indígenas.

En teoría, los taínos eran súbditos de la Corona española, y lo que en un principio se había presentado como un ejercicio de evangelización, resultó en realidad una matanza a gran escala. Las reformas consiguientes fueron demasiado escasas y llegaron demasiado tarde, pero a Bartolomé de las Casas se le recuerda como el «protector de los indios» y defensor de los derechos humanos.

para machacar las cañas. Pero poco a poco comenzó a aumentar la productividad gracias a diferentes innovaciones tecnológicas, como los llamados «ingenios», unas máquinas propulsadas por la fuerza del agua, así como a la llegada de trabajadores bien preparados procedentes de las islas Canarias alentados por las autoridades españolas.

En 1523 existían 20 ingenios, y en 1542 La Española exportó 1 200 toneladas de barras de azúcar semirrefinado a España. De acuerdo con un historiador y militar de la época, Gonzalo Fernández de Oviedo, era posible ganar mucho dinero porque «no hay ninguna otra isla o reino entre los cristianos o los paganos en los que exista nada parecido a esta industria del azúcar».

Posteriores conquistas

Por muy lucrativo que pudiese ser el negocio del azúcar, muchos colonos españoles abrigaban mayores ambiciones. Desde un principio, La Española había servido de trampolín para nuevas conquistas: Jamaica (1509); Cuba (1511); Puerto Rico (1512). Sin embargo, la fiebre del oro inicial no tardó en remitir, con lo que el aliciente de descubrir nuevos horizontes se hizo aún más irresistible.

Hernán Cortés (1485-1547) fue uno de aquellos aventureros que no estaban preparados para adaptarse a la vida rutinaria de los plantadores de azúcar. En 1519 su expedición alcanzó México, desde donde llegaron a las islas rumores de inmensas riquezas en oro y plata. A medida que el imperio español ensanchaba sus dominios a lo largo del istmo de América Central y por toda Sudamérica, La Española perdió interés para los potenciales conquistadores. Su población, que nunca fue demasiado abundante, descendió desde la cifra máxima de 14 000 habitantes hasta tan sólo 5 000 personas en la década de 1570.

La burocracia española

Si México prometía riquezas instantáneas, La Española soportaba una cada vez más asfixiante burocracia española. Todas las transacciones comerciales debían realizarse a través del puerto de Sevilla, donde el Estado deducía el porcentaje de oro o de azúcar en un edificio especial. Todos los productos importados a la isla también procedían de ese puerto. España estaba decidida a impedir que cualquier otra nación europea comerciase con sus territorios en el Nuevo Mundo, un monopolio que defendía celosamente mediante una fuerte presencia naval con la que escoltaba a los galeones comerciales a través del Atlántico.

Abrumados por los impuestos, constantemente regulados pero aun así sujetos a suministros inciertos, muchos colonos –en particular los nacidos en la isla– empezaron a resentirse del yugo real sobre el comercio y de la prepotencia de los funcionarios españoles, los llamados peninsulares.

IZQUIERDA: una plantación de caña de azúcar.
ARRIBA: retrato de fray Bartolomé de las Casas en el Museo de las Casas Reales.

Piratas y corsarios

En la década de 1550 La Española ya acusaba un leve declive. El foco de la actividad española se había desplazado a las colonias del continente, dejando a la vieja capital de las Indias casi por completo inoperativa. Mientras Santo Domingo languidecía, el puerto cubano de La Habana ganaba importancia pues era ahí donde ahora las naves españolas, cargadas de lingotes de oro y plata extraídos en Perú y México, se reunían antes de regresar a Europa.

La inversión española en fortificaciones se intensificó en Cuba en tanto que Santo Domingo quedaba desatendida. La ciudad conservó cierta importancia administrativa como sede de la Real Audiencia pero, en general, a la mayoría de los colonos la vida en ella les resultaba dura y poco gratificante. En 1562 un terremoto arrasó las escasas poblaciones de la costa norte, lo que aceleró aún más el éxodo de los decepcionados colonos.

Entretanto, una amenaza mayor se cernía sobre la colonia en la forma de los piratas y corsarios que a partir de 1530 empezaron a infestar las aguas del Caribe. Desde que Cristóbal Colón avistó tierra por primera vez hasta la firma del consiguiente tratado de Tordesillas (1494) por el que el Papa ratificaba la repartición del Nuevo Mundo entre España y Portugal, otras naciones europeas habían seguido el curso de los acontecimientos muy de cerca. Inglaterra, en concreto, se oponía al monopolio español en América, mientras que Francia se mostraba así mismo dispuesta a exigir su cuota de cualquier tipo de riquezas que pudiese haber en las tierras del otro lado del Atlántico. No obstante, los primeros intrusos en el comercio español no fueron armadas oficiales, sino piratas que, normalmente, contaban con el beneplácito de sus gobiernos y que estaban resueltos a arrebatar a los españoles tantos tesoros como pudieran.

Ya fuesen corsarios (embarcaciones armadas en corso en tiempos de guerra con misiones oficiales) o piratas (delincuentes comunes), esta nueva forma de terrorismo marítimo hizo que cundiese el pánico en las colonias españolas, cuyos barcos y poblaciones costeras eran objeto de los ataques. En la década de 1560 los piratas ingleses saquearon lo

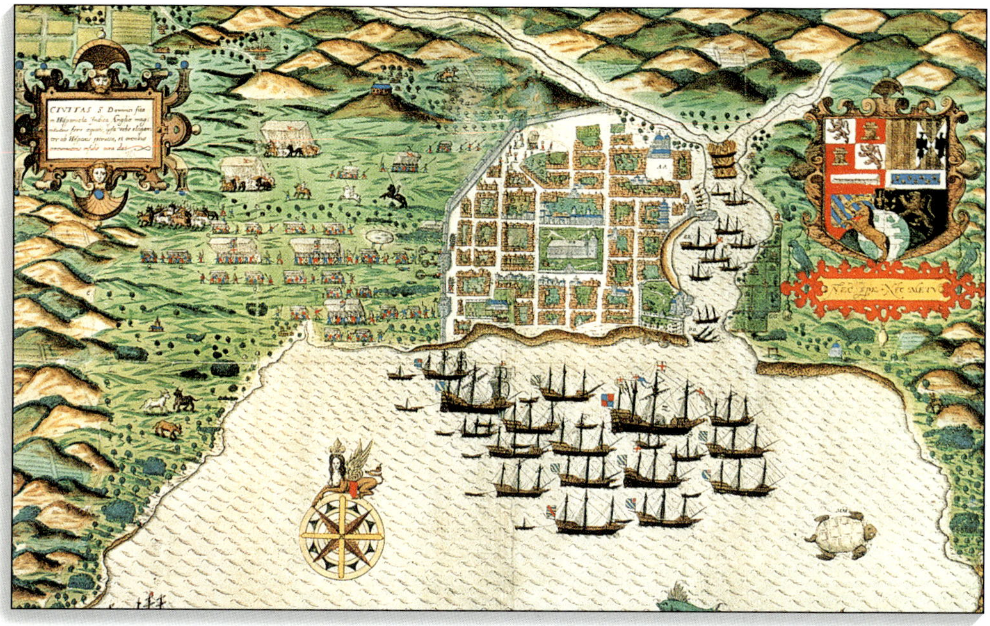

EL ASALTO DE SIR FRANCIS DRAKE

Pese a los intentos de los españoles de reforzar las defensas de Santo Domingo, la fragilidad de la colonia fue cruelmente puesta de manifiesto cuando una flota inglesa integrada por 20 naves capitaneadas por sir Francis Drake (1540-1596) entró en Santo Domingo sin encontrar resistencia.

Drake, para entonces todo un veterano de numerosos saqueos y actos de contrabando, contaba con el apoyo directo de Isabel I de Inglaterra, que ambicionaba asestar un duro golpe, tanto financiero como teológico, al enemigo católico.

Siguió un mes de pillaje a placer durante el cual los ingleses desmantelaron iglesias y edificios religiosos y demolieron gran parte de las murallas de la ciudad. Al final se hicieron a la mar dejando la capital en ruinas.

que quedaba en la costa norte de La Española, obligando a las autoridades a evacuar la zona totalmente. Algunas veces, sin embargo, estos agresores ofrecían algún tipo de servicios, ya que muchos de ellos trabajaban también como contrabandistas.

El dominio español se debilita

Una vez roto el monopolio comercial español en el Nuevo Mundo, los enemigos europeos de España comenzaron a considerar más seriamente la posibilidad de establecer sus propias colonias en el Caribe. España, después de todo, estaba desbordada tanto económica como militarmente, con frecuencia inmersa en guerras en Europa e incapaz de mantener a raya a las bandas de piratas que

abordaban los vulnerables galeones cargados de lingotes de oro y plata.

Al principio, a comienzos del siglo XVII, los recién llegados se instalaron en las islas de menor tamaño de las Pequeñas Antillas: los ingleses se apoderaron de Saint Kitts, Barbados y Antigua, y los franceses se anexionaron Martinica y Guadalupe. Aunque en teoría estas islas pertenecían a España, ésta hizo muy poco para evitar su pérdida. Enardecida por la debilidad española y el

IZQUIERDA: Francis Drake entra en Santo Domingo.
ARRIBA CENTRO: en el Caribe se libraron muchas batallas.
ARRIBA DERECHA: los bucaneros se hacen con el poder a medida que se debilita el dominio español.

potencial de una industria azucarera propia, Inglaterra continuó empujando esta puerta entreabierta. Para consternación de Madrid, en 1655 una expedición inglesa enviada por Cromwell como parte de su «proyecto occidental» se apoderó de Jamaica con relativa facilidad. Anteriormente, los ingleses habían intentado tomar La Española, pero habían fracasado por culpa de su propia y notoria incompetencia. Con la conquista de Jamaica, el equilibrio de poderes en el Caribe se inclinó un poco más del lado de los británicos.

La escuadra enviada por Cromwell podría haber fracasado en su intento de tomar Jamaica, pero el dominio español en su primera colonia era cada vez más débil, en tanto que en la costa norte de la

isla la presencia de ingleses y franceses no había dejado de crecer.

Una base de bucaneros

Los nuevos colonos eran en su mayor parte bucaneros, los sucesores de los piratas del siglo anterior, pero con la diferencia de que se habían establecido de forma permanente en la región. Su nombre proviene de la palabra indígena *boucan,* que hace referencia a un tipo de parrilla de leña sobre la que cocinaban y ahumaban tiras de carne de vaca y de cerdo salvaje.

Estos hombres se ganaban la vida mediante la piratería y el contrabando, y se establecieron en un principio en la isla de La Tortuga (hoy La Tortue), desde donde podían atacar a los barcos españoles. Los intentos de éstos por expulsarlos de esa isla fracasaron, y en la década de 1650 se instalaron en la tierra de nadie del norte de La Española, donde empezaron a cultivar maíz y tabaco y a criar ganado. La piratería era para entonces un negocio muy arriesgado, por lo que muchos bucaneros optaron por llevar una vida más tranquila.

A medida que los bucaneros ingleses se fueron marchando a la «capital pirata» de Port Royal, en Jamaica, los asentamientos de la costa norte pasaron a ser mayoritariamente franceses.

UNA VIDA DE BUCANERO

Había muy pocas mujeres bucaneras y muchos hombres vivían en parejas adoptando una especie de arreglo matrimonial conocido como *matelotage*, posiblemente una manera cuasilegal de ejercer los derechos de propiedad en caso de muerte de uno de ellos.

Llegan los franceses

Los españoles permitieron que el noroeste de la isla se convirtiera *de facto* en una colonia francesa llamada Saint-Domingue. En 1664 ya había sido incorporada al fuero francés.

Francia envió desde París un gobernador y el territorio francés adquirió entonces una forma más definitiva con la fundación de varias ciudades portuarias, como Port-de-Paix o Léogâne. Finalmente, en virtud del tratado de Ryswick de 1697, España cedió la parte occidental de la isla a Francia, un mero trámite que no hacía sino formalizar un hecho consumado y que corroboraba la cada vez más tenue presencia española en la región. Desde entonces, la isla ha estado dividida, aunque de manera desigual, en dos piezas.

La perla de las Antillas

El espectacular auge y prosperidad comercial y económica de Saint-Domingue no tuvo paralelo en la historia colonial del siglo XVIII. En el plazo de un siglo, un puesto avanzado pobre y sin ley se había transformado en la colonia más próspera del mundo. Mientras la parte española de la isla había permanecido estancada durante un siglo o más, el territorio francés florecía impulsado por inversiones a gran escala tanto públicas como privadas.

En la década de 1740 se irrigaron 40 000 hectáreas de terreno con el patrocinio del Gobierno francés; se empleaban los últimos avances tecnológicos en la molienda y transporte de los cargamentos de azúcar que se enviaban a Burdeos o Nantes. Aunque el azúcar era el género predominante, también existían otros productos cuya exportación resultaba un negocio muy lucrativo: añil, cacao, café y algodón.

Saint-Domingue se convirtió de modo gradual en un lugar de espantosas diferencias sociales. Un pequeño grupo de terratenientes blancos, los denominados *grands blancs*, llevaban una vida de lujo aristocrático en sus fastuosas residencias señoriales o elegantes viviendas urbanas. En la costa surgieron ciudades como Cap-Français, la capital, Puerto Príncipe o Jacmel, dotadas de todas las comodidades de las urbes europeas. Se crearon teatros, diarios y salones de baile y proliferaron las casas de juego.

Pero este decadente estilo de vida de la elite dependía de la mano de obra de una inmensa mayoría de esclavos negros, los cuales, a lo largo del siglo XVIII, llegaban a un ritmo de unos 8 000 al año. Maltratados y explotados por un estamento intermedio de capataces blancos, los *petits blancs*, estos esclavos, arrancados de distintos países de África occidental, eran el motor de la economía de Saint-Domingue.

Se desarrolló así una rígida estructura jerárquica basada en el color de la piel y, en menor medida, en el dinero: en lo más alto, los ricos hacendados blancos; en medio, los blancos pobres y una minoría de mestizos; y abajo del todo los esclavos negros, ya fuesen isleños o importados. Era una receta que produjo enormes beneficios y un crecimiento espectacular. Pero también fue una receta para el desastre.

IZQUIERDA: preparando añil.
DERECHA: muchos religiosos denunciaron los abusos cometidos sobre los taínos.

SANTO DOMINGO:
LLAVE, PUERTA Y ESCALA
DE TODAS LAS INDIAS.
FELIPE II

REVOLUCIÓN Y NACIONALIDAD

Incitado por la Revolución Francesa, Saint-Domingue explotó mientras Santo Domingo se beneficiaba. La consiguiente confusión dio paso a la independencia...

En vísperas de la Revolución Francesa de 1789-1795, Saint-Domingue se alzaba como un monumento al imperialismo europeo. Era, escribió el historiador C.L.R. James, «la colonia más próspera que el mundo hubiera conocido nunca; a primera vista el territorio más floreciente y próspero en la faz de la Tierra».

En 1787 exportó 87 000 toneladas de azúcar, más que todas las colonias británicas juntas. Saint-Domingue era así mismo el primer productor mundial de café. Las inmensas plantaciones de caña de azúcar que se extendían sobre la fértil llanura del norte generaban fortunas a unos pocos miles de terratenientes blancos; en las colinas del sur se cultivaba café y añil en fincas de menor tamaño. Una interminable sucesión de barcos recalaba en los puertos de la colonia, donde descargaban artículos de lujo para los hacendados y pescado salado para los esclavos antes de regresar a Europa cargados del «oro blanco».

Crece la tensión en Saint-Domingue

Otros navíos desembarcaban esclavos: 27 000 en 1786; 40 000 al año siguiente. Se calcula que en 1789 trabajaban en Saint-Domingue medio millón de esclavos, si bien seguía haciendo falta importar mano de obra fresca debido a la mortalidad causada por el agotamiento y los malos tratos. El resto de la población lo componían unos 40 000 blancos, la mayoría de los cuales eran comerciantes, funcionarios o personal militar, más otros 30 000 mulatos libres, fruto de relaciones sexuales ilícitas, a menudo forzadas, entre los hombres blancos y las esclavas negras.

Todos los sectores de la sociedad se odiaban y temían; los blancos desdeñaban a los mestizos, los mulatos envidiaban a los blancos y despreciaban a los negros. Los negros, entretanto, esperaban el día en que pudiesen vengarse de sus opresores. Las sublevaciones de esclavos, las fugas, el envenenamiento de animales y a veces de seres humanos eran moneda corriente.

En 1758 un esclavo llamado Mackandal planeó una revuelta cuyo primer paso consistió en envenenar el suministro de agua de miles de hacendados; fue traicionado y quemado en la hoguera. La colonia vivía bajo el temor constante a los esclavos.

IZQUIERDA: el ejército negro se venga de los opresores franceses, obra de Inigo Barlow.
DERECHA: los colonos vivían con el temor a las revueltas de los esclavos.

Santo Domingo se recupera

Por contraste, el Santo Domingo español era una colonia mucho más pobre pero en conjunto mucho menos explosiva. En la segunda mitad del

siglo XVIII se había recuperado en parte del período desfavorable anterior; así, entre los años 1740 y 1780 la población pasó de 6 000 habitantes a 100 000. Su modesta prosperidad se debía sobre todo a la pujanza de la vecina Saint-Domingue, que importaba carne de vaca y otros productos alimentarios.

Pero su composición social y económica era radicalmente distinta; llegaron numerosos inmigrantes procedentes de las islas Canarias, en tanto que los esclavos negros representaban a lo sumo el 30% de la población. Se trataba de una colonia de grandes haciendas y poblaciones dispersas, muy alejada del sistema de plantaciones a escala industrial que caracterizaba el territorio situado al otro lado de la montañosa frontera.

Estalla la tormenta

Cuando la noticia de la Revolución Francesa llegó a Saint-Domingue, cada estrato social interpretó aquellos remotos acontecimientos en función de sus propios intereses. Los *grands blancs* se mostraron firmemente a favor de la revolución social, si bien creían que podrían sacar partido de la confusión reinante en París para obtener una mayor autonomía. Los negros sintieron que había llegado el momento de exigir los mismos derechos que los blancos, mientras que los esclavos asimilaron el mensaje de libertad e igualdad, sino de fraternidad, al pie de la letra.

Los mulatos fueron los primeros en entrar en acción; a mediados de la década de 1790 estalló una insurrección encabezada por Vincent Ogé, un hombre de color educado en París, que pedía la igualdad inmediata de derechos políticos. El levantamiento fue aplastado de manera brutal, y Ogé y sus compañeros torturados y ejecutados, lo que avivó la enemistad existente entre la minoría blanca y la mulata. Los hacendados y sus aliados políticos, cada vez más aprehensivos, contemplaron la posibilidad de pedir protección a los británicos.

El 22 de agosto de 1791 estalló por fin la tormenta. Una reunión secreta de líderes esclavos desencadenó la largo tiempo esperada insurrección y con ella una orgía de violencia. Según la leyenda, la reunión la presidió Boukmann, un *houngan* o sacerdote vudú. En cuestión de días las plantaciones del norte quedaron reducidas a cenizas y una espesa capa de humo cubrió Cap-Français. La milicia colonial contraatacó; según el terrateniente jamaicano Bryan Edwards, testigo de los hechos, en el plazo de dos meses fueron asesinados unos 2 000 blancos y 10 000 esclavos. Mientras la situación en el norte se volvía desesperada, en el sur estallaba una sublevación de mulatos y en Puerto Príncipe una turba de blancos pobres supuestamente revolucionarios se dedicaba al pillaje.

En septiembre de 1792 una fuerza expedicionaria francesa compuesta por 6 000 hombres desembarcó en medio de esta caótica situación de casi guerra civil. Capitaneados por un triunvirato de comisionados revolucionarios, su objetivo era restablecer el orden, para lo cual ofrecieron a los mulatos la igualdad de derechos. A los esclavos, no obstante, no se les ofreció nada. En todo ese tiempo, tanto España como Gran Bretaña habían seguido los acontecimientos muy de cerca; los británicos llevaban mucho tiempo codiciando esta colonia, mientras que los soldados españoles esperaban apostados al otro lado de la frontera, listos para recuperar el territorio cedido en 1697.

Toussaint, un astuto líder

Fue en este momento crucial cuando el jefe principal de los esclavos, Toussaint L'Ouverture (1742-1803), hizo gala de su talento instintivo para la estrategia. De forma inesperada, se alió junto con sus 4 000 hombres con el comandante español; no se hacía ilusiones de que los españoles fueran a conceder la libertad a los esclavos, pero pensó que de ese modo ejercería una mayor presión sobre los asediados comisionados franceses. Demostró estar en lo cierto, porque en agosto de 1793 Sonthonax, el comisionado principal, hostigado por los contrarrevolucionarios blancos y la amenaza de una invasión extranjera, decretó de forma unilateral la abolición de la esclavitud.

A las pocas semanas Toussaint se volvió contra los españoles aliándose con los republicanos franceses, sabedor de que en ese momento la amenaza más importante para la mayoría negra procedía de las fuerzas británicas que habían desembarcado en septiembre en el puerto sureño de Jérémie. Por su parte, los hacendados blancos acogieron con entusiasmo a las tropas del general Thomas Maitland como su última esperanza de restituir la esclavitud y librarse de los revolucionarios.

En 1795 España y Francia firmaron la paz de Basilea, por la que España cedía el control de Santo Domingo a los franceses. Con los españoles fuera de juego, Toussaint dirigió su atención hacia los británicos, quienes habían empezado su campaña con buen pie tomando Puerto Príncipe en junio de 1794. Pero su éxito se limitaría a esa victoria, ya que las tropas británicas sucumbieron a la fiebre amarilla. En 1798, después de que Sonthonax, el comisionado francés, hubiese regresado a París y de que se hubiesen marchado de la isla los hombres de Maitland, Toussaint pudo por fin aplastar la sublevación de los mulatos en el sur.

En 1800 Toussaint era el amo indiscutible de Saint-Domingue; aunque en teoría era el gobernador general de una colonia francesa, en realidad era el jefe supremo de un país independiente. Entabló acuerdos comerciales con Estados Unidos, fomentó la inversión en educación instituyendo para ello nuevos impuestos y animó a los antiguos esclavos para que volviesen a las plantaciones como trabajadores libres. Incluso trató de ganar para su causa a los hacendados blancos que aún quedaban (la mayoría habían huido a Cuba,

IZQUIERDA: la revolución en Saint-Domingue se cobró muchas vidas.

ARRIBA: los barcos ingleses entran en el puerto.

TOUSSAINT Y NAPOLEÓN

El poder de Toussaint L'Ouverture le resultaba intolerable a Napoleón Bonaparte, quien tras el caos revolucionario de Francia se había erigido en primer cónsul. No estaba dispuesto a tolerar ni la secesión de la colonia más valiosa de Francia ni tampoco el desafío de los que él calificaba con sorna «africanos dorados».

Instigado quizás por su esposa, la emperatriz Josefina, perteneciente a una familia blanca de Martinica propietaria de esclavos, en diciembre de 1801 envió una temible flota compuesta por 22 000 hombres con el objetivo de derrocar a Toussaint L'Ouverture, restablecer el dominio francés y, en definitiva, reinstaurar la esclavitud.

Trinidad u otras islas durante la década anterior), invitándoles a colaborar en la reconstrucción de la destrozada economía de la isla.

Pero su mandato también fue severo; no toleraba las críticas ni a los opositores, y un ejército de 20 000 hombres obligó a muchos a volver a su antiguo trabajo. Durante un breve período, Saint-Domingue reanudó sus exportaciones de azúcar y café, aunque con un volumen de ventas un tercio inferior al de 1789.

No obstante, Napoleón Bonaparte no estaba nada satisfecho con la situación, por lo que en 1801 se propuso restablecer el *statu quo* anterior a la revolución. Al principio parecía que los franceses no habrían de enfrentarse a demasiados obstáculos serios. Persuadidos por la promesa de promoción en el ejército francés, algunos de los oficiales de Toussaint desertaron y la resistencia de los guerrilleros no tardó en desvanecerse. En junio de 1802 Toussaint fue capturado y enviado a Francia, donde lanzó un aviso: el pueblo de Saint-Domingue volvería a alzarse en armas.

UNA ADVERTENCIA

Se dice que al partir hacia su exilio y muerte en Francia, Toussaint L'Ouverture dijo: «Derrocándome a mí sólo habéis talado el tronco del árbol de la libertad. Volverá a brotar de sus raíces, que son numerosas y profundas».

La revancha de los esclavos

A continuación se produjo un extraño punto muerto. Pero en julio llegaron noticias de que las fuerzas francesas habían restituido la esclavitud en Guadalupe tras derrocar al Gobierno, dominado por los mulatos. Esta noticia confirmaba el aviso dado por Toussaint y movió a los antiguos esclavos a actuar una vez más. Una nueva sublevación en el norte se fue haciendo fuerte mientras la inevitable fiebre amarilla volvía a hacer acto de presencia. Comandado por hombres curtidos en innumerables batallas, como Jean-Jacques Dessalines (1758-1806) y Henri Christophe (1767-1820), los combatientes afrocaribeños empezaron a doblegar al ejército francés. «No es suficiente con haber apresado a Toussaint –escribió el general Victor-Emmanuel Leclerc, cuñado de Napoleón, antes de morir de fiebre amarilla–; aún hay que capturar a otros 2 000 jefes más». Para entonces, 24 000 soldados franceses de un total de 34 000 habían muerto.

Finalmente, las esperanzas francesas se desvanecieron cuando en mayo de 1803 se reanudaron las hostilidades contra Gran Bretaña. El sucesor de Leclerc, el general Rochambeau, acometió una cruel y vana campaña lanzando perros asesinos contra sus enemigos y volviéndose contra los mulatos. Tales muestras de desesperación sólo sirvieron para reafirmar la determinación del ejército negro, y el fanático Dessalines, que odiaba a los blancos, optó por replegarse prendiendo fuego a la tierra a fin de dejar sin provisiones las líneas francesas, pero también dejó la colonia reducida a cenizas. *Koupe tèt, boule kay* («corta cabezas, quema casas») era la consigna de Dessalines, y sus hombres se vengaron en los pocos blancos que quedaban y en los maltrechos despojos de la máquina de guerra napoleónica. El 7 de abril de 1803, coincidiendo con el fallecimiento de Toussaint, Dessalines rasgó la banda blanca de la bandera tricolor francesa para crear la enseña de una nueva nación, simbólicamente liberada del opresor blanco. En noviembre, los hombres de Rochambeau no pudieron resistirlo más y, al igual que los británicos antes que ellos, abandonaron la isla.

Haití independiente

El nacimiento de Haití fue tan repentino como lenta la muerte de Saint-Domingue. El 1 de enero de 1804 el general Dessalines proclamó la independencia de la isla y restauró el nombre derivado del taíno, que significa «tierra de altas montañas».

La primera Constitución prohibía de forma expresa a los *blancs* (extranjeros) poseer tierras o propiedades en el nuevo Estado. Haití era un país que nació en ruinas: después de 13 años de lucha, un enorme ejército de libertos, sin tierras ni trabajo, vagaba por su desolado paisaje.

En el ámbito internacional, la creación de la primera república negra del mundo entusiasmó a algunos y horrorizó a otros. Para los liberales y los abolicionistas era una demostración de que los oprimidos podían triunfar sobre la tiranía, de que la esclavitud tenía los días contados. Pero para las potencias coloniales y las sociedades esclavistas de toda América la única revolución negra que había triunfado en el mundo constituía un aterrador ejemplo de lo que podría pasar en otros lugares. En consecuencia, la mayor parte de la comunidad internacional volvió la espalda a un Haití independiente al que consideraban un Estado en el que reinaba el salvajismo más absoluto, una prueba de que no era posible confiar en que los hombres de raza negra fueran capaces de gobernarse a sí mismos.

Las primeras décadas de independencia no auguraban nada bueno para el futuro del país. Siguiendo el ejemplo de Napoleón, el autócrata Dessalines se proclamó emperador en octubre de 1804. Murió a los dos años abatido por oficiales mulatos amotinados tras su breve y cruento reinado. A Dessalines le sucedió Henri Christophe, un ex camarero de hotel convertido en comandante militar, quien, con el título de rey Enrique I, fue el primer monarca de América. Christophe, una excéntrica combinación de reformador y megalómano, intentó introducir un sistema educativo de inspiración europea, al tiempo que imitaba el estilo de vida cortesano del Viejo Mundo rodeándose de duquesas y condes. Su monumento más duradero es la Citadelle Laferrière, una enorme fortaleza construida cerca de Cap-Français (rebautizada como Cap-Haïtien) para rechazar cualquier invasión futura por parte de los franceses.

En ese tiempo volvieron a asomar a la superficie las viejas rivalidades entre el norte y el sur, entre negros y mulatos. Con Alexandre Pétion al frente, el sur de Haití se separó del reino de Christophe y se constituyó en una república independiente. Esta anómala escisión duró hasta 1820, año en que el sucesor de Pétion, el general mulato Jean-Pierre

Boyer (1776-1850), reunificó el país después de que Christophe se suicidase a raíz de una revuelta popular. Sometido a constantes luchas internas, Haití continuó siendo un país alzado en armas. Había obtenido la independencia por la fuerza, y los generales siguieron ejerciendo una influencia abrumadora hasta bien entrado el siglo XIX.

Entretanto, el viejo sistema colonial de plantaciones se desmoronó y las haciendas fueron divididas en pequeñas fincas, con lo cual Haití se convirtió en una nación de pequeños agricultores. Y a medida que cambiaba el paisaje rural, emergieron dos mundos separados: el del campesinado, negro, de habla criolla, alejado de las ciudades y analfabeto en su práctica totalidad; y el de la elite mulata, urbano, francófono e instruido.

IZQUIERDA: *Dessalines cabalgando*, de Philomé Obin.
ARRIBA: Henri Christophe pone el punto final.

El nacimiento de la República Dominicana

Después de que los franceses fueran expulsados de Saint-Domingue en 1803, mantuvieron una cierta presencia en Santo Domingo hasta 1809, año en que la *partie de l'est* (parte del este) volvió a poder de España. Era una situación que al parecer no deseaban ni España ni los colonos, a la que siguió un período caótico en el que varios gobernadores incompetentes trataron de imponer la autoridad colonial sobre una población cada vez más descontenta.

En 1821, mientras en la Sudamérica española arraigaban los movimientos anticolonialistas, un grupo de notables proclamó la independencia del territorio, al que llamaron el Haití español, y le

pidieron a Simón Bolívar poder integrarse en su proyecto de la República de la Gran Colombia. Nunca recibieron respuesta; en su lugar, en febrero de 1822, el presidente de Haití, Boyer, ocupó Santo Domingo al frente de su ejército. Permanecería allí durante 22 años.

La ocupación haitiana

Aunque Boyer gobernó la isla con firmeza, los haitianos introdujeron reformas necesarias desde hacía mucho tiempo, entre ellas la abolición de la esclavitud. Quienes más levantaron la voz para quejarse fueron los poderosos terratenientes, en particular la Iglesia y los españoles ausentes, que vieron cómo sus haciendas eran divididas en parcelas y redistribuidas. Los burócratas de Santo Domingo, la mayoría de ellos veteranos al servicio del Gobierno español, también se sintieron agraviados cuando los funcionarios haitianos ocuparon su lugar. Por regla general, sin embargo, los propietarios de ranchos y los cultivadores de tabaco no fueron molestados.

El resentimiento se extendió a otras capas de la población a partir del año 1825 debido a una serie de impuestos con los que los haitianos gravaron a los habitantes de Santo Domingo a fin de sufragar un pacto alcanzado con Francia por el que ésta se comprometía a reconocer la soberanía de Haití a cambio de una compensación por valor de 150 millones de francos, que debían ser abonados a los terratenientes expropiados del antiguo Saint-Domingue. Comprensiblemente, a la población hispanohablante no le hizo ninguna gracia tener que contribuir a este costoso arreglo mediante impuestos punitivos, y surgió así un movimiento nacionalista.

Un movimiento secreto

Pero la independencia todavía iba a tardar en llegar. Lentamente, un grupo de nacionalistas organizó una red secreta que en 1838 recibió el nombre de la Trinitaria. En 1843, la influencia de este movimiento clandestino se había extendido entre la descontenta juventud de Santo Domingo y sus cabecillas ya habían decidido cómo llamar a la nación soñada: República Dominicana.

La creciente debilidad de Boyer facilitó la tarea de los conspiradores. Un trágico terremoto ocurrido en 1842 arrasó la mayor parte de las poblaciones costeras del norte de la isla, así como la ciudad de Santiago, la segunda en importancia del este. El saqueo llevado a cabo por las tropas haitianas avivó la animosidad, mientras en Haití varios bandos estaban conspirando contra un Boyer cada vez más corrupto.

Cuando a finales de 1843 el veterano presidente fue por fin derrocado y enviado al exilio en Jamaica, la Trinitaria juzgó que había llegado el momento de la revuelta, y la mañana del 28 de febrero de 1844 los habitantes de Santo Domingo se despertaron como ciudadanos de un nuevo país.

De nuevo la isla volvió a quedar dividida, pero en esta ocasión entre dos repúblicas independientes. Tal división no era sólo geográfica: distanciadas desde hacía tiempo por un profundo sentimiento de desconfianza y antipatía mutuas, durante el largo período de inestabilidad e injerencias extranjeras ulterior demostrarían, con frecuencia, ser vecinas irreconciliables.

IZQUIERDA: el Haití español solicitó su integración en la Gran Colombia de Bolívar.

Toussaint L'Ouverture

Las pinturas y los grabados de la época muestran una figura gallarda, por lo general a caballo, vestida con uniforme de gala napoleónico, un auténtico líder. Otros contemporáneos suyos lo describen como un hombre bajo, feo y deforme. Mientras vivió, Toussaint L'Ouverture fue idealizado por los reformistas de todo el mundo como un heroico luchador por la libertad; cuando murió, célebres escritores como William Wordsworth y Victor Hugo conmemoraron sus hazañas. Pero otros lo detestaban. Napoleón prometió aplastarlo y se ganó numerosos enemigos entre su propia gente.

Nacido esclavo en 1742, François-Dominique Toussaint Bréda fue un inopinado revolucionario. Al parecer de ascendencia noble, su amo le dispensó un trato privilegiado, y otro esclavo, su padrino, le enseñó a leer. Toussaint ascendió hasta ocupar puestos de confianza, primero de cochero en la plantación de Bréda, situada cerca de Cap-Français, y luego como mayoral de ganado, un trabajo normalmente reservado a los blancos.

A pesar de su buena posición social, Toussaint se mostraba comprensivo hacia la corriente revolucionaria que crecía entre los esclavos. Cuando estalló la revolución en 1791 lo primero que hizo antes de unirse al ejército rebelde fue proteger a la familia de su amo organizando su huida a Cap-Français. Para entonces ya tenía casi 50 años y era conocido como el Viejo Toussaint, pero gozaba de un amplio respeto por su sabiduría y buen juicio. Durante los años que había pasado como capataz adquirió dotes de mando, pero lo que resultó una sorpresa fue su talento para la estrategia y las tácticas militares.

En el transcurso de la década de continuos conflictos que siguió, Toussaint transformó una caterva indisciplinada y mal pertrechada en una fuerza de choque letal. Sus hombres, decía, estaban «tan desnudos como gusanos», pero, ocultos en las montañas, se convirtieron en un formidable exponente de la guerra de guerrillas. Su instinto de estratega lo indujo a aliarse con los españoles contra los franceses, para abandonarlos en cuanto los republicanos franceses abolieron la esclavitud. Aguardó a que una epidemia de fiebre amarilla causase una gran mortandad en las tropas invasoras británicas, esperando pacientemente la hora propicia mientras la enfermedad ganaba la guerra. Y demostró ser mejor táctico que sus rivales y enemigos, ganándose el sobrenombre de *L'Ouverture* porque siempre encontraba un hueco o punto débil en las líneas enemigas. Intrépido, cortés, incluso algo mujeriego, Toussaint, además de puntos fuertes, también tenía debilidades. Disfrutaba con el poder y la autoridad y no toleraba las críticas. Mientras fue gobernador general, gobernó con una firmeza rayana en la crueldad. Las plantaciones volvieron a producir, los antiguos esclavos regresaron al trabajo y se reprimió cualquier indicio de actividad revolucionaria. Al mismo tiempo, Toussaint se mostraba conciliador con los blancos que aún quedaban en la isla, demasiado incluso, según sus opositores más radicales. Cuando su sobrino Moïse encabezó una sublevación en protesta por la continua explotación de la mayoría negra, Toussaint ordenó que lo matasen.

De acuerdo con el historiador C.L.R. James, Toussaint finalmente se distanció de las masas revolucionarias, el pueblo que él había liderado e inspirado con tanto éxito. Cuando a finales de 1801 arribó por fin el temible ejército de Napoleón, James describe a Toussaint observando desde la cima de una montaña cómo se aproximaba la flota. «Moriremos. Toda Francia ha venido para derrotarnos», dice. A partir de ese momento, el hasta entonces seguro de sí mismo caudillo haitiano parece atenazado por la indecisión, y en junio de 1802 es capturado y enviado a Francia.

Un año después Toussaint L'Ouverture había muerto; lo encontraron una mañana hundido en la silla de su gélida celda de la prisión Fort de Joux, en las montañas Jura. Había escrito varias cartas de súplica a Napoleón, pero nunca recibió respuesta. «El Napoleón Negro –escribió Chateaubriand con sarcasmo–, imitado y asesinado por el Napoleón Blanco.»

DERECHA: retrato de Toussaint L'Ouverture.

LOS ESTRAGOS DEL ABUSO DE PODER

Durante varias décadas, a ambos lados de la frontera el poder político estuvo en manos de militares y dictadores

Los disturbios llevaban mucho tiempo desempeñando un papel más importante que los votos en Haití y Santo Domingo. Las elecciones presidenciales de diciembre de 1990 fueron las primeras en los casi dos siglos de historia haitiana. En la República Dominicana hubo que esperar hasta 1962 para que se celebrasen unos comicios democráticos, aunque acto seguido intervinieran los militares y derrocaran al Gobierno electo. De modo que en ambos países la democracia es algo reciente y todavía frágil.

En cierto modo, la dictadura hunde sus raíces en la propia transición de las dos naciones hacia la independencia, un reconocimiento que no siempre obtuvieron de manera totalmente pacífica. En ambos casos, los militares acabaron tomando las riendas del Gobierno y con ellas las prerrogativas que acompañaban al poder político. El resultado fue una inestabilidad crónica, puesto que en ocasiones no se cumplían todos los pormenores electorales. Durante todo el siglo XIX y parte del XX una serie de hombres fuertes o caudillos rivalizaron por el dominio de la República Dominica, en tanto que en Haití, entre 1843 y 1915, sólo dos presidentes de un total de 21 consiguieron concluir su mandato. La constante injerencia de las potencias extranjeras no hizo sino agravar una situación ya de por sí explosiva, un factor que contribuyó a la instauración de dos de las dictaduras más prolongadas y crueles del Caribe.

Años de caos

La historia del siglo XIX en Haití es una historia de extrema pobreza y de continuos conflictos políticos. Las crisis que sacudían el país a intervalos regulares seguían una especie de pauta: un aspirante a presidente reunía un ejército, marchaba sobre Puerto Príncipe, la capital, y se hacía con el poder, que perdía a su vez al cabo de unos meses o de unos años.

La mayor parte de los haitianos no llegaba a enterarse de estos acontecimientos, ni tampoco hacían mucho caso, ya que las intrigas políticas en Puerto Príncipe tenían muy poca trascendencia en su dura existencia y para ellos todos los gobiernos no eran más que sinónimo de impuestos y de opresión. De vez en cuando alguno de los presidentes en el poder trataba de emprender reformas y mejoras, pero no siempre lo lograban. Algunos períodos fueron más duros que otros. Así, por ejemplo, el régimen de Faustin Soulouque (1847-1859) es recordado por su duración y crueldad. Soulouque, que gobernaba con el apoyo de los *zinglins*, una milicia

paramilitar, se hizo coronar emperador con el nombre de Faustino I e intentó invadir la República Dominicana en dos ocasiones, en 1848 y en 1859.

En lo más hondo del malestar haitiano yacía el viejo conflicto colonial entre la minoría mulata y la mayoría negra. Algunos presidentes del siglo XIX fueron mulatos, pero hubo muchos más de raza negra, la mayor parte salidos del ejército, dominado por los afrocaribeños. Con frecuencia gobernaban bajo la mirada atenta de los poderosos garantes del poder, quienes se aseguraban de que los gobernantes en el poder no perjudicasen su monopolio sobre el comercio y otras actividades económicas. No obstante, lo único que les interesaba a bastantes presidentes era sobre todo el enriquecimiento personal, con un absoluto desprecio

IZQUIERDA: Rafael Leónidas Trujillo Molina en 1955.
DERECHA: Faustino I lucha contra la República Dominicana.

por el bienestar del pueblo. En la República Dominicana la situación no era mucho mejor. Después de que los dirigentes de la Trinitaria hubieran sido rápidamente apartados del poder, la nueva nación estuvo dominada por diversos gobernantes regionales al frente de sus propios ejércitos. Uno de esos caudillos, Buenaventura Báez, ocupó cinco veces la presidencia (entre los años 1848 y 1878), cargo que aprovechó para extorsionar a los cultivadores de tabaco del país y, cuando eso fallaba, acuñar dinero para cubrir los gastos del Gobierno.

NO, GRACIAS

En 1869 un único voto negativo en el Senado de Washington evitó que la República Dominicana pasase a formar parte de Estados Unidos cuando este país solicitó su anexión al presidente Ulysses S. Grant.

Como resultado, la República Dominicana experimentó una inflación desorbitada y se endeudó más y más con los acreedores extranjeros, entre ellos Francia, Alemania, Gran Bretaña y Estados Unidos, que controlaban una parte cada vez mayor de las exportaciones de café de Haití.

Interviene España

Mientras tanto, las relaciones entre Haití y la República Dominicana no eran precisamente cordiales, en especial durante el reinado de Soulouque, y esta hostilidad ocasionó uno de los episodios más extraordinarios de la historia caribeña del siglo XIX. Los dirigentes de la República Dominicana llevaban mucho tiempo interesados en conseguir algún tipo de protectorado extranjero sobre su territorio a fin de frenar el expansionismo haitiano. Con tal propósito, Báez y su oponente, Pedro Santana, se dirigieron a Francia, España y Estados Unidos solicitando su anexión a esos países. A cambio, ofrecían el magnífico puerto natural de Samaná como base militar y carbonífera. Al final, España aceptó reintegrar el territorio en lo que fue el primer y único proceso voluntario de recolonización en toda América. En 1861, España declaró el territorio de Santo Domingo un protectorado.

Pero el acuerdo resultó ser un desastre. Los españoles gobernaron discriminando a los dominicanos y monopolizando los puestos estatales. En 1864 estalló una segunda guerra de independencia en la que la mayoría de los combatientes fueron campesinos negros temerosos de que los españoles reinstaurasen la esclavitud; en junio de 1865 las tropas españolas abandonaban la isla rumbo a Cuba.

La ocupación estadounidense

Tras varias décadas de caos económico, tanto en Haití como en la República Dominicana, Estados Unidos decidió intervenir directamente. En vista de que la deuda externa de ambos países no cesaba de aumentar, las potencias europeas, sobre todo Alemania, optaron por participar en sus políticas internas. Gran parte del café haitiano se exportaba a Hamburgo, lo mismo que los puros dominicanos. Cuando los súbditos alemanes eran objeto de malos tratos o las deudas no se pagaban, Berlín estaba dispuesto a enviar cañoneros como represalia; entre 1897 y 1911 los barcos de la armada imperial alemana pudieron verse en diversas ocasiones en las aguas de Haití. En la República Dominicana el dictador Ulises Heureaux (1882-1899), cuyo mandato duró más de lo que era habitual, llegó a ofrecer a los alemanes una estación de aprovisionamiento de carbón en Samaná.

Como era de prever, a Estados Unidos todo esto no le hacía ninguna gracia. Desde la doctrina Monroe de 1823 había dejado muy claro que la injerencia europea en la región no era en absoluto de su agrado. Preocupados por la inestabilidad política en ambos lados de La Española, Estados Unidos no estaba dispuesto a permitir que naciones potencialmente hostiles como Alemania se estableciesen en el Caribe. A raíz del asesinato de Heureaux el caos económico se agudizó y en 1905 los estadounidenses decidieron asumir el control de las rentas de la aduana dominicana (la única fuente de ingresos estatales), para lo que primero saldaron las deudas y a continuación le entregaron el resto al Gobierno dominicano.

En 1914 el inicio de la guerra en Europa y la apertura del canal de Panamá, sólo sirvieron para que aumentasen las sospechas que albergaba Estados Unidos respecto a Alemania. Y cuando a partir de 1911 Haití entró en un estado de anarquía casi total, Washington comenzó a ver el país como un riesgo inaceptable para la seguridad de la región. En julio de 1915, tras el asesinato del presidente Guillaume Sam, los marines desembarcaron en Puerto Príncipe. Casi un año después, las tropas estadounidenses desembarcaban también en Santo Domingo para restablecer el orden y proteger «las vidas de los estadounidenses».

mitieron a las empresas estadounidenses reemplazar a los campesinos y se eliminaron los aranceles. En la República Dominicana la anticuada industria azucarera recibió fondos estadounidenses.

Si bien la elite política de Puerto Príncipe y Santo Domingo estaba encantada de colaborar en esta «modernización», el campesinado pobre no parecía tan entusiasmado. Ejércitos de campesinos guerrilleros combatieron contra las fuerzas de ocupación en ambos países hasta que fueron derrotados.

La experiencia de la ocupación estadounidense, malograda por el racismo y las violaciones de los derechos humanos, contribuyó a fortalecer el sentimiento nacionalista, en especial en Haití, donde la ocupación duró más tiempo y supuso la humi-

Al final, los estadounidenses se quedaron en la República Dominicana nueve años, y en Haití hasta 1934. En ese tiempo dotaron a la isla de una cierta infraestructura y mejoraron la atención médica primaria.

La reacción del campesinado

Pero estas acciones de EE UU no eran ni mucho menos humanitarias. El motivo más inmediato era convertir a ambos países en estados clientes: aptos para la inversión estadounidense y aliados políticos. Como consecuencia, las reformas agrarias per-

IZQUIERDA: cartel con la imagen de Roosevelt.
ARRIBA: posteriormente, los estadounidenses invadieron el país.

llante imposición de trabajos forzosos a las poblaciones agrícolas.

Papa Doc y el Jefe

Al marcharse, los estadounidenses dejaron en ambos territorios fuerzas especiales para asegurar su estabilidad. En realidad, no lograron este objetivo, ya que de ahí surgieron dirigentes como Rafael Leónidas Trujillo, que fue medrando en la Guardia Nacional dominicana hasta que en 1930 asumió el poder. Considerado el primer dictador totalitario del Caribe, dirigió el país como si de su feudo privado se tratase durante 30 años, durante los cuales se adueñó de plantaciones de azúcar y de ranchos para su lucro personal. Cuando un periodista estadounidense preguntó quién era el propietario de un toro particularmente hermoso, un asombrado peón le respondió: «es del Jefe». El Jefe contó siempre con el apoyo de Estados Unidos, incluso cuando en 1937 ordenó la matanza de unos 15 000 haitianos en una operación de «limpieza» destinada a frenar la inmigración a través de la frontera. Mandó cambiar el nombre de Santo Domingo por el de Ciudad Trujillo y adoptó títulos del tipo «el Benefactor». Si el régimen de Trujillo ofrecía una apariencia de estabilidad, era al inmenso coste de decenas de miles de vidas.

PAPA DOC NUESTRO

«Doc nuestro que estás en el Palacio Nacional, santificado sea tu nombre... El nuevo Haití dánoslo hoy y no perdones los pecados de esos antipatriotas que escupen sobre nuestro país».

– Oración escolar haitiana de la década de 1960

Al poco tiempo de la marcha de los marines de Haití se reanudaron las hostilidades entre una minoría que se había beneficiado de la ocupación y la mayoría de raza negra. Los presidentes se sucedieron uno tras otro hasta que en 1957 los militares instalaron en el poder a un médico rural miope y de voz suave llamado François Duvalier.

Sin embargo, Papa Doc, el apodo por el que se le conocía, no tardó en dejar claro que no iba a ser la marioneta de nadie. Defensor a ultranza de la cultura de raíces africanas y pretendido paladín de las masas negras, capitalizó la nueva corriente emergente del nacionalismo haitiano. Tras formar una milicia leal a su persona, los *tontons macoutes* (*véase pág. 69*), redujo el poder de los militares y se autoproclamó presidente vitalicio. Muy pronto, la infame prisión de Fort Dimanche estuvo llena de prisioneros políticos y miles de personas huyeron del país. Durante el mandato de Papa Doc, Haití se hizo famoso por su extrema pobreza y su brutal represión.

Pero Papa Doc también tenía un buen número de seguidores, en particular la nueva clase media de funcionarios y de colaboradores políticos. Antes de su muerte, acaecida en 1971, entregó el poder y el «negocio familiar» a su hijo Jean-Claude, más conocido en todo el país por el sobrenombre de *Baby Doc*.

La democracia tarda en llegar

Los excesos de Trujillo llegaron a su fin en 1961, año en que la CIA y los militares dominicanos conspiraron para asesinar al anciano dictador, cuya codicia y violencia se habían convertido en un estorbo. Pero las esperanzas de una nueva etapa democrática se verían truncadas. Después de una serie de breves gobiernos interinos, Juan Bosch, un reputado socialdemócrata, fue elegido presidente en diciembre de 1962 en las primeras elecciones libres celebradas en el país. Prometió reformas agrarias y una mayor igualdad, lo que le granjeó numerosos enemigos entre las clases más pudientes; fue derrocado en menos de un año.

A la vista de que los bandos pro-Bosch y anti-Bosch del ejército parecían decididos a enfrentarse en una guerra civil total mientras las multitudes enfurecidas se manifestaban en los barrios pobres de Santo Domingo, Washington se temió «una nueva Cuba». En 1965 los marines estadounidenses desembarcaron una vez más para contener a las partes enfrentadas y asegurarse de que un político «de confianza» ganara las siguientes elecciones. Joaquín Balaguer, antiguo confidente de Trujillo y un hombre versado en el arte de la supervivencia política, fue el elegido.

Durante 35 años Balaguer dominó el panorama político de la República Dominicana, ganando las elecciones en 1966, 1970, 1974, 1986, 1990 y 1994. En todos los casos, hubo diversas acusaciones de fraude y la democracia no terminaba de asentarse por completo. Aunque en la década de 1970 se produjo un breve período de crecimiento económico basado en la minería de la bauxita y el turismo, lo que supuso un cierto alivio, el número de personas condenadas a la pobreza y a la marginación en los suburbios urbanos o en las atrasadas poblaciones rurales no cesaba de aumentar.

A mediados de la década de 1980 el régimen de *Baby Doc* Duvalier también entró en un punto crítico. Muchos de los que habían apoyado a Papa Doc comprobaron que su hijo no tenía especiales cualidades para gobernar. El descontento creciente sacudió al país en 1985, y en febrero de 1986 Duvalier se exilió en Francia dejando que el ejército tomase las riendas del país.

Con Duvalier en el exilio, los generales haitianos contaban con llenar el vacío de poder como los legítimos dirigentes del país. Pero la presión popular, que exigía un cambio real, hizo que Haití, dominado por los militares, resultase de hecho una nación ingobernable; a lo largo de cinco turbulentos años una serie de juntas y presidentes civiles gobernaron durante breves mandatos. Pese a todo, en diciembre del año 1990 se celebraron por fin elecciones libres, ganadas por abrumadora mayoría por Jean-Bertrand Aristide, un sacerdote católico cuyo movimiento (Lavalas) prometía acabar con la opresión y la desigualdad en Haití. Al ejército y las clases pudientes no les entusiasmó la perspectiva que esto suponía. En 1991 intervinieron las fuerzas armadas y Titi marchó al exilio.

A continuación se produjo uno de los períodos más oscuros de la historia de Haití, durante el cual una sanguinaria junta respaldada por bandas terroristas mantuvo secuestrado al país, desafiando a la opinión pública internacional y persiguiendo a los partidarios de Aristide. Finalmente, en 1994 una misión militar dirigida por Estados Unidos devolvió a Aristide a la presidencia. Alarmado ante la perspectiva de que los haitianos emigraran en masa a Florida, al Gobierno de Clinton no le quedó otra opción que reponer a Aristide en el poder y destituir a los militares.

Como consecuencia, los militares fueron depuestos y la violencia política disminuyó. Y en 1996 Aristide pudo por fin ceder el cargo a un sucesor elegido democráticamente, René Préval. Ese mismo año, Balaguer, con 89 años de edad, fue finalmente apartado de la presidencia de la República Dominicana.

IZQUIERDA: militares dominicanos.
ARRIBA: Jean-Claude *Baby Doc* Duvalier.

¿QUÉ FUE DE *BABY DOC*?

Al abandonar Haití en 1986, *Baby Doc* se llevó con él unos 50 millones de dólares estadounidenses para sumarlos a la fortuna que había ingresado en secreto en diversos bancos extranjeros. Se retiró a vivir a la Costa Azul, en Francia. Pero sus planes para disfrutar de un futuro desahogado se vieron truncados cuando su esposa, Michèle, se fugó con su abogado y buena parte de su fortuna. Casi todo lo demás estaba congelado en varias cuentas, ya que Haití intentaba recuperar los fondos evadidos. *Baby Doc* tuvo que mudarse a una casa más pequeña y, según se dice, buscó trabajo de jardinero. En 1998 se ofreció a volver a Haití para dar al país un líder. Después de eso, desapareció del mapa.

LA ARQUITECTURA TROPICAL

La arquitectura de La Española revela la influencia de los primeros pobladores y colonos que se asentaron en ella

Los iconos religiosos expuestos en las iglesias de la República Dominicana y Haití presentan una fascinante fusión de las culturas africana y europea. El catolicismo de España y Latinoamérica es una importante influencia en ambos países y a él se deben las imágenes profusamente decoradas de la Virgen María. Sus hermosas catedrales de piedra lucen adornos de oro y de piedras preciosas y obras de arte colgadas de las paredes, los techos y los altares.

IMAGINATIVOS CALADOS

En Haití aún pueden verse algunos ejemplos de la arquitectura tradicional denominada *gingerbread*. El estilo *gingerbread*, cuyo nombre se debe a los intrincados dibujos con los que los pasteleros alemanes del siglo XVI decoraban los dulces, se basa en laboriosos enrejados de madera. En un principio labrados a mano, servían de decoración en los aleros de los tejados y en las balaustradas de las residencias urbanas más prósperas. La aparición en la década de 1860 de la sierra de calado mecánica favoreció la creación de infinidad de diseños. Los imaginativos aleros, las barandillas decorativas, las contraventanas y las puertas del hotel Oloffson, en Puerto Príncipe (*véanse págs. 71 y 282*), constituyen los ejemplos más primorosos de un panorama arquitectónico muy variado. El hotel, construido en la década de 1880 por un arquitecto francés, luce amplias galerías corridas alrededor del edificio; durante la ocupación estadounidense de finales del siglo XIX sirvió de hospital.

▷ **ICONOS RESTAURADOS**
Las esculturas que adornan la catedral de Santa María la Menor, en Santo Domingo, se añadieron como parte de las obras de restauración efectuadas en 1990.

△ **CASAS EN EL MAR**
En Haití el terreno para construir casas es un lujo, por lo que cualquier espacio abierto, como esta isleta situada entre La Española y la isla de la Gonâve, puede ser ocupado de la noche a la mañana.

△ **ESTILO VICTORIANO**
La histórica ciudad de Puerto Plata es un buen lugar para ver edificios de estilo victoriano y neoclásico construidos en madera y provistos de frescos porches.

△ **EL LEGADO COLONIAL**
Los balcones con exquisitos calados de hierro añaden encanto al estilo colonial de Jacmel, en el sur de Haití, y de Cap-Haïtien, en el norte.

CATEDRALES Y CASAS DE CAMPO

Se cree que la catedral de Santa María la Menor (*véase pág. 183*) es la más antigua de América. Construida entre 1514 y 1544 con piedra caliza gris en un preciosista estilo arquitectónico, en un principio incluía esculturas de los apóstoles. El edificio resultó seriamente dañado durante un ataque realizado por Francis Drake en 1586, y hubo que esperar hasta 1990 para que este hermoso templo fuera restaurado.

En el campo todavía hay muchas casas –sobre todo en Haití– que recuerdan a las que construían los primeros pobladores valiéndose de técnicas heredadas de los africanos y de los indígenas. Los granjeros trenzan troncos de palmera y los cubren con arcilla para levantar las paredes, y utilizan hojas de palmera para techarlas, aunque en la actualidad los tejados suelen ser de acero y chapa ondulada.

▽ **PUERTAS DECORADAS**
Los portales decorados con alegres colores formando dibujos geométricos que pueden verse en las calles de Cap-Haïtien son uno de los tesoros de esa ciudad.

△ **ESTILO EUROPEO**
Jacmel cuenta con una maravillosa colección de edificios de estilo europeo, con muros de piedra y tejados de chapa ondulada.

▷ **COLOR RURAL**
Incluso las casas de campo más modestas lucen los imaginativos adornos y vivos colores que sin duda evocan el Caribe.

LA REPÚBLICA DOMINICANA HOY

El futuro se presenta más prometedor para los dominicanos gracias a la creciente industria turística, pero todavía quedan algunos problemas por resolver

A 32 kilómetros al sudoeste de Barahona, en la costa caribeña, se encuentra la ruinosa ciudad de El Paraíso. La playa, no demasiado paradisíaca, está llena de los detritus de las palmeras que la flanquean. La industria del turismo internacional, cuya presencia es hoy evidente en el nuevo aeropuerto y en el complejo hotelero de Barahona, todavía no ha llegado a este lugar. Volviendo desde la playa hay un grupo de bloques de apartamentos de poca altura, construidos en la década de 1970 y ya algo decrépitos, cubiertos de insignias y lemas descoloridos. «Balaguer otra vez, 1994-1998», dice uno de ellos; «Balaguer nos dio estas casas», declara otro. Por todas partes pueden verse dibujados con plantillas los símbolos e iniciales del partido del antiguo presidente, el PRSC o Partido Reformista Social Cristiano.

Política de culto a la personalidad

Esta escena cotidiana es un testimonio del sistema político que ha configurado la República Dominicana y que Joaquín Balaguer supo manejar con gran habilidad, es decir, que por ejemplo a sus votantes les prometía una serie de mejoras si finalmente decidían votarle a él. En recompensa por la lealtad electoral, los electores obtenían diferentes favores.

El presidente entregaba personalmente, en incontables ceremonias, títulos de propiedad a campesinos agradecidos o las llaves del piso a las familias elegidas para ocupar los nuevos bloques de viviendas. *L'État, c'est moi* era el principio por el que se regía Balaguer, que controlaba hasta la mitad del presupuesto nacional y destituía a sus ministros a voluntad. La economía dominicana creció durante un breve período en la década de 1970, pero en la década siguiente entró en recesión antes de volver a recuperarse a partir de 1990. Balaguer controlaba la inflación, pero la deuda nacional, que para entonces ascendía a casi 4 millones de dólares estadounidenses, se disparó debido a que dedicó parte del dinero a sus proyectos personales.

PÁGINAS ANTERIORES: Punta Cana es muy turística.
IZQUIERDA: Judith Egger, propietaria del hotel Coyamar, Las Terrenas.
DERECHA: el presidente Joaquín Balaguer.

Era ese estilo de política de culto a la personalidad el que Leonel Fernández prometió abolir cuando en 1996 asumió el poder. Después de varias elecciones controvertidas y de tres décadas dominadas por Balaguer, el país parecía estar preparado para un nuevo comienzo. Pero, curiosamente, ese nuevo comienzo era en gran parte obra de Balaguer. Como no podía presentarse a

las elecciones de 1996, instó a sus seguidores a que votasen a Fernández, con quien Balaguer se alió, temeroso de que su viejo adversario del PRD, José Francisco Pena Gómez, pudiese alcanzar el poder. Balaguer se presentó incluso a las elecciones del año 2000, aunque quedó en tercer lugar. En ellas resultó elegido el PRD, con Hipólito Mejía al frente.

Rivalidades políticas

La política es muy importante en la República Dominicana, un asunto de vital importancia. La lealtad al partido es muy fuerte, ya que la victoria electoral significa la posibilidad de mejoras. Cuando un partido pierde el poder, sus seguidores cuentan con tener que dejar sus cargos, del mismo modo que el partido ganador recompensa a sus socios. En el pasado, miembros de los tres principales partidos entablaron terribles disputas, no sólo unos contra otros, sino también en su propio seno. El país parece estar enfrascado en una permanente campaña electoral. Nada más saberse el resultado de unas elecciones presidenciales, comienza la campaña para el Congreso. Al mismo tiempo, los partidos esperan ansiosos los siguientes comicios e inician el interminable y por lo general lento y complicado proceso de elegir al candidato. Prácticamente todos los muros y farolas del país exhiben carteles, pasquines y lemas de las pasadas elecciones, que pronto taparán los de las siguientes.

En ocasiones se dedican a criticar o atacar a sus oponentes, y otras veces los políticos deciden formar inesperadas alianzas de marcado carácter oportunista. La estructura tripartita del país significa que en cualquier momento se pueden realizar maniobras estratégicas entre los miembros del Gobierno y los opositores. Una táctica habitual es el boicot en el Congreso, de manera que un presidente, como por ejemplo el actual, Fernández, tiene que enfrentarse en las dos cámaras del Congreso a una mayoría hostil que bloquea todas sus propuestas. En tales circunstancias, resulta bastante difícil aprobar hasta el más mínimo artículo de ley y, en consecuencia, la popularidad del presidente decae rápidamente.

Desde los primeros días de la independencia se espera que los políticos sean carismáticos. Algunos de ellos, como los presidentes Balaguer y Juan Bosch, se valieron de sus partidos como instrumento para lograr sus objetivos personales además de para gobernar el país.

En ocasiones algunos partidos o candidatos recurren a artimañas. En 1994 se filtró a los medios de comunicación un falso informe médico que insinuaba que Juan Bosch tenía la enfermedad de Alzheimer. Ese mismo año, Pena Gómez, del PRD, fue el objetivo de una intensa campaña racista en la que se daba a entender que, como dominicano de raza negra y ascendencia haitiana que era, estaba conspirando para permitir que Haití se adueñase del país.

Privatización y corrupción

Uno de los legados más obvios de la dictadura de Trujillo es la magnitud del sector estatal. El generalísimo era, literalmente, dueño de la mayor parte del país, y cuando murió, sus tierras, negocios y bienes pasaron a ser propiedad del Estado. Esta centralización del poder económico demostró resultarle muy útil a políticos como Balaguer, pues dieron muchos de los altos cargos de las empresas azucareras y eléctricas a amigos y seguidores, y ofrecieron trabajos no cualificados a miembros del partido. Pero la mayoría de las empresas estatales eran extraordinariamente deficitarias y reducían las arcas del Estado.

Si bien Balaguer se resistió a privatizar las industrias clave (azucareras, eléctricas, bancos y compañías de seguros), Fernández parecía más receptivo a la idea de modernizar la economía y librar al Estado de algunas de sus empresas con mayores pérdidas. No obstante, tuvo que hacer frente a la ira de la oposición, mayoritaria en el Congreso, que afirmaba que estaba vendiendo el patrimonio nacional por unos beneficios a corto plazo. En consecuencia, el proceso de privatización ha avanzado muy lentamente.

La existencia de un desmesurado sector estatal, por muy en quiebra que esté, también ha sido un acicate irresistible para algunos políticos y hombres de negocios no muy honrados. Como sucede en muchos países, a veces se observa en la sociedad dominicana un cierto grado de corrupción, con desfalcos y sobornos a cuerpos institucionales.

Sin escrúpulos...

El presidente Fernández descubrió que a través de la aprobación de un plan de reforma agraria los cómplices de Balaguer habían estado vendiendo los terrenos destinados a pequeños agricultores a contratistas que luego construían complejos turísticos.

Plantaciones y vacaciones

A pesar de los intereses creados de los políticos a la vieja usanza, la economía de la República Dominicana ha experimentado una transformación espectacular desde la década de 1960. En aquellos años el país dependía casi exclusivamente de las exportaciones de azúcar ya que sólo contaba con un minúsculo sector industrial y muy poco turismo. Hoy en día las plantaciones de caña de azúcar están cediendo terreno a toda velocidad a los campos de golf y a los complejos hoteleros, mientras que en las afueras de Santo Domingo y de otras ciudades han surgido numerosas fábricas especializadas. Parajes idílicos y antaño desiertos, como la península de Samaná o Punta Cana, acogen en la actualidad a miles de turistas al año.

La agricultura todavía es importante en la economía dominicana, en particular la industria de cigarros puros de alta calidad, que anualmente genera más de 400 millones de dólares. El país también cuenta con importantes yacimientos de oro (como sospechaba Colón) y es uno de los principales exportadores de ferroníquel. Pero la principal fuente de riqueza es el turismo, por el que se ingresan todos los años unos 2 000 millones de dólares y que da empleo a más de 15 000 personas. A la República Dominicana llega anualmente un promedio de dos millones y medio de turistas, la mayoría de los cuales se dirigen a los grandes centros de vacaciones de las grandes cadenas internacionales, aunque otros muchos están comenzando a apreciar el atractivo de los hoteles más pequeños diseminados por otras partes de la isla. La invasión turística ha cambiado la faz del país, sobre todo en la costa norte, en los alrededores de Puerto Plata, donde el intenso desarrollo urbanístico ha acarreado algunos problemas ecológicos y sociales. Los turistas se quejan de la delincuencia, que parece aumentar, mientras que a algunos dominicanos no les parece nada bien el modo en que los hoteles monopolizan el terreno y el agua, muy escasa en la isla. Pero los beneficios por lo que respecta a los puestos de trabajo y los ingresos resultan tan evidentes que los detractores no son más que una pequeña minoría.

Más polémica ha sido la proliferación de las «zonas francas industriales», es decir, plantas industriales en las que se ensamblan artículos destinados al mercado estadounidense. Desde la década de 1970 los sucesivos gobiernos dominicanos han animado a las empresas extranjeras a que construyan fábricas en el país con el señuelo de incentivos fiscales y una mano de obra sumamente barata. A finales de la década de 1990 el sector industrial para la exportación producía anualmente bienes por valor de 3 000 millones de dólares, pero, por desgracia, la mayor parte de ese dinero se lo han quedado las empresas extranjeras en concepto de beneficios.

Izquierda: carteles electorales cerca del lago Enriquillo.
Derecha: noticias locales.

Dominicanos en el extranjero

Al caminar por las calles del barrio de Washington Heights (Nueva York) uno podría pensar que se encuentra en Santo Domingo, si no fuera por el clima. Los restaurantes dominicanos ofrecen pollo, arroz y cerveza helada Presidente; en el interior de las tiendas suena la música merengue; las agencias de transferencia de dinero garantizan su entrega al día siguiente en cualquier parte de la República Dominicana, donde la afluencia periódica de dólares estadounidenses constituye la tabla de salvación de muchas familias.

MANO DE OBRA BARATA

Por unos escasos 20 dólares semanales una mano de obra mayoritariamente femenina cose prendas y monta aparatos eléctricos para empresas estadounidenses y asiáticas que obtienen así mayores beneficios.

En Estados Unidos viven aproximadamente un millón de dominicanos, la mayoría en Nueva York o en los alrededores, y se calcula que envían a casa en torno a 1 400 millones de dólares todos los años. En la actualidad constituyen la segunda colonia de inmigrantes del país –por detrás de los mexicanos– y la que crece más rápidamente. La mayor parte residen en Estados Unidos de forma legal empleados en trabajos manuales, aunque a menudo mal pagados, pero una pequeña minoría le ha ganado a la mayoría la inmerecida y equivocada reputación de ser una colectividad conflictiva. Muchos dominicanos se hallan en Estados Unidos por motivos educativos o profesionales: el propio Leonel Fernández creció y se formó en Nueva York.

Los dominicanos están dispuestos a asumir enormes riesgos para llegar a la tierra prometida si se encuentran los cauces oficiales cerrados. Las colas para adquirir un visado estadounidense son interminables, por lo que algunos prefieren embarcarse en los inseguros botes que cruzan las aguas infestadas de tiburones del canal de la Mona, entre la República Dominicana y Puerto Rico, desde donde viajan de forma clandestina a los Estados Unidos continentales. Muchos de ellos mueren en el camino. Pero la visión de los dominicanos que regresan con dinero, a los que a veces se denomina no sin envidia *dominicanyorks*, empuja a muchos jóvenes a correr el riesgo.

El papel caribeño

Con frecuencia, la República Dominicana parece contradictoria en su identidad regional, en ocasiones demasiado proestadounidense y otras veces fervientemente nacionalista. Su animosidad hacia el vecino Haití es de sobra conocida, pero tampoco sus relaciones con otras naciones del Caribe han sido fáciles, al identificarse más con otros estados hispanos de América Central y del Sur.

Durante muchos años, los países caribeños de habla inglesa han desconfiado de la República Dominicana, recelosos de su política y separados por el idioma y la cultura. Pero el temor generalizado a la marginalización económica ha favorecido la mejora de las relaciones, ya que los dirigentes de las distintas naciones de la región ven que tienen que tender a la cooperación y a un mercado común. En 1998 el presidente Fernández firmó un acuerdo comercial histórico con otros miembros de la Comunidad Caribeña (CARICOM) que fomenta el libre comercio y la inversión en la zona.

La República Dominicana mira hacia Europa y Estados Unidos para comerciar y obtener ayuda. En calidad de miembro del Grupo de Estados Africanos, Caribeños y del Océano Pacífico en vías de desarrollo, tiene derecho a un trato especial por parte de la Unión Europea, y disfruta así mismo de una posición comercial preferente con Estados Unidos. La posibilidad del éxito económico está ahí; el problema, según los dominicanos, reside en los políticos, aunque, afortunadamente, el futuro parece prometedor.

IZQUIERDA: los hoteles de Punta Cana ofrecen numerosas distracciones.

DERECHA: una lujosa villa en Playa Arena Gorda, en la Costa del Coco.

STUPIDE
YP-111
TAXI
HAITI

EL HAITÍ MODERNO

Aunque la restauración del orden constitucional ha aliviado las turbulencia políticas, queda mucho por hacer

El 19 de septiembre de 1994 docenas de aspas de los helicópteros estadounidenses baten los últimos minutos de oscuridad mientras el sol comienza a asomarse al cielo de Puerto Príncipe. Los helicópteros vuelan en círculos sobre el palacio presidencial y el edificio de color mostaza del cuartel general del ejército mientras una delegación de representantes estadounidenses, encabezada por el ex presidente Jimmy Carter y en la que también figura el general Colin Powell, va y viene entre los dos edificios intentando alcanzar un acuerdo con los militares haitianos para que se retiren de manera pacífica y permitan el regreso del presidente elegido democráticamente, Jean-Bertrand Aristide.

Tres años antes, el ejército haitiano, con el apoyo de las clases altas de la sociedad y comandado por el general Raoul Cédras, había dado un golpe de Estado que obligó a Aristide a exiliarse en Estados Unidos. Los militares dijeron que no confiaban en la política de «teología de la liberación» del sacerdote.

Sin embargo, las sanciones económicas impuestas por Estados Unidos no lograron desestabilizar al nuevo Gobierno, ya que algunos haitianos obtenían dinero introduciendo de contrabando alimentos, combustible y otros productos a través de la República Dominicana. Una milicia de extrema derecha denominada FRAPH se encargaba de ejecutar las órdenes de los militares, acallando las protestas de los partidarios de Aristide. La tensión era muy alta. Todos los días las estaciones de radio anunciaban el descubrimiento de una nueva fosa común junto a la Route Nationale 1, al norte del país.

Ni un solo disparo

Tres años después los estadounidenses perdieron la paciencia. Cada vez más y más haitianos huían a Estados Unidos, la mayoría de forma ilegal en botes que apenas se mantenían a flote. Querían que Aristide –exiliado en Washington– volviese al poder y conminaron a los militares haitianos para que desistiesen de su actitud. Para apoyar sus palabras enviaron helicópteros llenos de soldados.

En octubre, al cabo de tres semanas de negociaciones en el curso de las cuales llegaron 20 000 soldados estadounidenses y no se disparó ni un solo tiro, Aristide regresó a Puerto Príncipe en medio de celebraciones multitudinarias. Y les tocó el turno del exilio a los militares: Cédras se marchó a Panamá, donde todavía vive con relativo desahogo; el jefe de la policía, famoso por su crueldad, reside ahora en Honduras, cuyo Gobierno ha denegado varias veces la solicitud de extradición; y otros se hallan repartidos por Florida, Nueva York y otros muchos lugares.

Aristide heredó un país en un estado bastante lamentable. Las empresas extranjeras que se habían instalado en él atraídas por la mano de obra barata, en particular plantas de montaje y fábricas de artículos de béisbol, se habían marchado durante el embargo. Más de 40 000 personas habían perdido el trabajo, lo que elevó la tasa de paro a niveles catastróficos. Las pocas carreteras asfaltadas estaban llenas de baches por culpa de la falta de mantenimiento, y el turismo, en el pasado

PÁGINAS ANTERIORES: el día del bautizo es muy importante.
IZQUIERDA: los haitianos viajan en *tap-tap* pintados de alegres colores.
DERECHA: el ejército sigue siendo una fuerza muy poderosa.

una importante fuente de ingresos, estaba muerto. Lo que la Junta le había dejado a Aristide era un cuarto de baño estropeado en el despacho del presidente, además de un buen número de carencias sociales.

Uno de los acuerdos pactados con Estados Unidos era que Aristide sólo ocuparía el cargo de presidente durante un año, es decir, lo que le quedaba de mandato. Para evitar el riesgo de prolongadas dictaduras, se había modificado la Constitución de 1987 de forma que ningún presidente pudiera ocupar el cargo durante más de cinco años seguidos. Así que a principios de 1996 Aristide cedió la presidencia a René Préval, su antiguo primer ministro, quien fue elegido democráticamente; en los comicios del año 2000 salió reelegido. Los haitianos dicen que Aristide y Préval eran *marassa* (en criollo significa gemelos).

EL CERDO CRIOLLO

Hasta principios de la década de 1980 había en Haití 1,7 millones de cerdos criollos autóctonos, pero debido a una epidemia de peste porcina todos fueron sacrificados, y con ellos desapareció una raza entera.

Crece la esperanza con Baby Doc

Durante la dictadura de Jean-Claude Duvalier (1971-1986) los haitianos albergaron ciertas esperanzas pues su intención era obtener la ayuda internacional, para lo cual atenuó la represión. Como resultado, las empresas extranjeras comenzaron a construir fábricas en el país, creando nuevos puestos de trabajo. Pero la economía volvió a hundirse a principios de la década de 1980, después de que *Baby Doc* gastase varios millones de dólares en su fastuosa boda con una mujer de la alta sociedad, lo que le hizo perder parte del apoyo de las clases medias haitianas.

Por ello, los *tontons macoutes*, la despótica guardia personal que había creado su padre, tuvieron que intervenir. El turismo empezó a descender, la agitación civil creció alentada por la estación de radio católica Soleil, y en febrero de 1986 Baby Doc había perdido el apoyo del ejército y de Estados Unidos. El 7 de febrero aterrizó en el aeropuerto de Puerto Príncipe un avión estadounidense y, durante algunas horas, varios camiones estuvieron transportando maletas Louis Vuitton desde el palacio presidencial hasta la aeronave. Más tarde, en esa misma mañana, Jean-Claude, su esposa Michèle, su madre y otros familiares se marcharon al exilio en Francia (*véase pág. 51*).

Al día siguiente, y durante varias semanas, una mezcla de felicidad y de caos invadió la capital. Por sus calles circulaban camiones abarrotados de rebeldes blandiendo ramas de árbol en señal de paz. En los callejones, sin embargo, era la hora de la venganza, cuyo objeto eran los *macoutes*, ahora carentes de toda autoridad.

La ironía residía en que el padre de Jean-Claude, François *Papa Doc* Duvalier, se había destacado entre las multitudes como uno de los hombres más respetados de su generación. Había sido elegido en 1957 para suceder en la presidencia a un coronel del ejército llamado Paul Magloire, quien se había autoproclamado presidente sin haber recibido ni un solo voto. Durante el mandato de Magloire las libertades civiles fueron suprimidas y aumentaron los arrestos arbitrarios.

El régimen de Papa Doc

François Duvalier era un médico rural y un poeta cuya popularidad no había dejado de crecer entre las masas. Un hombre de raza negra en un país gobernado por una elite mulata que hablaba francés, un hombre de hablar tranquilo que se propuso alterar el equilibrio de poder. Su modelo era Toussaint L'Ouverture.

con Washington, pues en aquel momento los estadounidenses se disputaban con Moscú el dominio de Cuba. Duvalier convenció a su gente de que Estados Unidos estaba a punto de invadir Haití y les previno contra cualquiera que se opusiese a la implantación de su «revolución duvalierista».

Tras varios intentos de golpe de Estado, Duvalier incrementó la presión sobre sus oponentes y se declaró un «auténtico líder del Tercer Mundo». Su objetivo, decía, era combatir las desigualdades sociales y animar a los haitianos a creer en sí mismos. No le llevó demasiado tiempo poner en práctica su programa. En 1958 había invalidado el ejército regular mediante la creación de los Voluntarios de la Seguridad Nacional (VSN), más cono-

Se presentó como un descendiente de aquellos esclavos negros que casi 200 años antes habían jurado en un claro del bosque Caimán acabar con la crueldad y la esclavitud impuestas en la isla por el hombre blanco. Creía que el mismo espíritu que había llevado a los esclavos a sublevarse empujaría a los haitianos a rehacer su país. Al narrar su propia historia, superponía imágenes de su rostro sobre un mapa de África. Los estadounidenses, decía, habían rapiñado el país durante su ocupación (de 1915 a 1934). Más tarde entabló una relación intermitente

IZQUIERDA: un mural celebra el regreso de Aristide en 1994.
ARRIBA: los haitianos temían a los *tontons macoutes*, pero soñaban con alzarse contra ellos.

LOS ESBIRROS DE PAPA DOC

François Duvalier no estaba dispuesto a ser una marioneta en manos de la elite militar, de modo que creó su propia guardia personal. Tomaron el nombre de *tontons macoutes* de un personaje del folclore haitiano que se lleva a los niños «malos» en su «*macoute*», una palabra criolla que hace referencia a un tipo de saco de hojas de palmera. Vestían camisas y pantalones vaqueros y lucían un pañuelo rojo, y al principio llevaban un machete sujeto al cinturón. Después empezaron a llevar pistola.

Los *tontons macoutes*, absolutamente leales a Duvalier, pronto se desprendieron de los uniformes vaqueros y se convirtieron en los típicos esbirros con gafas de sol descritos por Graham Greene.

cidos como *tontons macoutes* (*véase el recuadro de la pág. 69*), una guardia personal que sólo obedecía sus órdenes.

El dominio mulato

Sólo un 5% de los casi 8 millones de habitantes de Haití eran mulatos. Pero estas personas de piel más clara dominaban la política por medio del ejército y la economía y decidían el calendario intelectual y social del país. Tenían sus propios clubs en los que no se permitía la entrada a los negros, y mandaban a sus hijos a Francia para que estudiasen medicina o derecho. También dominaban los debates, ya que en su mayoría sabían hablar francés mientras que los demás habitantes hablaban criollo. Duvalier, un *noiriste*, pretendía reducir su poder de forma substancial, para lo cual empezó por atacar a la Iglesia, un peso pesado en la balanza de la política haitiana. Pidió, y el Vaticano accedió, que los prelados europeos en Haití fuesen sustituidos por un arzobispo negro y tres obispos también de raza negra. Los partidarios de Duvalier definían el duvalierismo como el fin de los privilegios para una clase minoritaria que explotaba al pueblo llano y a la clase media.

En las calles se decía que Papa Doc había resucitado la revolución de 1804. Se autoproclamó el octavo presidente vitalicio de Haití y prometió que introduciría cambios en las vidas de los obreros y de los agricultores, con los *tontons macoutes* como su ejército privado. Fue el comienzo de un nuevo período de oscuridad en la historia de Haití. Todos los derechos civiles fueron rescindidos; los miembros de una misma familia sospechaban unos de otros; los detractores declarados del régimen eran apaleados, encarcelados o asesinados. El escritor británico Graham Greene (*véase pág. 128*) captó con gran maestría el ambiente que reinaba en el país en su novela *Los comediantes* (1966), en la que un joven e idealista médico que se queja de la crueldad de los *macoutes* muere abatido a tiros en la piscina del hotel Oloffson.

GOLPES DE ESTADO

Durante el régimen de Papa Doc hubo nueve intentos de golpe de Estado, el último de ellos dado por un oficial del servicio de guardacostas en 1970, un año antes de la muerte de Duvalier. Todos los alzamientos fueron rápidamente sofocados.

Duvalier se propuso conducir a Haití a la modernidad, para lo que prometió un aeropuerto y un puerto nuevos, así como una presa que abasteciese de energía eléctrica las poblaciones rurales. Otorgaba la misma importancia a los símbolos: encargó una gran estatua al esclavo desconocido y la mandó colocar enfrente del palacio presidencial.

Promesas incumplidas

Algunas de sus promesas de una vida mejor se hicieron realidad, pero el paisaje estaba sembrado de fracasos. Uno de ellos fue una ciudad dormitorio para los obreros construida en las afueras de la capital, que llamó Duvalierville, y que actualmente se encuentra en un estado ruinoso.

Las esperanzas de la mayoría de la población haitiana se esfumaron. Cerró numerosos puertos de todo el país con el fin de que todo el tráfico pasase por la capital. Centralizó todos los aspectos de la vida en Haití, dejando a las pequeñas poblaciones abandonadas a su suerte. Muchas empresas cerraron a causa del nepotismo imperante. De hecho, las únicas personas que podían conseguir un trabajo en el Gobierno eran los familiares de su guardia personal, los *tontons macoutes*.

LEJOS DE TODO

Aproximadamente un millón y medio de haitianos viven en el extranjero –sobre todo en Florida, Nueva York, Boston y Montreal– y envían a sus familias en Haití más de 300 millones de dólares al año.

Ese flujo de haitianos hacia otras tierras, aunque poco a poco fue disminuyendo, sigue dándose en los dos extremos del espectro social. A lo largo de la década de 1970 y parte de la siguiente los haitianos más pobres emigraron a las Bahamas, donde encontraron trabajo en las industrias de la construcción y de la hostelería. Esas islas, a menos de 80 kilómetros de la costa de Florida, se convirtieron en el punto de partida de los haitianos que más tarde se instalaron en Florida, cuyo clima tropical y pujante economía la convierten en una opción muy popular.

La fuga de cerebros

Durante ese período se registró una de las mayores migraciones de haitianos. Los intelectuales, los profesores, los ingenieros, los economistas y otros muchos huyeron a los países africanos de habla francesa recién independizados o a Canadá. Algunos se exiliaron en Francia. A medida que disminuía el trabajo y el yugo de los *tontons macoutes* se hacía más pesado, las clases medias haitianas emigraron a Nueva York, Chicago y Boston, donde hoy forman grandes colonias.

IZQUIERDA: un desfile militar en Fort Dimanche, Puerto Príncipe.
ARRIBA CENTRO: el hotel Oloffson, Puerto Príncipe.
ARRIBA DERECHA: estatua a *Le Marron Inconnu*.

El príncipe soltero

Lo único que los haitianos sabían de Jean-Claude cuando su padre, en su lecho de muerte, le confirió en 1971 el título de presidente vitalicio, era que conducía coches veloces y que poseía una colección de automóviles deportivos europeos en el palacio. Baby Doc era un príncipe soltero de 19 años de edad, pero el poder real detrás de la presidencia lo seguía ejerciendo el ejército privado de secuaces de su padre.

Su gobierno trajo un cierto respiro a los haitianos, al tiempo que se instalaron en Haití empresas extranjeras que fabricaban artículos de béisbol con el objeto de beneficiarse de los bajos salarios del país. La vida empezó a mejorar, sobre todo para la clase media. La diáspora volvía a casa con dinero y bienes. Parecían dispuestos a olvidarse del pasado, aunque fuera a regañadientes.

Por desgracia, las enormes expectativas que había despertado entre el pueblo haitiano su llegada al gobierno se transformaron en decepción cuando Jean-Claude se casó con una mujer de la alta sociedad y comenzó a gastar grandes sumas de dinero y a realizar viajes al extranjero para realizar compras, todo ello en uno de los países más pobres del hemisferio occidental. Todo esto causó un gran descontento en la sociedad de Haití.

LA ESPOSA PRÓDIGA

Se dice que la esposa de Baby Doc, Michèle, en las fiestas que celebraba en palacio ponía el aire acondicionado al máximo para que ella y sus amigas pudieran lucir los abrigos de piel.

El primero que llenó el vacío de poder fue un general del ejército llamado Henri Namphy. Se puso al frente del Gobierno, trató de desmantelar lo que quedaba de los *macoutes* y fracasó. Le siguieron otros militares, pero con idénticos resultados. En 1987 se aprobó una constitución que estipulaba la celebración de elecciones para la presidencia y para la asamblea nacional, pero el Gobierno seguía intentando entregar el poder al ejército.

Las elecciones presidenciales que iban a celebrarse el 29 de noviembre de ese mismo año tuvieron que ser canceladas a causa del asesinato de más de 30 votantes cometido en un colegio electoral por las milicias de extrema derecha. En enero de 1988 se celebraron nuevos comicios, tras los cuales accedió a la presidencia un civil.

Pero no por mucho tiempo. Namphy le arrebató el cargo en junio, siendo a su vez expulsado tres meses después por oficiales de la guardia presidencial haitiana. Según se cree, hubo un importante tráfico de cocaína por valor de muchos millones de dólares, cuyos beneficios se los repartieron un buen número de oficiales superiores.

Prosper Avril, un general de Duvalier, se autoproclamó entonces presidente y gobernó como un dictador, hasta que en marzo de 1990 huyó de Haití ante las protestas y la violencia que volvían a sacudir al país. Y en diciembre de 1991, los hai-

Un sacerdote franco y valiente

Los haitianos no se quejaban demasiado y se dejaban llevar por la corriente. Pero hubo una persona que no pudo permanecer callada: Aristide, un joven sacerdote que se ganó leales seguidores entre los pobres por su franqueza y coraje en el púlpito. Hablaba de niños que morían de desnutrición, de la mitad de la población que seguía sin poder acceder a la educación, de agua potable y de carreteras decentes, de la pobreza endémica, y despotricaba contra la corrupción. En aquella época las manifestaciones públicas eran aplastadas violentamente, hasta que por fin, en 1986, la presión que se había acumulado a lo largo de 40 años estalló y obligó a *Baby Doc* a exiliarse.

tianos eligieron a Aristide (*Titid*) cuando éste decidió presentarse a la presidencia en el último minuto, otorgándole una victoria arrolladora.

Aristide en el exilio

Cuando Aristide fue derrocado en 1991, la Organización de los Estados Americanos (OEA), una confederación de países tanto de Norteamérica como de Sudamérica, impuso un bloqueo comercial sobre Haití destinado a forzar la vuelta al poder de Aristide. Y las Naciones Unidas siguieron el ejemplo secundando el embargo. Era importante que regresase para detener el flujo de refugiados que llegaban a Estados Unidos.

Finalmente, el 3 de julio de 1993, Cédras, el caudillo militar, accedió a que Aristide regresara al cargo y restableciese el gobierno democrático antes del 30 de octubre. Pero no cumplió lo pactado y prohibió a Aristide volver pese a que así lo exigían la ONU y Estados Unidos. En septiembre de 1994 Estados Unidos comenzó a enviar tropas a Haití con el propósito de obligar a Cédras a cumplir el acuerdo, quien acabó por ceder. Tras el regreso de Aristide, se quedó en Haití un destacamento de 500 soldados estadounidenses y de la ONU para mantener el orden y reconstruir la infraestructura del país. A finales de 1995 René Préval, del partido Lavalas de Aristide, salió elegido presidente en unos comicios democráticos, y fue reelegido en el año 2000.

Una sociedad desorientada

Entre finales de 1999 y marzo de 2000 las fuerzas de pacificación abandonaron de forma paulatina su base junto al aeropuerto internacional de Haití, dando por concluida una presencia que había dividido amargamente a los haitianos. En el tiempo que permanecieron en el país, las tropas trabajaron en programas de asistencia sanitaria y de construcción, pero mientras algunos dicen que constituían una presencia estabilizadora en una nación todavía inestable, otros creen que la invasión no benefició en exceso al país.

Como dijo Max Cherie, un mecánico en paro, «Cuando vinieron pensamos que las cosas mejorarían un poco. En vez de eso, se siguen cometiendo asesinatos. Quizás construyeron un par de escuelas, pero creo, teniendo en cuenta todas las personas que están muriendo, que podrían servirnos de más ayuda ofreciéndonos seguridad. La gente no puede ir tranquilamente al mercado, no puedes llevar ni cinco centavos encima, no puedes llevar reloj, ni ropa bonita porque los ladrones te lo quitarán todo».

Durante más de cuatro años instructores civiles comisionados por la ONU han entrenado a los 6 100 miembros de la policía nacional de Haití, pero son muy pocos los que consideran a este cuerpo capaz de combatir la delincuencia. La policía haitiana, manchada por escándalos relacionados con las drogas y la violación de los derechos humanos, se encuentra atrapada en medio de la lucha por el poder de los partidos políticos que pugnan por hacerse con él. Desde abril de 1999 grupos próximos a la coalición Fanmi Lavalas de Aristide han levantado barricadas con neumáticos

IZQUIERDA: vista desde el muelle de los pescadores, Puerto Príncipe.
DERECHA: un mural político critica la intervención extranjera.

UN PUEBLO EMBARCADO

En 1994, poco después de la irrupción en el poder de los militares que obligó a Aristide a exiliarse, miles de haitianos abandonaron el país en pequeñas embarcaciones. Se dirigían a Florida huyendo de la represión, del paro y de una tierra que ya no era capaz de producir alimentos. Ese año los guardacostas de Estados Unidos recogieron a más de 30 000 personas en el mar. Otros muchos murieron víctimas de los endebles botes en que viajaban.

Al principio, los refugiados eran enviados de vuelta a Haití, pero más tarde muchos se asentaron en Florida. En la actualidad, continúan intentando huir: la Nochevieja de 1999 un barco con cuatrocientos haitianos trató de entrar en Miami aprovechando los festejos del cambio de milenio.

ardiendo en numerosas manifestaciones en las que pedían la dimisión del secretario de Estado para la Seguridad Pública, Robert Manuel, y del director de la policía, Pierre Denize.

En mayo de 1999 la policía disparó sobre 11 detenidos en Carrefour-Feuilles, un barrio al sur del centro urbano; fueron arrestados un ex jefe de la policía de Puerto Príncipe y varios oficiales.

Nuevos partidos políticos

El derrocamiento de los militares y el restablecimiento del orden constitucional, sin embargo, sí abrió las puertas a las libertades políticas en Haití. Casi de la noche a la mañana surgieron más de 60 partidos legales, y existen incontables partidos que no están registrados. Pero la intimidación sigue siendo un factor preocupante. El 1 de marzo de 1999 el senador Jean-Yvon Toussaint, del partido Organización del Pueblo en Lucha (OPL), fue asesinado delante de su casa. En abril, tres legisladores de la OPL buscaron refugio en la embajada chilena, desde donde pudieron escapar a Estados Unidos y Canadá.

En septiembre de 1999 unos pistoleros dispararon contra el secretario de la OPL, Sauveur Pierre-Étienne, en un intento de asesinato cuyo objetivo se cree que era el presidente del partido, Gerard Pierre-Charles. «Es muy difícil decir que ahora mismo Haití está en un camino más esperanzador de lo que lo estaba el primer día de la invasión estadounidense», comentaba poco después Michel-Rolph Trouillot, catedrático de antropología en la Universidad de Chicago.

El embajador estadounidense Timothy Michael Carney admite que en Haití no ha habido el final feliz que todo el mundo esperaba. «Desde 1994 Haití no ha cumplido las ilusorias expectativas fijadas por la comunidad internacional –explica–. Los discretos avances en la economía, las mejoras, reales pero todavía frágiles, en las fuerzas del orden, y lo accidentado de su transición hacia la democracia reflejan la historia de Haití y su manera de hacer política.»

Profundas divisiones parlamentarias

Durante gran parte de la presidencia de Préval, Haití ha estado inmerso en una crisis política que en 1997 provocó la dimisión de su primer ministro y el cierre casi total del Parlamento en 1999. La profunda división la motivó el hecho de que Préval diese prioridad absoluta al programa de ajuste económico del Fondo Monetario Internacional (FMI), o Plan París, que Aristide había aceptado de mala gana con el fin de facilitar su retorno, pero al que posteriormente se opuso.

El plan incluía la privatización de nueve empresas estatales. Las empresas de la harina y del cemento ya han sido privatizadas, y pronto se venderán también los puertos de mar. Pero el Gobierno no ha efectuado todavía ningún progreso notable en la mejora de las condiciones sociales. En su lugar, la renta per cápita anual de Haití ha descendido a 250 dólares, la tasa de analfabetismo supera el 70% y el índice de desempleo continúa entre el 60 y el 70%.

«Creo que la presencia de las tropas estadounidenses en Haití sirvió para salvar vidas, pero también fue una especie de solución a corto plazo que permitió a los políticos olvidarse de las soluciones a largo plazo –ha dicho Trouillot–. Algunos de los problemas que ya existían en 1994 y 1995 se han agravado.»

A finales del año 2000 se temió una escalada de la violencia política y una respuesta inadecuada del Gobierno a la misma ante las inminentes elecciones municipales y legislativas. Pero Aristide seguía siendo el político más popular del país, y se esperaba que se convirtiese en el primer presidente de siglo XXI. Sin embargo salió reelegido Préval quien ha tratado, desde entonces, de ir introduciendo reformas sociales y económicas para mejorar la situación de los haitianos.

IZQUIERDA: política de mercado.
DERECHA: para subsistir Haití depende, en gran medida, de la agricultura.

NY

GENTE

A pesar de las muchas diferencias culturales y raciales que existen entre los haitianos y los dominicanos, comparten una herencia común en sus creencias de origen africano

Aunque la República Dominicana y Haití comparten una misma isla –La Española–, sus habitantes son notablemente dispares. Las diferencias se aprecian en el idioma, los rasgos físicos (en particular la raza) y, sobre todo, en la cultura. La influencia histórica española y la más reciente presencia estadounidense han configurado la República Dominicana, mientras que Haití es producto del influjo de Francia (y en mayor medida de África).

El último taíno «puro» de La Española probablemente murió antes de que expirase el siglo XVI, pero en la actualidad a muchos dominicanos les gusta considerarse «indios». Puede parecer que no se trata más que de una peculiar pose inofensiva, pero apunta a un asunto más serio en la psicología colectiva del país: el de la raza y el color de la piel. El problema radica en que la inmensa mayoría de los dominicanos son, al menos en parte, de ascendencia africana y muchos de ellos son claramente de raza negra. Pero en Haití más del 90 por ciento de la población es negra, y la ancestral desconfianza de los dominicanos hacia el vecino país significa que la negritud tiende a equipararse con todo lo relacionado con Haití, y por lo tanto a ser menospreciada.

En la República Dominicana el cabello «bueno» es el liso, y los rasgos «normales» son los europeos. Las mujeres se pasan horas alisándose el pelo y tratando de aclararse la piel, ya que la cultura popular del país valora más un aspecto no africano y fomenta una imagen de belleza de piel clara. Los anuncios de la televisión muestran casi exclusivamente a modelos de piel clara, en tanto que las personas de raza negra suelen encarnar papeles menores. Existe todo un vocabulario para describir el color de la piel y la identidad étnica en este país donde la raza es un factor de suma importancia: lo más deseable es ser blanco, seguido de trigueño; en el siguiente escalafón se encuentran los mulatos y los morenos, y más abajo se sitúan los negros, una palabra que a veces se emplea cariñosamente, aunque normalmente tiene una connotación más bien peyorativa.

PÁGINAS ANTERIORES: una niña haitiana con un bonito peinado; una anciana.
IZQUIERDA: vendedor de ostras en Puerto Plata.
DERECHA: bienvenido a San Pedro de Macorís.

De ahí el término «indio»: históricamente absurdo pero muy revelador en cuanto proporciona una categoría racial desligada de África para la gente de piel oscura. En el carné de identidad de muchos dominicanos se califica al dueño del mismo de indio, con un código de colores que especifica si son oscuros, quemados, canelos o lavados. Lo más importante, al margen del color de la piel, es no ser

africano y, por extensión, haitiano. En consecuencia, los dominicanos han mirado al pasado de su país para encontrar una identidad cultural que explique su color pero que niegue la herencia africana. Muchos dominicanos negarían tener ningún tipo de prejuicio, pero lo cierto es que este tipo de actitud está muy arraigada, en particular en lo que respecta a la nación vecina.

Nosotros y ellos

No es sólo una cadena montañosa lo que separa a la República Dominicana de Haití. La frontera es en gran medida psicológica y cultural, una línea divisoria en la que la mayoría de los dominicanos tienden a ver a los haitianos como todo lo que ellos no son y que no quieren ser. La ideología oficial sugiere que la República Dominicana es un país hispano y católico, de composición europea y apariencia occidental. Haití, por otro lado, se considera un país africano, de habla criolla y religión vudú, con unos valores culturales totalmente ajenos. Como resultado, los dominicanos han aprendido a ver a sus vecinos como invasores potenciales que representan una amenaza para la identidad de la República Dominicana. Esta impresión a veces raya con una especie de paranoia en la que se pinta a los haitianos como gente inferior y de costumbres bárbaras. Tomemos, por ejemplo, la novela *La isla al revés*, escrita por Joaquín Balaguer durante los ocho años que permaneció fuera de la presidencia y publicada en 1983:

«Los negros... abandonados a sus propios instintos y sin las restricciones que unos principios morales más elevados imponen sobre la reproducción en todos los países, se multiplican casi tan rápido como las plantas».

El racismo de todo tipo ha alimentado una larga y violenta historia de discriminación y explotación. Se cree que en la República Dominicana viven casi medio millón de haitianos, la mayor parte empleados en faenas agrícolas o en otros trabajos poco retribuidos, pero están indefensos ante los abusos de autoridad, incluidos los arrestos y las deportaciones arbitrarias. En tiempos de tensión política, Balaguer solía organizar redadas contra los inmigrantes haitianos «ilegales» (y con frecuencia legales) y expulsiones. En teoría, cualquiera que haya nacido en la República Dominicana tiene derecho a la nacionalidad dominicana, pero a menudo los hijos de padres haitianos son expulsados y a veces separados de sus padres. Pese a que tienen muy pocos derechos y sufren un acoso constante, todos los años miles de haitianos están dispuestos a probar suerte y cruzar la frontera, ya que cualquier trabajo, por mal pagado que esté, es preferible al desempleo y al hambre en su propio país.

La matanza de 15 000 haitianos asesinados por la guardia nacional del presidente Trujillo en 1937 fue el peor episodio de esta trágica historia, pero todavía se producen injusticias. Algunos haitianos siguen confinados en destartalados y antihigiénicos barracones (*bateyes*) en las regiones azucareras, donde llevan a cabo labores agotadoras por apenas 5 dólares al día. Las organizaciones internacionales que velan por el cumplimiento de los derechos humanos en todo el mundo llevan mucho tiempo denunciando esta forma de explotación, pero las reformas se hacen esperar.

Una nación de inmigrantes

Aunque a los dominicanos actuales les guste soñar con una herencia indígena que hace ya mucho tiempo que no existe, en realidad la mayoría de los ocho millones de habitantes del país son descendientes de hombres y mujeres llegados posteriormente, sobre todo de españoles y africanos, pero también de algunos otros grupos más reducidos de inmigrantes. Los primeros colonos españoles no fueron demasiado numerosos y muchos de ellos estaban deseando abandonar la colonia en busca de mejores pastos en algún otro lugar. La población de la colonia no se estabilizó hasta principios del siglo XVIII, a lo que contribuyó una gran afluencia de inmigrantes procedentes de las islas Canarias. Posteriormente llegaron inmigrantes europeos en pequeños grupos, alentados por los esfuerzos del Gobierno para «blanquear» a la población; algunos españoles se quedaron tras la breve recolonización de 1861-1865; a partir de la década de 1870 comenzó a instalarse en el país una nutrida colonia italiana y en el siglo XX se asentó una exigua pero notoria mezcla de europeos, algunos de ellos huyendo de la persecución en la Alemania nazi.

CENSO RACIAL

Aproximadamente un 15% de los dominicanos se considera de raza negra en el censo oficial (el mismo porcentaje se define a sí mismo como de raza blanca, en tanto que la inmensa mayoría son mestizos).

La población de raza negra siempre ha sido pequeña comparada con la de Haití, pero a pesar de las ilusiones de superioridad racial de los dominicanos, desde mediados de la década de 1550 el país ha contado con la presencia de un gran número de personas de ascendencia africana. Pero mientras el Saint-Domingue francés debía su prosperidad al medio millón de esclavos negros, la pobreza del Santo Domingo español obligaba a muchos terratenientes a dejar libres a sus esclavos, ya que ni siquiera podían mantenerlos. A finales del siglo XVIII, aproximadamente un 30% de los habitantes eran oficialmente esclavos, con muchas más personas de raza negra censadas como ciudadanos libres. Los 22 años de ocupación del territorio por parte de Haití aumentaron inevitablemente el número de habitantes de raza negra, puesto que muchos haitianos se casaron y se quedaron a vivir al otro lado de la frontera. Hace menos tiempo, a principios del siglo XX, llegaron cortadores de caña procedentes de las pequeñas islas caribeñas de habla inglesa de Saint Kitts, Nevis y Anguilla para trabajar en las plantaciones de los alrededores de La Romana. En la zona de San Pedro de Macorís todavía es posible escuchar el dialecto y los inconfundibles estilos musicales ingleses que llevaron con ellos aquellos *cocolos*.

IZQUIERDA: una familia de Las Salinas.
ARRIBA: amigas.

La huella de la inmigración

Varias colonias minoritarias de inmigrantes han dejado una profunda huella en la sociedad dominicana. Desde finales del siglo XIX un nutrido grupo de sirios y palestinos, a los que se suele denominar turcos, se establecieron como mercaderes en Santo Domingo y las principales ciudades del país. Cristianos maronitas en su mayoría, pronto se ganaron la reputación de ser hábiles comerciantes, y en la actualidad algunas de estas familias –Majluta, Wessín y Wessín, Isa Conde– tienen un gran peso político. También ha contribuido a la vida dominicana una pequeña colonia judía, compuesta en un principio por judíos sefardíes llegados en los primeros tiempos de la colonización y, más recientemente, por refugiados procedentes de la Alemania de Hitler, los cuales se radicaron en la ciudad norteña de Sosúa. Pero quizás el experimento más extraño en la política de inmigración haya sido el realizado por Trujillo en la década de 1930, cuando importó a agricultores japoneses para poblar el territorio lindante con Haití. Este intento de crear un «cordón sanitario» a lo largo de la frontera fracasó por culpa de la desidia del Gobierno, de forma que los contrariados japoneses no tardaron en marcharse.

CIUDAD DE CONTRASTES

En Santo Domingo los ricos viven en las urbanizaciones del norte, las clases medias en el centro urbano y los habitantes más pobres se han visto empujados hacia la periferia.

Tener o no tener

Algunos barrios residenciales de Santo Domingo o de Santiago rivalizan con los más lujosos de Florida o de California. Detrás de sus altas tapias es posible distinguir antenas parabólicas y piscinas, mientras guardas armados y perros amaestrados protegen las suntuosas mansiones. Pero a sólo unos kilómetros de distancia, en zonas como La Ciénaga o Capotillo, se encuentran algunos de los peores barrios de chabolas del Caribe, en los que la miseria, la delincuencia y las enfermedades son el pan nuestro de cada día. Algunos de estos suburbios se concentran a orillas del río Ozama, visibles desde los principales puentes de Santo Domingo, y viven bajo la amenaza constante de las crecidas. Minúsculas chabolas de madera y chapa ondulada se apiñan allí sin servicios ni instalaciones higiénicas de ningún tipo. Es en estas zonas donde la delincuencia, a menudo relacionada con las drogas, adquiere proporciones desastrosas.

A pesar de ello, en los últimos años cientos de miles de dominicanos se han mudado de forma voluntaria a los arrabales de la capital huyendo de la pobreza y del aburrimiento en el campo. Aparte de las grandes fincas orientadas a la exportación que producen plátanos y piñas a escala industrial, la agricultura no es ni rentable ni sostenible. Los jóvenes, sobre todo, no están dispuestos a llevar una vida de penosas labores agrícolas; para ellos, trasladarse a la ciudad supone una búsqueda de empleo y de diversión, y quizás un primer paso hacia su sueño de vivir en Estados Unidos. La renta per cápita en la República Dominicana se sitúa en torno a los 1 600 dólares al año (frente a los 500 dólares de Haití), pero este promedio esconde una profunda diferencia entre el 10% más rico, que copa el 40% de todos los ingresos, y el 10% más pobre, que percibe menos del 2%. Los ricos son una mezcla de nuevos y antiguos. El «dinero antiguo» se manifiesta en intereses en la ganadería, el azúcar y el tabaco, industrias dominadas por viejas familias de piel blanca, algunas de las cuales pueden presumir de un linaje que se remonta a los conquistadores. Por lo general, son las que más suerte tuvieron, las que se libraron de la expropiación que llevó a cabo el clan de Trujillo. El «dinero nuevo», por otro lado, es más probable que provenga del turismo, del reciente sector industrial y de las a veces dudosas actividades de los dominicanos en Estados Unidos. No es necesario decir que la vieja elite desprecia a los nuevos ricos, quienes no son bien recibidos en los establecimientos tradicionales de la clase alta, como por ejemplo el Country Club.

Para la mayoría de los dominicanos la educación y la emigración constituyen la única forma de huir de la pobreza. Por desgracia, la educación no llega a todos, especialmente en las zonas rurales, donde las escuelas suelen estar abarrotadas y mal equipadas debido a la falta de financiación. Como resultado, muchos niños no consiguen terminar siquiera la educación primaria y se calcula que una cuarta parte de los adultos no saben leer ni escribir. No obstante, las familias dominicanas más ricas no tienen que afrontar tales dificultades, ya que pueden permitirse enviar a sus hijos a colegios privados y a universidades estadounidenses.

Visa para un sueño

La emigración ofrece la débil esperanza de ascender en la escala social, algo casi imposible en la República Dominicana. En la canción *Visa para un sueño*, Juan Luis Guerra, el famoso cantante dominicano de música merengue, expresa los temores y anhelos que sienten tantos de sus compatriotas cuando tienen que sopesar la lejanía y la añoranza de su tierra frente a las expectativas de una vida mejor en el extranjero. A menudo son los jóvenes más brillantes los que se marchan en busca de fama y fortuna, con lo que el futuro del país se resiente. A la inversa, el dinero que envían sirve para mantener a familias y poblaciones a las que de otro modo les sería muy difícil subsistir.

La realidad de la vida en Estados Unidos no suele corresponderse normalmente con ningún sueño, pero la cultura estadounidense continúa ejerciendo una gran fascinación sobre muchos dominicanos, sobre todo, entre la juventud. Desde que los gobernantes de los primeros tiempos de la independencia trataron de vender su soberanía a Washington, la República Dominicana ha mantenido una relación de amor-odio con la nación que la ha invadido en dos ocasiones. Los dominicanos de más edad quizás recuerden las humillaciones sufridas durante la ocupación de 1965, cuando los marines registraban a los transeúntes en contro-

IZQUIERDA: cocinando para los cortadores de caña haitianos.
ARRIBA: los grandes cruceros atracan en el puerto próximo a la Zona Colonial, en Santo Domingo.

les, pero a las generaciones más jóvenes les atrae el desenfrenado estilo de vida que ven a diario en la televisión vía satélite. Hasta cierto punto, esa diferencia generacional queda reflejada en la personalidad de Joaquín Balaguer, orgulloso de su ascendencia española y ligado a un modelo cultural hispano, y en la de Leonel Fernández, quien prometió en un mitin electoral «convertir la República Dominicana en un pequeño Nueva York». A medida que más y más dominicanos viven en Estados Unidos, los gustos y hábitos estadounidenses se van imponiendo en la sociedad.

Pero la República Dominicana aún no está totalmente «yanquizada». Si bien el béisbol y la Coca Cola son poco menos que ubicuos, la popularidad del ron y de las peleas de gallos indica otra dimensión cultural, a la vez hispana y caribeña.

La identidad regional también sigue teniendo importancia: muchos habitantes de Santiago, por ejemplo, se consideran distintos en diversos aspectos a los que viven en Santo Domingo. La dominicanidad, una mezcla criolla de numerosas influencias, puede que se vea amenazada por la hegemonía cultural estadounidense y que se muestre excesivamente recelosa hacia Haití, pero posee fuertes raíces que se hunden en su propia historia y experiencia.

Actos de fe

Todos los años, el 21 de enero miles de peregrinos se desplazan hasta la enorme catedral moderna de la ciudad de Higüey, al este del país, para honrar a Nuestra Señora de la Altagracia, patrona de la República Dominicana desde 1922, a la que se le atribuyen curaciones milagrosas. Es una de las manifestaciones más intensas de fe religiosa en una sociedad en la que el 90% de sus habitantes afirman ser católicos. Si bien el catolicismo es un elemento importante en la identidad cultural dominicana, en realidad la Iglesia es políticamente débil, conservadora y necesita desesperadamente clérigos y dinero. Al igual que en el resto de la región, las iglesias protestantes van ganando terreno de forma progresiva y entrando en competencia con el catolicismo tradicional, pero la Iglesia todavía tiene un gran peso en la educación y en la asistencia social; así, en algunas de las zonas más degradadas, los curas se han puesto al frente de la organización de grupos de autoayuda en el seno de la colectividad.

Pero aunque los dominicanos devotos se burlen de sus vecinos haitianos por sus prácticas vuduistas, no pueden negar que un buen número de sus compatriotas también se ven atraídos por las creencias de origen africano. La brujería cuenta con abundantes seguidores, aunque éstos por lo general no suelen dar a conocer sus actividades. Los dominicanos de todas las extracciones sociales consultan a los brujos o hechiceros, quienes ofrecen consejos e incluso sortilegios para contrarrestar los efectos del mal de ojo.

Irónicamente, por tanto, mientras la República Dominicana oficial se declara católica y de herencia hispana, es precisamente en la religión y en las creencias populares donde su cultura común con Haití se manifiesta con mayor claridad.

Los haitianos

Los tórridos y superpoblados suburbios que se extienden al borde del mar en Puerto Príncipe se encuentran a años luz de la relativa prosperidad de los centros financieros y de las modernas ciudades de la República Dominicana. En ellos, las preocupaciones son más básicas: el trabajo, la alimentación, la asistencia sanitaria y la educación. A pesar de la pobreza, la mayoría de los haitianos harán lo posible por conseguir que sus hijos reciban una educación básica y pasen por la escuela,

pues para ellos significa el billete a una vida más fácil en este país de ocho millones de habitantes, de los que se cree que el 50% son analfabetos. Las familias del campo piensan que si el niño va a la escuela es posible que consiga un empleo en Puerto Príncipe. Ese niño será entonces un ejemplo de lo que es posible y se esperará de él que ayude a todos los miembros de su familia.

En Haití no existe un sistema público de pensiones de jubilación. Para incontables familias la única seguridad social que tienen es que uno de sus hijos estudie medicina o derecho, o cualquier otra carrera. Cada año miles de jóvenes de todo el país pasan por el ritual de presentarse a un examen nacional de selectividad; los que obtienen las notas más altas pueden acceder a la universidad que elijan. Es una inversión en capital humano para el futuro.

Puerto Príncipe, un crisol de todo lo bueno y de todo lo malo que hay en Haití, ilustra a la perfección las desigualdades que existen en este país, con bolsas de riqueza rodeadas de grandes extensiones de miseria. Pétionville, así como docenas de urbanizaciones que han crecido como setas en

las colinas que dominan la capital, parece estar separado del resto del país por una valla invisible. Las personas que viven en estos enclaves piensan que es preferible utilizar el francés o el inglés, a pesar de que hablan criollo igual todo el mundo en Haití, y es probable que hayan estudiado en el extranjero. Sus casas son más grandes, sus escuelas mejores y todas las noches ven programas europeos y estadounidenses en los canales vía satélite.

Divisiones raciales

La mayor parte de las personas que residen en ese tipo de urbanizaciones pertenecen a la elite mulata de Haití, vástagos de un mundo en el que el color de la piel lo era todo. No fue hace demasiado tiem po, años después de la revolución de 1804,

EXTREMO IZQUIERDA: iconos religiosos en el mercado de Santiago.
IZQUIERDA: los dominicanos son grandes aficionados al béisbol.
ARRIBA CENTRO: la educación se ve como un medio para salir de la pobreza.
ARRIBA DERECHA: preparando maíz.

cuando los haitianos fueron clasificados en función de la cantidad de sangre blanca que corriera por sus venas. Los primeros propietarios de esclavos, procedentes de pequeñas localidades de Francia, se asentaron en lugares como Jacmel o Cap-Haïtien. Más de 7 000 familias huyeron a Nueva Orleans unos años antes de la sublevación de los esclavos, pero otras muchas permanecieron en la isla. A comienzos del siglo XX unos pocos aventureros alemanes se afincaron en Haití, así como algunos blancos estadounidenses que se quedaron después de la ocupación de 1919.

PUERTO PRÍNCIPE

En Puerto Príncipe no es fácil orientarse, ni tampoco conseguir planos callejeros antes de llegar. Sin embargo, una vez allí podrá comprar en las gasolineras de Shell un buen plano de la ciudad editado por esa misma compañía petrolera.

comenzaron a construir sus casas en las colinas para diferenciarse de los millones de haitianos pobres y analfabetos que vivían más abajo. Tales distinciones todavía existen. Los jóvenes haitianos, que ahora viven en Nueva York, Miami o París, hablan del «interrogatorio» al que se ven sometidos cada vez que regresan. Invariablemente, alguien de alguna generación anterior a la suya intentará ubicarlos preguntándoles de qué familia vienen: «¿Quién era tu abuelo? ¿Quién es tu madre?»

La vida en las acaudaladas colinas está a años luz de lo que la mayoría de los haitianos llaman

Los árabes, sobre todo cristianos procedentes de Siria y Líbano, fueron los últimos en llegar, la mayoría después de la década de 1940. Refugiados de un país de habla francesa, abrieron negocios en una zona en la que los haitianos «educados» no osarían aventurarse: el centro de Puerto Príncipe. Hoy en día los árabes tienen fama de ser buenos empresarios y son propietarios de bancos y fábricas, entre otros muchos y lucrativos negocios.

Divisiones de clase

En el curso de los años las estrictas divisiones raciales han dado paso a divisiones de clase basadas hasta cierto punto en la educación y los lazos familiares. Las personas de raza negra que se beneficiaron de la revolución de François *Papa Doc* Duvalier

hogar. Del total de la población de Haití, aproximadamente 2 millones viven en la actualidad en Puerto Príncipe. Salvo la minúscula proporción de la elite que reside en la capital, la mayor parte viven apretados en bloques de pisos o en barrios de chabolas a orillas del mar, como Cité Soleil, La Saline o Boston.

La práctica totalidad de los haitianos, descendientes de los esclavos africanos llevados a la isla en el siglo XV, todavía viven en el campo cultivando pequeñas parcelas y sacando lo justo para sobrevivir. En las regiones montañosas la tierra laborable escasea cada vez más, puesto que la población crece y la deforestación se extiende como el fuego. Residen en ciudades como Gonaïves, Jacmel, Cap-Haïtien y Les Cayes, o en pequeños municipios como

Las Cahobas, una localidad en la frontera con la República Dominicana en la que Michel Laguerre pasó los primeros años de su juventud.

«Nunca había oído hablar de París o de Nueva York –comenta Laguerre, en la actualidad catedrático de antropología en la Universidad de Berkeley (California)–. Estábamos un peldaño por encima de La Saline». El turbulento pasado de Haití puede explicar este tipo de disparidad. Como otros nativos que se han visto excluidos del resto del mundo a la fuerza, los haitianos han pasado muchos años de espaldas al mundo. Tras la revolución sufrieron el aislamiento internacional porque naciones con poderosos círculos de propietarios de esclavos, como Estados Unidos, Inglaterra, España y en especial Francia, no querían que se hiciera del dominio público que un grupo de esclavos había conseguido derrotar al gran general, al ejército de Napoleón Bonaparte, en aquel entonces uno de los más poderosos del mundo.

«Nos pasamos demasiadas horas mirándonos unos a otros en lugar de mirar a otros pueblos –afirma Laguerre–. Es decir, como país teníamos una mentalidad de ciudad provinciana. Todo eran cotilleos. Las personas no hacían más que hablar unas de otras».

Este mundo introspectivo aún existe en muchos núcleos rurales del Haití actual, así como en multitud de barrios de la capital. Estos lugares, adonde todavía no ha llegado ni la tecnología de Internet ni la televisión con múltiples canales, todavía tienen que sumarse a la aldea global. En su mundo, el tendero es el que divulga las noticias del barrio, corrigiéndolas continuamente a medida que avanza la jornada.

Una diversidad creciente

Hasta finales de la Segunda Guerra Mundial Haití era un país prácticamente homogéneo con una cultura común. En el campo todos practicaban el vudú, y aunque los habitantes de las ciudades asistían a misa, estaban familiarizados con los dioses que adoraban sus sirvientes (aunque el vudú ha sido retra-

IZQUIERDA: haciendo la colada en el río.
ARRIBA: el vudú tiene una gran influencia en Haití.

EL SONIDO DE LAS GRANDES BANDAS

A todo el mundo le gustaba la música de los célebres compositores haitianos Nemours Jean-Baptiste y Weber Sicot, ambos directores de grandes bandas en la década de 1950. Introdujeron un tipo especial de música de baile llamada *compas direct* o *cadence rampa* cuyo ritmo nunca decae. En carnavales, las carrozas de Jean-Baptiste y Sicot siempre eran las que atraían a las multitudes más numerosas, que bailaban al son de la música mientras las seguían en su recorrido por la ciudad. «Había una comprensión común, un vínculo común –dice Michel Laguerre, catedrático de antropología y sociología en la Universidad de California en Berkeley–; estábamos en el mismo barco».

tado en la literatura y en las artes plásticas, aún se considera que pertenece a las clases trabajadoras).

Cuando François *Papa Doc* Duvalier accedió al poder en 1957, Haití se convirtió en un país más complejo y culturalmente más heterogéneo. Ahora, entre los isleños que no se fueron nunca, figuran también los que vivieron en el extranjero y han vuelto –influidos por los ambientes culturales y sociales en los que crecieron– de Estados Unidos, Canadá, Francia, África y la República Dominicana. Se calcula que hay un millón de haitianos viviendo en el extranjero, la mayor parte en Estados Unidos y Canadá.

A finales de la década de 1950 y principios de la siguiente muchos intelectuales francófonos abandonaron el país para impartir clases en Canadá y los países africanos recién independizados empujados por la cada vez mayor presión del régimen de *Papa Doc*. Ahora están regresando, y las referencias comunes a menudo son objeto de debate. Cuando alguien que ha vivido en Nueva York –que, con 600 000 personas, es la colonia haitiana más numerosa de todas las que hay en el extranjero– habla de democracia, y un isleño habla de democracia, con frecuencia están hablando de dos cosas muy diferentes.

PROBLEMAS MEDIOAMBIENTALES

En Haití los problemas medioambientales son difíciles de resolver. La superpoblación y la pobreza han provocado un serio deterioro del terreno, y aunque se han puesto en marcha algunos planes agrícolas de alcance limitado, es necesaria una reforma agraria más a fondo, sin olvidar algún tipo de ayuda técnica y financiera a los campesinos. Hace falta construir sistemas de regadío para aumentar la exportación de productos legales, pero existen obstáculos como la deforestación masiva y la corrupción entre la clase dirigente. El negocio de la cocaína tiene una importancia cada vez mayor en Haití, donde en el pasado los funcionarios del Gobierno solían embolsarse ingentes sumas de dinero de hasta millones de dólares.

Mirando a Estados Unidos

En el pasado, los haitianos más emprendedores que habían nacido en el campo podían ascender por la escala social mudándose a Puerto Príncipe, donde existían oportunidades laborales y buenas escuelas. Ahora miran a Estados Unidos. Los haitianos adinerados envían a sus hijos a colegios estadounidenses donde aprenden inglés. En el caso de las familias menos afortunadas los niños aprenden inglés donde pueden: en la televisión, en los libros o en la publicidad.

«Se están preparando para viajar a Miami», dice Laguerre. En el curso de los años y a través de los a menudo difíciles cambios experimentados por el país, los haitianos han sabido conservar un carácter cálido y esencialmente honrado. La hospitalidad es un rasgo muy acusado de su cultura. En los pueblos, más que en Puerto Príncipe, es probable que los haitianos acojan a los extranjeros en sus casas para invitarles a comer y a que descansen un poco.

Son gente muy trabajadora, con estrechos lazos familiares que se prolongan al extranjero. Muchas familias viven del dinero que les envían sus parientes emigrados. El contacto con otros países ha transformado Haití de manera sustancial, acercándolo a una cultura transnacional. La televisión y la música provienen de las poderosas culturas estadounidense, canadiense y francesa.

El final de la diáspora

Ahora los niños haitianos adoran los mismos iconos que los niños de cualquier otra parte del mundo: la Coca Cola, Michael Jackson y Michael Jordan. Cada vez más gente, sobre todo en las ciudades, sabe hablar inglés –la lengua de la informática y los negocios–, tendencia que se refleja incluso en el sistema político: está tratando de retener los recursos humanos y a las personas que quieren trabajar en la administración se les pide que entreguen sus otros pasaportes. Deben elegir entre Haití y Estados Unidos o Canadá.

IZQUIERDA: un anciano dominicano.
DERECHA: en casa con la familia, península de Samaná.

SOY CRISTIANO
GRACIAS A DIOS

IDIOMAS

Se hablan varios idiomas: el español dominicano tiene cinco dialectos diferentes, mientras que en Haití se escucha tanto el francés como el criollo

Desde el principio, el español introducido en América por los conquistadores se vio enriquecido por las características propias de cuatro regiones distintas de la península Ibérica: León, Castilla, Extremadura y Andalucía. En La Española el contacto con los taínos produjo la incorporación de varias palabras indígenas a los diversos dialectos de español. Pese a ello, las lenguas indígenas no influyen en el idioma español de forma significativa debido, principalmente, a que casi todos los pocos indígenas que todavía quedaban con vida a mediados del siglo XVI ya hablaban español.

Los taínos, sin embargo, dejaron un legado de vocablos hoy muy utilizados en todo el ámbito de habla española, no sólo en la República Dominicana, como huracán, hamaca, bohío y maíz. Aunque el número de términos indígenas conocidos y documentados es grande, la verdad es que su uso y vigencia en el español dominicano es mínimo.

Debido a las circunstancias históricas del descubrimiento y al hecho geográfico de que se trataba de una isla, el español dominicano también adoptó numerosos términos náuticos llevados por los navegantes que colonizaron la isla. Esas voces se aplicaron más tarde a objetos y situaciones corrientes, y su significado se fue apartando lentamente de la acepción original. Un buen ejemplo de este tipo de palabras es tolete, que ahora es sinónimo de palo, peso (la unidad monetaria de la República Dominicana) e incluso del órgano sexual masculino.

Dialectos dominicanos

En la actualidad, la República Dominicana se halla dividida en regiones, cada una de ellas con sus propios rasgos lingüísticos. Existen cinco zonas perfectamente diferenciadas:

Zona norte o **valle del Cibao**. Próximo al español puro introducido en la isla hace varios siglos, conserva verbos, términos y frases que ahora son arcaicos en España. Esto se da sobre todo en las zonas rurales de montaña. Un rasgo distintivo de este dialecto es la vocalización de «i», por ejemplo «f**ai**da» en lugar de falda, o «c**ai**gai» en vez de cargar.

Zona sudoeste. Predominio de la consonante «r», que hace que se pronuncie «fa**r**da» por falda.

Zona sudeste. Asimilación de una consonante seguida de otra, lo que produce «fadda» en lugar de falda.

Distrito nacional (incluye Santo Domingo). Predominio de la consonante «l», que hace que palabras como puerta se pronuncien «pue**l**ta».

Parte oriental de la península de Samaná. Esta región presenta una mayor complejidad a causa de la influencia de la parte oriental de la región del Cibao, así como de la influencia del inglés y del dialecto haitiano.

Santo Domingo, al igual que otras zonas del Caribe, se distingue por el abundante empleo de un vocabulario y de una sintaxis característicos. Además, el habla de Santo Domingo presenta una fonética más próxima a la de Andalucía que a la de Castilla.

Santo Domingo fue el primer foco de americanización de la lengua española en la República Dominicana. Una característica de los dominicanos es el uso de frases hechas y refranes, algunos de ellos muy antiguos y otros tomados de los medios de comunicación modernos. Estos proverbios y locuciones le confieren un sabor pintoresco y refrescante al habla cotidiana.

La influencia africana en el español dominicano no ha sido demasiado importante ya que los esclavos negros no fueron introducidos hasta la primera mitad del siglo XVI. Su llegada coincidió con una época en la que los primeros pobladores de la isla –los taínos– estaban en fase de extinción.

LIMITACIONES IDIOMÁTICAS

En la isla sólo se habla inglés en ciertos centros turísticos y hoteles de lujo. El personal de algunos hoteles de la costa norte habla alemán.

Después de eso ya no hubo fondos suficientes para enviar grandes números de esclavos negros a la isla. Desde un principio, muchos de aquellos esclavos no llegaban directamente desde el continente africano, sino que procedían de España, donde habían sido comprados a Portugal, y por la tanto ya estaban hispanizados. Algunos ejemplos de palabras incorporadas al español son cachimbo (pipa para fumar), can (fiesta) y otras que también se han difundido por las islas de habla española de las Antillas, como naqueru (funeral de un niño), que se dice naquine en la vecina Puerto Rico, o bemba (labios gruesos), que en Puerto Rico y en Cuba se llama bembo.

IZQUIERDA: tienda en Cap-Haïtien.
ARRIBA: cada *tap-tap* cuenta una historia.

El criollo haitiano

Si desea conversar con los haitianos es aconsejable llevar un diccionario de criollo y otro de francés. En Haití todo el mundo sabe hablar criollo, pero sólo en torno a un 10% de los 8 millones de haitianos hablan francés lo bastante bien como para expresarse con soltura en cualquier situación. El diccionario de francés le resultará útil para tratar con los miembros de la elite haitiana, quienes a veces rehúsan hablar en criollo con los extranjeros; es posible que algunos, incluso, se ofendan si un extranjero intenta hablar en criollo con ellos ya que lo consideran propio de las clases bajas.

Aunque está relacionado con el francés, el criollo no es un dialecto de esa lengua. Pertenece a un grupo de idiomas llamados «criollos de base francesa» en los que la mayoría del vocabulario procede del francés. Otros criollos de base francesa se hablan en Mauricio y las Seychelles, así como en Luisiana (Estados Unidos). Aproximadamente el 80 por ciento del vocabulario del criollo haitiano proviene del francés, pero las palabras no tienen necesariamente el mismo significado, forma o función que en este idioma. Por ejemplo, *neg* en criollo significa hombre, pero en francés *negre* quiere decir hombre negro. En cuanto a su estructura, el criollo es muy diferente del francés, hasta el punto de que tiene más en común con otras lenguas criollas. Se rige por una sencilla gramática que no requiere conjugar los verbos de acuerdo con el sujeto, como ocurre en francés o en español. En su lugar, delante del verbo se colocan palabras clave que indican el tiempo verbal.

El francés fue declarado el idioma oficial en la Constitución de 1918, pero hubo que esperar hasta 1987 para que los haitianos reconociesen el valor del criollo y lo admitiesen como segunda lengua oficial. Hasta ese momento, el francés era el único idioma que se empleaba en la Administración y en las escuelas y, por lo tanto, sólo una minoría podía comunicarse con los funcionarios y los educadores, leer el periódico y los documentos legales. Los poderosos hablaban francés entre ellos y con sus hijos para asegurarse de que gozasen de las ventajas que su conocimiento comportaba. El criollo se reservaba –y aún se reserva en ciertos

círculos– para la familia y los amigos, para hablar con los sirvientes y para las ceremonias de vudú. Todavía se imparten muchas clases en francés, si bien la mayoría de los estudiantes no lo hablan tan bien como podrían, y muchos profesores lo hablan bastante mal.

No fue hasta 1964 cuando el Gobierno permitió a las personas que hablaban criollo utilizarlo en todos los trámites oficiales. Debido a los prejuicios sociales, muchos haitianos piensan que el criollo no es un idioma viable, llegando incluso a decir que no tiene gramática y que ellos no tienen un idioma vernáculo. La razón estriba en que muy pocos saben cómo empezaron a hablar criollo. Llegó a Haití con los africanos, quienes llevaron con ellos hasta 30 idiomas diferentes de sus lugares de procedencia en África occidental. Antes de la independencia, según Michel DeGraff, lingüista del Instituto Tecnológico de Massachusetts, el criollo gozaba de un cierto prestigio. No había prejuicios contra el criollo, pues los blancos preferían tratar con esclavos que supieran hablar criollo.

«Un africano que supiera hablar criollo infundía más respeto –dice DeGraff– que uno que hablase francés o uno que no hablase ninguno de los dos idiomas. Los que no hablaban criollo con fluidez eran enviados a las plantaciones». *Neg Bosal* (hombre tosco) era la expresión que se utilizaba para referirse a los esclavos que no estaban aclimatados, que no sabían hablar ni francés ni criollo. Los africanos hablaban idiomas pertenecientes a la familia de las lenguas nigerocongolesas, las cuales entraron en contacto con los dialectos de las provincias francesas ya que en aquel tiempo los propietarios de esclavos franceses, los comerciantes y los tenderos no hablaban francés parisino, que en aquella época ni siquiera existía.

Un idioma común

En el transcurso de los años los africanos sacaron la sintaxis de sus propios idiomas, tomaron prestados vocablos franceses de los blancos y acuñaron una lengua común. A esa capacidad de comunicarse en un mismo idioma se debe en parte la temprana emancipación de los haitianos.

Sólo después de la independencia el criollo empezó a perder el prestigio que tenía, cuando la clase neocolonial comenzó a considerar el francés como un privilegio; los idiomas africanos desaparecieron y el francés se convirtió en símbolo de cultura y prestigio. Los hombres de negocios mulatos, cuyos padres eran franceses, enviaban a sus hijos a estudiar a Francia, y el criollo se convirtió en un reflejo de la situación política y social del país. El idioma se había convertido en un símbolo de clase. «El criollo es una desventaja en ciertos lugares –comenta DeGraff–. En el campo, la gente se contenta con hablar criollo.»

Existen apreciables variaciones regionales en la pronunciación y la gramática del criollo, que sólo recientemente se ha convertido en un idioma escrito válido y útil. El prolongado abandono al que se ha visto sometido ha tenido como consecuencia que no existan normas gramaticales «oficiales», solamente una: si un haitiano cuya lengua materna es el criollo dice que está bien, entonces está bien.

Morisseau el salvador

El nombre del poeta y dramaturgo Félix Morisseau-Leroy brilla con luz propia en la conciencia de generaciones de haitianos. Logró que el criollo les pareciera «respetable» a quienes pensaban que su idioma era una jerga vergonzante incapaz de expresar algo más que las necesidades básicas del ser humano.

Morisseau escribió una obra de teatro, *Antígona en criollo*, que se representó en Puerto Príncipe en 1953. Era la primera vez que los haitianos de habla criolla veían una obra en su propia lengua. La temática era universal: libertad, justicia, igualdad. Las ideas de Morisseau se estaban gestando en la misma época en que gente como François *Papa Doc* Duvalier hablaban del poder negro. El criollo era tan bueno como el francés clásico, dijo. La adaptación de Morisseau de la tragedia griega fue un acto revolucionario cuya repercusión todavía se deja sentir en la actualidad en las palabras de populistas como el cantante Manno Charlemagne, el alcalde de Puerto Príncipe o el sacerdote convertido en presidente Jean-Bertrand Aristide.

Morisseau, que falleció en Miami en 1998, se ha convertido en una figura mítica y casi mística. «Él fue la inspiración que nos permitió a mí y a otros muchos como yo continuar el trabajo que él había empezado», dijo Jan Mapou, un amigo suyo que formó en Miami una asociación cultural llamada Sosyete Koukouy y que ha dirigido la obra de Morisseau *Antígona en criollo* para los haitianos residentes en el extranjero. Hoy en día existen otros textos escritos en criollo, entre ellos manuales de aprendizaje y diverso material de lectura, mientras los haitianos siguen debatiendo si los niños deberían recibir las clases en criollo en lugar de en francés. Al mismo tiempo, algunas universidades de Estados Unidos y de otros países ofrecen programas de doctorado en criollo. Existen varios diccionarios, entre ellos el de Joel Laguerre y Bryant Freeman *Créole-Anglais*, y un diccionario haitiano-inglés de Albert Valdman, de la Universidad de Indiana.

El criollo, un idioma joven, ha adoptado algunas palabras de otros idiomas además del francés. Unos pocos términos ingleses han pasado a formar parte del criollo, entre ellos:

Choublack (*shoe black* = zapato negro), el nombre común del hibisco. Proviene de la ocupación estadounidense de 1915, época en la que el hibisco se utilizaba para abrillantar los zapatos y los soldados estadounidenses pedían *shoe black* cuando querían que les lustrasen las botas.

Otros vocablos incorporados al criollo son *kot* (*coat* = abrigo), también *jaket* (*jacket* = chaqueta).

Numerosas palabras derivadas de nombres de marcas, por ejemplo *clorox* para referirse a la lejía, *delco* para generador, *frijide* para frigorífico, y *kleneks* para pañuelos de papel.

El omnipresente *hot dog* (perrito caliente), así como *chips* para patatas fritas.

Criollo haitiano

La mayor parte de las palabras no cambian de forma, es decir, no hay sufijos para indicar diferencias gramaticales como singular y plural en el caso de los sustantivos, o el tiempo en el de los verbos. Por ejemplo, «el libro» se traduce *liv la*, y «los libros» *liv yo*.

Las relaciones gramaticales entre las distintas palabras se indican mediante el orden en que van colocadas las palabras. Por ejemplo, el orden de una frase enunciativa es: sujeto, verbo, objeto indirecto, objeto directo. Otros ejemplos del orden de las palabras son: Yves *renmen* Marie, que significa Yves ama a Marie (la posesión se especifica colocando al poseedor inmediatamente después de la cosa poseída); y *Kay* Marie, que quiere decir la casa de Marie. La negación se expresa colocando la partícula *pa* justo delante del verbo.

Al igual que sucede en inglés, el criollo tiene tres personas de singular (*mwen*, *ou* y *li*) y sólo dos de plural (*nou* y *yo*). La primera persona *nou* corresponde al nosotros y al vosotros; hace referencia a más de una persona siempre que al menos una de ellas esté presente en la conversación. *Yo* alude a más de una persona o cosa que *no* estén participando en la conversación.

IZQUIERDA: pintadas vuduistas.
DERECHA: una carnicería de San Cristóbal.

EL ARTE HAITIANO

A pesar de las dificultades a que se enfrenta el negocio del arte en Haití, el futuro se presenta halagüeño

Cuando un país tiene escasa riqueza material el arte no es tan sólo un estimulante medio de expresión sino también una afirmación de la identidad, la dura moneda de la esperanza y un poderoso agente de cambios sociales. El arte haitiano, uno de los recursos más ricos de esta nación agobiada por la pobreza, goza de prestigio en todo el mundo por sus vivos colores primarios y sus primitivos motivos, mientras que en la isla se considera tradicionalmente un símbolo de la larga y contumaz lucha del alma del país.

En Haití el arte está presente en todos los sitios: en el aeropuerto, en los restaurantes y en los hoteles, en los *tap-taps* (autobuses) y en la calle, dentro de los mercados y en las casas más humildes. En el bullicioso Mercado de Hierro, de Puerto Príncipe, coloridos cuadros al óleo cubiertos de polvo se amontonan en pilas que llegan al techo mientras los hambrientos vendedores esperan a los clientes y apenas sacan para vivir. En otros tiempos los turistas de los cruceros acostumbraban visitar el Mercado de Hierro para comprar arte haitiano, pero ahora, junto con numerosas galerías de arte en la isla, está pasando por un mal momento.

Bajan las ventas

«En el pasado, Haití dependía de los turistas liberales, cultos y de clase alta, quienes eran unos excelentes compradores de nuestro arte –explica Michel Monnin, un crítico y marchante de arte natural de Suiza que lleva viviendo en Haití desde hace casi 50 años–. Cuando en la década de 1980 decayó el turismo, el comercio de arte declinó con él. También tenemos un problema con los coleccionistas que tienen una imagen única del arte haitiano. El arte haitiano, como el de cualquier otra parte del mundo, está en constante evolución. A menudo, cuando los compradores ven las nuevas obras que están creando algunos de nuestros artistas jóvenes, dicen: «Esto no es arte haitiano. Queremos el de verdad».

«Hay unos cuantos artistas de renombre capaces de vender su obra a los coleccionistas europeos y otros artistas menos conocidos que venden su obra a diplomáticos, periodistas y funcionarios de las ONU pero, en general, hoy en día Haití es un país lleno de artistas y la mayoría de ellos pasan hambre.»

El hecho de que la mayoría de los artistas haitianos estén pasando hambre es cuestionable, pero Monnin tiene razón al decir que Haití es un país lleno de artistas. Ya sean pobres o ricas, en casi todas las familias hay al menos un miembro que trabaja de artista. Se suele decir que Haití tiene el porcentaje más alto de artistas y poetas que cualquier otro país del mundo.

Georges Nader hijo, propietario de una galería de arte en Pétionville, pinta un panorama más prometedor para el arte haitiano actual. «En nuestra galería, un puñado de pintores modernos (Alix Roy, Calixte Henry, Galland Semerrand, Gesner Armand, Luckner Dasmangles, Lyonel Laurenceau, Henry Jacques y Bernard Segourne) están obteniendo mejores precios que nunca por sus cuadros, y creo que estamos entrando en un período en el que vamos a presenciar otro gran auge del arte haitiano.»

PÁGINAS ANTERIORES: los vivos colores y los motivos típicos del arte naif.
IZQUIERDA: *Mariage d'intérêt*, obra de Rigaud Benoit, en el Museo de Arte Haitiano, Puerto Príncipe.
DERECHA: una escultura en metal simbólica.

Los primeros maestros

La historia del primer gran auge del arte haitiano se remonta a la década de 1940, cuando el profesor estadounidense y artista en ciernes DeWitt Peters se trasladó a Puerto Príncipe a enseñar inglés. Peters, objetor de conciencia durante la Segunda Guerra Mundial, se quedó maravillado ante los artistas «instintivos y autodidactas» que descubrió en las ciudades y en los pueblos de Haití.

En 1944 abrió el Centro de Arte de Puerto Príncipe, que todavía existe. En un principio, el objetivo de este centro era fomentar el interés de los haitianos por el arte, proporcionar los materiales necesarios y alimentar el talento de los cientos de artistas pobres de la isla. A Peters se le atribuye haber «descubierto» al sacerdote de vudú Hector Hyppolite, el legendario maestro haitiano cuyas extraordinarias pinturas se caracterizan por el empleo de símbolos y dioses del vudú junto a figuras cristianas retratadas en paisajes caribeños. Antes de conocer a Peters, Hyppolite era un artista desconocido y un pintor de casas en graves apuros económicos, tan pobre que utilizaba plumas de gallina como pinceles. Los últimos tres años de su vida, gracias a la ayuda financiera de Peters, pintó más de 250 cuadros. Murió en 1948.

Otros grandes artistas de la época de Peters fueron Philomé Obin y Rigaud Benoit, ambos fallecidos en 1986; Castera Bazile, que murió en 1964; Wilson Bigaud, Préfète Duffaut, Jasmin Joseph, Georges Liataud y André Pierre, quien todavía pinta unos exuberantes lienzos en el patio de su casa de Croix-des-Missions, algunos de los cuales se venden en el extranjero por precios que pueden alcanzar los 50 000 dólares. «El arte haitiano es místico porque Haití es místico –manifestó en cierta ocasión Pierre a la revista *Art & Antiques*–. Todo viene de los espíritus».

A finales de la década de 1940 y durante los años cincuenta esta primera generación de artistas haitianos se ganó el reconocimiento internacional y dio a conocer Haití al mundo por su pintura, la cual alcanzó una enorme popularidad. El surrealista francés André Breton y el pintor cubano Wilfredo Lam también contribuyeron a despertar el interés por el arte haitiano en París y en otras ciudades europeas, donde organizaron exposiciones.

Se dice que Breton, tras haber comprado cinco cuadros de Hyppolite a finales de la década de 1940 para llevarlos a París, le comentó a Peters: «Esto debería revolucionar la pintura moderna; necesita una revolución». El resultado de toda esta atención internacional fue una auténtica explosión de lo que pasó a ser conocido en el mundo artístico como el género naif-primitivo o instintivo. Descrito por los críticos como exuberante, audaz,

INFLUENCIA VUDÚ

El vudú ha sido un elemento muy importante en el arte haitiano. Los artistas haitianos, inextricablemente unidos al más allá, se han puesto al servicio de los espíritus del vudú decorando las paredes de los templos y las banderas que se utilizan en las ceremonias.

pastoral, caprichoso, lírico, romántico y exótico, en su mayor parte los óleos de estilo naif-primitivo hacían hincapié en la herencia africana de Haití, pero tenían así mismo una pátina de influencias francesas clásicas. Los temas más comunes eran los paisajes selváticos, los animales salvajes, las altas montañas y las flores y plantas exóticas.

Al final, este estilo tan grato a la vista se convirtió en sinónimo de arte haitiano en todo el mundo. Isaa El Saieh, un marchante de arte palestino que lleva viviendo en Puerto Príncipe toda su vida, empezó a vender cuadros de estilo naif-primitivo en Haití en la década de 1950 y no ha dejado de hacerlo desde entonces. Es un anciano de carácter sociable, con un espeso bigote y talle corpulento que cuenta con un plantel de artistas bastante buenos a los que les suele comprar cuadros de forma periódica. En su casa de Puerto Príncipe, una laberíntica mansión en la avenida de Chile que también funciona como galería, tiene un inmenso almacén que siempre está repleto de lienzos. Además de que afirma saber más de arte haitiano que «todos los llamados expertos del mundo», El Saieh aún atiende a los turistas que deseen comprar obras de arte en Haití y se desvive por ayudarles para que encuentren exactamente lo que quieren. Uno de sus antiguos clientes fue el escritor Graham Greene, quien, después de haber estado comprando arte, le pidió a El Saieh que le llevase a uno de los burdeles más famosos de Haití para una cita vespertina.

IZQUIERDA: André Pierre trabajando en Croix-des-Missions.
ARRIBA: animales salvajes en un abrevadero de la jungla, un cuadro de Blanchard que muestra un tema habitual.

El arte haitiano se hace comercial

Durante las siguientes décadas el arte continuó floreciendo en Haití con el apoyo de los comerciantes locales, quienes vendían los cuadros a los turistas con la etiqueta genérica de «arte haitiano». Desde el comienzo, el arte haitiano se creaba para el mercado de exportación y a los pintores se les animaba a pintar obras que se ajustasen a este modelo. Aunque a DeWitt Peters se le atribuye haber «descubierto» el arte naif-primitivo de Haití, lo que en realidad hizo fue crear un enorme mercado para la pintura haitiana, gran parte de la cual era repetitiva y predecible, el producto de una fórmula que funcionaba y generaba dinero fácilmente. En el proceso, el arte haitiano se volvió estereotipado, supuestamente de interés sólo para los coleccionistas de arte popular o para los turistas como recuerdo. En esencia, se convirtió en una forma artística adocenada, marcada por la comercialización y hecha a la medida del consumo turístico.

Las clases altas de Haití nunca pensaron que su propio arte pudiera ser valioso; para decorar las paredes de sus lujosas casas tropicales miraban en su lugar a Europa. Hay muy pocos coleccionistas haitianos de arte haitiano; la mayor parte de las obras de los primeros maestros, como Hyppolite u Obin, están en manos de coleccionistas europeos. Obin, no obstante, engendró una revolución artística en su propia familia, y hoy en día docenas de sus parientes cercanos y lejanos crean arte en Haití y en el extranjero.

A lo largo de las décadas de 1960 y 1970 el mercado del arte haitiano prosperó gracias a la afluencia ininterrumpida de turistas adinerados. Florecieron las galerías de Puerto Príncipe, Pétionville y Jacmel. Además de las pinturas, otros objetos de arte frecuentes eran las tallas en madera de caoba, las banderas de cuentas y las esculturas de hierro hechas con bidones.

Pero cuando en la década de 1980 el mercado turístico se hundió, también lo hicieron muchas de las galerías de arte del país. Y cuando a continuación llegaron las privaciones de los años de embargo económico posteriores a la etapa de Duvalier, el panorama artístico de Haití empeoró aún más. Había escasez de combustible y de alimentos, así como de pintura, lienzos y pinceles. Algunos artistas únicamente tenían pintura de látex para las paredes, que en los lienzos se agrietaba al cabo de unos dos años. Otros trabajaban con sólo unos pocos colores, y su arte, denominado «pintura del embargo», era una prueba palpable de la falta de materiales y suministros. Algunos abandonaron la pintura y se dedicaron a la escultura, para lo que utilizaban chatarra, latas y alambres que encontraban en la calle.

Después de que en 1990 ganase las elecciones Jean-Bertrand Aristide, en las calles de Haití aparecieron infinidad de pintadas políticas plasmadas en coloridos murales. Audaces y provocativos, la mayoría eran celebraciones espontáneas de la liberación política y social sobrevenida tras la caída del régimen de Duvalier. Los motivos más frecuentes de estos murales, en los que predominaban los colores patrióticos rojo y azul, eran: el número cinco, que era el número de Aristide en la papeleta de voto; una cabeza aplastada de pintada, un ave que simbolizaba el régimen de Duvalier; y la espantosa práctica de poner un neumático mojado con gasolina en el cuello de la víctima y prenderle fuego.

Tras el golpe de estado de 1991 que obligó a Aristide a exiliarse, la mayor parte de aquellos murales fueron destruidos por los militares haitianos. En 1994, cuando Aristide regresó al poder, volvieron a aparecer los murales de temática política. Y en la actualidad, aunque la democracia todavía es frágil, el país está atravesando una época de intensa vitalidad cultural en la que disfruta de una relativa libertad.

La nueva generación

«Los artistas son una especie atormentada, sean de donde sean –dijo en cierta ocasión Édouard Duval-Carrie, un célebre pintor haitiano que divide su tiempo entre Miami, Florida y Puerto Príncipe–, y los artistas haitianos han estado atormentados durante generaciones por lo que veían a su alrededor.»

De la nueva generación de artistas haitianos, Duval-Carrie ha obtenido el reconocimiento internacional por su obra y ha conseguido ganar lo suficiente para vivir de ello, lo que también puede decirse de Burton Chenet, Philippe Dodard, Mario Benjamine, Lionel St-Pierre y los escultores en metal Serge Jolimeau y Gabriel Bien-Aiméo.

Esta generación está explorando las raíces y la cultura haitianas valiéndose para ello de una nueva forma de expresión más libre que trasciende la imagen estereotipada del arte naif-primitivo que suele asociarse con su país. La mayoría de ellos se han formado en Europa o en Estados Unidos y son personas viajadas, políglotas, cosmopolitas y dispuestas a asumir mayores riesgos en su trabajo.

Duval-Carrie, actualmente en los cuarenta, crea exuberantes, coloristas e intensas pinturas de carácter indudablemente haitiano, pero muy lejos del estereotipo. Llenas tanto de belleza como de desesperación, son representaciones del paraíso con un deje de violencia y un matiz de terror. La temática de sus obras va desde los dioses mitológicos hasta las damas burguesas, los espíritus de vudú, la brutalidad política e incluso Jean-Claude Duvalier travestido. Al igual que sus coetáneos, Duval-Carrie se resiste a ser catalogado. «Cuando una persona me mira puede ver que no soy ni naif (ingenuo) ni primitivo –explica–. Soy un artista haitiano contemporáneo con inquietudes políticas que intento analizar mi país y comprender por qué va tan mal.

»Mi mayor queja respecto al arte haitiano actual es que todavía está aglutinado dentro de esa única y amplia categoría. Hemos tenidos grandes artistas que deberían haber obtenido reconocimiento por sí mismos y no sólo como pintores haitianos o regionales. Y nunca hemos tenido una exposición retrospectiva en un museo importante, o ni tan siquiera una colección en catálogo de nuestros grandes maestros.»

Calixte Henry, un pintor haitiano ahora en los sesenta, comparte el parecer de Duval-Carrie. «Siempre ha habido un problema con la pintura haitiana ya que está demasiado centrada en el vudú –comentó en cierta ocasión a la revista *Art & Antiques*–. Yo digo que hay más: está lo que el pintor siente en su interior. No voy a hacer vudú sólo porque eso venda.» En su lugar ha buscado la inspiración en el impresionismo europeo, pero sin dejar nunca de representar escenas de la vida en Haití. Aunque Duval-Carrie admite que hoy en día hay en Haití cientos de buenos artistas a los que no les queda otra opción que vender sus cuadros a los marchantes por unos pocos dólares, se muestra optimista acerca del futuro en el nuevo milenio: «Los próximos años se presentan muy prometedores para el arte haitiano. Tenemos un Gobierno elegido democráticamente, el terror organizado ha desaparecido, los artistas ya no tienen miedo de expresar sus opiniones políticas y existe una gran demanda para discutir los problemas de nuestro país. Y pese a que el mercado turístico continúa siendo muy débil, todas las circunstancias actuales inducen a pensar que en los próximos años surgirá en Haití una forma artística de mayor calidad y originalidad».

IZQUIERDA: *Paseo a las 10 am*, de Cándido Bidó.
ARRIBA: muchos murales incorporan contundentes consignas políticas, por lo que en tiempos de agitación política algunos son destruidos.

UN ARTE PELIGROSO

En Haití las manifestaciones artísticas más comprometidas fueron censuradas, en especial durante épocas como la era pos-Duvalier. Muchos músicos cuya música criticaba el sistema fueron encarcelados o ejecutados y sus actuaciones amenazadas o interrumpidas por una lluvia de balas.

Debido a que los artistas plásticos no suelen realizar apariciones en público como ocurre con los músicos, les ha ido algo mejor, aunque también han sido objeto de amenazas por parte de los poderes fácticos. A lo largo de los años, muchos han abandonado la isla por miedo y ahora viven en París, Montreal, Nueva York o Miami, donde se tolera, e incluso se promueve, el arte de carácter controvertido o político.

LOS ORÍGENES DEL VUDÚ

Proscrita por estar considerada una superstición peligrosa, la religión más popular de Haití ha tardado cientos de años en obtener el reconocimiento oficial

El dicho «Haití es un 80% católico romano vudú», puede que, más que resultar una exageración, se aproxime bastante a la verdad. Lo que empezó hace cientos de años en África occidental como una simple adoración a los ancestros y a los espíritus ha evolucionado hasta convertirse en una religión sincrética única, con su propia visión del mundo, filosofía, medios curativos y expresiones artísticas. Como dice Aboudja Derenoncourt, maestro de tambores y emperador vudú (sumo sacerdote): «el vudú no es sólo una religión, es una forma de vida».

Una religión incomprendida

El vudú impregna la psique haitiana actuando en todos los niveles de la sociedad, desde el campesinado hasta la intelectualidad urbana. Junto con el criollo, es un elemento fundamental de la identidad cultural, imprescindible para poder entender este extraordinario país. El vudú ha sido un factor de suma importancia en la historia de Haití desde que en 1503 llegaron los primeros esclavos, en los que infundió un feroz espíritu de resistencia que culminó con la rebelión final contra Francia.

Jean-Jacques Dessalines, el cabecilla de los esclavos sublevados que declaró la independencia en 1804, era un *oungan* (sacerdote) que fue elevado al panteón vudú después de su asesinato. A pesar de una legislación restrictiva y de una serie de campañas destinadas a combatir las supersticiones y que tenían como objetivo erradicarlo, el vudú no sólo ha perdurado sino que incluso obtuvo el reconocimiento oficial del Estado en 1987.

Sin embargo, el vudú de Haití tiene muy poco que ver con la versión efectista y escalofriante que se ve en las películas, en las que zombis con ojos saltones vagan por la tierra y fieles poseídos hacen pedazos muñecos de vudú atravesados por alfileres. Este tópico es el resultado de confundir el vudú con las prácticas mágicas del *bocor* o hechicero, las cuales no formaban parte del sistema religioso. La tergiversación del vudú y la consiguiente paranoia que ello causaba se acentuó por el precedente que sentaron los esclavos cuando en 1804 consiguieron su independencia. La revolución haitiana provocó una ola de inquietud en todas las colonias del Caribe, así como en los estados sureños esclavistas de Estados Unidos.

La plutocracia de América entera se sintió amenazada y el temor a sublevaciones similares fue trasladado al vudú, sin duda un elemento unificador entre los ejércitos rebeldes. Además del aislamiento que siguió a la independencia, Haití también ha sido objeto de no pocas ideas falsas acerca del vudú. Algunas de ellas, basadas en los tabúes y la mistificación del pasado contribuyeron a su imagen negativa.

Pero el vudú es, en esencia, una religión politeísta de armonía y tolerancia, basada en las relaciones entre el mundo natural y el mundo sobrenatural y los vínculos entre los vivos y los muertos. Desde que fue reconocida por el Estado, ha habido un movimiento, en Haití y en otros lugares, para mejorar la reputación del vudú. Como subraya Aboudja Derenoncourt: «Ésta es una tradición abierta al mundo. Cualquiera puede venir y mirar en el interior del vudú y ver las cosas positivas que

IZQUIERDA: una concurrida ceremonia de vudú el Día de Todos los Santos, Puerto Príncipe.

DERECHA: algunas personas consideran las banderas vudú, con sus símbolos y detallados dibujos con cuentas, verdaderas obras de arte.

hacemos y comprobar que no colgamos a personas cabeza abajo ni comemos sopa con dedos dentro».

El vudú tiene su origen en las prácticas religiosas de las tribus fon, yoruba y ewe de la región de África occidental que ahora ocupan los países de Ghana, Nigeria, Togo y la República de Benín, la antigua Dahomey. La palabra vudú proviene del vocablo *vodu*, que en el idioma fon quiere decir Dios. El vocablo *Loa* –«espíritu» en bantú– aún persiste en el término criollo haitiano *Lwa*, que, al igual que *les mystères*, *les anges* y *les saints*, se utiliza para referirse a los espíritus.

En el Nuevo Mundo

Los esclavos procedentes de África occidental, arrancados de sus tribus y enviados a Saint-Domingue, se aferraron a sus creencias para sobrevivir en un mundo hostil.

Si bien las religiones africanas creían en un ser supremo creador del universo, se suponía que estaba por encima de los asuntos humanos, de modo que los vivos se dirigían a los muertos y a los espíritus para pedirles consejo. El alma de un familiar fallecido recientemente llegaría con el tiempo a adquirir la condición de ancestro, más tarde podría convertirse en un espíritu y por último podría llegar a representar un arquetipo. Los *vodun* o «ancestros y espíritus» eran venerados e invocados en ceremonias con tambores, bailes y cantos en las que se les ofrecían sacrificios de animales para solicitar su ayuda y consejos. Los sacerdotes mediaban entre los iniciados y los espíritus, los cuales, cuando estaban listos para dar a conocer sus mensajes, poseían o «cabalgaban» a un bailarín, de ahí la palabra «caballo» para referirse a un iniciado que está poseído. Para los vivos, el hecho de comunicarse de forma periódica con los ancestros y los espíritus suponía poder beneficiarse de la sabiduría tribal acumulada por ellos y del contacto con las fuerzas sobrenaturales.

Para los esclavos que llegaban al Nuevo Mundo, el vudú representaba tanto un vínculo con *Guinee*, la tierra de sus ancestros, como una forma de supervivencia y resistencia. Los espíritus de las diferentes tribus o naciones fueron aceptados en el panteón vudú con la misma tolerancia característica con que lo fueron los santos cristianos. El Code Noir francés, introducido en 1658 para reglamentar la esclavitud, imponía que los esclavos fueran bautizados en la religión católica y prohibía todas las demás religiones. El vudú adoptó a los santos cristianos y los asimiló: la Virgen María pasó a ser Erzulie, la diosa del amor; a san Patricio se le identificó con Dambala, la fuerza de la vida, y a san José con Loko, el espíritu curandero.

Si bien las deidades y los ritos Rada del reino de Dahomey, cuya cultura era la predominante, conformaron la tradición africana que todavía existe en nuestros días, en Santo Domingo nació una nueva nación de espíritus agresivos como respuesta a las intolerables condiciones de vida de la esclavitud.

Espíritus rebeldes

Los espíritus Petro surgieron del encuentro entre los esclavos fugitivos (*marrons*) y los taínos supervivientes, los indígenas amerindios con quienes compartían numerosas creencias comunes y el odio hacia los genocidas colonizadores europeos. Los espíritus Petro expresaban la rabia y la consiguiente rebelión de los esclavos, para lo que las deidades *Rada*, benignas y protectoras, no estaban dotadas. Aunque fue una ceremonia Petro, celebrada en Bois Caiman en 1791 y presidida por el *oungan* jamaicano Boukman, la que marcó el inicio de la rebelión contra Francia, son los ritos Rada los que aún se celebran todos los años en Souvenance, a unos kilómetros de la ciudad noroccidental de Gonaïves, donde en el año 1804 fue declarada la independencia.

Imagínese que es Sábado Santo por la noche. La oscuridad que envuelve la llanura de Gonaïves señala el comienzo de una ceremonia ancestral que continuará día y noche hasta el jueves siguiente. En el Lakou Souvenance, un recinto espiritual venerado por ser el lugar donde se llevan a cabo los rituales Dahomey –la tradición vudú más antigua de Haití–, *ounsis* (iniciados) vestidos de blanco salen de las chozas con paredes de barro y tejados de mijo para ir al templo. Algunos ya están en trance, inducido por horas de cánticos en las salas interiores del templo. Guiados por el *oungenikon* (director del coro) –un anciano jorobado cuya voz aún conserva un vigor sorprendente– los ounsis rompen en cantos de bienvenida. El sonido de los tambores de piel de vaca empieza a invadir el aire de la noche con tortuosos polirritmos que cambian con cada canción. Cuando llega el final, un hombre ha sufrido un colapso, poseído, y se cae al suelo. Se recupera y se levanta, se sacude el polvo de la cabeza y se une a los otros ounsis, que se han reunido en un pequeño edificio situado a la entrada del Lakou. Fernand Bien Amie, el sumo sacerdote o *serviteur*, un hombre de pelo canoso y porte distinguido, permanece en pie, inmóvil, con aire solemne. En una mano sostiene una vela que el leve aire nocturno que sopla hace parpadear; en la otra, una gran taza esmaltada con la que vierte las libaciones.

Los *ounsis* empiezan a cantar para llamar a Papa Legba, el espíritu que guarda la puerta del reino de los *Lwas*, los espíritus que serán invocados y a los que se ofrecerán sacrificios durante los próximos días: «Papa Legba, ábrenos la puerta».

El serviteur sale despacio al polvoriento camino que conduce al Lakou, donde derrama una libación para Legba. Tras volver a entrar en el recinto, vierte una libación ante los «almirantes de los tambores», los maestros tamborileros cuya increíble energía mantendrá a los *ounsis* cantando y bai-

EXTREMO IZQUIERDA: ofrendas en un altar.
IZQUIERDA: una pintura de la Virgen negra en un templo.
ARRIBA CENTRO: bandera vudú.
ARRIBA DERECHA: ceremonia vudú.

lando durante las cinco noches siguientes. La ceremonia ya ha comenzado y en el peristilo, la sala comunitaria del *ounfor* (templo), los ounsis bailarán hasta mucho después de la medianoche.

A las cinco de la madrugada han vuelto a una sala interior, de la que salen después de que amanezca con sus vestiduras blancas salpicadas con la sangre de las cabras degolladas, preparados para un día de sacrificios a los *Lwas* del recinto.

Varios puntos del recinto representan ciudades en el antiguo reino de Dahomey. Las ceremonias y bailes que tienen lugar en cada uno de ellos son las del Lwa que se asocia con cada una de esas ciudades. Muchas de las canciones se cantan en langaj, una lengua africana de carácter religioso

que ya nadie comprende. Al atardecer, los sacrificios a Ayison, Ogou, Zamadonn, Atchasou y Dambala han concluido, y los *ounsis* se han cambiado las vestiduras blancas por ropas de colores.

La multitud congregada en el recinto ha ido creciendo a lo largo del día y ya hay varios miles de personas que se agolpan para ver al serviteur –vestido con un fajín de raso azul y rojo orlado de oro y flanqueado por la bandera de Haití a un lado y la bandera de color azul claro de La Société Belle Étoile, la cofradía de Souvenance, al otro– encabezar una procesión alrededor del tamarindo de Ogou, el espíritu guerrero. A la luz del crepúsculo los colores adquieren una intensa viveza mientras la procesión se convierte en una hermosa fusión impulsada por los tambores y sostenida por los cantos de llamada y respuesta (alternancia entre un solista y un coro). Muchos *ounsis* y espectadores han estado poseídos por los distintos *Lwas*, si bien en este contexto de devoción y alegres celebraciones las posesiones son la norma y no dan ningún miedo.

El hecho de que la ceremonia de Souvenance haya perdurado demuestra el profundo arraigo del vudú en Haití. La religión de los esclavos sigue siendo válida para sus descendientes, los campesinos de habla criolla que constituyen el 90-95% de la población haitiana. Sin embargo, aunque el vudú ha desempeñado un papel sumamente significativo en Haití, también ha sufrido la misma opresión a que se vieron sometidos otros sistemas de creencias de origen africano que existen en el Caribe.

Aun cuando durante la guerra de independencia el vudú fue una fuerza motivadora, pues los esclavos creían que si morían en batalla su alma regresaría directamente a la tierra de sus ancestros en Guinee, no tardó en convertirse en una molestia para la elite política, tanto mulata como negra. Estos dos bandos, que habían dejado a un lado su odio y rivalidad de forma temporal con el fin de derrotar a los franceses –si bien reanudaron las hostilidades inmediatamente después de la victoria–, todavía compartían la creencia común en el siglo XIX de la supremacía de la cultura europea y el retraso de África.

De modo que mientras los políticos hablaban de Haití como «la cuna de la independencia africana», enviaban a sus hijos a estudiar a Francia y el catolicismo romano de sus antiguos amos franceses continuó siendo la religión oficial.

Durante el mandato de presidentes de raza negra como Soulouque se permitió que el vudú floreciese, pero más tarde fue proscrito por el presidente mulato Geffrard, quien en 1860 firmó un concordato con el Vaticano en un intento de «eliminar de nuestra tierra estos últimos vestigios de barbarismo y esclavitud, de superstición y sus prácticas bárbaras».

Este sentimiento se vuelve a apreciar hoy en día en la actitud de los protestantes fundamentalistas que están ganando terreno en Haití, como también ocurre en el resto del Caribe con otras sectas cristianas con un gran poder de convicción. Fue durante el período de la ocupación estadounidense, entre 1915 y 1934, cuando comenzó a constatarse un giro ideológico que se alejaba del eurocentrismo cultural, la consiguiente reevaluación de África y el restablecimiento del vudú. Enfrentados al imperialismo político y cultural de Estados Unidos, escritores como Justin Dorsainvil o Jean Price-Mars fundaron el movimiento etnológico que defendía la pertinencia del vudú y de otras tradiciones de África occidental.

Por fin el reconocimiento oficial

Aunque la ideología estaba cambiando, el vudú seguía reprimido o explotado. Declarado ilegal en 1935, la convención protestante establecida con Haití en 1949 condujo a la matanza de oungans y a la destrucción de ounfors y árboles sagrados.

La última matanza de sacerdotes vudú tuvo lugar en 1986 durante la «Deshokage» (erradicación de duvalieristas) que siguió a la huida a Francia de Baby Doc. El reconocimiento estatal conforme al artículo 30/1 de la nueva Constitución de 1987 supuso por fin el reconocimiento oficial del vudú. La Nacyonal Zantray, fundada en 1986, es una asociación de instituciones de vudú comisionada por el Gobierno para promover la reevaluación de este culto sagrado y para convertirlo en un agente de desarrollo social, económico y medioambiental. Se han puesto en marcha programas destinados a que las comunidades rurales vuduistas sean autosuficientes, para lo cual se han creado escuelas de primaria en los *ounfors* y se han emprendido campañas de alfabetización y reforestación.

Pese a las dificultades a las que todavía tiene que hacer frente Haití, el reconocimiento oficial dado tanto al vudú como al criollo demuestra una nueva actitud hacia los elementos esenciales de la identidad nacional. Los ritmos y las canciones vudú desempeñan un importante papel en el repertorio de toda una nueva generación de «racine», o grupos de música con raíces que están difundiendo la cultura haitiana internacionalmente.

Como religión mayoritaria, el vudú siempre se ha mostrado tolerante con el catolicismo y otras doctrinas cristianas (todas las ceremonias de vudú comienzan con rezos cristianos). En la actualidad, tanto la Iglesia católica como la anglicana ven el vudú con mejores ojos y únicamente el protestantismo evangélico en ascenso –que a menudo ofrece el aliciente de un empleo– es el que sigue condenando este culto sagrado.

IZQUIERDA: Edgar Jean-Louis, sacerdote vudú y creador de banderas.
DERECHA: retrato de Jean-Claude Duvalier en el lateral de un templo.

DEFENSORES Y EXPLOTADORES

La colección de conferencias fundamentales de Price-Mars titulada *Ainsi parla l'oncle* sostenía que el vudú no podía ser rechazado como una mera superstición sino que era, de hecho, una religión de «dinamismo y animismo». Los escritores de la negritud del grupo Griot (entre los que figuraba el joven François Duvalier, quien más tarde se convertiría en el infame Papa Doc), fundado tras la ocupación estadounidense, profundizaron en esta reevaluación calificando el vudú como «la expresión trascendente de la conciencia racial ante los enigmas del mundo». Los Duvalier, padre e hijo, explotaron las conexiones con el vudú para mantenerse en el poder. Fue sobre todo Papa Doc quien más manipuló la sensibilidad de los campesinos, para lo cual a veces se vestía como los espíritus de la muerte y del renacimiento.

MUCHO MÁS QUE MERENGUE

Entre los ritmos de raíces africanas de Haití y la ecléctica música de baile de la República Dominicana existe sin duda un importante vínculo musical

El espectro musical de La Española va desde las formas neoafricanas de Haití, parte de la música africana más antigua que aún se conserva en el Caribe, hasta el ritmo frenético del merengue, la música nacional de la República Dominicana y seria aspirante al título de ser una de las más rápidas del Caribe.

A primera vista, estos no siempre bien avenidos vecinos parecen tener estilos y tradiciones musicales totalmente distintos (en Haití la influencia es francesa y criolla, a diferencia del inconfundible sonido latino de la República Dominicana), pero existen ciertos lazos musicales que unen las dos entidades políticas.

Un nexo común

Los períodos de ocupación de la República Dominicana por parte de los franceses y después del Haití independiente no sirvieron precisamente para que los haitianos se granjeasen la simpatía de los dominicanos. En consecuencia, a pesar de compartir una idéntica relación antagónica con España, los dominicanos siempre se han identificado culturalmente con ésta o con otros países latinoamericanos. Su herencia africana, símbolo del enemigo haitiano, ha sido rechazada hasta el punto de que incluso hoy en día algunos hombres de raza negra se refieren a sí mismos como «indios oscuros».

Pese a todo, la herencia africana está ahí, tanto indígena como importada por los miles de haitianos que fueron, y todavía van, a cortar caña de azúcar. La religión popular dominicana, en la que se adoran espíritus de África occidental, se cantan canciones, se baila al son de los tambores y acepta las posesiones espirituales, se asemeja al vudú haitiano, mientras que el *gaga* (variante dominicana del *rara* de Haití, una ensordecedora procesión de Cuaresma con trompetas de bambú y de zinc) es muy popular en la frontera occidental, donde reside una nutrida comunidad de inmigrantes haitianos.

Incluso el merengue une a los dos países. Irónicamente, aún es el baile nacional de ambos estados. Tanto la versión haitiana como la dominicana se originaron en la primera mitad del siglo XIX. En un principio no eran más que dos variantes de toda una familia de danzas europeas criollizadas, basadas en la contradanza, la mazurca, la polca, la cuadrilla y el vals, todos ellos bailes bastante populares en las Grandes y Pequeñas Antillas.

Como cabría esperar, los orígenes del merengue son motivo de polémica y rivalidad, ya que los haitianos afirman que fueron ellos quienes lo introdujeron en la República Dominicana durante la ocupación de 1822-1844. A lo largo del siglo XX la variante dominicana alcanzó un predominio tal que en la década de 1950 los haitianos la tomaron prestada para formar la base del *konpa*, una música de baile muy apreciada en Haití.

Interacción caribeña

Otro significativo vínculo musical, aunque más sutil, entre los dos países procede de su exposición constante a otros estilos musicales caribeños. La experiencia migratoria de ambas poblaciones ha supuesto la influencia recíproca de sus culturas con las de las vecinas Cuba y Puerto Rico, así como con las de todo el Caribe. En el pasado, el

IZQUIERDA: tocando las maracas en un chiringuito playero en la península de Samaná.
DERECHA: el ritmo revela la importancia de la danza en la cultura.

son, el bolero, el guaguanco y el mambo cubanos, y, de forma más reciente, la salsa puertorriqueña, influyeron en la música dominicana y haitiana por un igual, mientras que la tumba francesa, originaria de Haití, se ha convertido en un estilo característico en la provincia cubana de Oriente, y el merengue goza de gran popularidad en zonas situadas tan al sur como Venezuela.

Sin embargo, al margen de estos lazos, ambos países poseen su propia música característica. Lo que en un principio resulta tan sorprendente es que los dos estados (sobre todo Haití, la nación más pobre en todo el hemisferio occidental) hayan creado músicas tan vibrantes y poderosas teniendo en cuenta la larga historia de opresión y miseria de ambos países. Haití es único por sus tambores sagrados de vudú y por su inmenso repertorio de canciones y danzas (muchas de ellas aún sin documentar ni registradas) que se ejecutan para adorar e invocar a los *Lwas*, o espíritus. Aunque en toda América existen religiones neoafricanas similares (la santería en Cuba, la kumina en Jamaica, el shango en Trinidad y el candomblé en Brasil y otros países de Sudamérica), la temprana independencia de Haití, obtenida en 1804, favoreció la supervivencia de formas musicales africanas hasta un punto que no tiene parangón en ningún otro lugar.

Algunas de estas formas son ahora desconocidas en África. Se ha sugerido que su supervivencia no se debe únicamente al conservadurismo de la música religiosa, sino más bien al hecho de que para invocar a los espíritus hay que utilizar ritmos específicos. Si esos ritmos se alteran, los espíritus no contestan.

El vudú evolucionó como una religión clandestina y sincrética durante el colonialismo. Los esclavos procedían de una zona de África occidental que se extiende desde Senegal hasta la cuenca del río Congo; al llegar a Santo Domingo los miembros de un mismo grupo étnico eran separados de forma deliberada con el propósito de impedir la comunicación entre ellos y prevenir las rebeliones.

Los espíritus ancestrales y las deidades de numerosas tribus distintas fueron integrados en un nuevo panteón ampliado que englobaba también a los santos católicos de sus amos franceses. En el aislamiento de las plantaciones y en los poblados de los esclavos fugitivos que habían buscado refugio en las montañas, la religión y la música experimentaron algunas variaciones regionales. Incluso el tambor sagrado –la voz de los espíritus– tiene hoy múltiples formas y tamaños, desde los tres metros de alto del *asoto* hasta el *tanbou kout*, cuyo tamaño es parecido al de un bongo. El resto de los instrumentos también son, en su mayor parte, de percusión (matracas, campanas y panderetas), pero los grupos sureños de *menwat* (minué) utilizan el violín y la flauta europeos, un legado de los días en los que los esclavos tocaban en las orquestas de los conciertos, las óperas y los bailes a los que asistían los colonizadores.

De los muchos ritos diferentes, el *Rada* o Dahomey (la tradición africana más antigua de Haití), el Kongo, el Petwo (una nueva nación de espíritus belicosos nacidos para combatir la esclavitud) y el Bizango (una sociedad secreta) son los más conocidos. Todos ellos cuentan con sus instrumentos, ritmos, canciones y bailes específicos. Los instrumentos del *Rada* son tres tambores con una sola membrana de piel de vaca: el mayor, llamado *manman* (tambor madre), se toca con una mano y una baqueta con forma de martillo denominada *agida*. El *manman* dirige el baile con un redoble grave, e indica los cambios de coreografía o musicales rompiendo el ritmo de los otros tambores. El *segon*, de tamaño mediano y tono también medio, se percute con un palillo en forma de media luna llamado *abara* y otra baqueta recta, y su función es responder al manman con intrincados patrones, en tanto que el más pequeño y agudo, el *boula* –que se toca con dos baquetas rectas–, sigue un ritmo fijo al compás de la *ogan* (campana). La *ason* (matraca) sólo la pueden tocar los *oungans* y los *mambos* (sacerdotes y sacerdotisas) o el *oungenikon* (director del coro). A veces se emplea una *bas* (pandereta grande) para apoyar el manman.

FESTIVAL DE MERENGUE

El Festival de Merengue de Santo Domingo se celebra todos los años durante la última semana de julio y la primera de agosto; en él actúan algunos de los mejores conjuntos y bailarines de merengue.

Los principales ritmos *Rada* son la trilogía del *yanvalou*, *mayi* y *zepol*, y el *nago gwan kou*, *kongo-rada* y *dyouba-matinik*. La música *Rada*, con sus preciosos juegos entre tambores y sus cantos de llamada y respuesta, es la música vudú más compleja.

Para los occidentales, acostumbrados al concepto de música de partitura, escuchar los tambores maestros conduciendo la ceremonia *Rada*, que comienza el Sábado Santo en Souvenance (*véase pág. 107*) y que dura cinco días con sus respectivas noches, resulta una experiencia increíble.

Los ritmos, transmitidos de padres a hijos generación tras generación, nunca se repiten y no hay partituras para guiarse. Sera Jean-Baptiste, uno de los «almirantes de los tambores» de Souvenance, comenta bromeando: «Aquí tienes que saber cómo tocar los tambores.»

Una ceremonia maratoniana

El rito principal en el caso de los espíritus Kongo es la ceremonia maratoniana de 15 días de duración que se celebra en Sukri Danache. Los ritmos Kongo *kita* y *boumba* se percuten con la mano sobre dos tambores con una sola membrana de piel de vaca que se responden el uno al otro al

IZQUIERDA: la sección de viento de L'Orchestre Septientional actúa en Haití y en el extranjero.
ARRIBA: Kanpech en plena actuación.

estilo de llamada y respuesta, mientras las *tchachas* (matracas) tocan en contrarritmo y la campana mantiene una cadencia constante. Los grupos sureños de Kongo llegan a utilizar hasta ocho tambores a la vez.

Aparte de la música sagrada del vudú, en Haití existe una rica tradición de música popular, así como numerosos estilos urbanos de baile de ascendencia europea y caribeña. De la canción tradicional *Choucoune* se extrajo la melodía de *Yellow Bird*, un tema clásico en el Caribe anglófono.

Muchas de las formas folclóricas, de las canciones de trabajo de los *konbits* (cuadrillas que se unen para trabajar los campos comunales), de las canciones lúdicas, narrativas, religiosas, de protesta y políticas, no son más que derivaciones de formas tradicionales africanas. La *mizik twoubadou* (música de trobadores), interpretada por pequeños conjuntos de guitarra, maracas, *gwaj* (rascador), tambor *tanbou* y *marimba* (una caja de madera provista de clavijas metálicas que pulsa el músico sentado en la caja), fue introducida por los cortadores de caña que regresaban de Cuba.

Música *rara*

Otro tipo de música folclórica igual de popular que la música de carnaval tanto en las ciudades como en el campo es la música *rara*. Esta exuberante música, relacionada con el vudú, acompaña a las bandas vestidas de alegres colores que desfilan por las calles desde el Miércoles de Ceniza hasta el Domingo de Resurrección. Mientras las bandas entonan canciones cuyos temas van desde sucesos tópicos hasta sátiras políticas y letras escandalosamente obscenas, las *vaksins* y las *kones* (trompetas de bambú y zinc), la *big* (corneta), el *gwaj*, la *tchacha* y a veces el saxofón y la trompeta proporcionan un hábil acompañamiento sonoro. Los que no tienen instrumentos marcan el ritmo con botellas vacías.

La música de baile más significativa desde el siglo XIX ha sido el *meringue* o *mereng*, una variante criolla de una vieja danza europea, aunque existen otros estilos, como el *mascaron*, la *quadrille* y la *contredanse*, que también han gozado del favor del público. El *mereng*, basado en el quintillo, un ritmo de cinco notas, dio lugar desde un principio a dos formas diferentes: una para el salón de baile y otra para la calle.

Algunos compositores haitianos formados en Europa, como Occide Jeanty, Ludovic Lamothe y François Manigat, escribieron merengues para piano, acompañados a veces por violines o instrumentos de viento de madera. El sonido afroparisino recuerda al tiempo sincopado y a los bailes puertorriqueños de la misma época. El merengue de la calle alcanzó una enorme popularidad en los carnavales del siglo XIX ya que se utilizaba para burlarse de los poderosos y ridiculizarlos.

El merengue, por tratarse de una danza popular, actuaba como un barómetro de las tendencias musicales e ideológicas, absorbiendo cualquier tipo de influencia. Durante la ocupación estadounidense (1915-1934) las bandas de baile comenzaron a incorporar el jazz a su repertorio, y a partir de la década de 1920 el son cubano fue una importante influencia. Ciertos aspectos de la música vudú fueron introducidos como parte del movimiento de rechazo a la cultura de Estados Unidos y de reafirmación de los valores haitianos.

Mientras compositores clásicos como Justin Elie y Werner Jaegerhuber se valieron de melodías inspiradas en el vudú, las bandas de baile, convertidas en grandes bandas de *swing*, incorporaron instrumentos ceremoniales del vudú a sus formaciones, así como ritmos y melodías vudú a sus composiciones. Los miembros de la Super Jazz de Jeunes, la más famosa de las bandas de jazz vudú, llevaban ropas folclóricas y coloristas, y en el espectáculo incluían bailadores que se movían al son de los conocidos ritmos vudú *yanvalou*, *kongo* e *ibo*.

A mediados de la década de 1950 se impuso en Haití el merengue dominicano con acordeón y saxo, lo que alteró el curso de su pariente haitiano para siempre. En 1955 el saxofonista Nemours Jean-Baptiste introdujo un nuevo ritmo de baile, el *konpa-direk* (ritmo directo), que, aunque variaba ligeramente el compás, le debía mucho al merengue.

Éste fue el comienzo del *konpa*, que dominaría la música popular haitiana hasta la década de 1980 y que todavía tocan algunas bandas afincadas en el extranjero, en particular Tabou Combo y la Magnum Band. En 1958 Weber Sicot, el más destacado saxofonista de Haití, creó el ritmo *kandans-rampa* (idéntico al konpa salvo por una pequeñísima variación en el compás) en franca competencia con Nemours. Se trataba de una rivalidad artificial entre los dos músicos que marcaría el inicio de una música haitiana moderna y comercial y que duraría hasta la canción de la tregua, compuesta en 1965 por Sicot, titulada *Polemik Fini*.

Bandas de *mini-djaz*

En los primeros años de la década de 1960 la influencia del rock y del pop estadounidense y británico ocasionó la proliferación de combos yeyé (así llamados por el estribillo de los Beatles «yeah, yeah, yeah») entre los hijos de los haitianos de clase media y alta. Aunque los yeyés tenían éxito en los conciertos juveniles, los bailes sin contacto de este tipo de música resultaban una ruptura demasiado fuerte con el estilo de baile tradicional *tet kole* (cabezas pegadas), por lo que empezaron a incluir el konpa, con su estilo de baile agarrado, en su repertorio. Estos grupos recibían el nombre de *mini-djaz* (las grandes bandas de música de baile se llamaban *djaz*, mientras que la palabra mini aludía a la moda de la minifalda).

El éxito de grupos de *mini-djaz* como Shleu-Shleu y Tabou Combo obligó a las viejas bandas de konpa a reducir su tamaño a fin de poder competir. A lo largo de la década de 1970 el konpa –con el sonido del saxo o el órgano añadido al de la guitarra y la percusión– fue una importante influencia en las Antillas francesas, la Guayana francesa, Dominica y Santa Lucía (dos islas gobernadas por los ingleses con poblaciones de habla criolla). Pero con la aparición a comienzos de la década de 1980

IZQUIERDA: diversos instrumentos de percusión a la venta en el Mercado Modelo, Santo Domingo.
DERECHA: Tabou Combo.

FESTIVAL DE PUERTO PLATA

El segundo festival de merengue en importancia de los que se celebran en la República Dominicana tiene lugar durante la primera semana de octubre en la ciudad de Puerto Plata, situada en la Costa del Ámbar, en el extremo norte del país. Es la ciudad más grande en la orilla atlántica de la isla, así como la capital de la provincia del mismo nombre. Durante el festival el malecón se cierra al tráfico rodado para acoger un mercado con multitud de puestos a ambos lados del ancho paseo marítimo. Se instala un escenario enorme en el que cantan y bailan merengue artistas famosos. El carnaval es también una fiesta de la cosecha e incluye una feria de artesanía tradicional en la que los artesanos de la isla exponen sus creaciones.

del *zouk* de alta tecnología en las islas de Martinica y Guadalupe, esa influencia disminuyó, como también ocurrió en Haití, donde los grupos de konpa, la música popular del represivo régimen de Duvalier, dieron paso a las nuevas tendencias culturales. Una de las pocas bandas haitianas de konpa que sobrevivieron al cambio fue Coupé Cloué, que dirigía el difunto y genial trovador Gesner Henry.

UN MÚSICO MUY POPULAR

Manno Charlemagne es un agudo cantautor satírico que empezó cantando canciones protesta durante el régimen de Duvalier. Ha vivido muchos años en el exilio y en la actualidad es el alcalde de Puerto Príncipe.

La innovación más significativa en las dos últimas décadas ha sido el movimiento de la *mizik rasin* (música de raíces), que algunos consideran una evolución del jazz-vudú de la década de 1940. La *mizik rasin* es el producto de la generación de finales de la década de 1970 con influencias del reggae, el *funk* y el rock.

En tanto que el movimiento cultural *generayson* de la década de 1980 subrayaba la importancia del idioma criollo y se servía de la música rural como fuente de inspiración, la *mizik rasin* exploraba la música rara y vudú. El grupo Foula, liderado por Aboudja, maestro de tambores vudú, experimentaba fusionando los tambores vudú con el jazz de influencia estadounidense.

Bandas como Boukman Eksperyans, Sanba-yo, Sakad, Boukan Ginen, Kalfou Lakay y, más recientemente, Koudjay, Ram, Zobop, Alowi Jaweh y Kampech, utilizan canciones tradicionales y ritmos vudú en una excitante fusión que incorpora elementos del rock, el *funk*, el jazz y, últimamente, del rap y del *hip-hop*. Los grupos de *rasin* son probablemente los primeros representantes haitianos de la llamada World Music.

Con letras comprometidas que defienden la causa de los pobres y de los oprimidos al estilo de Bob Marley, los grupos de *rasin*, que también han sido perseguidos por los militares, han logrado despertar un enorme interés. Sus actuaciones en directo, en las que el sonido de las guitarras tipo Jimmy Hendrix se eleva sobre el ritmo de los tambores vudú, son intensas y catárticas. No es raro que durante los conciertos de Boukman Eksperyans algunas personas del público entren en trance. Théodore *Lolo* Beaubrun, fundador y líder del grupo Boukman Eksperyans, explica: «Esta música está comprometida con la revolución. Tenemos que regresar hasta el nivel espiritual, más allá de la inteligencia, la ideología o la religión».

El panorama musical contemporáneo refleja algunas de las tendencias actuales en el Caribe y Estados Unidos. El *zouk*, la salsa, el merengue, la soca y sobre todo el *reggae* y el *ragga* de la vecina Jamaica son muy populares. King Posse, una joven banda de música de baile, canta incluso en una convincente jerga jamaicana. Los músicos de rap y *hip-hop* también gozan de popularidad desde la canción de 1987 *Sispann*, en la que Master Dji hace un llamamiento para que se ponga fin a la violencia política. Este género ha recibido un tremendo impulso a raíz del éxito de Wyclef Jean, cantante nacido en Haití, ex miembro de los Fugues y cuyo primer CD, *The Carnival*, incluía cuatro temas criollos.

Aunque no forman parte del mundo de lo ultramoderno, dos jóvenes guitarristas gozan de un gran respeto: Beethova Obas, cuyas canciones beben de las tradiciones de Brasil y de todo el Caribe, y el compositor Amos Coulange, que destaca por sus virtuosas interpretaciones de temas del folclore haitiano y de las Antillas francesas. El joven trío de flamenco Strings también está alcanzando fama internacional.

Influencias africanas

A pesar de que la herencia africana ha sido negada o rechazada por la corriente cultural predominante, la verdad es que existe y es apreciable en numerosos aspectos e instrumentos de la música dominicana. La gayumba, un tambor de origen africano puro, se sigue utilizando en algunas partes de la República Dominicana, mientras que los altos tambores (llamados *palos*) de la religión popular afrodominicana que se tocan por toda la República son de diseño yoruba.

El palo, que se talla en una pieza de madera que luego se ahueca, tiene dos tamaños: el mayor mide 1,5 metros de altura y 30 cm de diámetro en su única membrana de piel de cabra; el menor mide

Unas horas en autobús le llevarán desde la tierra de los ritmos vudú hasta la capital del merengue, la ciudad provincial de Santiago de los Caballeros, al otro lado de la frontera.

Desde un punto de vista musical, la República Dominicana puede parecer sinónimo de merengue, pero existen muchos otros estilos menos conocidos, desde el inconfundible estilo africano de cantos de hacha del sur del país y las plenas, o canciones de trabajo, hasta las casi puramente españolas tonadas y salves del valle del Cibao, cuyas melodías recuerdan a las de la antigua Castilla.

IZQUIERDA: *Lolo* Beaubrun, el cantante del popular grupo de *rasin* Boukman Eksperyans.
ARRIBA: Richard Marx, de RAM.

casi 1 metro de altura y 23 cm de diámetro. Mientras un músico golpea la membrana con las manos, otro tañe la caja del tambor con un palo, una práctica típicamente africana.

Las fiestas de los pueblos celebradas con motivo de sus santos patronos suelen estar amenizadas por música en la que mandan los palos y que toma la forma de cantos y danzas de llamada y respuesta. En la ciudad de Samaná, en la costa norte, donde en 1824 se asentaron muchos de los inmigrantes de raza negra procedentes de América, nueve noches de celebraciones (llamadas *novenas*) preceden al 21 de enero, día la fiesta nacional en honor de la santa patrona de la República Dominicana, la Virgen de Altagracia. Los festejos comienzan a las 21:00 horas y concluyen a las seis de la madrugada. El alma de la fiesta son los palos, al son de los cuales se baila la danza de los palos (un baile en pareja con movimientos circulares) y se entonan canciones improvisadas que interpretan alternativamente un cantante solista y un coro en lo que se conoce como canto de llamada y respuesta. En Samaná también se bailan la bambula y otras danzas afrocaribeñas.

Otro ejemplo obvio del sincretismo entre el catolicismo romano y las religiones africanas es el festival saradunga que se celebra en la ciudad sureña de Baní en honor de san Juan Bautista la noche del 23 de junio. Allí la capitana, la bomba (el principal baile africano de Puerto Rico) y la jacana se bailan al son de la tambora, un tipo de tambor de doble membrana y forma de barril, el güiro (un rascador de metal) y los característicos y omnipresentes cantos de llamada y respuesta.

A sólo 19 kilómetros de Santo Domingo, en Villa Mella, existe una creencia popular para explicar la llegada de los tambores palos, que tocan los combos del Espíritu Santo durante esa festividad, además de en velatorios y bailes laicos. Según esa leyenda, a mediados del siglo XIX un santo fue visto percutiendo el tambor en un campo de guayaba. Una teoría más profana sostiene que esta tradición proviene de la danza africana llamada *kalinda*, la cual había sido prohibida un siglo antes.

Es posible que otros ritmos folclóricos también tengan raíces africanas, como la mangulina de las montañas y la carabine. El ritmo guloya de la región de San Pedro de Macorís y de la costa sur merece una atención especial por su carácter único en el folclore afrocaribeño. Las danzas guloyas fueron introducidas por inmigrantes llegados de las islas inglesas de Barlovento, mientras que los *Momise*, unos dramas bailados que eran versiones criollas de las tradicionales obras de teatro inglesas de máscaras, llegaron desde San Cristóbal y Nevis en la década de 1920. En San Pedro, la danza del padre invierno (un baile basado en la leyenda de san Jorge y el dragón), la danza salvaje y la danza del Codril se ejecutan el día de san Pedro (29 de junio), así como en otros festivales que se celebran en la isla.

Incluso el ritmo básico de cinco notas del merengue es probable que tenga orígenes africanos. Este patrón rítmico es común a gran parte de la música negra de América, desde la habanera cubana, la danza puertorriqueña y el tango argentino hasta los primeros calipsos de Trinidad.

Los orígenes del merengue no están documentados. Según una teoría, el baile original se basaba en la upa de Cuba, desde donde viajó hasta Puerto Rico, lugar en el que en 1848 fue prohibido por considerarse inmoral. Tras adoptar algunos pasos de la contradanza, pasó a llamarse merengue. Una de las primeras referencias que existen de este estilo musical se remonta a la guerra de 1844 contra los haitianos, cuando los victoriosos dominicanos cantaban y bailaban una canción que hablaba de un desertor: *Tomás huyó con la bandera*. A pesar de sus oscuros inicios, el merengue evolucionó a partir de formas folclóricas hasta erigirse no sólo en la música de baile nacional, sino también en un género internacional que en la década de 1980 llegó incluso a eclipsar la salsa como el sonido latino por antonomasia. De las muchas danzas europeas criollizadas que se originaron en el Caribe, es probable que el merengue sea la que haya viajado más lejos y es, sin duda, la que se mueve más rápido. El merengue lo tocaban, inicialmente, conjuntos compuestos por una guitarra (o un cuatro, una guitarra más pequeña de cuatro cuerdas), un güiro (un cilindro de metal perforado que se rasca con un palillo metálico que es una versión moderna del rascador de calabaza que todavía se utiliza en Cuba), la tambora (un tambor de doble membrana con forma de barril, cuya membrana izquierda está hecha con piel de cabra y se golpea con la mano, mientras que la membrana derecha es de piel de cabra hembra y se percute con un palo) y una marimba (un tipo de xilófono con láminas metálicas).

SONIDOS OMNIPRESENTES

En la República Dominicana el sonido de las grandes bandas de merengue se oye por todas partes –en las calles, en los restaurantes, en los taxis y en los bares–, y por lo general a todo volumen. O le acaba encantando, o termina por odiarlo.

En la década de 1870 la guitarra ya había cedido su lugar al melodeón, un acordeón de botones introducido por los inmigrantes alemanes que le conferiría al merengue su sonido característico. Lo que había comenzado como un comedido baile europeo pronto adquirió los típicos rasgos afrocaribeños de ritmos excitantes y una parte final de cantos de acompañamiento de llamada y respuesta, así como una temática muy variada. Como era predecible, la elite blanca y mulata desdeñó el merengue por considerarlo vulgar, pero el resto de las personas lo adoptaron con enorme entusiasmo.

A finales de la Primera Guerra Mundial ya se había consolidado la forma moderna del merengue: un breve paseo introductorio seguido de dos secciones más largas, el merengue o sección cantada y el jaleo, en el que se improvisan los cantos de llamada y respuesta. La estructura de las dos partes principales es muy parecida a ciertas formas afrocubanas como la rumba o el guaguanco, en las que a la primera parte, melódica y de estilo europeo, sigue una sección de percusión improvisada.

De todas las variantes regionales, el merengue típico de la zona del Cibao es el que más ha influido. Este estilo clásico conocido como Perico Ripiao (nombre que toma de un bar del barrio de los burdeles de Santiago) fue popularizado por grupos como Nico Lora y Tono Abreu en la década de 1920. El acordeón, galvanizado por el tempo delirante de la tambora, se toca en *staccato* al son del

IZQUIERDA: el merengue fue hecho para bailar.
ARRIBA: la música se oye por todas partes: en los bares, los restaurantes, las discotecas y en la calle.

saxofón, que le confiere armonía al conjunto. El saxo, incorporado con posterioridad, contribuyó en gran medida al éxito internacional del merengue, pero el estilo en el que el acordeón lleva la voz cantante sigue vivo y con fuerza en Santiago, con intérpretes como Francisco Ulloa y Fefita la Grande.

La ocupación estadounidense de 1916-1924 avivó el nacionalismo y con él la aceptación del merengue por parte de la burguesía. Si bien es cierto que la República Dominicana tiene muy poco por lo que estar agradecida a Rafael Trujillo, durante su sangrienta dictadura el merengue fue elevado a la categoría de música y baile nacional conforme a un decreto de 1936. A los grupos urbanos de baile se les exigía por ley que incorporasen

temas de merengue en sus repertorios de swing. Estos grupos, muy influidos por el mambo cubano, añadieron los arrebatadores arreglos de trompeta y saxo que todavía se escuchan en el merengue contemporáneo.

Irónicamente, el asesinato de Trujillo, acaecido en 1961, se celebró con la canción de merengue *La muerte del Chivo*. Mientras que en la década de 1970 el merengue hubo de competir con la salsa y el pop estadounidense, la aparición de músicos como Johnny Ventura, Cuco Valoy y Wilfredo Vargas sentó las bases de la versión acelerada del merengue que iba a arrasar en todo el mundo.

Ventura, cuya presencia en el escenario recuerda a la de James Brown, redujo el número de instrumentos, otorgó el papel principal al saxo y a las trompetas, reemplazó el acordeón por la guitarra y el teclado o sintetizador y acentuó el fuego automático de la tambora. Vargas ha convertido el merengue en una auténtica fusión caribeña de *konpa*, *zouk*, *reggae* e incluso *rap*.

Un rival del merengue

La figura más sobresaliente del «neomerengue» es el magnífico cantautor Juan Luis Guerra. Tras pasar por el Conservatorio Nacional y estudiar jazz en el prestigioso Berkley College of Music de Boston, regresó a su país para formar el cuarteto vocal 440, que interpretaba canciones de jazz al estilo de Manhattan Transfer.

En la década de 1990 Guerra abordó tanto el merengue como la bachata, un tipo de música rural tradicional cargada de sentimentalismo cuya base es la guitarra. Con influencias que van desde los Beatles hasta Rubén Blades, el genial salsero de Panamá, y los cantantes de la nueva canción cubana, en particular Silvio Rodríguez, la voz nasal de Guerra se ajusta a la perfección al timbre propio del estilo latino. Su complejidad vocal, sus letras inteligentes y a menudo comprometidas, y su dominio de diversos estilos lo convierten –junto al brillante pianista de jazz Michel Camilo– en la aportación de la República Dominicana más importante a la música internacional.

Aunque las canciones de bachata (canciones de amargura) aún no gozan de la difusión internacional que tiene el merengue, es muy apreciada en los barrios dominicanos, donde se ha convertido en la música del alma, la voz de los campesinos empujados por la pobreza a los suburbios de Santo Domingo, Nueva York o cualquier otro puerto importante del Caribe. Resulta muy fácil identificar un burdel dominicano en Antigua, Curaçao o las islas Vírgenes por el sonido constante de la dulce y melancólica música bachata que sale de él a todas horas del día y de la noche.

La bachata ha evolucionado a partir de los conjuntos de música folclórica de guitarra del siglo XIX que en la década de 1950 tocaban un repertorio de sones y boleros cubanos y rancheras mexicanas, todas ellas músicas de amores y desamores. Aunque despreciada por las clases medias, que en la década de 1970 la denominaron bachata porque esa palabra significa jolgorio, en especial las ruidosas juergas de la clase baja, cantantes como Luis Segura o Julio Ángel han popularizado esta música hasta el punto de que, en la actualidad, en la República Dominicana compite con el merengue.

Izquierda: la presencia en el escenario de Johnny Ventura ha sido comparada con la de James Brown. **Derecha:** Emeline Michelle gozando con la música.

LA LITERATURA HAITIANA

Los autores haitianos están dejando su impronta tanto en su país como en el extranjero con excelentes novelas escritas en distintos idiomas, incluido el criollo

Las nuevas voces de la literatura haitiana hablan en lenguas distintas: inglés, francés y criollo. En Estados Unidos la más fuerte de esas voces pertenece a Edwidge Danticat, una joven escritora haitiano-estadounidense que se ha ganado el respeto de los críticos literarios así como numerosos admiradores entre los amantes de la nueva literatura feminista caribeña (*véase pág. 126*). En 1995 su colección de relatos cortos *¿Krik? ¡Krak!* fue candidata al prestigioso National Book Award.

En el Canadá francófono es la voz de Dany Laferrière la que se escucha. Su novela *Cómo hacer el amor con un negro sin cansarse* –las fantasiosas reflexiones de un inmigrante que se siente fuera de lugar– causó sensación cuando llegó a las librerías de Montreal en el otoño de 1985.

La voz de los inmigrantes

También en Haití autores como Rodney Saint Eloi, Yanick Lahens, Margaret Papillon, Paulette Poujol o Lyonel Trouillot están creando abundante literatura seria escrita en francés. Entre ellos figura Gary Victor, que fue ministro del Gobierno durante el mandato del antiguo presidente Jean-Bertrand Aristide antes del golpe de Estado de 1990. El vudú, la política y mordaces observaciones sobre la sociedad se mezclan en sus novelas.

Las historias de Danticat, sin embargo, han tocado una fibra muy sensible entre las mujeres y los inmigrantes en Estados Unidos. Su voz es fresca, sincera, amable y respetuosa con el pasado; habla con elocuencia y realismo de la experiencia de trasladarse a otro país.

Danticat se hizo adulta en Nueva York, pero todos sus relatos tienen profundas raíces en la tierra haitiana de su infancia. Fue en Haití donde comenzó a apreciar, y a alimentar, la magia de la narrativa, la cual forma parte del paisaje haitiano tanto como sus montañas y sus mares azules. «Mi abuela, al contarnos viejas historias a mi madre y a mí, nos hizo un regalo, nos dio un verdadero tesoro de hermosos recuerdos… –escribe Danticat en el prólogo de *The Magic Orange Tree and other Haitian Folktales*, una colección de cuentos de Diane Wokstein–. Porque una vez que te ha sido otorgada la memoria de una historia, ya nunca te abandona. Te descubres a ti misma anticipando la siguiente oportunidad de volver a narrar ese cuento.»

Ha sido con ese ánimo con el que ha escrito su novela más reciente, *Cosecha de huesos*. La historia, que se desarrolla en 1937 en la República

Dominicana, gira en torno a la tierra que durante décadas se ha visto bañada de sangre haitiana. Es la historia de una clase de inmigrantes: los haitianos demasiado pobres e incapaces de encontrar trabajo en su propio país que cruzan la frontera hacia el otro lado de la isla para cortar caña de azúcar. Danticat crea personajes que podrían haber salido de cualquier libro de historia o de cualquier cuadro que represente la emigración. *Cosecha de huesos* es ficción, pero podría haber sido real.

La novela, que tiene lugar en la agradable plantación de Alegría, no muy lejos de la frontera con Haití, comienza una mañana de agosto de 1937. La protagonista es Amabelle Desir, una mujer nacida en Haití que trabaja de doncella y dama de compañía de la señora Valencia, la joven ama

IZQUIERDA: leyendo en el hostal Nader, Santo Domingo.
DERECHA: los rituales de vudú siguen siendo un tema común en los cuentos haitianos.

de Alegría. Amabelle y la señora Valencia han sido amigas desde que eran niñas, desde el día en que el padre de Valencia encontró a Amabelle llorando desconsoladamente a orillas del río Massacre (o Dajabón). Los padres de Amabelle, ambos curanderos, habían perecido ahogados tras ser arrastrados por la corriente del río.

De modo que las dos niñas crecieron juntas compartiendo incluso habitación, pero todo cambió cuando Valencia contrajo matrimonio con el ambicioso Pico Duarte, un oficial en alza del ejército del dictador Rafael Leónidas Trujillo Molina. Lo que las había unido en el pasado está ahora olvidado, la diferencia de raza y de clase es lo único que importa. Amabelle es expulsada del dormitorio de Valencia y tiene que compartir cuarto con un trabajador de la plantación que había llegado en busca de trabajo después de que un huracán destruyó su casa en Haití.

Valencia da a luz dos gemelos, un niño y una niña. Al niño, de piel blanca, lo bautizan con el nombre del dictador. La piel de la niña es de color bronce oscuro. «Amabelle, ¿crees que mi hija siempre tendrá el color que tiene ahora? –pregunta Valencia–. Pobrecita mía, ¿qué pasará si alguien la confunde con una de los vuestros?».

En este ambiente da comienzo uno de los capítulos más terribles de la historia dominicana. En octubre de 1937 el ejército y la policía dominicanos disparan contra miles de trabajadores haitia-

EL ARTE DE CONTAR CUENTOS

La oscuridad cae sobre Haití y todo se torna mágico. En el campo la única luz visible es el resplandor amarillento que emiten las pequeñas lámparas de queroseno en el interior de las reducidas cabañas. Las madres acuestan a sus bebés. Todos susurran mientras van de un lado a otro proyectando grandes sombras en las paredes. El único ruido es el mugir lastimero de las vacas acomodándose para pasar la noche.

Aquí no hay televisores, sólo alguien que cuenta historias, a cuyo alrededor se reúnen los niños para escucharle. «¡Cric!», dice el narrador, señal de que el cuento está a punto de comenzar. «¡Crac!», responden los niños para indicar que están listos. Y así comienza la historia.

Los haitianos creen que el anochecer es el mejor momento para contar historias. Para ellos hacerlo de día trae mala suerte. Esta noche quizás oigan hablar del *loupgarou*, el hombre lobo que se come a los niños vivos. O es posible que se trate de una historia de Bouki, un personaje tonto que se mete en toda clase de líos, o de Malis, el tipo listo que saca a Bouki de esos líos.

Algunos cuentos tratan de la Iglesia y de Dios, otros sobre vudú. En la tradición oral de Haití esta clase de historias ocupan un importante lugar. Viendo las caras de los niños y sus brillantes ojos abiertos como platos, no cabe duda de que son entretenidas. También son educativas, pues enseñan a distinguir el mal del bien. Han sido trasmitidas de generación en generación durante siglos, a menudo con muy pocas variaciones. Algunas hablan de cómo era la vida durante los tiempos de la esclavitud y otras se remontan a África.

nos. Los asesinatos se suceden por todo el país. Los dominicanos apoyan las matanzas. El presidente de Haití, Stenio Vincent, guarda silencio ante tanto horror y no hace nada. «El hombre pobre, no importa de quién se trate, siempre es despreciado por sus vecinos –le dice alguien a Amabelle–. Cuando te quedas demasiado tiempo en la casa de un vecino, es natural que se canse de ti y acabe por odiarte.»

Danticat vivió de niña su propia versión de la locura y el terror del régimen de Jean-Claude Duvalier, nombrado presidente vitalicio de Haití tras la muerte de su padre, François *Papa Doc* Duvalier, acaecida en 1971. En aquel momento Danticat tenía nueve años y no se toleraba la disidencia.

Cuando Danticat empezó a escribir poemas en sus cuadernos de colegiala, «muchas de las personas que estaban en la cárcel eran escritores. Eran periodistas, novelistas, y muchos de ellos fueron asesinados o «desaparecieron». Daba mucho miedo pensar en ello», dice.

LA EMIGRACIÓN

El presidente Trujillo estaba furioso por la cantidad de haitianos que se estaban instalando en la República Dominicana, por lo que ordenó detener a miles de ellos; parte de ellos fueron encarcelados y otros muchos enviados de regreso a su país.

Por fortuna, sobrevivió a aquel oscuro período de la historia haitiana y tres años más tarde se reunía con su familia en la ciudad de Nueva York. Al igual que todos los inmigrantes de su edad, Danticat pasó una época fluctuando entre dos idiomas, en su caso el criollo y el inglés.

No obstante, no tardaría demasiado tiempo en encontrar su propia voz. En su primera obra publicada, un ensayo aparecido en un periódico de Nueva York, hablaba con sinceridad acerca de su experiencia como inmigrante. Haberse licenciado en el Barnard College en literatura francesa no le dejaba demasiadas opciones: o la enseñanza o cuidar niños. Eligió escribir para reflejar su propia experiencia en historias de temática universal.

Danticat sólo contaba 25 años de edad cuando una editorial aceptó publicar *Palabra, ojos, memoria*. El siguiente libro fue *¿Krik? ¡Krak!*, que contiene historias sobre su vida en Haití durante los años de Duvalier. Los personajes van desde un hombre que intenta abandonar la isla en un precario bote hasta una mujer que no quiere que su hijo se entere de que es prostituta.

Esta colección de relatos cortos, que tuvo una excelente acogida, compitió por el National Book Award con obras de escritores como Madison Smartt Bell, cuya novela *All Souls Rising* explo-

IZQUIERDA: muchos recuerdan que la abuela, siendo niños, les sentaba en su regazo para contarles cuentos.
ARRIBA: las imágenes del arte se reflejan en la literatura.

Edwidge Danticat

Es posible que Danticat sea la escritora haitiano-estadounidense más célebre de su generación, pero sabe lo que es el dolor. No era más que una niña cuando su padre dejó a la familia en Haití en busca de una vida mejor en Nueva York. Poco después le siguió su madre, dejándola a ella al cuidado de un tío. Danticat apenas conocía a su familia cuando, ocho años después, ella y un hermano pequeño se reunieron con sus padres en Estados Unidos. Era entonces una niña tímida de 12 años cuyo acento llamaba la atención en el colegio Clara Barton de Brooklyn, donde no tardó en integrarse.

Criada en una cultura que enseña a las mujeres a ser mudas y obedientes en un mundo dominado por los hombres, Danticat plantea ahora cuestiones directas y dolorosas que eran tabú en su país natal. En su primera novela, *Palabra, ojos, memoria*, Danticat nos muestra un mundo joven y retorcido, entre el amor y la tortuosidad sexual, mientras describe el proceso mental por el que pasa una chica cuando su madre comprueba su virginidad. ¿Es eso maltrato sexual? ¿Habría tenido esos pensamientos en Haití? Estados Unidos crea un espacio de libertad que hace posible formularse esas preguntas, y el personaje de Danticat, Sophie, comienza a distanciarse de su familia y de su cultura.

Su última novela, *Cosecha de huesos*, también explora la gran fragmentación del exilio, en esta ocasión entre familias y entre países. La historia se gesta a orillas del río Massacre (Dajabón), que separa Haití de la República Dominicana. Durante generaciones los campesinos haitianos han cruzado la frontera para cortar caña de azúcar, viviendo en bohíos en las plantaciones y recibiendo sueldos miserables. Los que se han quedado de forma ilegal viven con el temor a ser descubiertos por las patrullas del ejército de las ciudades fronterizas, que pueden mandarles de vuelta a Haití en cualquier momento. Los haitianos dicen que son tratados injustamente por ser negros y hablar criollo. Algunos ancianos dominicanos les cuentan a sus nietos historias de crueldades legendarias cometidas por el ejército haitiano de esclavos libres que, tras conseguir la independencia, ocupó la parte española de la isla durante 20 años.

Es en este ambiente en el que Amabelle Desir, la protagonista de *Cosecha de huesos*, trabaja de doncella y dama de compañía de la señora Valencia, una joven ama de la plantación. Los padres de Amabelle se ahogaron en las turbulentas aguas del río Massacre (o Dajabón), donde el propietario de la plantación encontró a la pequeña huérfana. Ambas niñas crecen juntas, pero en mundos distintos. En 1937 el origen haitiano de Amabelle la obliga a huir de la casa en la que se ha criado pues el ejército de Rafael Leónidas Trujillo lanza una campaña contra los haitianos afincados en la República Dominicana. Se dice que más de 30 000 haitianos murieron a manos de los soldados dominicanos, poseídos de un frenesí de sangre y fuego, y que las aguas del río Massacre se tiñeron de rojo.

Sesenta años más tarde aquel genocidio continúa teniendo una profunda repercusión en Haití, un país que todavía rezuma sangre y lágrimas. La voz de Danticat ha alcanzado resonancia en círculos internacionales. Su obra está recibiendo la atención que se merece, tanto en Estados Unidos, su país de adopción, como en su tierra natal. Su colección de relatos cortos *¿Krik? ¡Krak!* fue candidata al National Book Award y en 1998 la revista *New York Times Magazine* escogió a Danticat como una de las autoras jóvenes más prometedoras de Estados Unidos. En el Festival de la Diáspora celebrado en Haití en 1999 fue invitada de honor.

Aunque escribe acerca de episodios muy dolorosos de la historia, Danticat logra captar la atención de los lectores con un estilo amable y parco en palabras. Pero no debe confundirse esa amabilidad con algo inferior a lo que es: una escritora de extraordinario talento que en sus libros comparte un rico legado con sus compatriotas haitianos y abre un mundo nuevo a los lectores de todo el planeta.

IZQUIERDA: Edwidge Danticat, una de las novelistas haitianas más conocidas.

raba la revolución haitiana en sus detalles más sangrientos.

Dany Laferrière también dejó su impronta como escritor desde muy pronto. Su sátira *Cómo hacer el amor con un negro sin cansarse* tuvo un gran éxito en Canadá y en seguida fue adaptada al cine, cuando él tenía poco más de treinta años. Al igual que Danticat, Laferrière nació en Puerto Príncipe pero abandonó Haití para exiliarse en Canadá por razones diferentes.

INVITADA DE HONOR

A pesar de que escribe en inglés, la fama de Danticat ha llegado a su patria. En el Festival de la Diáspora de 1999 fue invitada de honor.

A mediados de la década de 1970 Laferrière trabajaba como periodista en una emisora de radio, en una época en la que Duvalier hijo estaba abriendo la sociedad haitiana a la libertad de prensa. Sin embargo, Laferrière no tardó en comprobar que allí no tendría ninguna oportunidad: un día se encontró por casualidad el cuerpo de un colega asesinado al borde de la carretera. Decidió entonces que era el momento de marcharse y se dirigió a Montreal. Corría el año 1978.

Como tantos emigrantes antes que él, trabajó de obrero en varias fábricas de la ciudad. De noche escribía acerca de sus vivencias como hombre negro criado en Haití cuya vida profesional había dado un giro y que ahora vivía en el seno de una minoría en una ciudad de canadienses francófonos. No le llevó demasiado tiempo escribir *Cómo hacer el amor con un negro sin cansarse*, un libro sobre un inmigrante decidido a prosperar en una cultura nueva para él pero sin perder por ello su identidad.

La belleza de los textos de Laferrière reside en que no asimiló la nueva cultura en su totalidad sino que se propuso analizarla con ojo crítico. David Homel, traductor de las obras de Laferrière al inglés, conoce bien al autor. «Esa primera novela –comenta Homel– no es lo que uno espera encontrar guiado por el título. Es mucho más compleja.»

ARRIBA: la huida es un tema común en la literatura haitiana.

«Cuando se deja de lado el engañoso título y se profundiza en el sentido de la novela –continúa–, el sexo se convierte, sobre todo, en un indicador de los conflictos de clase, étnicos e históricos. Si el protagonista no consigue ligar es porque ha cometido un patinazo histórico, no amoroso. Ya se trate de que ha elogiado los carbohidratos ante una dietista de Scarsdale, o de que ha admitido que, en su país, la gente come gatos, el desenlace es hilarante y por lo general finaliza con nuestro héroe saliendo a la carrera del apartamento de su ligue fallido para no perder el último metro de la noche. Incluso en los momentos más sensuales, la conciencia tranquila y sosegada del protagonista evalúa las relaciones sexuales en términos de clase y color.»

La novela fue un gran éxito de ventas internacional, convirtiendo a Laferrière en el escritor haitiano más conocido de Canadá. Posteriormente empezó a trabajar de periodista en la televisión canadiense sin dejar de cultivar la ficción. Algunas de sus obras son: *Cette grenade dans la main du jeune nègre est-elle une arme ou un fruit?*, una mirada a la raza, el sexo y las clases sociales en Norteamérica; *Le goût des jeunes filles*, las incursiones de un joven en las vidas de dos mujeres jóvenes y atrevidas de Puerto Príncipe; *L'odeur du café*, la mágica historia de un niño de diez años que pasa el verano con su abuela en un pueblo de Haití escuchando sus cuentos; y *Eroshima*, una reflexión sobre el sexo, la muerte, la belleza y la bomba atómica.

Laferrière y su familia viven entre Canadá (donde cuenta con fieles admiradores) y Miami.

Muchos otros escritores haitianos jóvenes están moldeando su voz literaria en el exilio; algunos de ellos escriben en criollo, un idioma que ha ido ganando aceptación como lengua escrita tanto en Haití como en el resto del mundo.

Un público más amplio

En Haití, la mayoría de los escritores que tratan de llegar a un público internacional siguen prefiriendo escribir en francés. Entre ellos cabe destacar a Marguerite Papillon, cuyas novelas sobre la clase, la raza y el maltrato a los niños, entre otros temas, están obteniendo un cierto éxito entre los haitianos afincados en Estados Unidos y Canadá. Papillon es autora de varios libros de relatos breves y de una novela para adolescentes. Está casada con el famoso pintor haitiano Albert Desmangles, y según se dice también ella es una pintora con talento.

Los temas que trata Papillon en sus novelas los había tocado antes otra escritora, Marie Chauvet, que bebía de los mismos principios igualitarios que constituyen el sello de otros autores, entre ellos Seymour Pradel y Jacques-Stephen Alexis, quienes a través de sus libros indujeron a otros escritores de su generación a volver su mirada sobre el mundo real que les rodeaba. La obra de Alexis sentó las bases del movimiento literario que más tarde sería conocido como la negritud.

GRAHAM GREENE

En su novela de 1966 *Los comediantes*, Graham Greene mostraba cómo Haití se había sumido en una orgía de anarquía durante el régimen de *Papa Doc* Duvalier y sus *tontons macoutes*, su guardia personal. En uno de sus frecuentes viajes a Haití se alojó en el hotel Oloffson, un destartalado edificio de Puerto Príncipe. El hotel, que había sido la residencia de verano de un vicepresidente y luego un hospital durante la ocupación estadounidense, fue más tarde inmortalizado por Greene en su novela. En agradecimiento a ello, una de las habitaciones lleva el nombre del escritor. Esta tradición la han seguido otros artistas que han honrado este viejo hotel con su presencia, como Mick Jagger, de los Rolling Stones.

Chauvet, que había crecido en un mundo donde el papel de las mujeres estaba muy limitado, escribió apasionadamente contra todo tipo de injusticias cometidas contra las mujeres y los pobres. En todas sus novelas predomina el tema de la igualdad y la justicia. Sus libros no contaron con demasiados admiradores, incluido su segundo esposo, quien al parecer compró todos los ejemplares restantes de *Amour, Colère et Folie* –publicado en 1968– y acto seguido mandó quemarlos. Chauvet murió en Nueva York a principios de la década de 1970.

Todos estos jóvenes escritores, tanto si se hallan en el exilio como si viven en Haití, siguen el camino abierto en los albores del siglo XX por autores como Jean Price-Mars, que en 1919 trazó la línea de demarcación con el ensayo *Así habló el tío*, que habla de la necesidad de reconocer el vudú y el criollo como parte esencial de la identidad haitiana.

Antes de Price-Mars no había literatura haitiana de la que hablar. Ésta se limitaba a escritores mulatos que le habían dado la espalda a sus raíces africanas. Se trataba en parte de una actitud de esnobismo intelectual: intentaban reproducir la literatura francesa en el Caribe y veían a los haitianos como merecedores de un interés meramente superficial.

Fue necesaria la ocupación estadounidense de 1915 para que esa actitud cambiase. Los marines blancos procedentes del sur de Estados Unidos no se preocupaban por sutiles categorías raciales: para ellos todos los haitianos eran negros, ya fueran mestizos o africanos puros. Y eso incluía a los escritores, que eran tratados como negros que sabían hablar francés.

Esta situación motivó que los autores haitianos empezasen a verse a sí mismos de un modo diferente. Con Jean Price-Mars a la cabeza emprendieron la búsqueda de su propia identidad en las raíces africanas de Haití. Comenzaron a escribir sobre el pueblo haitiano, los campesinos que vivían *en deyo* –una palabra criolla que significa «en el campo»–, lejos del esnobismo de la vida urbana. En sus libros empezaron a aparecer tanto vocablos criollos como el vudú.

IZQUIERDA: el hotel Oloffson de Puerto Príncipe, inmortalizado por Graham Greene en su novela *Los comediantes*.
ARRIBA: libros en francés, criollo, español e inglés.

Escritores políticos

Pronto, algunos de esos escritores se implicaron en la política. En 1922 Price-Mars escribió un poema que exhortaba a los haitianos a resistirse a la ocupación, la cual finalizó en 1935 con la retirada de las tropas estadounidenses. Price-Mars se convirtió en una celebridad nacional y más tarde pasó a ocupar importantes puestos en la Administración, entre ellos el de ministro de Asuntos Exteriores y embajador en Francia en la década de 1960, durante el régimen de François Duvalier.

Pero fue Jacques Roumain quien humanizó a los haitianos del campo, los descendientes puros de los africanos que sólo sabían hablar criollo y practicaban el vudú más que el catolicismo. Nacido en 1907, Roumain pertenecía a la misma generación que Price-Mars. Fundó el partido comunista de Haití y murió a la temprana edad de 37 años. Sus novela *Los gobernadores del Rocío*, tal vez la novela haitiana más conocida de todos los tiempos, ha sido traducida a un gran número de idiomas y adaptada al cine.

Se trata de una historia universal: tras una terrible sequía que ha agostado la tierra, la pequeña parcela de una familia se ha convertido en un terreno estéril y duro. Los cultivos se están muriendo. El hijo pródigo cruza la frontera con la República Dominicana –igual que los personajes de Danticat en *Cosecha de huesos*–, donde encuentra trabajo de jornalero en una plantación de caña de azúcar. Desde allí envía dinero a casa para mantener a su familia con vida, y al regresar les da de hecho la vida, pues sale en busca de agua. Al final la encuentra y gracias a ella, toda la colectividad vuelve a florecer.

Aparte de esta novela, son pocos los libros de Roumain que han sido traducidos al español, aunque algunos de sus poemas son dignos de mención, como *Langston Hughes*, *Madrid* y *Cuando resuena el tam tam.*

Si bien *Los gobernadores del Rocío* celebra el poder de la voluntad humana sobre las fuerzas de la naturaleza, el resto de la obra de Roumain, un doctrinario del marxismo, rezuma verdadera indignación. En su poema *Sucios negros*, por ejemplo, dice: «Y bien, he aquí, nosotros. Los negros Niggers, los sucios negros, no aceptamos más, es simple, terminado. Estar en África, en América, vuestros negros, vuestros Niggers, vuestros sucios negros, no lo aceptamos más, eso os asombra, decir: si señó, limpiando vuestro calzado, sí mi pá a los misioneros blancos. Sí amo. Recolectando para vosotros la caña de azúcar, el café, el algodón, el cacahuete. En África, en América, buenos negros, pobres negros, que éramos, que no seremos más».

El relevo generacional

Cuando a mediados de la década de 1930 la Iglesia católica y el Gobierno haitiano iniciaron una campaña contra el vudú en la que los soldados iban de pueblo en pueblo destruyendo todos los altares y símbolos sagrados, Roumain fue uno de los primeros escritores en alzar la voz contra ella. Sin embargo, y aunque parezca extraño, reconocía el importante lugar que ocupaba el vudú en la cultura haitiana, pero se oponía a la práctica del vudú. Como buen comunista, lo consideraba una religión supersticiosa.

El activismo literario de Roumain no desapareció tras su muerte. Tomaron el relevo otros poetas y novelistas, como Félix Morisseau-Leroy y René Dépestre. Morisseau-Leroy asombró a la elite haitiana con su libro *Antígona en criollo*, una adaptación de la tragedia griega a las circunstancias de Haití en un idioma que otros intelectuales de su época habían juzgado incapaz de trasmitir ideas complejas.

IZQUIERDA: estampa rural de la cosecha del arroz.

UN REFUGIO DE ESCRITORES

La tranquila ciudad portuaria de Jacmel, con sus anchas calles y el esplendor apagado de sus majestuosas residencias señoriales, está experimentando un renacimiento como refugio de escritores y artistas. En ella nació el célebre poeta René Dépestre (*véase la página siguiente*), así como el genial pintor Préfète Duffaut, cuya obra no sólo adorna esta urbe, sino que también puede ser admirada en la iglesia Sainte Trinité Épiscopal de Puerto Príncipe. Actualmente, tanto el Gobierno como el sector privado están invirtiendo en esta ciudad que antaño fue un activo centro comercial y cuya vinculación con las artes se remonta a muchos años atrás. Tiene así mismo una fuerte tradición de rituales vuduistas.

Un escritor en el exilio

René Dépestre es probablemente uno de los mejores escritores haitianos vivos. Activista político, Dépestre vivió en Cuba, desde donde emitía propaganda comunista dirigida a Haití. Posteriormente renunció al comunismo y en la actualidad vive en Francia.

Procede de una familia pobre de Jacmel, una ciudad situada al sudoeste de Puerto Príncipe que ha dado al mundo no pocos escritores y que en la actualidad se está convirtiendo en un reducto de artistas y autores llegados de todo Haití, Estados Unidos e incluso Europa.

Los padres de Dépestre apenas podían permitirse enviar a su hijo a la escuela. Pero, pese a la agobiante miseria de su existencia, conservaban cierta dignidad. Y la pésima situación económica de su familia no impidió que el joven poeta disfrutase de la belleza del mundo a su alrededor.

En 1946, con tan sólo 19 años, publicó su primer libro. Entre su círculo de amistades figuraban el poeta cubano Nicolás Guillén, el también poeta de Martinica Aimé Césaire y en cierta ocasión trabajó como secretario del ilustre poeta chileno y premio Nobel Pablo Neruda.

El amor de Dépestre por la vida brilla a través de todos sus poemas, que rebosan sensualidad, amor por las cosas que le rodean y por los seres vivos.

Su novela *El palo ensebado* es un ataque directo al régimen de François *Papa Doc* Duvalier. El personaje principal, Henri Postel, es el dueño de una pequeña tienda situada en un barrio obrero de Port-au-Roi. Tiene 49 años, es mulato y antes fue senador y agitador político.

Bebe demasiado. El presidente le condena a muerte... por aburrimiento. Se espera que se derrumbe en este proceso de zombificación interna, pero consigue resistir.

La vida se torna por fin interesante cuando Postel se presenta al concurso anual de cucaña que tiene lugar en el parque nacional. El presidente Zoocrates Zachary ve en el desafío de Postel una amenaza personal a su poder, por lo que decide plantarle cara.

Dépestre fue transparente en su intento de ridiculizar a los colaboradores más cercanos de *Papa Doc* Duvalier, para lo cual puso a los personajes de la novela nombres que cualquiera que viviese en Haití en aquella época podía identificar fácilmente con personas reales: Clovis Barbotog, Angel Boipiraud, la hija casada del presidente, el obispo local, monseñor Wolgonde, e incluso el revolucionario Jean-Jacques Brissaricq. Al tristemente famoso fuerte Domingo de Haití lo llama fuerte Sábado.

Postel afronta con valentía la batalla moral contra las fuerzas malignas e intenta despertar al pueblo haitiano del letargo en que lo ha sumido su prolongada desesperación.

Dépestre ha dicho que la novela no es una crónica histórica, ni se basa en hechos reales ni tampoco en su propia vida.

Así, ha dicho: «Los acontecimientos y personajes de la narrativa pertenecen al mundo de la ficción pura. Cualquier parecido con personas, animales, árboles vivos o que hayan vivido, cualquier similitud, cercana o lejana, con nombres, situaciones, lugares, sistemas, ruedas dentadas de acero o fuego, o con cualquier otro escándalo ocurrido en la vida real, sólo puede tener el efecto, por lo tanto, de una coincidencia que no sólo es casual, sino francamente escandalosa».

Derecha: René Dépestre pasó muchos años escribiendo en el exilio sin poder regresar a su patria.

Dépestre escribe con pasión y un profundo conocimiento de la política duvalierista y de la penetrante influencia de las prácticas y rituales del vudú en la vida cotidiana de Haití.

Al igual que otros antes y después que él, lo que mejor hace es exponer con sencillez, pero de manera hermosa, la alegría y el erotismo de lo que significa ser haitiano, pese a los problemas y desafíos que todavía tiene que resolver este país.

GASTRONOMÍA ESPAÑOLA Y AFRICANA

La fusión de las influencias europea y africana ha producido sendas gastronomías dominicana y haitiana, con sus propios sabores y colores característicos

La cocina dominicana debe mucho a sus raíces rurales. Las herencias indígena, africana y española propiciaron el cultivo de una gran variedad de productos agrícolas y la aparición de técnicas de cocina que todavía deleitan los paladares de hoy en día. Las hermosas imágenes de campesinos en granjas o *conucos* cultivando productos básicos como la banana, el ñame o la batata con frecuencia idealizan un bucólico pasado culinario. Pero el rigor de las plantaciones coloniales y el comercio de esclavos ligado a ellas ha sido también un catalizador de los actuales platos dominicanos. Muchos cultivos modernos llegaron de África en los barcos esclavistas, aunque los malogrados grupos indígenas ya cultivaban plantas, como por ejemplo la yuca.

De un modo parecido, es posible seguir directamente el rastro de los productos agrícolas tradicionales hasta los experimentos de los primeros colonos españoles. Las vacas, las cabras y las gallinas fueron domesticadas, mientras que la introducción de los granos de café y de cacao y su consiguiente cultivo no se produjo hasta mediados del siglo XVIII.

Quizás el cultivo más significativo introducido durante la época colonial fue la caña de azúcar. La llegada de Colón en su segundo viaje con dos haces de caña daría como resultado una economía basada en el azúcar que no sólo configuró la evolución histórica del Caribe en su totalidad, sino que también alteró rutas comerciales ya establecidas. La caña de azúcar, cultivada por primera vez en el siglo XVI, sigue siendo el principal cultivo de La Española. Sin embargo, el fracaso en los últimos tiempos ante el desafío que han supuesto la glucosa, muy rica en fructosa, y los edulcorantes artificiales amenaza con derribar al azúcar de su trono. Los nuevos competidores no dejan de ganar terreno y de consolidar su posición tanto con productos básicos de consumo como en el plano económico. Muchas de las antiguas plantaciones de caña son ahora fincas de piñas o de cítricos y bananos. El cultivo de artículos alimenticios tradicionales u oportunistas ha corrido paralelo a la evolución nacional y constituye la base de la actual comida criolla.

IZQUIERDA: una vendedora de *fritay* preparando *banan peze* (banana frita) en el mercado de Charlette.
DERECHA: pollos camino del mercado.

La bandera dominicana

Si le invitan a cenar en una casa dominicana es más que probable que le obsequien con alguno de los platos típicos del país. La charla sobre merengue, política y orgullo nacional se sustentará con la bandera dominicana: un plato típico a base de arroz, habichuelas, pollo o carne roja con aguacate, banana, yuca y ensalada. Sabroso, saludable

y suculento. El arroz con habichuelas forma la base de la mayoría de las comidas, una buena noticia para los vegetarianos. No obstante, el pollo, el pollo y el pollo es el otro ingrediente básico. Ningún restaurante que se precie deja fuera del menú el arroz con pollo.

El sancocho, un delicioso guiso de carne y verduras, suele servirse en comedores más poéticos como una metáfora de la sociedad dominicana. Este apetitoso potaje de salchichas, cerdo, pollo, ternera, cabra o chivo, verduras, hierbas y especias, es comparable a la mezcla social de influencias españolas, indígenas y africanas. El sancocho, que se prepara en ocasiones familiares especiales o reuniones de amigos, es un sabroso potaje de compañerismo.

Otra comida dominicana clásica es el mofongo, un plato típico cuya base son las bananas. Un aviso: más de uno ha confundido el mofongo al elegir en la carta y ha pedido en su lugar copiosas porciones de otro plato tradicional, el mondongo, un guiso de callos y menudillos.

El pipián, no tan fácil de confundir, es otro guiso típico que esta vez regala el paladar con menudencias de chivo. El chivo se prepara de muchas maneras y a menudo constituye un cambio interesante para las papilas gustativas de los turistas.

Los menos audaces quizás prefieran asopao de pollo, una exquisita y sustanciosa sopa de arroz con pollo. Entre los extras figuran las patas de pollo, un verdadero manjar en la República Dominicana. Muchos platos se sirven con bananas verdes de acompañamiento, ya sean hervidas y en puré, llamado mangú, o en rodajas fritas, denominadas tostones. Las bananas maduras o amarillas, que también se fríen, son mucho más dulces. El plato llamado ropa vieja por lo general no se corresponde con su nombre: suele consistir en un sabroso plato de ternera sazonada y frita servida con arroz y una ensalada de lechuga, col rallada, tomate y aguacate como guarnición.

Las fiestas son una excusa para comer, en particular durante las Navidades, que se celebran comiendo y bebiendo mucho en medio de un gran alborozo. Los excesos gastronómicos de Navidad comienzan en muchos hogares el día de Noche-

CÓMO EVITAR POSIBLES INTOXICACIONES ALIMENTARIAS

A finales de la década de 1990 la comida de los hoteles de la República Dominicana se ganó una mala reputación cuando los periódicos británicos informaron de una avalancha de casos de intoxicación entre los turistas. Declararon que la higiene alimentaria era deficiente.

Dado que para la economía del país el turismo es fundamental y temiendo una pérdida de ingresos, el Ministerio de Turismo de la República Dominicana creó un equipo de inspectores para que supervisasen todos los hoteles y restaurantes. Hoy en día los delegados de turismo afirman que últimamente no ha habido ningún caso serio de intoxicación alimentaria y que las condiciones de higiene se vigilan muy de cerca, por lo que no tiene nada que temer cuando viaje a este país. No obstante, a continuación ofrecemos algunos consejos para evitar que los turistas sufran el tipo de trastornos estomacales que pueden arruinar unas vacaciones:

- Cerciórese de que los refrescos y los cubitos de hielo que ponga en ellos están hechos con agua hervida o embotellada y si no está seguro, pida bebidas calientes.
- Evite los alimentos crudos, las ensaladas y las frutas que puedan haber sido lavadas con agua del grifo.
- Asegúrese de que le sirvan la comida bien caliente.
- Evite los alimentos cocinados que hayan estado al aire libre durante varias horas.
- Tenga cuidado con la comida de los vendedores callejeros a menos que su estómago sea resistente.

buena. Ese día se suele comer lechón asado; los pasteles en hojas, un tipo de pasteles salados envueltos en hojas de banano y la carne picada con arroz completan el banquete.

La gran variedad de postres dulcísimos satisfará de sobra a los más golosos. Los bizcochos tradicionales combinan el dulzor con un baño de una exquisita crema blanca muy pegajosa. Los dulces de leche se preparan licuando leche con frutas variadas y luego hirviéndola lentamente hasta que adquiere consistencia de jalea. Para quienes prefieran abstenerse de abusar del azúcar, el queso de hoja, un tipo de queso blanco y húmedo de la región de Bonao que se sirve con pan de casabe, actúa como el antídoto perfecto.

algo para asentar el estómago. Por fortuna, también los que venden productos más saludables acuden a usted. Los puestos ambulantes de frutas (fruteros en triciclos) ofrecen una apetitosa variedad de productos frescos –mangos, piñas, naranjas, guineos (una clase de plátanos)– pelados y atractivamente presentados para llamar la atención de los clientes. Las quenepas le ayudarán a hacer la digestión. Al abrir la piel verde y quebradiza de estas frutas, que se venden en racimos, queda expuesto un hueso blanco rodeado de una dulce pulpa.

Cuando el calor se hace insoportable, los «frío frío» sirven de alivio momentáneo. Se trata de hielo picado en una taza al que se le añade arrope de frutas diversas. Los trozos de coco ofrecen un refrescante trago de agua de coco, y el suave ronroneo de una trilladora en miniatura le guiará hasta un vivificante vaso de zumo de caña de azúcar.

En la calle

Los dominicanos son muy aficionados a comer en la calle, donde encontrará multitud de vendedores ambulantes que venden frituras. Una degustación de yanniqueques (tortas de maíz), pastelitos (empanadillas rellenas de carne o de queso) y quipes (ternera picada rebozada con trigo quebrado) le servirá de comida. Los chimichurris son bocadillos más sustanciosos de carne de cerdo asada al espetón.

Después de haber ingerido unas cuantas frituras compradas en la calle, incluso los menos dados a la comida sana andarán desesperados en busca de

IZQUIERDA: los domingos se sirve banana frita.
ARRIBA: un puesto de «frío frío» en la República Dominicana.

Bares y cafeterías

Alternar en las cafeterías a cualquier hora del día o de la noche es otra de las grandes aficiones de los dominicanos: cafés para despertar por la mañana, tranquilas sobremesas saboreando exquisitos batidos de frutas, y por las noches cócteles bien cargados de ron. Las batidas con leche, una sustanciosa mezcla de leche condensada, azúcar, hielo picado y una asombrosa variedad de frutas, le mantendrán alimentado hasta la noche. La lechosa (papaya) zapote y la bebida de original nombre «morir soñando», a base de naranja, son muy apreciadas. Si le basta con un zumo de fruta, entonces deberá pedir un jugo. Quizás deba decirle al camarero que no eche demasiado azúcar, o nada en absoluto. El jugo de china y la chinola –zumo de naranja y zumo de granadilla– son dos de los favoritos.

Sentarse en alguna plaza céntrica a ver pasar la gente, por ejemplo en la plaza de la Hispanidad de la capital, es una manera relajada de iniciar una noche de diversión por las cafeterías. Tanto si después piensa dirigirse a los bares elegantes del centro urbano como si va a volver paseando tranquilamente hasta el hotel haciendo un alto en un colmado, la oferta nocturna de bebidas será o bien la excelente cerveza nacional o las distintas marcas de ron elaboradas en el país. La primera opción la acapara la marca Presidente, con diferencia la cerveza de botella más consumida, cuya calidad es además extraordinaria. Una esmerada elaboración y una imaginativa mercadotecnia han convertido a esta cerveza en un icono nacional. Siempre se debe servir helada; a los dominicanos les disgusta enormemente ver que alguien acepta una botella no muy fría.

En cuanto al ron, hay tres clases: blanco, dorado y añejo. El primero se utiliza para hacer cócteles o mezclado con alguna bebida sin alcohol. Los más oscuros son más adecuados para mezclas menos fuertes. Los añejos es preferible tomarlos solos. «Un servicio» consiste en una botella de ron, una cubitera llena de hielo y refrescos para mezclar. Dada la graduación, la calidad y la abundancia de los rones dominicanos, la capacidad de encubrir el alcohol con el sabor dulce de las frutas, como demuestra el omnipresente ron ponch, es una peligrosa habilidad de los camareros dominicanos. Más de un momento feliz al atardecer puede convertirse sin que nos demos cuenta en un melancólico amanecer.

El inexcusable griyo haitiano

No es fácil pasar por alto el olor y la visión del griyo. Si Haití hubiera de tener un plato nacional, sería sin duda el griyo, y con motivos más que justificados. Está por todos lados. Forma parte de lo que los haitianos llaman *fritay*, o frituras en criollo. No existe una palabra mejor para describir esos trozos de cerdo, batatas, pescado, akra, banana frita y taso que se venden en las calles de todo Haití. En Puerto Príncipe comprar una ración de griyo o de *banan peze* (banana frita) por valor de un dólar o de unos cuantos centavos cuando se va a los Champs de Mars, frente al Palacio Nacional, es casi un ritual.

Los vendedores de *fritay* son siempre mujeres que viajan por todas partes para conseguir *malanga* y *patates* –cerdo y pescado– al mejor precio. Para cocinarlo, sumergen la carne y las verduras rebozadas con harina en una vasija llena de aceite hirviendo puesta sobre un fuego de carbón. También ofrecen tentadores bocados, como por ejemplo crujientes cortezas de cerdo, batatas, pescado ahumado, arroz y habichuelas. Para acompañar el griyo pida un *pikliz*: col rallada, zanahorias y guisantes adobados con pimientos picantes, aunque no es aconsejable comer griyo si su estómago no está acostumbrado a la comida que se vende en las calles de Haití.

No muy lejos, un hombre, por lo general el marido de la vendedora de fritay, vende trozos de caña de azúcar, otro tipo de comida rápida.

PANACEAS HERBOLARIAS

Los remedios tradicionales para un gran número de trastornos utilizan cientos de plantas silvestres muy fáciles de encontrar en La Española. Son remedios naturales capaces de aliviar desde el resfriado común o el catarro hasta dolores estomacales.

- Para combatir los resfriados se recomienda tomar una infusión hecha con menta, hojas de limoncillo y de guanábano con rodajas de limón cortadas en forma de cruz.
- Una infusión caliente de áloe, canela y anís alivia el dolor de estómago.
- El catarro se puede combatir con un potente brebaje a base de aceite de hígado de bacalao y de tiburón, cebollinos y miel.

En las ciudades da la impresión de que durante el día la mayoría de los haitianos comen a la carrera. Pero la noche pertenece a las vendedoras de *fritay*, un buen negocio para miles de mujeres. Sus parpadeantes lámparas son a veces las únicas luces visibles en las calles, incluso en la capital.

El fallecimiento del cerdo criollo

El griyo constituye una buena y barata alternativa a la ternera: en el montañoso Haití hay muy pocos pastos o tierra de labranza. También el pescado es caro debido a la deforestación, puesto que el lodo que se precipita laderas abajo durante la temporada de lluvias cubre los arrecifes. Como consecuencia, los pescadores necesitan adentrarse más en el mar para conseguir una buena captura.

Los cerdos, por otro lado, son un buen negocio en Haití, pues son animales que apenas requieren cuidados y que campan en libertad buscando verduras y restos de frutas. Utilizando un tópico, los pequeños *cochons* son una especie de hucha de cerdito para los haitianos. Muy valorados, es habitual regalar cochinillos a los niños. Otras personas compran unos cuantos gorrinos, los engordan y los venden sacándose un buen margen de beneficios. La demanda nunca escasea, así que siempre es posible hacer dinero.

En la década de 1980, sin embargo, era difícil encontrar cerdos en Haití. Todos ellos fueron sacrificados con arreglo a un programa del Gobierno de Estados Unidos para prevenir la propagación de la peste porcina. Cuando los científicos descubrieron que algunos de los cerdos criollos de Haití padecían esta enfermedad, temieron que se extendiese a la República Dominicana y de allí a la cabaña porcina de Norteamérica. Si bien desde entonces esos cerdos han sido sustituidos por otros (de una especie diferente), los haitianos se quejan de que las razas introducidas desde Estados Unidos son más melindrosas a la hora de comer y no tienen el mismo sabor que los viejos cerdos criollos.

Un producto local

En Haití no hay granjas, únicamente parcelas del tamaño de jardines que salpican el paisaje montañoso. La mayoría de los haitianos de los pueblos cultivan en ellas remolacha, berenjenas, zanahorias, pimientos picantes, tomates, maíz, mijo, habichuelas, bananos, quingombós, espinacas, aguacates, mandioca y otros tubérculos como la malanga. Entre las frutas figuran el mango, la papaya, la naranja y la mandarina. También se cultivan especias cuando hay espacio para hacerlo.

Un mercado de frutas y verduras en sábado parece salido de una pintura haitiana. Las mujeres bajan del monte llevando en equilibrio sobre la cabeza cestas repletas de llamativas frutas y verduras y meneando las caderas. Algunas toman el *tap-tap* (el autobús) desde las montañas para ir al pueblo o a la ciudad, donde ponen a la venta sus vistosos productos. Uno de los mayores mercados de Puerto Príncipe es el que se celebra en la avenida John Brown, cerca del cruce con la calle Martin Luther King. El aire es más fresco allí, bastante diferente del agobiante calor del centro urbano de Puerto Príncipe. Los campesinos hai-

IZQUIERDA: la mayoría de los bares tienen ron dominicano Brugal.
DERECHA: una frutería sobre ruedas.

EL GRIYO: CASI UN PLATO NACIONAL

Ingredientes:
1 kg de carne de cerdo cortada en dados
1/4 taza de aceite de oliva, 1/4 taza de agua
1 taza de cebolla picada, 1/4 taza de chalotas picadas
1 chile pequeño, 1 cucharada de pimienta negra
1 taza de zumo de naranja recién exprimida, 1/4 taza de zumo de lima recién exprimida
1 cucharada de tomillo picado, 1/2 cucharada de sal

Macerar el cerdo. Calentar el aceite de oliva en una cacerola honda; añadir el cerdo. Incorporar los demás ingredientes. Llevar a ebullición, tapar, reducir el fuego y dejar hervir a fuego lento durante 30 minutos. Destapar y subir el fuego, removiendo durante 10 minutos.

tianos también crían gallinas, chivos y algunas vacas, aunque no para comerlos sino para venderlos a las vendedoras de *fritay*. La mayoría de los haitianos de los pueblos sólo matan a sus animales domésticos en ocasiones muy especiales, como un bautismo o una boda. Y son muy pocos los que sacrifican sus animales a los dioses vudú.

Cuando pueden encontrarlo, a los haitianos les encanta consumir pescado, cangrejos y cobos, un manjar que los hombres creen que mejora su rendimiento sexual. En los pueblos costeros se amontonan grandes pilas de las enormes conchas de estos moluscos a modo de testimonio de lo mucho que gustan y se consumen. Los cobos, llamados *lambi*, se preparan asados a la parrilla o hervidos lentamente en una salsa criolla a base de tomate. En los restaurantes también se sirve fritada de cobo, un plato típico del Caribe para cuya elaboración es necesario trocear o picar la carne de estos caracoles y mezclarla con cebolla, apio, pimiento verde, pimiento picante, tomillo, tomate concentrado, sal y pimienta para obtener una masa que luego se fríe en bolas del tamaño de una pelota de golf.

Alimentos importados

La mayoría de los alimentos que se consumen en Haití son importados, incluido el bacalao. Este pescado se prepara mezclado en una masa con cebolla y pimientos picantes con la que se forma una bola, la *akra*, que a continuación se fríe.

UN TÍPICO *LAMBI* CRIOLLO

Ingredientes para 4 personas:

- 1 1/2 kg de cobos sin cáscara
- 2 limas, el zumo y la corteza rallada
- 1 cebolla en rodajas
- 3 dientes de ajo picados
- 2 chalotas picadas
- 1/4 taza de mantequilla
- 1 tomate pelado, limpio de semillas y picado
- 3/4 taza de agua
- 2 cucharadas de tomillo picado
- 1/4 cucharada de pimiento rojo en tiras
- sal y pimienta al gusto

Maje con un mazo de madera la carne de los cobos hasta dejarla de 3 mm de grosor. Córtela en cuadrados de 4 cm. Póngalos en un cuenco y exprima por encima el zumo de la lima. Añada las ralladuras de lima y cúbralo todo con agua fría. Déjelo enfriar en el frigorífico durante aproximadamente tres horas.

Sofría la cebolla, el ajo y las chalotas en un cazo hasta que estén blandos y opacos, siempre a fuego lento y teniendo cuidado de que no se doren. Añada el tomate, el agua, el tomillo, las tiras de pimiento rojo y la carne de los cobos. Lleve a ebullición y acto seguido reduzca el fuego. Déjelo hervir a fuego lento, parcialmente tapado y removiendo de vez en cuando, hasta que la carne de los cobos esté tierna (más o menos 1 hora). Salpimiente al gusto.

Haití se ha visto inundado de carne de pollo importada de Estados Unidos con la que no pueden competir los criadores de pollos haitianos. El arroz, uno de los ingredientes básicos de la dieta haitiana, también se importa de otros países, compitiendo con la variedad autóctona que crece en el valle del Artibonito. Y todos los alimentos preparados provienen de la República Dominicana o de Estados Unidos. Sin embargo, la mayoría de los haitianos no pueden permitirse comprar estos productos, por lo que su dieta diaria se compone de alimentos del país.

Más de lo mismo

La variedad no es la sal de la vida en la cocina haitiana. La única experimentación culinaria en su gastronomía acaso sea la que se lleve a cabo entre la numerosa población de haitianos de Miami, Nueva York y Montreal.

Incluso para aquellos que pueden permitírselo, el menú haitiano apenas varía de una semana a otra, o de una casa a otra. Suele consistir en una comida de dos platos, empezando por ternera asada a la brasa o guisada en salsa de tomate y guarnecida con coles u otras verduras. Todas las comidas se acompañan con bananas, ya sean cocidas o fritas. Las familias de clase media alta consumen, además, carne de cabra, que se cocina de forma parecida a la ternera.

El segundo plato suele ser arroz con habichuelas, o harina de maíz con habichuelas. Las alubias pueden ser rojas o blancas, y se preparan en una salsa o mezcladas con el arroz. Algunos haitianos sirven arroz con habichuelas en todas las comidas.

En la dieta haitiana las variaciones regionales también son insignificantes, por ejemplo: los cocineros del norte del país cocinan el arroz con una cabeza de ajo, mientras que en las regiones del sur no echan ajo. Los haitianos tampoco son grandes bebedores de cerveza; prefieren acompañar sus comidas con un refresco de cola elaborado en el país o con zumo de fruta recién exprimida.

Influencias foráneas

Lentamente, como resultado del contacto con los sirios y los libaneses que se han afincado en Haití, algunos haitianos han comenzado a incorporar platos árabes a su dieta, como las hojas de parra rellenas, pero esta práctica se limita a unos pocos restaurantes y a algunos hogares.

Aparte de las raciones de griyo que compran a las vendedoras en la calle, los haitianos no son gente de mucho comer. Los que pueden permitírselo optan por alimentos exóticos como las pizzas o las hamburguesas, que pueden adquirirse en Pétionville, un barrio acomodado de Puerto Príncipe lleno de bares, cafeterías y discotecas.

Pétionville cuenta con suficientes restaurantes franceses de varios tenedores como para satisfacer los paladares más exigentes. Algunos restaurantes, como el Chez Gérard y el Plantation, ofrecen una carta capaz de rivalizar con la de cualquier establecimiento europeo de cuatro tenedores. Los restaurantes que han sabido combinar las dos culturas han obtenido un notable éxito. Pero no espere que le sirvan un plato de griyo en estos elegantes locales.

Las casas haitianas se llenan de vida en las ocasiones especiales, como por ejemplo la primera comunión de un hijo o el Día de Año Nuevo, en el que es habitual servir sopa de calabaza. En Nochebuena el plato más corriente es el griyo, preparado con arroz y habichuelas, lambi y otros alimentos de sabor dulce. La Navidad también es uno de esos días en los que se saca el ron Barbancourt, un ron elaborado en el país con caña de azúcar. Las botellas de Barbancourt añejo de cinco estrellas se reservan para las ocasiones especiales; se suele tomar mezclado con zumo de lima, azúcar y hielo picado. Ninguna fiesta está completa sin compartir una botella de *cremasse*, un brebaje casero hecho con ron y leche condensada; antes de que se dé cuenta se sentirá muy feliz.

EXTREMO IZQUIERDA: una niña haitiana lleva pomelos al mercado.
IZQUIERDA: pescado fresco.
DERECHA: un atractivo puesto de frutas.

PASIONES DEPORTIVAS

El béisbol es el deporte rey, pero también el golf, la hípica, el polo y los deportes acuáticos cuentan con muchos aficionados

Existe una afición que comparten todas las clases sociales en la sociedad dominicana: el béisbol. Se trata de un juego en el que dos equipos de nueve jugadores cada uno intentan ganar puntos golpeando con un bate, lo más fuerte que pueden, una pequeña pelota para que uno o más corredores distribuidos por el campo –en forma de cuadrado o diamante cuyos cuatro ángulos son las bases– tengan tiempo de llegar a la base antes de que el equipo contrario recupere la pelota. Los movimientos en el campo pueden resultar un misterio para el espectador que no conozca las reglas, pero los dominicanos, igual que los estadounidenses, adoran este juego.

El béisbol es sin ningún género de duda el deporte rey en este país, muy por encima de los demás. En la liga nacional compiten seis equipos: dos del valle del Cibao, dos de Santo Domingo, uno de La Romana y otro más de San Pedro de Macorís. Juegan seis días a la semana, y la temporada va de octubre a enero.

En invierno todas las localidades de la Quisqueya, el estadio de Santo Domingo, así como de los demás estadios de la isla, suelen estar agotadas con varias semanas de antelación. En verano los aficionados al béisbol se sientan frente al televisor para seguir los partidos de la liga estadounidense. Después de todo, muchos de los jugadores que se ven en la pantalla corriendo, bateando y atrapando la pelota son compatriotas suyos. Ningún otro país de Sudamérica tiene tantos jugadores de primera fila en Estados Unidos como esta pequeña media isla del Caribe. En la actualidad hay más de 50 dominicanos jugando en los equipos de la liga estadounidense y otros 500 más o menos en ligas de menor importancia.

Un deporte estadounidense

A principios del siglo XX, de 1916 a 1924, las tropas estadounidenses ocuparon por primera vez la República Dominicana en virtud de la doctrina Monroe. Los yanquis introdujeron en la isla su deporte favorito: el béisbol. Parece ser que los jóvenes isleños también se aficionaron a este juego porque no pasó demasiado tiempo antes de que formaran su propio equipo, que era lo bastante bueno como para competir con otros países. En la década de 1950 jugaron por primera vez en la principal liga de béisbol de Estados Unidos los primeros dominicanos, y con notable éxito. Todavía hoy los hermanos Alou y Juan Marischal son nombres famosos.

La República Dominicana es ahora un paraíso para los cazatalentos al servicio de los principales clubs estadounidenses: todos los inviernos ocupan sus asientos en las gradas de los estadios de béisbol de la isla atentos por si descubren futuras figuras capaces de batir todas las marcas. Los equipos de Los Ángeles Dodgers, Cleveland Indians, Chicago Cubs, Boston White Sox y otros tienen campos de entrenamiento propios en numerosas poblaciones repartidas por toda la República Dominicana. En algunos de ellos, las jóvenes promesas son sometidas a un entrenamiento intensivo durante tres meses seguidos, mientras que otros clubs estadounidenses envían entrenadores a las escuelas todos los días para enseñar a los niños la mejor manera de golpear la pelota hacia la zona invisible de *strike*.

IZQUIERDA: Manny Ramírez en acción.
DERECHA: el béisbol ha sido el deporte nacional de la República Dominicana desde la ocupación estadounidense.

Un gran número de los jugadores que han llegado a lo más alto en Estados Unidos crecieron en los *bateyes*, los empobrecidos asentamientos de barracones en torno a San Pedro de Macorís en los que viven los jornaleros de las plantaciones. Allí, de niños, jugaban en campos improvisados con bates hechos con una caña de azúcar, una naranja verde y guantes confeccionados con sacos de cemento o cartones de leche. Los domingos, esos mismos niños acudían en tropel al estadio de Tetelo Vargas para aprender algunos trucos observando a las Estrellas Orientales. Sammy Sosa, Pedro Martínez, Raúl Mondesí, José Martínez, Tony Peña, Tony Fernández y Manny Ramírez son grandes estrellas en el firmamento de los equipos de béisbol estadounidenses. El legendario Matty Alou bromeó en cierta ocasión acerca del admirable éxito de los dominicanos: «Debe de ser el agua».

No cabe duda de que el clima templado de la isla tiene algo que ver, puesto que ofrece unas condiciones ideales para poder entrenar durante todo el año. Pero es probable que el incentivo más importante para los jóvenes talentos sea el hecho de que labrarse una carrera depor-

BÉISBOL TODO EL AÑO

Seis equipos de béisbol compiten en la liga nacional de la República Dominicana, que se disputa entre octubre y enero. En verano los aficionados siguen la liga de Estados Unidos por televisión.

SLAMMIN SAMMY SOSA

Durante 37 años el récord de carreras en una sola temporada estuvo en manos de la leyenda del béisbol Roger Maris, hasta 1998, año en que Mark McGwire y Sammy Sosa mantuvieron un pulso muy reñido por esa misma marca. Big Mac, de los Saint Louis Cardinals, fue el primero en batirlo, y unos días después lo hizo Slammin' Sammy, de los Chicago Cubs.

Sammy Sosa, un emprendedor muchacho del suburbio de Consuelo, cerca de San Pedro de Macorís, trabajaba de limpiabotas para contribuir a los ingresos de su familia. En la actualidad es un famosísimo y multimillonario deportista cuyo club internacional de fans no ha dejado de aumentar desde que en 1986 inició su carrera con los Texas Gulf Coast. Su habilidad deportiva y su encantadora sonrisa le han servido para que varias revistas le eligieran deportista del año, y fue invitado a ver al presidente de Estados Unidos, Bill Clinton, e iluminar el árbol de Navidad de la Casa Blanca.

Sosa dona un porcentaje de sus ganancias a causas benéficas. En diciembre de 1997 recorrió como Sammy Claus numerosas escuelas y hospitales de Estados Unidos y de la República Dominicana repartiendo regalos a miles de niños. Padre de cuatro hijos, Sosa fundó la Fundación Sammy Sosa, con sede en ambos países, para los niños desamparados. Sosa, que según se dice le dio la paga de su primer contrato, 3 500 dólares, a su madre Lucrecia, excepto unos cuantos dólares que utilizó para comprarse su primera bicicleta, simboliza el sueño universal del chico pobre que logra hacerse rico.

tiva en Estados Unidos sigue siendo la mejor manera de cumplir el sueño americano. Los grandes jugadores, como Sammy Sosa, ganan millones de dólares al año en Estados Unidos, y también muchos pesos en su país apareciendo en la televisión en campañas publicitarias o en periódicos y revistas. Todos los chicos sueñan con seguir los pasos de Sosa.

Sueños de altura

El baloncesto ocupa la segunda posición entre los gustos deportivos de la afición dominicana. Casi todas las escuelas disponen de una cancha de baloncesto, y muchos jugadores profesionales de béisbol empezaron jugando al baloncesto. Si hace algunos años se le preguntaba a un dominicano qué era lo que más le gustaba de Estados Unidos lo más probable era que respondiera que Michael Jordan. Hoy en día, sin embargo, la afición al baloncesto ha disminuido en vista del enorme éxito de los jugadores de béisbol dominicanos. No obstante, aún es posible ver a jóvenes promesas dominicanas encestando la pelota una y otra vez. Felipe López, que juega para los Grizzlies de Vancouver, representa para los aficionados al baloncesto de la isla una famosa estrella internacional a la que poder admirar.

El golf

No se puede negar que el golf es un deporte en alza en la República Dominicana. Al igual que en el resto del Caribe, este deporte se practica durante todo el año, a diferencia de lo que ocurre en algunas regiones de Europa y Estados Unidos. Hacia finales de la década de 1980 sólo había cuatro campos de golf en la República Dominicana; en la actualidad hay casi dos docenas y aún más en proyecto. Muchos de ellos se hallan en preciosos parajes cerca del mar en los que se puede golpear la pelota sobre acantilados, barrancos y bahías.

Tanto los isleños como los turistas se muestran de acuerdo en que los mejores campos de golf de la isla son el de Pete Dye, conocido como Dientes de Perro, que se encuentra en los jardines de la Casa de Campo, y el de Playa Grande, en la costa norte, cerca del río San Juan, trazado por Robert Trent Jones hijo.

IZQUIERDA: el baloncesto se ha visto en parte ensombrecido por el éxito del béisbol.
ARRIBA: partido de polo en la Casa de Campo.

Un deporte de príncipes

El príncipe Carlos de Inglaterra lo practica, lo mismo que muchos otros aristócratas de todo el mundo y mucha gente corriente. Los entusiastas de este antiguo deporte de la realeza –el polo– son muy variados. Montados a caballo, manejan largas mazas que utilizan para intentar dirigir una pequeña pelota blanca hacia la portería del equipo contrario. El polo es uno de los deportes de equipo más rápidos del mundo. En él se enfrentan dos

equipos de cuatro jugadores cada uno en un espacio rectangular cuyo tamaño es tres veces mayor que el de un campo de fútbol. Cada partido dura aproximadamente una hora, durante la cual cada jugador necesita cinco o seis caballos (de ahí su enorme coste) porque de acuerdo con las reglas de Hurlingham, establecidas en el club inglés del mismo nombre, hay que cambiar de montura cada siete minutos y medio.

En los jardines del lujoso centro turístico de la Casa de Campo, situado cerca de La Romana, hay cuatro campos de polo. Los grandes campeones de todo el mundo esperan ansiosos la hora de reunirse allí durante la temporada, que se extiende de noviembre a mayo.

El marajá Jabbar Singh fue quien introdujo este juego en el Caribe. Porfirio Rubirosa, un famoso donjuán dominicano, había conocido al aristócrata indio en Europa y en 1954 le animó a visitar las Antillas. Singh era un magnífico jugador de polo con un hándicap de nueve que se llevó con él su conocimiento del juego, además de entrenadores y caballos, y pronto formó un equipo bastante bueno. Desde su muerte, ocurrida en 1986, sus hijos han estado a cargo de los partidos de polo que se disputan en la Casa de Campo.

Para los espectadores que no hayan crecido en una silla de montar, en la Casa de Campo se ofrece una divertida variedad de polo: el polo en asno. En esta variante la pelota es bastante más grande. Este deporte puede someter los músculos de la risa tanto de los espectadores como de los participantes a un esfuerzo excesivo, debido en parte a las diabluras de estas tercas criaturas.

Paraíso del *windsurf*

El *windsurfista* canadiense Jean Laporte descubrió la República Dominicana en general, y la bahía de Cabarete en particular, en 1984. «Uno de los mejores lugares para practicar el *windsurf* del Caribe», fue el dictamen del campeón. No pasó mucho tiempo antes de que llegase su club internacional de admiradores pisándole los talones.

Al principio, la gente de Cabarete estaba dividida entre la admiración y el interés que les causaban Laporte y sus compañeros, a quienes llamaban mariposas; en la actualidad, multitud de jóvenes dominicanos compiten con los extranjeros sobre sus estrechas tablas. El viento dominante en la bahía de Cabarete es un estimulante viento alisio del nordeste con una fuerza de cinco o seis en la escala de Beaufort. Toda la costa atlántica de la isla ofrece así mismo excelentes condiciones para la práctica de este deporte.

Pesca de altura

Boca de Yuma, en el sudeste de la República Dominicana, es un centro pesquero tradicional. En este pueblo, situado en la desembocadura del río Yuma, todos los años se celebraban torneos internacionales de pesca, hasta que el huracán Georges lo arrasó prácticamente por completo. De

modo que los pescadores que tienen pensado capturar a las criaturas que moran en el mar, como por ejemplo marlines azules y blancos, tiburones y atunes, ahora tienen que dar un rodeo hasta Cabeza de Toro, en Punta Cana. La temporada alta va de enero a junio, pero se puede pescar durante todo el año. Podrá obtener más información en los clubes náuticos o en actividades acuáticas.

En la avenida de la Salud

En Santo Domingo parece extraño que, en el corazón de una metrópolis de tres millones de habitantes, una ciudad en la que el tráfico es un auténtico caos, haya una apacible y ancha avenida alquitranada que discurre por el medio del parque Mirador del Sur en la que no se ve ni un solo coche. La avenida de la Salud está cerrada a cualquier tipo de vehículo motorizado. En ella, los deportistas cuyas vidas estarían en peligro en otras calles de la capital pueden gastar la energía que les sobra: corredores, patinadores, ciclistas y paseantes. En este amplio espacio verde se supone que el aire es más puro que en el resto de la ciudad, y los pequeños puestos de bebidas diseminados en los bordes de la carretera despachan refrescos con los que apagar la sed y combatir el calor. Los dominicanos aficionados al deporte acuden a este parque en tropel, sobre todo los fines de semana.

Si usted es de los que prefieren limitarse a ver pasar la gente en lugar de sumarse a los deportistas, fíjese por si ve al antiguo presidente Balaguer, del que se sabe que ha pasado algún que otro domingo paseando por el parque.

Peleas de gallos

Antes de que el béisbol conquistase el país, las peleas de gallos eran el espectáculo más popular de la República Dominicana. Incluso hoy en día no existe prácticamente ningún pueblo sin su propia gallera o club gallístico. Todos los fines de semana un ambiente de intensa emoción con un punto de procacidad invade los edificios circulares de madera o de cemento sin ventanas que albergan el reñidero. Se pesan y se miden los gallos que van a pelear para determinar cuáles deben enfrentarse entre sí; a continuación, el orgulloso propietario ata espuelas de metal o de hueso a las garras de su ave y se asegura de provocarle la descarga necesaria de adrenalina impeliendo repetidamente a la criatura contra su rival a través del ruedo de 6 metros de diámetro.

Entretanto, los corredores de apuestas suben a las tambaleantes gradas de los espectadores y aceptan apuestas, que se hacen en un misterioso lenguaje de signos. Las sumas de dinero que se mueven suelen ser bastante grandes: un hombre puede llegar a arriesgar el salario de todo un mes.

IZQUIERDA: el *windsurf* y el descenso por rápidos son dos deportes acuáticos muy populares en la República Dominicana.
ARRIBA: en todos los pueblos hay un reñidero.

Un buen gallo de pelea puede costar entre 500 y 1 000 dólares estadounidenses.

Los violentos picotazos y los arañazos con las garras afiladas como cuchillas que se infligen los gallos se convierten en una lucha sangrienta en casi todos los enfrentamientos, aunque en modo alguno es siempre un combate a muerte. La pelea suele finalizar cuando uno de los dos contrincantes se rinde; algunas veces los dos animales se niegan a seguir luchando.

El deporte en Haití

Los jóvenes haitianos sólo empezaron a jugar al baloncesto en serio hacia finales del siglo xx, pese a que las tropas estadounidenses ocuparon Haití durante un período más largo del que permanecieron en la República Dominicana.

Las peleas de gallos, inventadas hace 3 000 años en Asia, han sido objeto de un polémico debate en la República Dominicana, pero hasta el momento nadie ha mostrado demasiado interés por intentar prohibir este sangriento espectáculo. Sigue siendo un deporte muy popular que cuenta con aficionados de todos los estratos sociales. Las mujeres, que antes tenían prohibido asistir a las peleas, todavía son muy escasas entre el público asistente a este espectáculo.

Hípica

En el hipódromo situado entre Santo Domingo y el aeropuerto no corre nada de sangre, pero el ambiente es igual de emocionante y animado que en las peleas de gallos. Los fines de semana el hipódromo Quinto Centenario se llena de cientos de aficionados, entre los que hay familias enteras, que van a disfrutar de una tarde en las carreras en un ambiente carnavalesco entre puestos de bebidas y comida. Incluso las personas que no tienen ni idea de cómo apostar disfrutarán de una visita a este moderno y espacioso recinto, cuya pista mide 1 600 metros de longitud. Los asiduos suelen ayudar de buena gana a los novatos a rellenar sus boletos de apuestas, que se basan en el sistema estadounidense. A veces también ofrecen útiles (o no tan útiles) consejos e información sobre los caballos favoritos o los que menos posibilidades tienen de ganar.

Pocas oportunidades para el deporte

Haití no es precisamente un paraíso para el deporte ya que, por ejemplo, sólo cuenta con un campo de golf, el Pétionville Club, cerca de Puerto Príncipe. En este país desesperadamente pobre, la práctica del deporte continúa siendo un privilegio de las clases altas. Entre sus deportes favoritos figuran –aparte del golf– la equitación y el tenis, al que algunos consideran un deporte de blancos, a pesar de que Ronald Agenor ha llegado a representar a Haití en competiciones internacionales.

La gente corriente satisface su instinto competitivo en las peleas de gallos. Al igual que ocurre en el país vecino, no hay prácticamente ningún pueblo sin su propio reñidero construido con

tablones de madera. Algunas poblaciones disponen de edificios circulares de piedra en los que es posible ver sentados a haitianos adinerados sentados en las gradas para presenciar el combate.

En Haití los gallos pelean sin espuelas. Al inicio de cada pelea se emborracha a las aves con Clairin, una bebida alcohólica que consiste en ron parcialmente destilado y que el dueño le da directamente al gallo de su boca. Para ello, expulsa el líquido a través de los labios para envolver al animal en una fina nube de vapor embriagador. Las apuestas empiezan a partir de 1 *gourde* (15 centavos de dólar), y un gallo de pelea puede llegar a costar el salario medio mensual, unos 30 dólares estadounidenses.

La afición al fútbol

El fútbol no puede competir con el baloncesto al otro lado de la frontera, pero en Haití sí es capaz de hacer que más de un corazón lata acelerado. Se ven balones de cuero rodando por todas partes: en los patios de los colegios, en los caminos que atraviesan los prados y por supuesto en los grandes estadios, el Sylvio Cator de Puerto Príncipe y el Parc Saint Victor de Cap-Haïtien.

El último triunfo internacional de importancia obtenido por la selección de Haití fue hace muchos años, en 1974, cuando consiguió clasificarse para el Mundial de Alemania; lograron incluso marcarle un gol a Italia. Los italianos ganaron el partido, pero ese famoso gol fue el único que marcaron los haitianos en Múnich y aquel momento de gloria todavía se recuerda en Haití. Patrice Dumont, autor del libro *De Haití a Múnich: 20 años después*, celebró el aniversario contando todos los detalles de aquel sensacional acontecimiento. Hoy en día, la selección haitiana juega contra otras selecciones caribeñas y los haitianos siguen a sus equipos favoritos –Brasil y Argentina– por la televisión. Sin embargo, muestran muy poco interés por el equipo francés; cuando en el Mundial de 1998 Brasil fue derrotado por Francia, Haití quedó consternado.

IZQUIERDA: los partidos de béisbol congregan a un público muy numeroso.
ARRIBA: juego de azar en una calle de Haití.

EL FÚTBOL, CADA VEZ MÁS POPULAR

A pesar de que en Haití apenas se invierte en fútbol, existen muchos clubs pequeños que juegan en competiciones oficiosas por todo el país. La liga nacional, que disputan 57 equipos, consta de tres divisiones. Tan sólo la final de liga y los partidos internacionales se juegan en el remozado estadio de Sylvio Cator. El ambiente es bullicioso, con muchos cánticos y tambores, lo mismo que en Brasil. La temporada oficial va de noviembre a mayo, mientras que los demás partidos se juegan durante el verano. Existe así mismo un programa denominado Athlétique d'Haitiand cuyo propósito es entrenar a los mejores jugadores jóvenes de los suburbios. Las instalaciones se hallan junto a la pista de automovilismo, a 4 kilómetros del centro de Puerto Príncipe.

LA VUELTA A LA NATURALEZA

Los folletos turísticos hacen hincapié en las playas, pero esta fértil y montañosa isla tiene mucho más que ofrecer a los amantes de la naturaleza

Las expectativas que ofrece La Española en cuanto a turismo verde y de aventura son de lo más fascinante que existe en el Caribe. Haití es el país más montañoso de la región, mientras que la República Dominicana cuenta con la montaña más alta del Caribe, el Pico Duarte, con 3 087 metros de altitud. La costa norte de la República Dominicana es así mismo uno de los principales destinos del mundo para observar a las ballenas y practicar el *windsurf*. Este país ya dispone de una buena infraestructura para este tipo de turismo, con numerosas agencias y actividades, desde el senderismo y el submarinismo hasta el piragüismo, el descenso por rápidos, etc.

El paisaje dominicano es majestuoso y variado: espectaculares cadenas montañosas; largos ríos que serpentean a través de bosques, corren veloces entre gargantas o se precipitan desde altas cascadas; fértiles valles; manglares y playas de arena blanca bañadas por las aguas azul turquesa del Caribe.

La flora y la fauna

La flora y la fauna son muy abundantes en esta isla en la que viven más de 5 600 especies de plantas (entre ellas más de 300 orquídeas endémicas), 258 especies de aves (incluidos la cotorra y el perico), cuatro especies de tortugas marinas y dos de agua dulce, reptiles como el cocodrilo americano del lago Enriquillo y la iguana rinoceronte, 33 especies de mamíferos terrestres (entre las cuales figuran el solenodonte y la jutía, ambas amenazadas), así como el manatí antillano y la ballena jorobada, también en peligro de extinción.

Durante la temporada de cría, que va de diciembre a marzo, estas dos especies de mamíferos marinos se dirigen al Banco de la Plata, a 140 kilómetros de la costa norte de La Española. En el Banco de la Plata, la reserva de ballenas jorobadas más importante del Atlántico, se reúnen todos los años más de 3 000 cetáceos. De enero a marzo podrá realizar un viaje de un día hasta el Banco de la Plata desde Puerto Plata, así como excursiones más cortas a la península de Samaná, un poco más al este, donde también es posible ver calderones, delfines mulares, hiladores y manchados.

Con 16 parques nacionales, seis reservas científicas, monumentos naturales, zonas protegidas y corredores ecológicos, el Gobierno dominicano ha abordado de forma sistemática la protección del medio ambiente. En las 67 zonas protegidas está prohibido construir. La creación de los parques de Armando Bermúdez y José del Carmen Ramírez ha salvado las últimas grandes extensiones de bosque, y en San José de las Matas se ha puesto en funcionamiento el Plan Sierra de reforestación.

La red de parques nacionales de la República Dominicana abarca toda la biodiversidad del país y ofrece muchas oportunidades de aventura, desde la tranquilidad de un cámping hasta actividades más agotadoras como la escalada, el senderismo o los deportes fluviales.

El Parque Los Haitises, en la costa sur de la bahía de Samaná, comprende manglares, bosques húmedos y selvas subtropicales; en él encuentran refugio las cotorras, los búhos y los alcatraces. Algunas de las cuevas de este parque están decoradas con pictografías y petroglifos taínos.

PÁGINAS ANTERIORES: la tremenda deforestación es evidente en la carretera a Forêt des Pins, en Haití.
IZQUIERDA: una ballena jorobada en las aguas del Banco de la Plata.
DERECHA: petroglifos taínos en Las Caritas.

Las montañas más altas del Caribe (el Pico Duarte, con 3 087 metros de altitud; La Pelona, con 3 070 metros; La Rusilla, 3 045 metros; y el Pico Yaque, 2 760 metros) se encuentran en la región central de los parques de Armando Bermúdez y José del Carmen Ramírez, donde en diciembre y enero las temperaturas pueden descender por debajo de los 0 °C. Aparte del ave nacional de la República Dominicana –la cigua palmera–, allí viven pájaros carpintero, cernícalos y otras especies poco comunes.

Las coníferas proporcionan vegetación en las tierras bajas, mientras que los pinos cubren las laderas más altas. Entre los mamíferos figuran los cerdos salvajes, en tanto que más abajo tienen su hogar las serpientes. En esta zona también se halla el nacimiento del río Yaque del Sur.

El Parque Nacional del Este, en el sudeste del país, incluye la isla de Saona y bosques subtropicales húmedos y secos. Saona es el hábitat de la escasa paloma cabeciblanca y del manatí. En su extensa red de cuevas existen así mismo numerosos ejemplos de arte precolombino.

El parque de menor tamaño es el de isla Cabritos, en el lago Enriquillo, en el sudoeste del país. Esta isla de 12 kilómetros de largo alberga una copiosa población de cocodrilos, 10 especies de cáctuses y 62 especies de aves.

Jaragua, más al sur, es el parque de mayor extensión y comprende las islas Beata y Alto Velo. Las formaciones geológicas descubiertas allí se remontan a hace 50 millones de años. La laguna de Oviedo acoge la mayor población de flamencos del país. También en el sudoeste se encuentra el Parque Sierra de Bahoruco, en el que crecen más del 50% de las especies de orquídeas conocidas en la República Dominicana. Uno de los monumentos naturales más importantes es la bahía de Calderas, creado para proteger las magníficas dunas de arena de Las Salinas.

La costa norte

La costa norte es un verdadero paraíso para los aficionados al submarinismo y al *windsurf*. Cabarete está considerada una de las mejores playas del mundo para el *windsurf*. Protegida por un arrecife y barrida por vientos cambiantes, la playa de Cabarete, en la que se celebran competiciones de la Copa del Mundo, es un lugar ideal para practicar este deporte.

Los arrecifes costeros de la cercana Sosúa ofrecen las mejores condiciones de buceo para los neófitos, pero hay así mismo otros sitios para los más expertos, como Las Palmitas, el Muro del Aeropuerto y los túneles intercomunicados de La Pirámide. En el sur, cerca de Santo Domingo, es posible bucear entre arrecifes y restos de naufragios en el Parque Nacional Submarino La Caleta, así como por cuevas de agua dulce. La isla de Saona es un buen lugar para ver grandes peces, mientras que Punta Cana, en la costa este, tiene el arrecife de coral más largo de la República Dominicana, con casi 30 kilómetros de longitud, estrechamente vigilado por las autoridades.

La costa norte y la cordillera septentrional disponen de pistas para bicicletas de montaña, algunas fáciles y otras más dificultosas a campo traviesa o por senderos que cruzan pasos de montaña. Quienes prefieran enfrentarse a las montañas a pie pueden intentar subir hasta la cima del Pico Duarte (o hacer trampa alquilando una mula), un ascenso agotador, o bien conformarse con algo más fácil, como el Pico Yaque o el Pico Isabel de Torres, en Puerto Plata.

Un tesoro sumergido

Al oeste de Sosúa, frente a Cofresí y Montecristi, hay restos de naufragios que es posible explorar. Los submarinistas avezados pueden unirse a los equipos de rescate que están buscando más de 20 barcos hundidos, entre ellos los de la flota española de 1563 que iban cargados de tesoros.

mejores sitios para practicar esta actividad son el salto de Jimenoa, la cascada del Limón, la cascada Ojo de Agua y el salto de Baiguate. El barranquismo consiste en escalar por la pared de la garganta de un río con cuerdas y arneses y una vez que se ha alcanzado una altura suficiente, lanzarse al río. Los mejores lugares son La Damajagua, en Imbert, y la zona de Jarabacoa. Es posible lanzarse en parapente sobre montañas y ríos desde cualquier cresta apropiada para ello, siempre y cuando el estado del viento lo permita. (El Rancho Baiguate,

Si le apetece mojarse, pruebe a descender en lancha neumática por el río Yaque del Norte, en Jarabacoa. En ese mismo río, además de en el Jamao al Norte, y el Isabela, en Santo Domingo, también es posible realizar el descenso solo y sin remos en un enorme tubo de goma.

Para los auténticamente aventureros existen las opciones del descenso de cascadas y el barranquismo. En el primero de estos deportes de riesgo se trata de subir a lo alto de una cascada y desde allí bajar haciendo rapel por el medio de la catarata hasta que, una vez abajo, se salta al agua. Los

IZQUIERDA: pedaleando por el campo en la República Dominicana.
ARRIBA: descendiendo por el río Yaque del Norte.

en Jarabacoa, en el centro del país, organiza este tipo de actividades, así como la empresa de Cabarete Iguana Mama Adventure Tours.

A pesar de la intensa deforestación y de la erosión del suelo Haití está dando algunos pasos para detener el deterioro del medio ambiente. Se han puesto en marcha una serie de programas de reforestación y ecoturismo destinados a conservar y proteger el patrimonio natural del país.

La UNESCO y la PNUD, en colaboración con otros organismos internacionales y el Instituto Haitiano para la Protección del Patrimonio Nacional, ya han iniciado el plan Ruta 2004, que celebrará el bicentenario de la independencia mediante un programa de restauración y conservación de los principales recursos naturales y culturales teniendo presente el fomento del turismo. El primer paso se ha centrado en la región histórica que va desde el fuerte Liberté hasta Cap-Haïtien, en la costa norte, donde se han creado varios parques de historia nacional en los que se han trazado diversas rutas.

Aunque Haití no puede competir con el país vecino en lo que respecta al ecoturismo organizado ofrece, no obstante, numerosas actividades de aventura y lugares para visitar. Además del macizo de La Selle (2 674 metros), al sudeste de Puerto Príncipe, y el pico Macaya (2 347 metros), en la península sudoccidental, cabe destacar el bosque La Visite y los pinares de las montañas que rodean Puerto Príncipe. Hay cuevas en el norte de la isla de la Tortuga y en Dondon; y en el sur, cerca de Les Cayes, en

Camp Perrin, Port-à-Piment e Île-à-Vache, así como en las islas Cayemites, Vol Drogue, Anse d'Azure y Anse Duclerc, cerca de Jérémie.

Pueden verse arrecifes de coral en la Côte des Arcadins y en Labadie, al norte de Puerto Príncipe, en la isla de la Gonâve, en las Cayemites, cerca de Pestel, y en la Île-à-Vache. Algunas zonas de la región que se extiende hacia el noroeste desde Gonaïves hasta Port-de-Paix son prácticamente desérticas. Hay saltos de agua en Seguin, en el Bosque de Pinos; en el famoso centro de peregrinación vuduista de Saut D'Eau; en Artibonito, en el centro del país; y en el lago Pichon y Belle Anse, en el sudeste, cerca de Jérémie.

Aunque las mejores playas son las que se encuentran en la costa atlántica, en el norte (Labadie), en la costa del Caribe cerca de Les Cayes (Port Salut, Port-à-Piment) y en las proximidades de Jacmel (Mouillage, Raymond les Bains, Playa Cyvadier), el Parque Marino de las islas Arcadins ofrece excelentes lugares para bucear.

El deterioro ecológico ha destruido muchos ecosistemas y afectado adversamente a la fauna, pero existen dos parques montañosos que los amantes de la naturaleza deberían visitar. El Parque Nacional La Visite se encuentra en el macizo de la Selle, una caminata de cinco horas desde el complejo turístico de Kenscoff. Cubierto de pinos y bosques húmedos, este parque es el hábitat de 80 especies de aves y dos mamíferos endémicos: el *nez longue* y la hutia de La Española. Los diablotines anidan en él, mientras que las cigüitas de Norteamérica migran hasta allí para pasar el invierno.

Un bosque montano virgen

El Parque Nacional Macaya preserva el último bosque húmedo montano virgen de Haití. Hay pinos de 45 metros de altura, 141 especies de orquídeas, 102 de helechos, 99 de musgos y 49 de hepáticas. Hay 11 especies de mariposas, 57 de caracoles, 28 de anfibios, 34 de reptiles, 65 de aves y 19 de murciélagos.

Pero los animales más espectaculares son dos tipos de pájaros: el cuatro ojos cabecigris y el papagayo. El halcón peregrino, una especie amenazada, también pasa el invierno en este lugar. Desde Les Cayes se tarda aproximadamente medio día en llegar a la base que tiene la Universidad de Florida en un extremo del parque, donde es posible acampar.

El Étang (lago) Saumâtre, al este de Puerto Príncipe, es el hábitat de más de 100 especies de aves acuáticas, flamencos y cocodrilos. Aunque las excursiones y actividades organizadas son escasas, ambos parques nacionales resultan magníficos para la observación de aves; en el Parque Nacional La Visite y en Bassin Bleu, cerca de Jacmel, se pueden dar paseos a caballo. La Universidad de Florida organiza excursiones para quienes deseen escalar el pico Macaya.

Póngase en contacto con la organización Destination Djondjon para informarse sobre los servicios de turismo alternativo en el país. Djondjon cuenta con delegaciones regionales que facilitan alojamiento, el cual puede ser desde casas rurales hasta hoteles de lujo, además de organizar excursiones de carácter ecológico y cultural. Estas excursiones son un modo excelente de viajar por el país y de conocer la sociedad rural haitiana.

Izquierda: coral cerca de la isla de la Gonâve.
Derecha: descansando junto al salto Agua Blanca.

LAS BALLENAS DEL BANCO DE LA PLATA

La época de celo de la ballena jorobada atrae a mucha gente a la península de Samaná

En la Biblia hay una historia sobre Jonás en la que a éste se lo traga una ballena, en cuyo vientre permanece tres días hasta que por fin lo arroja a tierra sin haber sufrido ningún daño. Las ballenas han fascinado a la gente desde tiempos inmemoriales y en la actualidad se organizan excursiones por sus distintos hábitats en todo el mundo, desde Canadá hasta Estados Unidos, desde México y el Caribe hasta Hawai. La República Dominicana alberga la única reserva de ballenas jorobadas que existe en el Caribe oriental, la Reserva Marina del Banco de la Plata.

EN EL BANCO DE LA PLATA

Durante los meses de invierno, de diciembre a marzo, varios miles de ballenas jorobadas se dirigen al sur desde el Atlántico Norte en busca de climas más cálidos con el fin de aparearse y dar a luz. Estos animales migratorios son cetáceos: mamíferos marinos de sangre caliente que paren crías lactantes y que respiran aire. En las aguas en torno al Banco de la Plata, en la República Dominicana, es posible ser testigo de fantásticos espectáculos visuales durante la época de celo gracias a que buena parte de la actividad la realizan en la superficie del agua. Las ballenas jorobadas adultas se comunican entre sí mediante cantos que emiten los machos con objeto de atraer a las hembras, así como entre las madres y los ballenatos. Los machos compiten en ruidosos grupos por el derecho a aparearse golpeando el agua una y otra vez con las aletas y dando grandes saltos, demostraciones de fuerza que pueden tornarse violentas hacia el final de la época de celo. En la Reserva del Banco de la Plata los turistas podrán ver que estos gigantes marinos son apacibles animales que permiten que los más osados naden en el océano junto a ellos.

△ **BUSCANDO**
Un número creciente de agencias turísticas organiza excursiones para observar a las ballenas en las aguas del Caribe, adonde se dirigen las ballenas jorobadas durante el invierno.

▷ **COLETAZOS**
Una ballena jorobada (*Megaptera novaeangliae*) golpea el agua con la aleta caudal en la Reserva del Banco de la Plata.

△ **UNA IMAGEN ESPECTACULAR**
Para captar la asombrosa imagen de una ballena jorobada golpeando el agua con la aleta caudal no se olvide de llevar una cámara y ropa impermeable.

◁ **AL ACECHO**
Las cristalinas aguas del mar de las Antillas frente a la costa de la República Dominicana constituyen un verdadero tesoro para los submarinistas que desean ver toda clase de animales marinos.

◁ **LOS VIGILANTES DE LA PLAYA**
La bahía de las Ballenas, en la península de Samaná, es un magnífico lugar para observar a estas enormes e impresionantes ballenas desde tierra.

▷ **NADANDO DE ESPALDAS**
Una ballena jorobada nada de espaldas justo por debajo de la superficie del agua mientras es observada.

OBSERVACIÓN DE BALLENAS

En las cálidas aguas de la Reserva Marina del Banco de la Plata, situada a unos 100 kilómetros al norte de Puerto Plata, son muy populares las excursiones para observar a las ballenas, como también lo son en la bahía de Samaná, en el nordeste de la República Dominicana. Ambos lugares brindan la fascinante posibilidad de ver ballenas jorobadas. Con unos prismáticos potentes es posible contemplar desde tierra, en la bahía de Samaná, los rituales de apareamiento e incluso los partos de las ballenas, pero no hay nada como hacerlo desde la cubierta de un barco.

Una ballena adulta puede crecer hasta los 12 metros de largo y pesar unas 40 toneladas, por lo que la visión de estos animales (normalmente los machos) saltando del agua a toda velocidad y volando por el aire resulta impresionante. El acceso al Banco de la Plata, una zona protegida, está limitado. Para obtener información sobre las excursiones póngase en contacto con la Oceanic Society Expeditions (tel.: 800 326 7491 o 415 441 1106), que ofrece, además, la posibilidad de nadar entre las ballenas. Otra opción es telefonear a Aquatic Adventures (tel.: 409 291 1210) o a Victoria Marine, que tiene una oficina en el malecón de Samaná (tel.: 809 538 2588).

REPÚBLICA DOMINICANA

Una guía detallada de todo el país en la que los lugares de mayor interés llevan una referencia alfanumérica que remite a los mapas

Al pensar en la República Dominicana seguro que surgen en la mente imágenes de anchas franjas de arena dorada orladas de palmeras y bañadas por las cálidas aguas del mar Caribe. De hecho, hay muchos kilómetros de hermosas playas en las que disfrutar del sol desde la Costa Caribe, en el sudeste, hasta la Costa del Coco, en el extremo oriental, así como en el resto del litoral, aunque no todas ellas se han librado de los desagradables efectos del turismo de masas. Pero si rasca la superficie de esta montañosa tierra descubrirá otras muchas cosas interesantes.

Protegidos dentro de los límites de los parques nacionales hay impresionantes cataratas, ríos y extensos bosques que constituyen el hábitat de una fauna y flora muy variadas, entre las cuales figuran algunas especies que únicamente se encuentran en esta isla, en sus fértiles valles y áridos desiertos en torno al lago Enriquillo, al oeste del país. También las cotas más altas del Caribe se hallan en la República Dominicana, y algunos viajeros acuden atraídos por el reto que supone caminar por sus cordilleras y escalar sus montañas.

En el apacible noroeste, en el valle agrícola del Cibao y en los frondosos montes de la cordillera Central, la vida en los pueblos continúa siendo muy parecida a como siempre ha sido. Las plantaciones de caña de azúcar y de árboles frutales, los arrozales y los fragantes bosques alpinos dominan el paisaje, mientras que las colinas ofrecen alivio frente a las altas temperaturas tropicales del interior.

Experimente el ajetreo de la colorista capital del país, Santo Domingo. En ella, muy rica en monumentos históricos erigidos por los padres fundadores, preciosos edificios con siglos de antigüedad se alzan junto a estructuras modernas. La capital es el centro comercial y cultural de la República Dominicana, una ciudad donde la gente parece andar siempre con prisas. Pero, como cabe esperar del Caribe y de Latinoamérica, siempre hay tiempo para hacer un alto, relajarse y charlar en sus bonitas plazas y parques.

También en el resto de la República Dominicana existen monumentos interesantes, como por ejemplo las ruinas de La Isabela, en el norte, entre Puerto Plata y Montecristi, el primer asentamiento europeo permanente de América. Existen así mismo numerosos complejos hoteleros llenos de turistas en busca de sol y diversión, consecuencia de la rápida expansión del turismo. Los hoteles pugnan por el espacio a lo largo del litoral desde Boca Chica hasta Punta Cana, en la península de Samaná y en la Costa del Ámbar. Sosúa y Cabarete, en la costa norte, cuentan con excelentes lugares para practicar el submarinismo y el *windsurf*, y los contagiosos ritmos de la música merengue, que suena a un volumen atronador, pueden oírse en casi cualquier parte.

PÁGINAS ANTERIORES: los fértiles campos de Constanza; un poni y una mula cruzan un río en el valle del Cibao; niñas correteando en las claras aguas que bañan la playa de Isla Bonita, Las Terrenas, en la península de Samaná.
IZQUIERDA: disfraces de carnaval en La Vega.

CUBA
Windward Passage
Paso del Viento
Isla de la Tortuga
Pointe Ouest
Palmiste
Pointe Est
Cayonne
Canal de la Tortuga
Port-de-Paix
Saint-Louis du Nord
Cap du Môle
Môle Saint-Nicolas
902
Noroeste
Baie-de-Henne
Anse Rouge
Pointe du Cheval Blanc
Pointe du Petit Paradis
Gros Morne
Límbé
Los Cayos de los Siete Hermanos
Cabo del Morro
Pointe Fort Picolet
Bahía del Manzanillo
Monte Cristi
Cap-Haïtien
Fort Liberté
Copey
Norte
Milot
Trou-du-Nord
Dajabón
Cadena de Belance
Marmelade
Ouanaminthe
Saint Raphaël
Vallières
Cadena de Vallières
Gonaïves
Ennery
1475
Saint-Michel-de-l'Attalaye
Nordeste
Pointe de la Grand Pierre
L'Estère
Artibonito
Marchand Dessalines
Desdunes
Meseta Central
Golfo de la Gonâve
Petite Rivière de l'Artibonite
Hinche
Morne Bonhomme 1788
Montagnes Noires
Cap de St-Marc
Saint-Marc
Verrettes
l'Artibonite
Centro
Canal de St-Marc
La Source
Montrouis
HAITÍ
Cadena de Matheux
Carries
Mirebalais
L. de Péligre
Elías Piña
Pointe Pierrot
Anse-à-Galets
Saintard
1529
1736
Petit Anse
778
Isla de la Gonâve
Pointe Fantasque
Bahía de Puerto Príncipe
Croix-des-Bouquets
Lago Saumatre
Boca de Cachón
Canal del Sur
Puerto Príncipe
Oeste
Fond Parisien
Jimaní
Cap Rose
Islas Cayemites
Grande Cayemite
Cap de Dame Marie
Jérémie
Dame Marie
Petit-Trou-de-Nippes
Anse-à-Veau
Carrefour
Delmas
Dufort
Pétionville
La Bastille
Beaumont
Miragoâne
Pico Cabaio
Pico la Selle 2674
Anse d'Hainault
Pioc Macaya 2347
Grande Anse
Furcy
2282
Mont Belle-Vue 1108
Macizo de la Selle
Macizo de la Hotte
Camp Perrin
Sud
Pic Tête Bœuf 1379
St-Michel du Sud
Sudeste
Thiotte
Tiburon
Les Anglais
Les Cayes
St Louis du Sud
Aquin
Jacmel
Marigot
Belle-Anse
Grande Pointe
Port-à-Piment
Les Coteaux
Laborioux
Côtes de Fer
Bainet
Cap Jacmel
Cap Bainet
Bahía de los Ingleses
Port-Salut
Bahía de Cayes
Île Grosse Caye
Canal del Este
Anse-à-Pitres
Île-à-Vache
Canal del Sur
Bahía Honda
Cabo Rojo
Bahía de las Águilas
Cabo Falso
Isla Alto Velo
MAR CARIBE

República Dominicana y Haití
0
50 km
N
OCÉANO ATLÁNTICO
La Isabela
Puerto Plata
Cabo Macorís
La Sabana
Sosúa
Sabaneta de Yásica
Los Hidalgos
Puerto Plata
Hoyazo
Cabo Francés Viejo
Cordillera Septentrional
Valverde
Espaillat
Río San Juan
Cabrera
1249
La Entrada
Pico Diego de Ocampo
María Trinidad Sánchez
Bisonó
Mao
Salcedo
Bahía Escocesa
Las Terrenas
Cabo Cabrón
Santiago de los Caballeros
Moca
Península de Samaná
Cabo Samaná
Salcedo
San Francisco de Macorís
Las Galeras
Moncion
Jánico
Nagua
Samaná
Santa Bárbara de Samaná
Parque Nacional Armando Bermúdez
Sánchez
Presa de Tavera
La Vega
Duarte
Las Terrenas
Bahía de Samaná
Santiago
Pimentel
Yuna
Parque Nacional Los Haitises
Jarabacoa
Sánchez Ramírez
Cotuí
Cevicos
Sabana de la Mar
Costa del Coco
Pico Duarte 3087
Miches
La Vega
REPÚBLICA DOMINICANA
Monte Plata
Cordillera Oriental
Loma Vieja
Presa de Hatillo
Hato Mayor
El Seibo
736
El Macao
Presa Alto Yuna
Bonao
Parque Nacional José del Carmen Ramírez
Constanza
Monseñor Nouel
Monte Plata
El Seibo
Bávaro
Yamasá
La Altagracia
San Juan
Alto Bandera 2843
Hato Mayor
Bayaguana
Presa de Sabana Yegua
Altagracia
Villa
San Felipe
Higüey
Yabacao
Los Llanos
Punta Cana
2581
Soco
La Romana
Hato Nuevo
Azúa
San José de Ocoa
San Cristóbal
Nizao
Distrito Nacional
San Pedro de Macorís
Yuma
Juanillo
La Romana
Presa de Jigüey-Aguacate
La Caleta
Azúa de Compostela
Peravia
Santo Domingo
San Pedro de Macorís
Boca de Yuma
Cabo San Rafael
Yaque del Sur
Las Carreras
San Cristóbal
Cabo Caucedo
Isla Catalina
Bahía La Altagracia
Parque Nacional del Este
Vicente Noble
B. de Ocoa
Baní
Punta Ocoa
Isla Saona
B. de Neiba
Punta Martín García
Punta Palenque
Barahona
Enriquillo
Beata

MACK

UNA METRÓPOLI CARIBEÑA

Santo Domingo, la capital de la República Dominicana, es una excitante y ruidosa ciudad cuyos parques, palacios y museos ofrecen un cierto respiro frente a la vorágine urbana

Más de 2 millones de dominicanos viven en la extensa y bulliciosa capital de la nación. A cualquier hora del día o de la noche parece que todos sus habitantes están en la calle, apresurándose arriba y abajo por sus principales ›rterias, cuyo trazado en cuadrícula confiere una cierta apariencia de orden al aje-eo urbano. Los centinelas en las esquinas, los vecinos y los curiosos de los barrios ›ecoran el paisaje urbano mientras observan atentos cómo sus convecinos pasan a ›da prisa. Santo Domingo es, sin duda, una ciudad llena de vida.

Los motores de combustión, en todas sus distintas fases de evolución, aportan el ›uido de fondo que acompaña todas las charlas y transacciones comerciales que tie-en lugar en las aceras. Los escasos intervalos de calma son interrumpidos en ›eguida por las flotas de autobuses o guaguas cargados hasta los topes, los *carros* úblicos, los atronadores camiones y los automóviles particulares que circulan a ›da velocidad por las principales arterias. Las avenidas con sabor internacional Abraham Lincoln, Winston Churchill, John F. Kennedy y Bolívar, entre otras– son ı clave que resuelve los desplazamientos de un lado a otro de la urbe. Aunque es osible recorrer gran parte de la ciudad a pie, para ir a algunas zonas es necesario ›omar un taxi o aventurarse en los abarrotados carros públicos, los «autobuses» ›rbanos, que son el pilar principal de la red de transporte público. Estos vehículos ruzan la ciudad siguiendo un trayecto fijo y deteniéndose a recoger o dejar pasajeros cuando se les solicita.

La apacible **Zona Colonial**, situada en la desembocadura del río Ozama, revela un importante pasado histó-ico detrás de sus antiguas y gruesas murallas (*véanse ›ágs. 183-190*).

Izquierda: el obelisco llamado El Macho.
Abajo: la guardia del Palacio Nacional.

›l monumento a la emancipación

›l extremo occidental de la ciudad vieja lo marca la ›ólida estructura de piedra de la **Puerta del Conde ❶**. ›unque erigida en el siglo XVII para conmemorar la ›xpulsión de las tropas británicas del territorio español, ›os dominicanos tienen especial simpatía por esta antigua ›ntrada a la ciudad ya que ahí fue proclamado, en 1844, ›l Estado dominicano, un acontecimiento que anticipaba ›u inminente emancipación del dominio haitiano. De-›ante del arco, una placa de latón en el suelo señala el ›ilómetro cero, punto de partida para la medición de las ›istancias interprovinciales y un buen comienzo para ›xplorar esta animada y excitante ciudad que siempre ›arece estar al borde del caos.

Si bien la Puerta del Conde es el inicio del capítulo ›olonial del recorrido, el pasado nunca está muy lejos ›uera de este imponente arco. Las murallas de la ciudad vieja a ambos lados constituyen el límite oriental del **›arque de la Independencia**, un lugar muy concurrido ›or personas que van allí a descansar y relajarse. El ›mbiente sosegado del parque se aprecia y se agradece ›ún más en contraste con el denso tráfico que lo rodea ›reparándose para salir a la carretera que va hacia el

Santo Domingo
0
500 m
N
Los Tres Ojos
San Pedro de Macorís
Faro a Colón
Tumba de Cristóbal Colón
Capilla de la Virgen del Rosario
Monumento a Montesino
Mercado Modelo
Puerta del Conde
Palacio Nacional
Museo del Hombre Dominicano
Museo Nacional de Historia y Geografía
Museo de Arte Moderno
Teatro Nacional
Plaza de la Cultura
Museo Nacional de Historia Natural
Bautista Dominicana
Palacio de Bellas Artes
San Antonio
San Rafael
San Pedro
Parque Zoológico
Jardín Botánico Nacional
Parque Mirador del Sur
Parque Mirador del Este
Cementerio Nacional Máximo Gómez
Centro Olímpico Juan Pablo Duarte
Estadio Olímpico
Ciudad Colonial
Ciudad Nueva
Ciudad Universitaria
Centro de los Héroes
Gazcue
Mar Caribe
Ozama
Puerto Ozama
Santiago, La Vega
San Cristóbal
Avenida George Washington (Malecón)
Avenida Independencia
Avenida 27 de Febrero
Avenida Abraham Lincoln
Avenida Winston Churchill
Avenida John F. Kennedy
Avenida Duarte
Avenida Máximo Gómez
Avenida Mella
Avenida 30 de Marzo
Avenida Las Américas
Avenida 25 de Febrero
Avenida España
Puente Sánchez
Puente J. Pablo Duarte
Puente R. M. Mella
Expreso Centenario

Plano página 170

oeste a lo largo de la avenida Bolívar o hacia el este por la avenida Mella. Quizás la presencia del **Altar de la Patria** (abierto a diario; entrada gratuita) infunde un sentimiento de moderación y respeto hacia los tres célebres padres fundadores que yacen en él. Construido en 1976, este mausoleo alberga tres grandes estatuas de mármol y los restos de los tres hombres de Estado que levantaron la incipiente república durante el siglo XIX: Francisco del Rosario Sánchez, Juan Pablo Duarte y Ramón Matías Mella. Unos centinelas militares de semblante severo vigilan la solemnidad monolítica de este panteón siete días a la semana.

Cuando se sale del parque tras haber descansado un rato en un banco a la sombra se hace necesario un cambio de ritmo, en especial mientras se intenta cruzar la avenida Bolívar, en el flanco norte del parque, para a continuación dirigirse hacia el este por la avenida Mella, repleta de tiendas. Antes de zambullirse en la vorágine consumista podrá rememorar el pasado en el **fuerte de la Concepción**. El contraste entre lo viejo y lo nuevo resulta evidente tras una visita a las ruinas de esta fortaleza, edificada en 1543 en la esquina de la avenida Mella y la calle Palo Hincado, lo que antaño fue el límite noroccidental de la ciudad colonial y donde hoy aparece diseminada a lo largo de la avenida Mella una miríada de letreros de vivos colores.

El **mercado Modelo** ❷ se encuentra no muy lejos bajando por este abrumador batiburrillo de boutiques, centros comerciales, hipermercados, bancos y tiendas de fotografía, notablemente más animado que la calle peatonal paralela de El Conde, en la Zona Colonial. Este bullicioso mercado de artesanía está orientado sobre todo al turismo, pero también compran en él los dominicanos. Una plétora de vendedores requieren la atención de los curiosos ofreciéndoles tallas en madera, cuadros, camisetas, joyas de ámbar, muñecas, adornos, objetos de hierro… una auténtica guarida de leones, una cueva del tesoro y una vieja tienda de curiosidades todo en uno. Tenga en cuenta que lo normal aquí es regatear; le aconsejamos que se deje seducir por el ambiente para salir de allí con algunas compras. En el exterior del laberinto de puestos se halla el Pequeño Haití, donde los vendedores de frutas y verduras se apiñan en las calles laterales compitiendo por el espacio con los coloridos autocares o *tap-taps* que se dirigen a Haití y con varias «botánicas», vistosas tiendas perfumadas que venden pócimas, velas, imágenes e iconos religiosos a los creyentes.

No podrá presentarles sus respetos a los tres héroes nacionales cuyos restos yacen en el Altar de la Patria si lleva pantalones cortos.

ABAJO: licor a la venta.

Caminando por el Malecón

La avenida George Washington, también conocida como el **Malecón** ❸, discurre al borde del mar desde el puerto, convirtiéndose en una grata válvula de escape frente a la tumultuosa muchedumbre de clientes y paseantes. Desde el mercado, un paseo de 20 minutos en dirección al mar por la calle Santomé le llevará a través de la Zona Colonial a la **Ciudad Nueva**, un barrio lleno de residencias urbanas del siglo XIX donde los niños juegan al béisbol en mitad de la calle, con acogedoras tiendas de comestibles y hermosos ejemplos de un pasado arquitectónico hoy muy deteriorado. Desvencijados balcones conservan laboriosos enrejados. Las mecedoras rechinan sobre las losas de piedra. Al acercarse al mar, la impresionante estatua del defensor de los derechos de los pueblos indígenas, **fray Antonio de Montesinos** (*véase pág. 34*), aparece a la izquierda presidiendo la entrada al puerto y señalando el comienzo del Malecón. Si camina en dirección oeste disfrutará de un saludable paseo siguiendo el contorno del rocoso litoral, en el que normalmente una agradable brisa marina y las ocasionales nubes de vapor de agua refrescan el ambiente. Sobre las rocas hay en todo momento pescadores a la expectativa, mientras grupos de muchachos se dejan mecer por las olas tendidos sobre cámaras infladas de camión.

El merengue se escucha en los restaurantes, en los bares e incluso en los taxis, y normalmente suena a todo volumen.

Tras la relativa inactividad de la tarde, cuando comienza a oscurecer, empiezan a aparecer personas que salen a hacer *footing*, sustituidas posteriormente por una animada clientela nocturna. Los fines de semana surgen multitud de bares a ambos lados de la carretera en cuyos equipos estéreos retumba la música merengue. El volumen sube de forma considerable durante el Festival de Merengue anual que se celebra la última semana de julio y la primera de agosto (*véase pág. 111*). Miles de personas se reúnen en el Malecón para bailar, beber y divertirse. El Carnaval (*véase pág. 111*) es otra ocasión para una multitudinaria fiesta al borde del mar. Los festejos previos a la Cuaresma coinciden con el aniversario de la independencia de la República Dominicana.

Caminando hacia el oeste a lo largo de los tres kilómetros del Malecón se llega hasta los dos obeliscos erigidos por el autocomplacido Trujillo antes de finalizar el paseo frente al anodino **Centro de los Héroes**, rebautizado para rendir homenaje a los que lucharon contra el dictador. Este recinto, que en la década de 1950 acogió la Feria del Mundo Libre para la Paz y la Fraternidad –otra de las irónicas excentricidades financieras del tirano–, alberga ahora una jungla de edificios gubernamentales de cemento pintados de verde. La oficina central de correos se halla muy cerca de aquí.

La primera universidad del Nuevo Mundo

Hacia el interior, encajonados entre la Zona Colonial y la avenida Abraham Lincoln, los barrios de Gazcue y la Ciudad Universitaria ofrecen interesantes escenas de la vida urbana. Ambos comprenden numerosos centros culturales y educativos incluidos en estas agradables zonas residenciales.

ABAJO IZQUIERDA: dirigiendo el tráfico en Santo Domingo. **ABAJO DERECHA:** atendiendo a los clientes.

Gazcue se encuentra directamente al oeste del parque de la Independencia (*véase ág. 169*). Este heterogéneo conjunto de estilos arquitectónicos, donde residía la lite de la ciudad antes de trasladarse a las nuevas urbanizaciones del norte, en las olinas, se remonta a la década de 1930. En él podrá dar un agradable paseo por sus ermosas calles arboladas. De vez en cuando, algún bloque moderno de apartaentos se yuxtapone a las viejas residencias urbanas, en tanto que la apertura en los ltimos años de varios restaurantes, cafeterías y comercios de moda amenaza con espertar a esta zona de su letargo. La relativa animación de la calle Santiago conuce a la **Ciudad Universitaria ❹**, el barrio residencial colindante que alberga na de las universidades más antiguas de América.

Puede que carezca de fondos y de longevidad arquitectónica –aunque fue fundada riginariamente en el año 1538–, pero la Universidad Autónoma de Santo Domingo UASD) compensa la escasez de material con una magnífica reputación y una larga radición de vehemente activismo estudiantil. En ella se organizan de manera habiual todo tipo de conciertos, películas y producciones teatrales, y por supuesto maniestaciones de los alumnos.

El **palacio de Bellas Artes ❺**, un imponente edificio que preside la intersección le las avenidas Máximo Gómez e Independencia, promete más desde el punto de ista arquitectónico de lo que ofrece culturalmente. En sus espaciosas salas se celeoran de vez en cuando exposiciones de arte y otros actos culturales, pero en su inteior no suelen ocurrir demasiadas cosas. Los espléndidos murales del vestíbulo, obra de José Vela-Zanetti, son, sin embargo, dignos de verse.

Donde se concentra la cultura

La **plaza de la Cultura ❻** (los museos abren de martes a domingo; se paga entrada), tan sólo unas manzanas al norte por la avenida Máximo Gómez, proporciona un

Plano página 170

NOTA

Los «carros» públicos –furgonetas o coches viejos que circulan por rutas establecidas– le llevarán de un extremo a otro de la ciudad más rápido, a veces, que los taxis. Tome uno por la bonita suma de tres pesos (*véase la Guía Práctica, pág. 351*).

ABAJO: el impresionante palacio de Bellas Artes.

Los objetos precolombinos ilustran la prehistoria de los dominicanos.

festín de oportunidades para saciar el apetito cultural. Situada entre placenteros jar dines y construida en estilo modernista durante la década de 1970, en ella se encuen tran las instituciones artísticas más importantes del país. El **Teatro Nacional** (*véas la Guía Práctica, pág. 356*), frente a la entrada principal, es el impresionante hoga de las artes clásicas en la República Dominicana. En él actúan de forma periódic artistas nacionales e internacionales de ballet, ópera y música sinfónica. Para asis tir a cualquiera de sus funciones se exige vestir de etiqueta. En las ocasiones má señaladas la gente bien baja toda emperifollada desde sus lujosos chalets para dis frutar de una *soirée* de frenética actividad social.

El **Museo de Arte Moderno** (tel.: 685 2153) atesora una excelente colección d arte dominicano contemporáneo que compensa de sobra las carencias del palacio d Bellas Artes. Incluso los más escépticos no pueden evitar emocionarse ante la viveza profundidad y calidad de las obras expuestas. Las escenas de la vida en el campo dimanantes del movimiento costumbrista de la década de 1930 que abanderaro Jaime Colson, Darío Suro y Yoryi Morel, hacen gala de una sensibilidad hacia la tradiciones rurales capaz de infundir en el espectador inveteradas nociones de domi nicanidad que rara vez es posible experimentar durante una breve estancia en e país. La cafetería junto al museo de Arte Moderno es un buen sitio donde sentars a meditar y tomar un trago o un bocado entre museo y museo.

El **Museo del Hombre Dominicano** (tel.: 687 3622) posee fascinantes objeto precolombinos e ilustra la historia de la conquista y la esclavitud, la demografía, e folclore, la vida en el campo y las creencias religiosas. La exposición dedicada al car naval incluye máscaras de vivos colores y llamativos disfraces y ofrece, así mismo una importante muestra del ambiente festivo de esas fechas. A diferencia de lo qu es habitual en la sociedad dominicana, este museo proporciona una amalgama razo nablemente equilibrada y ecuánime de las influencias española, africana e indígena

Abajo: el interior del Museo del Hombre Dominicano.

Los judíos dominicanos

El escritor Peter Furst describe su llegada en barco a la costa norte de la isla: «Pasamos por delante de un barrio de chabolas cuyos tejados de hierro ondulado, al brillar sobre ellos los primeros rayos del sol, explotaron en un estridente y lúcido Van Gogh de linaje dominicano» (*Don Quijote en el exilio*, 1996).

Paisajes similares se presentaron a la vista de las 300 familias judías que, al igual que el novelista, huían del nazismo en Europa para refugiarse en tierras dominicanas.

Siglos antes los prestamistas judíos habían financiado el primer viaje de Colón, mientras que la llegada de judíos sefarditas en el siglo XIX consolidó el negocio de exportación e importación en la isla. Fueron, sin embargo, los últimos en llegar quienes ocasionaron los cambios más visibles en la sociedad dominicana.

En Sosúa, al este de Puerto Plata (*véase pág. 211*), se estableció un enclave judío como respuesta a las medidas que a finales de la década de 1930 adoptó Trujillo para fomentar la inmigración europea. Si bien muchos de ellos emigraron a otros países posteriormente, en la década de 1960, dejaron tras de sí unas boyantes industrias láctea y cárnica que aún contribuyen a la prosperidad de la isla. Son pocos los vestigios visibles que quedan de la presencia judía, pero la sinagoga y el Museo de la Comunidad Judía de Sosúa perduran como testimonio de su estancia en la isla.

Los otros dos museos no despiertan demasiado interés. El **Museo Nacional de Historia y Geografía** (tel.: 689 0106) realiza un impreciso viaje cronológico por las luchas haitiano-dominicanas del siglo XIX, además de exponer diversos recuerdos y efectos personales de los dos dictadores que más tiempo se mantuvieron en el poder: Ulises Heureux (1886-1899) y Rafael Leónidas Trujillo (1930-1961). El **Museo Nacional de Historia Natural** (tel.: 689 0106) propone una igualmente deslucida exposición de gemas, piedras, lecciones básicas de ecología y una tediosa colección de animales disecados. Las notas de las piezas, sin embargo, proporcionan información adicional bastante interesante. La vecina **Biblioteca Nacional**, por su parte, guarda un notable acervo de libros en el interior de su formidable estructura modernista.

Diríjase hacia el este por la avenida Dr. Pedro Henríquez Ureña unas cinco manzanas a fin de reconducir el itinerario hacia el meollo de la realidad política cotidiana, localizado en una fantasía barroca de color rosa coronada por una gran cúpula sita en el cruce de las avenidas Doctor Delgado y México. El **Palacio Nacional** ❼ combina el estilo neoclásico, el esplendor presidencial, la decadencia real y unas fuertes medidas de seguridad. Fue proyectado por el arquitecto italiano Guido d'Alessandro a finales de la década de 1940 con la intención de que se ajustase a la magnificencia del dictador Trujillo, cuyo atormentado fantasma se dice que ronda por sus salones, decorados con espejos y muebles, persiguiendo a los actuales dirigentes.

Por los parques de la ciudad

Santo Domingo tiene suerte de contar con una superficie considerable de espacios verdes bien cuidados, atractivos y accesibles. El **parque Mirador del Sur** ❽ (abierto a diario), situado en el extremo occidental de la ciudad, flanqueado al norte por barrios acomodados y contiguo a las embajadas extranjeras que salpican la avenida Anacaona, es un lugar muy concurrido por ciclistas, patinadores, corredores y

Plano página 170

NOTA

Aunque el Palacio Nacional no suele estar abierto al público, es posible concertar visitas guiadas gratuitas los lunes, miércoles y viernes llamando al 686 4771. Si encuentra plazas recuerde ir vestido de manera formal.

ABAJO: el Palacio Nacional.

Planee con antelación sus visitas a los parques para evitar el calor de la tarde y las trombas de agua; disfrutará más de la visita si la realiza por la mañana temprano o al caer la tarde, sobre todo en verano.

ABAJO: en estos vehículos podrá recorrer el zoo protegido del sol.

paseantes. El anciano ex presidente Balaguer acostumbra dar su paseo vespertino pc este parque, momento en el que un helicóptero sobrevuela el recinto mientras u séquito de asistentes personales y guardaespaldas acompañan al antiguo president Sus 7 kilómetros de caminos y prados constituyen un refugio muy apreciado lejc del humo del tráfico ya que la policía cierra la carretera que lo atraviesa al paso d vehículos durante las horas punta de la mañana y de la tarde (de 6:00 h a 9:00 h de 16:00 h a 20:00 h). El parque ocupa una loma de piedra caliza que esconde un serie de cuevas: la cueva del Paseo de los Indios la habita una abundante població de murciélagos, pero quizás la más conocida sea la de **Guácara Taína**, en la avenid Mirador del Sur, transformada en una animada discoteca subterránea en la que lo fines de semana los «capitaleños» bailan y se divierten hasta el amanecer.

El **Jardín Botánico Nacional** (tel.: 567 6211; abierto de martes a domingo; s paga entrada), en la avenida República de Colombia, es una justa recompensa pc haber llegado hasta esta zona de la ciudad, al norte en las afueras. Al abrigo de algu nas de las casas más lujosas de Santo Domingo, en el barrio residencial de Arroy Hondo, abarca una superficie de 180 hectáreas en las que se exhibe una infinit variedad de plantas tropicales y acuáticas, helechos, un herbario y 200 especies d palmeras. A los pocos minutos de haber llegado, el zumbido lejano del tráfico s olvida fácilmente inmersos en la tranquilidad de la vegetación. El jardín japoné recibe merecidos elogios, pero quizás la flora y fauna nacionales resultan igual d sorprendentes: un pabellón alberga la famosa colección de 300 variedades endémi cas de orquídeas; magníficos ejemplares de la planta nacional (la caoba) han sobre vivido a los recientes daños causados por un huracán, mientras que el ave naciona (la cigua palmera) se deja ver a menudo entre las palmas reales. Un enorme reloj flo ral aporta una nota de excentricidad. Pero cuando el calor aprieta quizás es má aconsejable utilizar el vehículo que traslada a los visitantes por los jardines.

Un compañero natural de los jardines botánicos, el **Parque Zoológico** ❿ abierto de martes a domingo; se paga entrada; tel.: 562 3149), situado a escasa dis-ancia en dirección este por la avenida de los Reyes Católicos, es otra infravalo-ada y poco visitada joya en el noroeste de la ciudad. Sus 160 hectáreas de jardi-es, cuyo inesperado atractivo se ve realzado por su relativo aislamiento, cobijan umerosos animales encerrados en recintos diseñados con gran sensibilidad. Un nfoque centrado en la fauna salvaje de África le transportará de inmediato más llá de los confines del zoo: los flamencos rosados se yerguen vigilantes alrede-lor de la laguna mientras los tigres merodean por sus recintos relativamente abier-os. También exóticos animales de La Española, como la jutía y el solenodonte, ncuentran refugio aquí, donde, de nuevo, un vehículo le ahorrará la caminata iasta el aviario y los terrarios.

Al otro lado del río Ozama

La parte oriental de la capital, al otro lado del **río Ozama**, es bastante más pobre que nuchos de los barrios del oeste.

Los **Molinos Dominicanos**, que descuellan en el perfil de la ciudad, son calidos-cópicos silos pintados con los colores del arco iris: visión evocadora para los cam-pesinos con morriña, estas enormes torres señalan así mismo la dirección hacia una de las primeras iglesias construidas en América, sobre la que proyectan su sombra. Se trata de la **capilla de la Virgen del Rosario** ⓫, al final de la avenida Olegario Vargas, un apacible templo que podrá visitar de camino hacia la última y mayor aventura arquitectónica de la capital, el **Faro a Colón** ⓬ (abierto de martes a domingo; se paga entrada; tel.: 592 5271), ubicado a cinco minutos andando en dirección este. Concebido en la década de 1920 para conmemorar la llegada del des-cubridor a América, los planos originales los trazó el arquitecto británico J. L. Grea-

Plano página 170

¿Dónde está la «p» más pequeña en una botella de cerveza Presidente? Escudriñar la etiqueta no suele servir para descubrir la minúscula letra dorada impresa bajo el texto. Pero si la encuentra, tendrá ocasión de impresionar incluso a los parroquianos con sus conocimientos.

ABAJO: flamencos en la laguna del Parque Zoológico.

Plano página 170

«La gente necesita llevar zapatos, pero también necesita llevar corbata. El faro es esa corbata».

– FRASE ATRIBUIDA A JOAQUÍN BALAGUER ACERCA DE LA CONSTRUCCIÓN DEL FARO A COLÓN

ve, cuyo proyecto ganó el concurso internacional convocado a tal fin. Durante ca seis décadas los fondos y el interés languidecieron, hasta que en 1992 el president Balaguer resucitó la idea de construir el Faro a Colón con el fin de celebrar el quint centenario del desembarco de Cristóbal Colón. En un principio iba a ser financiad mediante donativos obtenidos por todo el Caribe, pero al final el Gobierno domin cano tuvo que echar mano de las arcas del Estado.

Dejando a un lado el coste en material, las obras han sido objeto de polémic desde un principio. Cientos de familias pobres fueron desalojadas de sus casas pc la fuerza pues ocupaban los terrenos previstos para su construcción, y más tard para ocultar la miseria humana, que no figuraba en los planes. El faro en sí mism es un edificio de cemento de 800 metros de largo en forma de cruz yacente qu proyecta una imagen láser del crucifijo en el cielo… cuando hay dinero suficien para encenderlo. En el centro, una guardia militar vela la tumba de Cristóbal Colóı Además, copias de documentos y objetos coloniales y exposiciones de otros paíse jalonan el camino de la Conquista.

Construido como un mausoleo, el debate en curso pone en entredicho la autenti cidad de los restos del marino, puesto que el cadáver de Colón, que fue un gra viajero tanto vivo como muerto, viajó en diversas ocasiones entre Cuba, España Santo Domingo tras un entierro inicial en España en 1506. No obstante, los encar gados de una tumba que hay en Sevilla reclaman su cuerpo, y ha habido peticione similares por parte de Italia y de Cuba, que también aspiran a ser la última morad en la travesía celestial del Gran Navegante.

ABAJO: guardia en la tumba de Colón, en el Faro a Colón. **DERECHA:** en el Acuario Nacional podrá ver un manatí *(Trichechus manatus).*

Los Tres Ojos y un manatí huérfano

El faro se encuentra situado en el límite occidental del **parque Mirador del Este** Si cruzamos los 5 kilómetros de largo de este estrecho parque (un breve trayecto e taxi), cuyo trazado es semejante al de su homólogo en e oeste, los caminos y vías de circunvalación conducen tres cuevas llamadas **Los Tres Ojos** ⓭ (abiertas de mar tes a domingo; se paga entrada). Al norte las flanquea l autopista de las Américas, la principal carretera al aero puerto, por lo que son un lugar en el que acostumbra detenerse los autobuses que van al aeropuerto. Si dis pone de tiempo, merece la pena dejar a la multitud par apreciar con calma la belleza de estas cuevas y de la tres profundas lagunas subterráneas. Unos escalones tos camente labrados en la roca descienden hasta estos pozo cársticos, adornados por estalagmitas y estalactitas, mien tras una balsa (pagando un suplemento) facilita el pas entre las lagunas. El nivel de humedad aumenta a medid que avanza el día, de modo que es preferible llegar tem prano para evitar las multitudes y apreciar conveniente mente lo que debería ser una maravilla de la naturaleza

Otra atracción muy concurrida es el **Acuario Nacio nal** ⓮ (abierto de martes a domingo; se paga entrada tel.: 592 1509), situado a unas cuantas manzanas al su del parque Mirador del Este, en la avenida de España al que vale la pena dedicarle bastante tiempo. La estrell del espectáculo es Tamaury, un manatí huérfano que fu rescatado en la costa sudoeste de la isla, cerca de Bara hona. El acuario facilita información detallada sobre la distintas especies y los programas de cría que lleva cabo. Un túnel de cristal bajo el agua permite a los visi tantes contemplar a los tiburones deslizándose sobre su cabezas mientras infinidad de peces nadan a su alrededo en el inmenso depósito transparente.

L.R. D. YSABEL CO
DELA ANTIGUA

LA VIEJA CIUDAD COLONIAL

En el corazón de Santo Domingo se encuentra la Zona Colonial, donde se conserva lo que aún queda de la primera ciudad fundada por Cristóbal Colón en el Nuevo Mundo

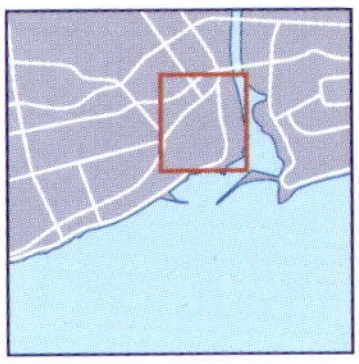

Es aquí donde comenzó la historia del Nuevo Mundo: en las angostas calles del Santo Domingo colonial, en la margen derecha del río Ozama, donde podrá experimentar la vitalidad y el esplendor de la vida en el Nuevo Mundo del siglo XVI mientras camina por la Zona Colonial, la primera ciudad colonial a la que la Corona española otorgó carta real. Fundada en 1498 tras varios falsos comienzos, la ciudad vieja es dueña de un rico bagaje histórico, con numerosos edificios coloniales todavía intactos. Auténtico y evocador, el Santo Domingo colonial no es sólo un placer para los aficionados a la historia, sino también para los que gusten de hacer compras, los amantes del arte y, en realidad, para todos los amantes, quienes pasean por sus románticas calles adoquinadas, cenan en sus excelentes restaurantes y descubren preciosos monumentos históricos a la vuelta de cada esquina. Las calles de Santo Domingo presentan un trazado en cuadrícula (que se convirtió en el modelo urbanístico de las ciudades estadounidenses) cuya lógica hace que pasear por el Santo Domingo antiguo resulte sencillo y muy agradable.

Un buen sitio desde el que comenzar un recorrido a pie por la Zona Colonial es el **parque Colón** ❶, en la esquina de la calle Arzobispo Meriño con El Conde, una animada calle peatonal llena de tiendas. El parque se llama así por la estatua de bronce de Cristóbal Colón esculpida en 1897 por el escultor francés Gilbert. Allí podrá optar entre un recorrido guiado o tomar un autobús turístico. Pero, con el plano en la mano, descubrir por uno mismo las maravillas del casco viejo de Santo Domingo es facilísimo.

PÁGINAS ANTERIORES: vista aérea de la ciudad vieja y del río Ozama.
IZQUIERDA: detalle del altar de la catedral.
ABAJO: partidas de ajedrez en la calle El Conde.

La primera entre los primeros

En el lado sur del parque, al este de Arzobispo Nouel, se alza la **catedral de Santa María la Menor** ❷ (abierta a diario de 9:00 a 16:00 h; no se permite la entrada con pantalones cortos). Construida entre 1514 y 1544, se cree que fue la primera catedral de América. Visto desde fuera, este magnífico edificio de piedra caliza gris ofrece un aspecto majestuoso, con unas inmensas puertas que en un principio estaban decoradas con esculturas de los apóstoles, destruidas en 1586 cuando el pirata Francis Drake atacó la ciudad (*véase pág. 36*), al igual que gran parte del templo, que utilizó como cuartel general. En 1990 fueron reemplazadas por esculturas que representan a los pueblos indígenas.

El interior, recién restaurado, es una deslumbrante y sorprendentemente armoniosa fusión de los estilos gótico, renacentista español y barroco. Sus hermosos vitrales han sido recreados por el artista dominicano contemporáneo Rincón Mora utilizando las técnicas originales del siglo XII; otros de sus tesoros son el altar labrado de madera de caoba, el carillón de plata, obra del escultor italiano Benvenuto Cellini (1500-1571), y la pintura al óleo del pintor español del siglo XVII Bartolomé Esteban Murillo; 14 soberbias capillas se alinean en el interior de la catedral, en tanto que la tesorería contiene, entre otras

Antes era frecuente componer iconos religiosos con oro y piedras preciosas.

ABAJO: el convento de los Dominicos.

joyas, la corona de esmeraldas de la reina Isabel la Católica, quien se vio obligad a empeñar su preciosa corona para cubrir los gastos del primer viaje de Colón.

Frente al parque Colón, en la acera este de la calle Isabel la Católica, se encuentra el **palacio de Borgellá**, del siglo XIX, que en el pasado fue la residencia de gobernador y hoy es la sede de diferentes oficinas del Gobierno y de una oficina de correos. Si camina en dirección sur desde el palacio y gira a la derecha por la calle Padre Billini, llegará a la **Casa de Tostado** ❸ (abierta de jueves a martes de 9:00 14:00 h; se paga entrada), donde vivió el escritor don Francisco Tostado, el prime profesor universitario nacido en la colonia; murió asesinado por los hombres de Francis Drake en 1586. Posteriormente, esta hermosa casa pasó a ser el palaci arzobispal. Hoy en día, el palacio, magníficamente restaurado y cuyas ventanas co parteluz de estilo gótico son los únicos exponentes de su clase que se conservan e toda América, alberga el **Museo de la Familia Dominicana**, que muestra cóm vivía en el siglo XIX una típica familia dominicana acomodada. El encantador pati interior es un buen lugar para descansar.

La primera institución de enseñanza y algunas iglesias tempranas

El majestuoso **convento de los Dominicos** ❹ (abierto de martes a domingo; entrada gratuita) está un poco más al oeste, en la esquina de la calle Padre Billini con Duarte Macorís. Fundado en 1510, el papa Paulo III lo visitó en 1538, quien, impresionado por las disertaciones teológicas que allí oyó, le concedió el título de universidad, convirtiéndolo así –lo ha adivinado– en la universidad más antigua del Nuevo Mundo. En su insólito techo aparecen retratados en un mismo panteón tanto los dioses clásicos como los santos y ángeles cristianos: el Sol representa a Dios, mientras que Marte, Mercurio, Júpiter y Saturno son los cuatro evangelistas.

La **iglesia de la Regina Angelorum** ❺ (abierta de lunes a sábado), dos man-anas más adelante, en la calle José Reyes, fue construida en el año 1537. Se trata e un delicado edificio de estilo plateresco que resultó gravemente dañado durante l dominio haitiano, entre 1822 y 1844, si bien aún se conserva parte de la estruc-ura original. En la actualidad esta iglesia es un pequeño convento con un exqui-ito altar de madera en su capilla y una pared de plata. Media manzana más al orte, en el número 6 de la misma calle, se encuentra el **Museo de Porcelana** abierto de martes a domingo; se paga entrada), construido en el siglo XIX a imi-ación de la Alhambra de Granada; en su interior atesora una preciosa colección le porcelana antigua.

Siga subiendo y, al llegar a la esquina con la calle Arzobispo Nouel, tuerza a la zquierda y avance una manzana en dirección oeste para ir a la **iglesia del Carmen** no tiene un horario fijo de apertura). Edificada hacia 1615 al lado de la capilla de San Andrés, guarda una preciosa escultura en madera de Jesucristo. Si da un pequeño odeo de 10 minutos bajando por la calle Sánchez y girando por Arzobispo Portes, legará a la **Puerta de la Misericordia** ❻, que formaba parte de las viejas murallas le Santo Domingo. El nombre se debe a que los habitantes de la ciudad siempre acu-lían a este lugar en busca de protección durante los huracanes y los terremotos. Fue aquí donde, el 27 de febrero de 1844, Ramón Matías Mella, uno de los padres fundadores del país, efectuó el disparo que señaló el inicio de la lucha por la inde-pendencia después de 22 años de ocupación haitiana (*véase pág. 46*).

Plano página 187

El Museo del Ámbar, que cuenta así mismo con una tienda de regalos, se encuentra en el número 452 de la calle Arzobispo Meriño; abre a diario hasta las 18:00 h y es gratuito. Para más información sobre esta magnífica institución véanse las páginas 207-215.

Una calle muy femenina

Caminando todo recto hacia levante desde la Puerta de la Misericordia, al cabo de aproximadamente 800 metros irá a parar a la calle más antigua de todo el hemisfe-rio occidental: la encantadora **calle Las Damas**, que discurre en dirección norte

ABAJO: tienda de tabaco en la calle Las Damas.

paralela al río Ozama. Esta calle toma su nombre de las elegantes damas de la nobleza española que todas las tardes se paseaban por ella luciendo sus mejores galas. Hoy son los turistas quienes se pasean recreándose en la contemplación de los hermosos edificios coloniales restaurados que la flanquean.

La imponente estructura de la **fortaleza Ozama** ❼ (abierta de martes a domingo; se paga entrada) domina el extremo meridional de la calle Las Damas. Conocida también como la fortaleza Santo Domingo, fue levantada en 1503 para proteger el flanco oriental de la ciudad que se asoma a la desembocadura del río Ozama, y, una vez más, es el complejo militar más antiguo del Nuevo Mundo. Al otro lado de sus formidables murallas de piedra hay un agradable jardín con un polvorín a un lado que custodia la estatua de la Virgen María. En el extremo opuesto del jardín se yergue la **torre del Homenaje**, construida en 1505 y que, a pesar de su nombre, contenía los inhumanos calabozos en que eran encerrados los prisioneros. Hoy en día es un museo que aloja exposiciones itinerantes; desde lo alto, adonde se accede subiendo por una escalera de caracol, se divisa toda la ciudad.

La **Casa de Bastidas** (abierta de martes a domingo; entrada gratuita), situada al norte de la fortaleza, fue erigida en los primeros años del siglo XVI por don Rodrigo de Bastidas, el recaudador de impuestos del rey. Años más tarde Bastidas fundaría la ciudad de Santa Marta, en Colombia. La casa tiene un portal neoclásico y un patio interior que recuerda a un claustro. Dentro hay dos bonitos jardines, así como dos interesantes galerías de arte y una tienda de regalos que vale la pena visitar.

Cruzando la calle se encuentra la **Casa de Francia** ❽, de estilo gótico, que actualmente es la sede de la Alliance Française, parte de la embajada francesa. Construida en 1503, se cree que fue en ella donde el famoso explorador y conquistador de México, Hernán Cortés, planeó sus conquistas. La Alliance Française organiza a menudo exposiciones de obras de artistas dominicanos actuales.

NOTA

Cuando vaya a la fortaleza Ozama, si decide contratar a alguno de los muchos guías que ofrecen sus servicios en la puerta, asegúrese de acordar un precio antes de comenzar la visita.

ABAJO: guardia de honor en el Panteón Nacional.

UN AVENTURERO FUERA DE SERIE

Hernán Cortés (1485-1547) sólo tenía 19 años cuando en 1504 llegó a Santo Domingo procedente de España. Ávido de aventuras, era un hombre inteligente, despiadado y ambicioso. Sus plegarias fueron oídas cuando conoció al conquistador Diego Velázquez, a quien en 1511 acompañó en la conquista de Cuba.

Cortés, inflamado de pasión conquistadora, fue puesto en 1518 al mando de una expedición a México. Tras fundar Veracruz, en 1519 entró en la grandiosa capital azteca de Tenochtitlán con menos de 400 soldados españoles, 16 caballos –nunca antes vistos en América–, 10 cañones, cuatro piezas de artillería ligera y abundante munición.

El emperador azteca Moctezuma II pensó que Cortés era un mensajero enviado por el dios Quetzalcóatl, por lo que recibió al explorador colmándole de regalos, pero los españoles se lo agradecieron haciéndole prisionero y atacando la ciudad. Forzado a retirarse, Cortés no conquistó Tenochtitlán hasta 1521, año en que la destruyó por completo; sobre sus ruinas fundaría la Ciudad de México.

En 1522 fue nombrado gobernador de Nueva España. En 1528, después de haber realizado nuevas conquistas, regresó a España, y en 1530 fue enviado de vuelta a la Ciudad de México con el rango de capitán general. En 1540, enfermo, volvió de nuevo a España, donde murió.

Unos metros más adelante, en la acera de enfrente, se halla el elegante **hostal Nicolás de Ovando**, antaño residencia del primer gobernador de la ciudad, en la que se hospedó el propio Cristóbal Colón. Si entra en el vestíbulo descubrirá que la casa, recién restaurada, es ahora un hotel que le transportará al pasado. Al lado se levanta la **capilla de Nuestra Señora de los Remedios** (abierta de lunes a sábado; los domingos para las misas, que comienzan a partir de las 6:00 h), de estilo románico castellano con arcos ciegos y bóveda de cañón. Reconstruida en 1884, en ella oraban los colonizadores españoles antes de que la catedral estuviese terminada.

La última morada de los auténticos héroes

La fachada neoclásica de piedra caliza gris del **Panteón Nacional** ❾ (abierto de lunes a sábado; entrada gratuita, aunque es costumbre dar una propina al guía; se exige ir vestido de forma respetable) preside el otro lado de la calle. Se construyó entre 1714 y 1745 como monasterio jesuita, pero en 1767, año en el que los jesuitas fueron expulsados de La Española, el edificio pasó a manos de la Corona española y desde entonces ha servido como almacén de tabaco y teatro. En 1955 el dic-

Detrás del Panteón Nacional está la plaza María de Toledo, así llamada en honor de la esposa de Diego Colón. Hay una galería de arte, un restaurante y una cafetería al aire libre en la que podrá disfrutar de una típica bebida tropical o de una comida y una conversación con su veterana propietaria, Bettye Marshall, de Tennessee.

tador Trujillo ordenó que fuese reconvertido en un monumento a los héroes de l nación, probablemente pensando que él mismo sería enterrado en él algún día. Iró nicamente, en la actualidad acoge los restos de los mártires que le asesinaron a él de hecho, el techo que cubre el altar está decorado con una escena que conmemor su asesinato. Fíjese en el escudo de armas de la República Dominicana que adorn la entrada y en los primorosos candelabros de cobre, un regalo de otro dictador, e este caso español: el general Franco (1892-1975).

Nada más doblar la esquina, en la calle Luperon, se levanta la **Casa de los Jesui tas** (abierta de lunes a viernes de 8:00 a 16:30 h; entrada gratuita), que alberga n sólo el Instituto para la Cultura Hispana sino también una excelente biblioteca de his toria colonial.

El legado real español

El **Museo de las Casas Reales** ❿ (abierto de martes a sábado y los domingos po la mañana; se paga entrada), cruzando la calle Las Mercedes, muy cerca del Pan teón, es un fascinante cofre del tesoro repleto de heterogéneos objetos coloniales El museo, ubicado en dos mansiones del siglo XVI de estilo renacentista, era e lugar donde antiguamente se celebraban las sesiones de la Real Audiencia (*véas pág. 33*) en la colonia. En él se exponen monedas y muñecas antiguas, escudos d armas, carruajes, una sala de la Audiencia Real tal como eran, tesoros rescatados d barcos hundidos, muebles dorados de estilo colonial español, una reproducción d una botica y objetos taínos. En la sala de cartografía hay un enorme mapa qu muestra los viajes de Colón. El museo organiza así mismo exposiciones de art dominicano contemporáneo.

Para saber la hora, los magistrados de la Real Audiencia no tenían más que mira por la ventana hacia el **Reloj de Sol**, instalado estratégicamente al otro lado de l

ABAJO: interior del Museo de las Casas Reales.

calle Las Damas. Fabricado en 1753, está en un emplazamiento idóneo para descansar un rato mientras se disfruta de las fabulosas vistas del río Ozama.

Plano página 187

Esplendor colonial en la plaza de España

La calle Las Damas desemboca en la **plaza de España**, donde se encontrará de frente con el **Alcázar de Colón** ⓫ (abierto de miércoles a lunes; se paga entrada; visitas guiadas), el monumento colonial más espectacular de toda la ciudad. Era el palacio de Diego Colón, hijo de Cristóbal Colón, quien en 1509 sucedió a Ovando en el cargo de gobernador de La Española. Diego vivió en él en compañía de su bella esposa, María de Toledo, sobrina del rey Fernando el Católico, hasta 1523. Este alcázar de estilo morisco fue luego la sede de la corte virreinal durante más de 60 años; en él, Pizarro, Cortés, Ponce de León y Balboa planearon sus futuras conquistas. La esbelta fachada porticada de piedra coral es magnífica, y cada una de sus 22 estancias han sido cuidadosamente remozadas con mobiliario de época y cuadros donados por la Universidad de Madrid.

En el siglo XVIII el Alcázar de Colón estaba en un estado tan lamentable que servía de vertedero oficioso de la ciudad. Desde entonces ha sido restaurado en tres ocasiones.

El palacio alberga, además, el **Museo Virreinal**, en el que se exponen objetos religiosos y muebles del período colonial; por otra parte, el segundo piso brinda una estupenda panorámica del río y la totalidad de la Zona Colonial. Dése una vuelta por la parte de atrás del edificio para admirar la **Puerta de San Diego**, la principal puerta de acceso a la ciudad y que aún permanece en pie en un tramo de la vieja muralla de la ciudad erigido con el fin de desalentar los posibles ataques desde el río.

Unas escaleras frente al alcázar conducen a una estrecha calle llamada **La Atarazana**, que en la época colonial era el distrito comercial y el lugar donde se almacenaban los suministros navales. Hoy en día, las pequeñas casas blancas que se alinean a ambos lados de la calle acogen tiendas de artesanía, galerías de arte y restaurantes, por lo que resulta un sitio ideal donde descansar y tomar un tentempié. En ella encon-

ABAJO: jugando al dominó en la plaza de España, frente al Alcázar de Colón.

Plano página 187

La fortaleza e iglesia de Santa Bárbara (abierta de lunes a viernes y los domingos para las misas a partir de las 6:00 h), ambas en ruinas, se hallan en el extremo septentrional de la ciudad vieja. La iglesia, finalizada en 1574, es una mezcolanza de estilos arquitectónicos.

ABAJO: detalle de la verja de la catedral. **DERECHA:** una hermosa novia posa frente al hospital de San Nicolás de Bari.

trará el **Drake's Café**, un bar de ambiente jovial, y el **Museo del Jamón**, que no es sorprendentemente, lo que indica su nombre, sino un animado bar y tienda de exquisiteces de todas clases.

Continuando hacia el norte por La Atarazana se llega en seguida a la **Puerta de las Atarazanas**, del siglo XVI, y al **Museo de las Atarazanas Reales** ⓬ (abierto de lunes a sábado y los domingos por la mañana; se paga entrada). Este museo marítimo cuenta la historia de los naufragios más famosos en las costas de la República Dominicana, junto con algunas exposiciones maravillosas de los tesoros recuperados, por ejemplo monedas de oro y de plata, piezas de porcelana, botellas antiguas y todo tipo de interesantes artículos de contrabando.

Duarte: padre de la República

Uno de los fundadores de la República Dominicana nació en 1813 en la casa que ahora alberga un museo en su honor: el **Museo de Juan Pablo Duarte** ⓭ (abierto de martes a domingo de 8:00 a 12:00 h y de 14:00 a 16:30 h; se paga entrada), en el número 308 de la calle Isabel la Católica, muy cerca de La Atarazana. En 1844 Juan Pablo Duarte liberó a la República Dominicana de la ocupación haitiana. Para su desgracia, en 1861 volvió a caer en poder de la Corona española, contra la que luchó valerosamente, pero al final se vio obligado a abandonar el país y murió en Venezuela en 1876. El museo está dedicado a la vida de Duarte, considerado el padre de la República Dominicana.

Tan sólo dos manzanas al sur bajando por la calle Isabel la Católica, en la esquina con la calle Emiliano Tejera, se alza la **Casa del Cordón** ⓮ (abierta a diario; entrada gratuita), la primera vivienda en la que residió Diego Colón nada más llegar en 1509. Construida en 1500, es la residencia de dos pisos de estilo europeo más antigua del Nuevo Mundo. El cíngulo esculpido en piedra que adorna la fachada simboliza el cordón con el que los franciscanos se ciñen el hábito.

Caminando otras dos manzanas hacia el oeste se llega a las evocadoras ruinas del **monasterio de San Francisco** (abierto a diario; entrada gratuita), que miran a una pequeña colina. Fue el primer monasterio que se construyó en América, en 1508, pero Francis Drake lo destruyó en 1586 (*véase pág. 36*) prendiéndole fuego. Tras su reconstrucción, un terremoto lo arrasó en 1673. Restaurado de nuevo, en 1751 sufrió graves destrozos a causa de un huracán, y en 1881 fue convertido en manicomio; todavía se pueden ver las cadenas con las que se sujetaba a los desventurados pacientes. Otro episodio igual de doloroso tuvo lugar en el siglo XX, cuando numerosos artistas exiliados de España al estallar la guerra civil se refugiaron en él. Actualmente, las ruinas del monasterio sirven a menudo de escenario para actos culturales.

En la esquina de la calle Hostos con Las Mercedes, a un par de minutos andando, hay más ruinas. Nicolás de Ovando mandó construir el **hospital de San Nicolás de Bari** ⓯ para atender a los pobres de la ciudad; fue el primer hospital de América. Aún es posible distinguir su forma originaria en planta de cruz, disposición típica de todos los hospitales coloniales.

La iglesia de **Nuestra Señora de las Mercedes**, tres manzanas al oeste siguiendo por la calle Las Mercedes, fue erigida entre los años 1555 y 1576, pero tras haber sido saqueada por el corsario inglés Francis Drake y sufrir terremotos y huracanes, el claustro es el único elemento original que perdura. El altar barroco de madera es una auténtica obra maestra.

Y.1023 SDG
ATA
5-19
DARIA
S-13
CAP. 10
60

S-6
CRISTIAN
YAMAHA
CP.10P
Y1016

DEL CARIBE A LA COSTA DEL COCO

En la costa sudeste podrá disfrutar de magníficas playas, un mundo submarino y un hermoso parque nacional

La bellísima costa sudeste de la isla es una prueba viviente del extraño matrimonio entre la placidez provincial y el turismo de masas. Los campesinos que guían al ganado por los campos de ondulante caña de azúcar son tan típicos allí como los turistas que descansan en los selectos complejos turísticos de lujo.

No obstante, es un gran error pensar que la parte oriental de la República Dominicana es ante todo una «meca del turismo organizado». Es cierto que a lo largo de las interminables playas de arena blanca de la Costa Caribe, en el sudeste, y de la Costa del Coco, en el extremo oriental, se elevan cientos de hoteles. Casi todos los meses algún arquitecto europeo trabaja en el proyecto de un nuevo complejo hotelero. Pero en el interior de la región oriental, sobre todo en las provincias de San Pedro de Macorís, Hato Mayor y La Romana, todavía predomina la sencillez del mundo rural. Criar ganado y cultivar los verdes campos de caña de azúcar son dos aspectos fundamentales de la sociedad dominicana, y la visión de un campesino a caballo sobre un fondo de montañas violáceas no es nada excepcional. Por contraste, las ciudades industriales de **San Pedro de Macorís** y **La Romana** son un hervidero de *motoconchos* (motocicletas-taxi). En ellas se encuentran las mayores plantas de procesado de caña de azúcar del país, las cuales suministran el apreciado «cristal dulce» a gran parte del hemisferio occidental.

PÁGINAS ANTERIORES: barcas varadas en la playa Bayahiba. **IZQUIERDA:** un hotel en Punta Cana. **ABAJO:** Jesucristo y Sammy Sosa.

No obstante, el este del país sí es un importante destino tanto del turismo organizado como de los viajeros independientes. El Gobierno anuncia orgulloso las más de 13 000 plazas hoteleras de la región. La preciosa Costa Caribe tiene al menos 50 playas, en la mitad de las cuales se agolpan modernos hoteles. Sin embargo, también hay gran cantidad de hostales baratos en los que suelen alojarse los turistas que viajan por su cuenta. La espectacular Costa del Coco (40 kilómetros de playas de blanquísima arena), por otro lado, está orientada exclusivamente al turismo organizado. Los fastuosos centros playeros de Punta Cana parecen una gigantesca zona residencial con todo tipo de servicios para satisfacer cualquier posible necesidad. Es un auténtico paraíso tanto para quienes deseen pasarse todo el día tumbados al sol como para los aficionados al deporte. Salvo por algunas aldeas diminutas, la zona apenas está poblada, y por lo tanto las infraestructuras son escasas.

La bañera más grande del mundo

Viajando en dirección este desde **Santo Domingo ❶** por la accidentada autopista Las Américas (cuidado con los baches) se tarda aproximadamente 45 minutos en llegar a la pequeña playa de **La Caleta ❷**. Allí, bajo las aguas del Parque Nacional Submarino, hay un arrecife intacto habitado por miles de peces exóticos y corales de todos los colores, así como tres barcos hundidos, todo lo cual le permitirá pasar unas horas fascinantes buceando. Para llegar a las aguas del parque es necesario ir en bote desde la playa en una azarosa travesía o tomar una motora desde Boca Chica, a 10 minutos de distancia en coche.

En el pequeño Museo Ceremonial La Caleta (abierto a diario; gratuito), cerca de Boca Chica, se expone cerámica amerindia y una tumba taína.

Pasando el aeropuerto Las Américas se encuentra la zona turística eurocanadiense por antonomasia. **Boca Chica** ❸ ofrece, 24 horas al día, todo el ajetreo que una persona con ganas de divertirse pueda desear. Los fines de semana, cuando los habitantes de la ciudad se suman a los turistas extranjeros y bajan a la «bañera más grande del mundo», la **Playa Boca Chica**, protegida por un arrecife, recuerda a una de esas alocadas fiestas playeras que se ven en la televisión. Muchos dominicanos se buscan la vida ofreciendo todo tipo de servicios en cualquier idioma, desde hacer la manicura o trenzar el pelo hasta joyas de ámbar falso. Los mariachis tocan para la multitud grandes éxitos, como *Bamboleo*, mientras los juerguistas practican sus torpes pasos de merengue hasta el amanecer.

Boca Chica, antaño un idílico pueblecito, fue en sus orígenes un puerto para la exportación de caña de azúcar, pero se hizo famoso cuando el terrible dictador Trujillo se construyó allí una mansión a pie de playa. Tras su asesinato, acaecido en 1961, Boca Chica creció hasta convertirse en un centro turístico de lujo, ganándose el sobrenombre de playa Saint-Tropez. Hoy en día, todos los lugareños con ojo para los negocios alquilan habitaciones en sus casas, mientras que la bulliciosa **calle Duarte**, la calle mayor, está llena de tiendas de recuerdos para los turistas, cafeterías y restaurantes con terraza. Por la noche, sin embargo, se transforma en un «barrio chino» donde las insistentes chicas tratan de convencer hasta al más abnegado padre de familia para que traspase las puertas de sus locales. Tenga cuidado con sus efusivos abrazos ya que la mayor parte de las veces se trata de un truco para birlar la cartera.

En cierto modo, Boca Chica es un disparatado zoo humano. No obstante, aparte de los centros turísticos y de la sórdida calle Duarte, es posible disfrutar de sus sencillas atracciones y baratas casas de huéspedes. En la bahía de Andrés el agua no pasa del metro y medio de profundidad, por lo que resulta ideal para los niños. Cuando la marea está baja, es posible ir andando hasta la isla **La Matica**, situada muy cerca de la orilla.

ABAJO: apacibles pueblecitos pesqueros salpican la costa.

loteles con todo incluido

\ unos 14 kilómetros hacia el este por la costa se halla el complejo turístico de **uan Dolio/Villas del Mar**, que domina las playas inmaculadas de coral blanco de a costa del Caribe y presenta una curiosa mezcla de estilos arquitectónicos. Esta ranja de litoral de 10 o 12 kilómetros de longitud, muy animada los fines de semana, stá totalmente aislada del resto de la sociedad dominicana y fuera de temporada es nuy tranquila. Los numerosos hoteles de lujo provistos de todas las comodidades se lzan al borde del mar, mientras que las casas de huéspedes, más baratas, se encuenran más cerca de la autopista Las Américas, a unos 10 minutos andando de la playa.

Juan Dolio fue creado como urbanización turística en 1987; desde entonces, con olares para la edificación de hoteles y bloques de apartamentos a izquierda y derecha, no ha dejado de crecer convirtiéndose en un país de fantasía para los ricos. ólo es posible encontrar algo parecido a la sociedad caribeña real en los polvoientos vestigios del originario pueblo pesquero de Juan Dolio, donde la pizzería El Sueño ofrece auténtica comida casera italiana (*véase la Guía Práctica, pág. 354*).

El viaje en coche hasta **San Pedro de Macorís** ❹ (212 000 hab.) es fácil y no lebería tardarse más de 45 minutos. Tras cruzar el enorme puente sobre el **río Iguamo** aparecen las nubes producidas por las fábricas flotando en el aire de la cuarta ciudad más grande del país como bolas de algodón coloreado. San Pedro todavía es sinónimo de caña de azúcar, pero quien de verdad mueve dinero es el equipo de béisbol de las Estrellas Orientales y su estadio **Tetelo Vargas**, cuyas localidades siempre se agotan durante la liga, que va de febrero a octubre. Sammy Sosa, en la actualidad un héroe del béisbol en Estados Unidos (*véase pág. 142*), es uno de los muchos jugadores que han salido del equipo de San Pedro.

Esta ciudad portuaria, llamada de Macorís en honor del pueblo indígena homónimo, fue fundada en 1822 y pronto creció hasta convertirse en un importante cen-

Mapa página 198

NOTA

En el viejo pueblo pesquero de Juan Dolio podrá alojarse en el Fior di Loto, un hostal cuyo aspecto recuerda a un templo indio, situado en la calle Central. Tel.: 526 1146; fax: 526 3332.

ABAJO: charlando animadamente en la «pelu», San Pedro de Macorís.

El sudeste
0
10 km
N
Mar Caribe
Canal de la Mona
Costa del Coco
Cordillera Oriental
Llanura Costera del Caribe
La Altagracia
El Seibo
Hato Mayor
San Pedro de Macorís
La Romana
Monte Plata
Distrito Nacional
Santo Domingo
Los Tres Ojos
Parque Nacional Submarino
La Caleta
Boca Chica
Andrés
Bahía de Andrés
Las Américas
Cabo Caucedo
San Isidro
Guerra
La Jina
La Victoria
Chirino
San Francisco
Bayaguana
Yabacao
La Savita
Monte Plata
Centro de Boyá
Sabana Grande de Boyá
Antón Sánchez
Hidalgo
Zapote
Majagual
Barracote
Bahía de Samaná
Parque Nacional Los Haitises
Cuevas de Caño Hondo
Punta El Negro
Sabana de la Mar
La Lomita
El Valle
Arenitas
Magua
Yabón
San Rafael
Sabana de Barriola
Gran Diablo
Iguamo
Yerba Buena
Hato Mayor
El Puerto
Yuvina
Las Parras
Los Llanos
Quisqueya
La Yeguada
Tintero
Guayacanes
El Alemán
Juan Dolio
Honduras
San Pedro de Macorís
Boca del Soco
La Balsa
Platanitos
Los Algarrobos
Batey San Miguel
Soco
La Sardina
Cumayasa
La Rata
Punta Pérez
Ramón Santana
Regajo
Campiña
El Gato
Placer Bonito
Refinería de azúcar Central de La Romana
La Romana
Guerrero
Guaymate
Cumayasa
Isla Catalina
Punta Berroa
Casa de Campo
Batey Cacata
Batey Higo Claro
Chavón
Altos de Chavón
Boca de Chavón
Gato
Bahía La Altagracia
Dominicus
Guaraguao
Bayahibe
El Peñón
Parque Nacional del Este
Punta Gorda
Punta Laguna
Isla Saona
Punta Puntón
Punta Algibe
Punta Roca
La Granchorra
Bahía de Yuma
Boca de Yuma
San Rafael de Yuma
Casa Fuerte de Ponce de León
Los Muertos
La Piñita
Yuma
Higüey
Batey Campo Nuevo
Cabo San Rafael
Coyuba
Juanillo
Punta Cana
Cabo Engaño
Cabeza de Toro
Manatí Park Bávaro
Bávaro
El Cortecito
Cañada Honda
El Macao
El Bonao
La Cruz del Isleño
Santana
La Ehea
Sabana del Cuey
El Pintado
Sabana
El Seibo
Seibo
Pedro Sánchez
Miches
La Loma
Bahía de la Jina
Punta Mangles
Reserva Científica Laguna Redonda y Limón
Laguna Redonda
Punta Gorda
La Mina
El Cedro
Laguna Limón
Punta Nisibón
Nisibón
Del Muerto
La Vacama
La Guama
Boca de Maimón
El Macao
Loma Vieja
736
485

ro de la industria azucarera. Al estallar la Primera Guerra Mundial el precio del azúcar se disparó, lo que hizo de San Pedro una próspera meca para los empresarios. Multitud de inmigrantes europeos y árabes llegaron al llamado «Sultán del Este», el río Iguamo hizo las veces de pista de aterrizaje para los hidroaviones en que viajaban los directivos estadounidenses de la industria del azúcar y empezaron a aparecer magníficas mansiones con ornamentos neoclásicos y victorianos. En nuestros días apenas queda nada de aquel antiguo esplendor, aunque todavía merece la pena echar un vistazo a la iglesia neogótica de **San Pedro Apóstol** (1913), ubicada en la orilla del río, el **parque de bomberos de San Pedro** y los palacetes próximos al **parque Duarte**. No obstante, esta ciudad universitaria es ruidosa y no demasiado hospitalaria con los turistas. El tráfico es muy denso a causa de la zona franca.

Mapa página 198

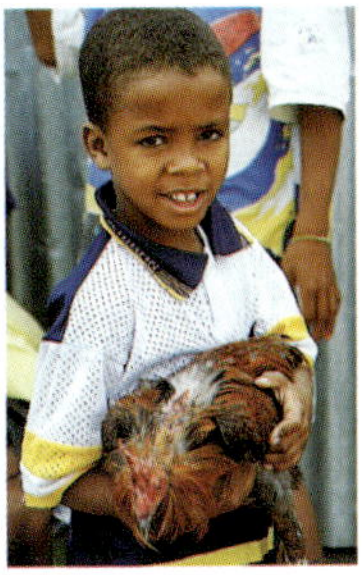

Las peleas de gallos son un entretenimiento muy popular en el sur.

La Romana: una acogedora ciudad azucarera

La autopista número 3 discurre en línea recta a través de la llanura entre cimbreantes campos de caña de azúcar y vacas pastando, un paisaje que recuerda a una clásica pintura al óleo dominicana. Si toma la estrecha carretera de tierra que sale a la derecha tras rebasar el pueblo de **Soco**, en seguida aparecen lánguidamente, detrás de los campos, las playas de **Soco**, **La Sardina**, **La Rata** y **Cumayasa**. **La Reina Cumayasa** (*véase la Guía Práctica, pág. 352*), uno de los hoteles más imponentes del sudeste, se yergue en la distancia como un castillo mediterráneo sobre la desembocadura del **río Cumayasa**.

La Romana ❺ (101 350 hab.) es la capital financiera del sudeste, una pequeña y acogedora ciudad en la que los turistas podrán pasar el rato en sus atractivos cafés de estilo europeo o comprar en el **mercado municipal** recuerdos y hierbas frescas. Lo bien cuidada que está y el aspecto acomodado de sus habitantes indican que la mayor refinería de azúcar del país (la Central de La Romana) aún sigue funcionando con excelentes resultados. Coloridas y recargadas casas flanquean la **avenida Libertad**, mientras que el centro lo ocupa el ancho **parque Central**. No muy lejos, la bonita iglesia de **Santa Rosa de Lima** se alza junto a un parque más pequeño.

La Romana, fundada en 1502 por los españoles como puerto de exportación, toma su nombre de una balanza romana que se utilizaba para pesar el azúcar. Pero no fue hasta la década de 1920 cuando la ciudad empezó a brillar con luz propia; en esa época la empresa estadounidense Gulf & Western invirtió en la industria azucarera y asignó 20 millones de dólares a La Romana con la intención de convertirla en el «escaparate del Este». En la década de 1970 la compañía construyó en la costa la **Casa de Campo** ❻, un centro de recreo para millonarios a tan sólo 10 kilómetros de distancia.

Se trata de uno de los complejos turísticos más lujosos del Caribe que supera los 30 kilómetros cuadrados y que tiene más de 950 fastuosas mansiones y elegantes casitas. El modisto dominicano Óscar de la Renta, que diseñó los interiores, posee su propio chalet al lado de los de personajes tan famosos como Sharon Stone o Julio Iglesias. Para que los residentes se entretengan hay tres campos de golf, un puerto deportivo, un club de polo, 15 piscinas, 17 canchas de tenis, un establo con varios cientos de caballos y docenas de playas privadas.

Encaramada en un alto, en un emplazamiento espectacular sobre la Casa de Campo, se encuentra la localidad de **Altos de Chavón** ❼, refugio de numerosos artistas internacionales. A los europeos acostumbrados a que la

ABAJO: día de mercado en La Romana.

arquitectura se corresponda con el paisaje, esta imitación de un pueblo andaluz quizás les parezca risible, aunque, innegablemente, la belleza de sus pintorescas casas de piedra caliza y de las vistas panorámicas sobre el **río Chavón** es motivo de inspiración para cualquiera. El **Museo Arqueológico Regional** (abierto a diario; se paga entrada) forma parte de esta urbanización de 40 millones de dólares, creada a mediados de la década de 1980; en él se guarda una copiosa colección de objetos taínos. Cuenta así mismo con una filial de la **Escuela de Diseño Parsons de Nueva York**, además de un anfiteatro con capacidad para 4 000 personas, en el que es frecuente que encabecen el cartel estrellas de fama internacional (Frank Sinatra fue el primero), boutiques de lujo y restaurantes. Pero recuerde que los precios son exorbitantes.

NOTA

Al enclave de artistas de Altos de Chavón se puede ir en un autobús de línea gratuito, que salen de la Casa de Campo cada 30 minutos.

Una isla desierta

Bayahibe ❽ (2 400 hab.), enclavado en una idílica bahía con el Parque Nacional del Este de fondo, es un somnoliento pueblecito pesquero a sólo 30 minutos en coche de La Romana. No obstante, sólo es cuestión de tiempo que las casas de colores pastel y las marisquerías al borde del mar pasen a ser piezas de museo. Los habitantes alquilan sus casas por sólo 25 dólares la noche, por lo que es un lugar muy concurrido por viajeros independientes, y mientras tanto los dueños se mudan a los anexos de la parte posterior. Ofrecen así mismo viajes en barco a la **Playa Dominicus**, a albuferas cercanas y a la robinsoniana **isla Saona** (1 100 hab.), frente a la punta meridional de La Española.

Los manglares de esta hermosa isla de 117 km^2, incluida en el Parque Nacional del Este, rodeados de playas vírgenes, son el hogar de numerosas aves en peligro de extinción así como de millones de mosquitos (¡un buen repelente de insectos es imprescindible!). Muchos viajeros prefieren viajar en los más rápidos catamaranes (unos 45 minutos) o en las lanchas motoras que zarpan de la playa de Bayahibe

ABAJO: vista aérea de Altos de Chavón.

Óscar de la Renta

El diseñador de moda Óscar de la Renta nació en 1932 en Santo Domingo, donde estudió arte. A los 18 años se marchó de la República Dominicana para estudiar pintura en la Academia de San Fernando, en Madrid. Mientras residía en España consiguió trabajo en la mundialmente famosa casa de modas de Cristóbal Balenciaga, cuyos elegantes vestidos gozaron de un enorme éxito en las décadas de 1940 y 1950.

En 1937 Balenciaga se trasladó a París, pero De la Renta permaneció en España hasta 1961, año en que también él se mudó a París para colaborar con Lanvin-Castillo. En 1963 se afincó en Nueva York, donde diseñó una colección de alta costura para Elizabeth Arden.

En vista de que allí no podía dejar volar su imaginación para confeccionar sus diseños, en 1965 decidió fundar su propia casa de modas y en los años siguientes ganó fama –y fortuna– con sus espléndidos y elaborados vestidos de noche.

Aunque en la actualidad es ciudadano estadounidense, se ha mantenido fiel a sus raíces dominicanas. Pasa la mayor parte del año en la hermosa mansión a pie de playa que se construyó en Los Corales, en Punta Cana. Tanto él como su gran amigo Julio Iglesias no sólo han invertido en el selecto complejo turístico de la Casa de Campo, sino que también son copropietarios del aeropuerto de Punta Cana y de gran parte de la ciudad.

odas las mañanas. Una empresa ofrece incluso ron y bailarinas de merengue en sus barcos, y la fiesta continúa en la isla.

Un baluarte amerindio

El **Parque Nacional del Este** ❾ abarca la mayor parte de la península sudoriental de la República Dominicana y comprende una superficie total de 41 900 hectáreas. Creado en 1975, es uno de los más recientes de la República Dominicana. Los aficionados a la ornitología y los amantes de la naturaleza en general a los que no les importe el intenso calor seco podrán explorar los bosques tropicales caducifolios para intentar ver alguna de las aproximadamente 112 especies de aves exóticas que viven en él. Los olivos silvestres, los mangles, las caobas de La Española y los cocoteros sirven de refugio a las iguanas rinoceronte y a toda clase de reptiles y mamíferos endémicos, como el solenodonte y la jutía, ambos en peligro de extinción.

A las pocas playas del parque sólo es posible llegar por mar, en cuyas aguas quizás sorprenda a los amables manatíes y a los delfines mulares jugando entre las olas. En la región de **Guaraguao** hay varias cuevas cuyas paredes conservan pinturas y relieves taínos de los tiempos precolombinos, así como gran cantidad de utensilios en La Aleta, antaño un importante centro ceremonial que fue descubierto en 1997. Se cree que éste era el lugar de cuya destrucción fue testigo el religioso Bartolomé de las Casas (*véase pág. 34*) en 1503.

El acceso al parque por el nordeste se encuentra cerca de **Boca de Yuma** ❿, un pintoresco pueblo pesquero que fue arrasado en 1998 por el huracán *Georges*. El famoso torneo de pesca de altura que anualmente congregaba en el mes de junio a pescadores de todo el mundo para capturar marlines azules, ha sido trasladado a la playa Cabeza de Toro, más al norte, y el camino de tierra que conduce a la cueva de Berna es ahora impracticable. Pero ya se han emprendido las obras de restauración.

Mapa página 198

Un viaje en barco de cinco minutos desde el puerto de La Romana le llevará a la idílica isla Catalina, que pertenece a una compañía naviera italiana. En sus playas de finísima arena blanca los submarinistas se preparan para bucear en un mágico mundo submarino.

ABAJO IZQUIERDA: la playa Saona.
ABAJO DERECHA: la entrada al Parque Nacional del Este.

Higüey: una ciudad milagrosa

La carretera 4 promete un agradable viaje hacia el norte a través de los extensos sembrados y plantaciones de caña de azúcar hasta llegar a **Higüey** ⓫ (120 000 hab.), 32 kilómetros de distancia. Los motoconchos pasan zumbando como moscas por la calles de esta próspera ciudad, que cuenta con un animado mercado y una fábrica d ron en las afueras. Higüey, capital de la provincia de Altagracia, fue fundada e 1494 por el conquistador español Juan de Esquivel. La ciudad creció a principios de siglo XVI, en tiempos del gobernador de Santo Domingo Nicolás de Ovando, que eli gió a Ponce de León (1502-1508) como su administrador.

El verdadero reclamo de esta ciudad, por lo demás bastante gris, es la **basílica d Nuestra Señora de la Altagracia**, levantada donde estaba la catedral de la Merced erigida en el lugar en el que las tropas de Colón plantaron la cruz mientras se defen dían de un ataque de los indígenas. A este sitio se le atribuyen misteriosos mila gros: según se cuenta, Colón y sus hombres estaban a punto de ser derrotados po los taínos cuando la Virgen se apareció sobre la cruz, lo que permitió a los españo les rechazar el ataque. En 1922 la Virgen de la Altagracia fue nombrada la sant patrona del país y desde entonces, todos los años, el 21 de enero y el 16 de agost cientos de personas acuden en peregrinación a esta basílica. En 1952 el arquitect francés André-Jacques Dunoyer de Segonzac construyó esta iglesia con una nav central de 60 metros de altura y el campanario más alto de América.

NOTA

No se permite la entrada a la basílica de Nuestra Señora de la Altagracia con pantalones cortos o minifalda.

Las hermosas playas de la Costa del Coco

¿Vamos a la playa? Nada más fácil en **Punta Cana** ⓬, una localidad ubicada a 45 kilómetros al este de Higüey, en la Costa del Coco, pues este tramo de litoral de 60 kilómetros de longitud posee las playas más hermosas de la República Dominicana. Sus aguas resultan perfectas para nadar, con temperaturas en torno a los 25 °C.

ABAJO IZQUIERDA: la catedral «nueva» de Higüey.
ABAJO DERECHA: navegando por las aguas de Punta Cana.

mientras que los bosques de cocoteros que crecen al borde mismo de la arena proporcionan la ansiada sombra. La idílica **Playa Punta Cana**, que se extiende a lo largo de más de 2 kilómetros, cuenta tan sólo con dos hoteles y un lujoso chalet, siendo de momento respetada por los magnates del turismo. En la menos conocida **Playa Juanillo**, un poco más al sur, acostumbran reunirse los jóvenes de la zona.

El **cabo Engaño**, la punta más oriental de la isla, al norte de Punta Cana, ofrece unas condiciones ideales tanto para la práctica del surf como del *windsurf* ya que penetra en las peligrosas aguas del canal de la Mona, que separa La Española de Puerto Rico, donde el viento sopla constantemente. Al norte, la fastuosidad de los complejos hoteleros a lo largo de los 24 kilómetros de costa entre Bávaro y Punta Arena Gorda contrasta de forma acusada con la pobreza de las poblaciones del otro lado de sus vallas. Estas suntuosas urbanizaciones turísticas (con hasta 1 200 habitaciones cada una) disponen de todos los servicios imaginables, desde psiquiatras hasta casinos y centros comerciales. Su arquitectura es un cruce entre las modernas casas de adobe de estilo mexicano y el lujo de los hoteles Sheraton. Las piscinas parecen fantasiosas recreaciones del rancho Neverland de Michael Jackson, y cuentan con instalaciones para la práctica de todo tipo de deportes.

El **Bávaro Beach Resort** (*véase la Guía Práctica, pág. 352*) es el complejo de mayor tamaño y más concurrido de la Costa del Coco. Con un ambiente nocturno que recuerda al de Ibiza y un campo de golf de 18 hoyos, sus cinco hoteles se clasifican en categorías según el nombre (Palace, Golf, Garden, Beach y Casino). Higüey, a más de 50 kilómetros de distancia, es la ciudad más cercana, de modo que los restaurantes de comida internacional y los bares del complejo representan la única opción. Sólo es posible comprar en el centro comercial **Plaza Bávaro**, cuyos precios son de vértigo. El **Manatí Park Bávaro** ⓭ (Plaza Bávaro, abierto a diario; se paga entrada; tel.: 552 0807) es muy frecuentado por los turistas alojados en la Costa del Coco ya que es la única atracción de la zona. Se trata de un parque zoológico que contiene casi todas las especies autóctonas de la República Dominicana: flamencos, manatíes, arañas y aves exóticas, cocodrilos y loros artistas; por un pequeño suplemento podrá, además, nadar con los delfines.

Bahías de ensueño y olas atlánticas

Siguiendo hacia el norte desde la **Playa Arena Gorda**, los centros turísticos van quedando atrás como brillantes perlas bajo el sol mientras que la diversión la proporcionan las olas del océano Atlántico. A partir de aquí se suceden una tras otra decenas de solitarias ensenadas de ensueño: **El Macao**, **Boca de Maimón**, **Punta Sabena** y **Playa del Muerto**. Las preciosas lagunas de Boca de Maimón brindan paisajes de postal por los que podrá caminar durante horas sin ver un alma, exceptuando las tortugas marinas que sestean al sol. El único inconveniente son los numerosos baches de la vieja carretera de la costa: no se recomienda conducir por ella a menos que se disponga de un vehículo todoterreno.

Pasable, pero no mucho mejor, es la carretera que se dirige hacia el norte hasta la **Reserva Científica Laguna Redonda y Limón** ⓮, donde podrá observar las maravillosas aves marinas que pueblan los manglares y experimentar la sensación de encontrarse en lo más profundo de una selva. Unos 20 kilómetros más adelante se llega a **Miches**, un pequeño pueblo portuario que se conserva intacto; desde la playa podrá ver a los pescadores mientras saborea un delicioso plato de pescado asado.

Mapa página 198

En la Costa del Coco los dominicanos adinerados a los que les apetece comer marisco van al Capitán Cook (Playa del Cortecito, tel.: 552 0646). El propietario, español, prepara una paella deliciosa, igual que la langosta, así como unas excelentes caipiriñas.

ABAJO: una playa de la Costa del Coco.

LA COSTA DEL ÁMBAR

Muy rica en yacimientos de ámbar, la costa nordeste ha sido agraciada con hermosas playas, arrecifes de coral y un relieve ondulado que atraen tanto a los amantes del sol como a los aventureros

Mapa páginas 212-213

La región nororiental de la República Dominicana es tan diversa como su topografía: fértiles valles y boscosas montañas que se elevan sobre bellísimos paisajes y 120 kilómetros de playas deslumbrantes. Conocida como la Costa del Ámbar debido a la abundancia de yacimientos de esta resina fósil, el ámbar de esta zona está considerado como uno de los de mejor calidad del mundo.

Frente a la costa norte se extiende el océano Atlántico, y a sus espaldas se eleva una cadena de majestuosas montañas. En medio están algunas de las playas más hermosas del Caribe, jalonadas por poblaciones históricas y modernos complejos turísticos.

Con un entorno natural tan afortunado, la costa norte ofrece la posibilidad de practicar numerosos deportes de riesgo y de aventura. Las fuertes corrientes del Atlántico y los vientos que soplan hacia tierra resultan ideales para la práctica del *windsurf* en las playas de Cofresí, Playa Dorada, Playa Grande, Sosúa y Cabarete. El submarinismo resulta magnífico en toda la costa norte gracias a las muchas bahías protegidas y a la claridad de sus aguas, que brindan inolvidables inmersiones entre preciosos arrecifes de coral, crestas submarinas, cuevas y barcos hundidos. Algunas de las costas más valoradas por los submarinistas son las de Sosúa, Río San Juan, Cabrera y la península de Samaná, en el extremo oriental. Al oeste de Puerto Plata, la capital de la provincia del mismo nombre, son famosas Costambar, Luperón y Monte Cristi (*véase pág. 222*).

PÁGINAS ANTERIORES: cabalgando por la playa al atardecer, Cabarete.
IZQUIERDA: ejercicios al borde de la piscina, en Sosúa.
ABAJO: patinando en el malecón de Puerto Plata.

Otro tipo de actividades deportivas que pueden practicarse en el norte son el montañismo, los paseos a caballo y la espeleología (explorando la extensa red de cavernas de la zona, algunas de ellas con pinturas prehistóricas). La mayor concentración de cuevas en esta región se encuentra entre Río San Juan y Cabrera. Podrá admirar fascinantes pictografías (dibujos) y petroglifos (grabados sobre la roca) que representan la vida de los taínos. Si quiere descargar adrenalina, ¿por qué no probar el descenso de cascadas? Se trata de lanzarse desde lo alto de una catarata de 55 metros de altura. Los aficionados al barranquismo escalan por las paredes de una garganta para luego saltar al río. También existe la posibilidad de hacer rafting (descender por los rápidos de un río en lancha neumática) en los cercanos «Alpes dominicanos» de Jarabacoa, pertenecientes a la cordillera Central, así llamados por sus montañas, ríos, cascadas y fragantes bosques de pinos.

Un paraíso para los golfistas

En la costa o cerca de ella también abundan los campos de golf. Los dos campos reglamentarios de 18 hoyos están en **Playa Dorada**, un campo diseñado por Robert Trent Jones (tel.: 320 3344/4262) en el que se celebran algunos campeonatos, y en **Playa Grande**, en el kilómetro 9 de la carretera Río San Juan-Cabrera, con 10 hoyos espectaculares distribuidos a lo largo de la orilla (tel.: 248 5314). También hay varios campos de 9 hoyos, como **Los Mangos**, en Costambar, en el que

El teleférico es la mejor manera de subir a la cima del Pico Isabel de Torres.

juegan sobre todo los residentes y los huéspedes de los Hacienda Resorts (tel.: 97 7143); **Costa Azul**, entre Sosúa y Cabarete (tel.: 571 2608); y **Loma de Chivo**, a este en la península de Samaná (tel.: 538 3111). Hacia el interior, en Jarabacoa existe un campo de 9 hoyos en los pinares de La Vega (tel.: 573 2474) y otro de 1 hoyos en Las Aromas, ya en los montes de Santiago (tel.: 276 5396).

Puerto Plata

Más allá de los complejos turísticos hay un montón de cosas por descubrir. La histórica ciudad de Puerto Plata es el punto de partida natural para recorrer la Costa de Ámbar; se cree que los primeros colonos españoles le pusieron ese nombre al observar que las aguas de la bahía brillaban como resina fósil.

Fundada en 1502, **Puerto Plata** ❶ es la ciudad de mayor tamaño y más importante de la costa norte. Cuenta con una rica historia que se remonta a la llegada de los conquistadores, quienes iban buscando oro, sin olvidar los acontecimientos del siglo XVI ni los duros años de la dictadura de Trujillo. Numerosos hoteles y restaurantes se suceden uno tras otro a lo largo del malecón, un animado paseo marítimo de unos 6 kilómetros de longitud, desde la fortaleza San Felipe, en la punta de la península, hasta Long Beach, en el extremo oriental (avenida Circunvalación Norte). En el malecón se celebran algunos de los principales acontecimientos culturales de la ciudad, como el Carnaval y el Festival de Merengue, que tiene lugar en octubre.

Puerto Plata era antes una importante ciudad portuaria debido a su proximidad a la vecina región agrícola del valle del Cibao y al noroeste. Se cree que la **fortaleza de San Felipe** Ⓐ (abierta a diario de 9:00 a 17:00 h; se paga entrada), situada al final de la avenida General Gregorio Luperón (parte del malecón), es la más antigua del Nuevo Mundo. Fue construida entre 1564 y 1577 en la **bahía de Puerto Plata** para defender la isla de las posibles invasiones que pudieran llegar desde el norte. En

ABAJO: el Pico Isabel de Torres.

Mapas páginas 208 y 212

·mpos más recientes la fortaleza sirvió de prisión durante la dictadura de Trujillo, ·nvirtiéndose luego en una fábrica del ron Brugal. Hoy en día es un museo que ·berga una exposición de fotografías históricas y una interesante colección de las ·mas y cañones empleados en las batallas por la independencia.

La **fábrica de ron Brugal** (visitas guiadas a diario de 9:00 a 11:45 h; entrada ·atuita; tel.: 586 2100) se encuentra ahora en la avenida Luis Ginebra, al oeste de ·aya Dorada. Creada en 1888, la fábrica embotella 360 000 litros de ron al día, de ·s cuales únicamente se exporta el 5 por ciento.

El **Pico Isabel de Torres B**, en el **Parque Nacional Pico Isabel de Torres** ·bierto a diario; tel.: 586 2122), se eleva 850 metros sobre la ciudad. Conocido ·r los habitantes de Puerto Plata como la loma Isabel de Torres, se puede subir a · cima en teleférico, aunque estuvo averiado durante años y no volvió a funcionar ·asta comienzos del año 2000. Por un módico precio el teleférico lleva a los pasa·ros desde la ciudad hasta el extenso **Jardín Botánico**; durante el viaje se con·mplan unas vistas espectaculares de la bahía de Puerto Plata. En temporada alta las ·las pueden ser muy largas, y es posible que no salga si el viento es fuerte. En la ·ma del pico Isabel de Torres se yergue una estatua de 16 metros de altura de Jesu·isto parecida a la que corona el monte Corcovado de Río de Janeiro, en Brasil. Es ·osible subir andando, pero es una caminata agotadora y no hay atajos. Los turistas ·mbién pueden acceder a la cumbre en vehículo todoterreno, o hacerlo en la parte · atrás de una moto con alguno de los guías (no oficiales) que realizan la ascensión.

De nuevo en el centro de Puerto Plata, la bellamente restaurada **catedral de San ·elipe Apóstol C**, de estilo *art déco*, se alza en la calle José del Carmen Ariza, frente · bonito **parque Independencia** –también llamado parque Central–, entre las calles ·eller y Duarte. El centro del parque lo ocupa una atractiva estructura de madera de ·stilo victoriano denominada **La Glorieta**.

El Museo del Ámbar Dominicano de Puerto Plata ofrece visitas guiadas en varios idiomas.

ABAJO: el bonito parque Independencia también se conoce como parque Central.

En los carnavales todavía se utilizan máscaras de la época precolombina.

En las montañas que rodean Puerto Plata se hallan los yacimientos de ámbar m ricos del mundo, cuya antigüedad se estima en 25 millones de años. El ámbar es u lustrosa resina vegetal que a veces contiene fósiles prehistóricos y que suele e plearse en la fabricación de joyas y de otros objetos decorativos (*véase pág. 21*. La cercanía de los yacimientos de ámbar hace que esta ciudad resulte el lugar id neo para el **Museo del Ámbar Dominicano** **D** (abierto de lunes a viernes de 9: a 18:00 h, los sábados de 9:00 h a 17:00 h; se paga entrada; tel.: 586 2848), museo privado instalado en una preciosa mansión victoriana al sudeste de la cat dral San Felipe Apóstol, en el número 61 de la calle Duarte. El espacioso primer pi es una tienda, uno de los mejores sitios donde comprar ámbar con toda confianz En el segundo piso se exponen multitud de ejemplos de especies animales y veg tales atrapados en piezas de esta resina de color miel. El ámbar dominicano presen una amplia gama de tonos, desde el amarillo dorado semitransparente, el verde y marrón hasta el azul oscuro; este último, muy raro y que no contiene cuerpos extr ños (insectos fosilizados), sólo se encuentra al este de la Costa del Ámbar.

El pequeño **Museo de Arte Taíno** (tel.: 586 7601), que atesora réplicas de obj tos fabricados por los primeros pobladores de La Española, es prácticamente de conocido. En él podrá conocer un poco mejor la cultura del pueblo amerindio qu durante 1 500 años, antes de que llegaran los europeos, vivió pacíficamente en la isl una de sus enseñanzas más fascinantes es la que proporciona una tumba excavad También se venden reproducciones de arte taíno.

Un selecto centro de recreo

El complejo turístico privado y vallado de **Playa Dorada** está a unos 5 kilómetr al este de Puerto Plata. Consta de 14 grandes hoteles al borde del mar que compa ten una considerable franja de arena e incluye casinos, discotecas, numerosos re

Abajo: jugando con la arena en Sosúa.

Mapas páginas 208 y 212

urantes y bares, un centro comercial, piscinas y una amplia variedad de instala-ones deportivas sólo para los huéspedes. Dispone, además, de un campo de golf glamentario de 18 hoyos. Los clientes pueden (y algunos lo hacen) pasarse una mana entera en este lugar sin necesidad de salir de él para nada.

Hacia el este, en los pueblos o en sus inmediaciones, la Costa del Ámbar posee ayas maravillosas en apacibles bahías y calas. A lo largo del extremo oriental de costa encontrará gran cantidad de localidades turísticas y casinos de elite, hote-s de tamaño medio y casas de huéspedes. En la carretera de Sosúa, justo antes de egar a la ciudad, a 20 kilómetros al este de Puerto Plata, el **Columbus Aquapark** bierto a diario de 10:00 a 18:00 h; tel.: 571 2642) entusiasmará a los niños de das las edades. Dispone de cinco piscinas olímpicas, trampolines, un «río» de guas tranquilas, toboganes de agua, canchas de voleibol y establecimientos donde omer; podrá dejar sus pertenencias en una consigna. A este parque acuático acuden uchas familias dominicanas, sobre todo los domingos.

Hermosos edificios de colores pastel flanquean las calles de los pueblos de la Costa del Ámbar.

osúa

osúa ❷, que hace tan sólo 10 años era un plácido pueblo pesquero, se ha transfor-ado en un importante destino turístico repleto de hoteles, si bien el ambiente es ás relajado que en otros megacomplejos del Caribe. A lo largo de la playa se suce-en uno tras otro los bares, restaurantes, cafeterías y tiendas de recuerdos. La activi-ad más común aquí es el submarinismo y el buceo con tubo en los arrecifes de coral ue bordean la costa. Sosúa es un destino favorito de los viajeros europeos, muchos los cuales se han quedado o han regresado a la República Dominicana para abrir ostales, acogedores restaurantes o chiringuitos en la calle Pedro Clisante. De hecho, ciudad se divide en dos barrios separados entre sí por una resguardada bahía con na inconfundible playa de arena blanca de casi un kilómetro de longitud.

ABAJO IZQUIERDA: la sinagoga de Sosúa.
ABAJO DERECHA: en la playa de Cabarete.

Un mosaico en el que aparece la bandera de la República Dominicana, que simboliza la mezcla de pueblos que integran esta nación.

El primero de ellos, **Los Charamicos**, al oeste, es hoy una zona comercial y res dencial en la que viven los muchos dominicanos que se han mudado a esta zona pa trabajar en la industria del turismo. Su ambiente es típicamente dominicano, con centro lleno de tortuosas y animadas calles flanqueadas por viejos edificios trad cionales. La mayoría de los restaurantes sirven comida dominicana, y algunos ellos son célebres por sus deliciosos platos de pescado.

El Batey, al otro lado de la bahía, al este, ha prosperado como centro turístico; s hoteles, bares, cafeterías, tiendas de recuerdos y otros establecimientos orientad al turismo se localizan principalmente a lo largo de la calle Pedro Clisante. Fue fu dado por refugiados judíos en 1940 (*véase pág. 174*); tras haber ordenado la matan de 15 000 haitianos (*véase pág. 52*), el dictador Trujillo trató de enmendar su im gen durante la Segunda Guerra Mundial (1939-1945) ofreciendo asilo político a l refugiados judíos que huían de los nazis en Alemania. Un pequeño grupo de inm grantes creó las famosas industrias lácteas y de pescado ahumado que aún h siguen rindiendo cuantiosos beneficios. Algunos de los judíos contrajeron mat monio con sus nuevos vecinos, si bien mantuvieron sus prácticas religiosas. Pero c el paso de los años la mayor parte del grupo original de refugiados abandonó isla. Irónicamente, un gran número de expatriados alemanes ocupó su lugar, jun a otros inmigrantes procedentes de Austria y la Europa del este.

Aunque son muy pocos los descendientes que quedan de aquellos primeros ref giados, la comunidad judía conserva la **sinagoga de la comunidad judía de Sosú** situada en la calle Dr. Alejo Martínez, cerca de la calle Dr. Rosen. Al lado se hal el pequeño **Museo de la Comunidad Judía de Sosúa** (abierto de lunes a viernes 9:00 a 13:00 h; tel.: 571 1386), que conserva el testimonio de su presencia en el pa En sus salas se exponen, entre otras cosas, fotografías desde la década de 1940 y primer teléfono que hubo en la ciudad.

De noche, la diversión en Sosúa se reparte entre las discotecas de la ciudad (q no se llenan hasta eso de la medianoche) y los casinos, bares, restaurantes y más di cotecas de los grandes complejos hoteleros de las afueras. En octubre toda la zo se convierte en una fiesta durante el festival anual de jazz, en el que actúan músic estadounidenses y caribeños.

Después de haberse pasado toda la noche bailando muchos turistas dedican par del día a descansar en la arena, para lo cual nada mejor que las preciosas playas ce

ınas de **Puerto Chiquito**, **Playa Chiquito** y **Playita**, que además ofrecen la posi-
lidad de practicar una gran variedad de deportes acuáticos, entre ellos la vela, el esquí
ıuático y el surf. La **bahía de Sosúa** está considerada una de las mejores zonas de
costa norte para el submarinismo. Un poco más adelante, ya fuera de la bahía, otro
recife, al que los buceadores locales llaman el Jardín Tropical, ofrece a los subma-
ınistas más experimentados un apasionante mundo para explorar. Los principiantes
ıeden apuntarse a clases de submarinismo en Sosúa con las que podrán conseguir un
ertificado de la PADI (Asociación Profesional de Instructores de Submarinismo).

Mapa páginas 212-213

‘abarete, la capital del *windsurf*

unos 10 o 15 minutos en coche al este de Sosúa se encuentra **Cabarete ❸**, una
e las mecas del *windsurf* en el Caribe (y en el mundo). Allí, los vientos alisios ori-
ınan unas olas tremendas que atraen a los mejores *windsurfistas* aficionados de
ɔdo el mundo a la **Cabarete Race Week**, competición que se disputa todos los
ıeses de junio. Esta localidad también ha sido escenario en varias ocasiones de la
opa Mundial de Windsurf Profesional, celebrada así mismo en junio ya que ese mes
ɔplan magníficos vientos ideales para la práctica tanto de este deporte como de la
ela. En la playa Encuentro, al oeste de la ciudad, considerada una de las mejores
ara practicar el *windsurf*, los *windsurfistas* han puesto incluso nombres a las olas.

Cabarete era un tranquilo pueblo pesquero hasta que en la década de 1990 la
ıdustria del turismo se implantó en la República Dominicana y transformó este
ıunicipio en un animado centro de recreo con atractivas urbanizaciones turísticas.
‘o obstante, sus habitantes no han perdido su reposada cordialidad. Además de
onas de buceo para submarinistas expertos, otros deportes que es posible practicar
on el tenis, la equitación y el ciclismo de montaña. Durante la temporada alta,
‘abarete y las localidades vecinas, con sus parques nacionales, sus montes, ideales
ara el senderismo, sus 15 kilómetros de playas y sus abrigadas calas, son un her-
idero de actividad.

También el ecoturismo está en auge. Unas cuantas empresas locales, entre las
ue cabe destacar Iguana Mama (tel.: 571 0908; *véase pág. 357*) y Freddy Tours (tel.:
71 0829), ofrecen aventuras que no ocasionan daños duraderos al entorno. Caba-
ete es el punto de partida de excursiones con guía al Pico Duarte y a Jarabacoa, ade-
ıás de permitir un fantástico recorrido por la costa norte.

Fíjese en los complejos calados de los balcones de muchos edificios.

Mapa páginas 212-213

El baile y la fiesta empiezan tarde, a veces de madrugada, y duran hasta la ho de desayunar. Los bares suelen estar abarrotados con una alegre mezcla de nativo turistas y *windsurfistas* disfrutando de la música merengue a todo volumen, de u o dos cócteles y discutiendo de las incidencias del día anterior. Es frecuente q haya conciertos en la playa, así como fiestas y barbacoas.

Río San Juan y Cabrera

Continuando hacia el este desde Cabarete se pasa junto a algunas de las playas m espectaculares de la República Dominicana, la mayor parte de ellas prácticamen desiertas. Largas extensiones de fina arena blanca orlan la bahía Escondida. Cer de la pintoresca población de **Río San Juan** ❹, a más o menos una hora en coc al sudeste de Sosúa, se encuentra la **laguna Gri Gri** ❺, cubierta de manglare donde los turistas podrán explorar una serie de misteriosas cavernas marinas en u agradable excursión de dos horas de duración en un barco que zarpa del embarc dero situado al final de la calle mayor, la calle Duarte. Las cuevas se formaron p la erosión de los estratos blandos de caliza; la de mayores dimensiones contie asombrosas estalagmitas y estalactitas. Bucear en la laguna depara momentos mar villosos. El barco pasa por delante de la **cueva de las Golondrinas**, de 10 metros d profundidad y 12 metros de altura, y se detiene en la muy concurrida **Playa Cal tón**, conocida en la zona como La Playita.

Del ambiente sosegado de Río San Juan da fe su calle mayor, flanqueada p bonitas y recargadas joyas arquitectónicas de colores pastel. Al anochecer la activ dad gira en torno a las galerías de arte, los recoletos restaurantes, las heladerías, l clubes de jazz y las discotecas, en las que los turistas podrán aprender a bail merengue, el excitante baile nacional. Los términos municipales colindantes de R San Juan y **Cabrera** recibieron en 1999 el nombre conjunto de **Costa Verde**, señ inequívoca de que ésta probablemente será una de l próximas zonas en las que está previsto edificar grand complejos turísticos.

ABAJO: los bochornosos manglares de la laguna Gri Gri.

A unos 5 kilómetros de Río San Juan se halla una d las playas más hermosas del país: **Playa Grande**. Tam bién allí se encuentra el campo de golf Playa Grand inaugurado en 1997, donde los jugadores disfrutan d unas preciosas vistas de los arrecifes. Existe un proyect para urbanizar toda la zona con hoteles, centros de vac ciones, casas de recreo e instalaciones deportivas, pero d momento la playa sigue siendo pública. No muy lej hay una minúscula reserva natural y en la playa se ha instalado numerosos chiringuitos regentados por dom nicanos en los que realmente merece la pena probar marisco que preparan.

Al avanzar por la carretera de la costa en dirección Cabrera fíjese en el pequeño **Parque Nacional Cab Francés Viejo** ❻, donde se conserva una maravillos selva tropical poblada por infinidad de especies veget les y animales. Comprende así mismo una extensa red d cuevas de agua dulce en las que los submarinistas expe tos, convenientemente entrenados, podrán bucear por su anchos túneles. En Cabrera, ya en la provincia de Marí Trinidad Sánchez, están las **cuevas del Lago Azul**, tre espléndidas lagunas que fluyen bajo tierra hasta el ma su agua clara, azul y fría resulta ideal para nadar. L siguiente población importante es **Nagua**, en la que n hay demasiadas cosas dignas de mención, ni tampoco lo largo del camino que lleva a la península de Saman (*véase pág. 227*), en el extremo oriental del país.

El ámbar

El ámbar se formó de la pegajosa resina que exudaban los árboles de la especie *Hymenaea protera*, que vivían en tiempos prehistóricos, hace 50 millones de años, y que hoy se hallan extinguidos. Con el paso del tiempo la resina se solidificó dando lugar al ámbar tal y como lo conocemos en la actualidad. Diminutos lagartos, moscas, arañas y otras criaturas quedaron atrapadas en la resina, y sus restos fósiles, denominados «inclusiones», se conservaron intactos dentro de este duro material transparente. Las piezas de ámbar que contienen este tipo de fósiles son las menos frecuentes.

El ámbar de la República Dominicana no es tan conocido como el procedente del Báltico, pero hoy en día los expertos lo consideran uno de los mejores y más valiosos del mundo debido a su transparencia y a la amplia gama de colores que presenta.

Los yacimientos de ámbar se encuentran en las montañas de la costa nordeste (de ahí el nombre de Costa del Ámbar) en una mezcla de piedra arenisca gris y de conchas marinas. Se extrae a mano para evitar dañar las delicadas inclusiones. Los habilidosos artesanos desentierran el ámbar con mucho cuidado y lo examinan para ver si contiene fósiles.

Si descubren fósiles dentro de la resina se utilizan técnicas especiales de corte y pulido con el fin de que hasta los más nimios detalles de las criaturas atrapadas en esta piedra semipreciosa y transparente puedan verse lo mejor posible. Si el ámbar no contiene inclusiones se destina a la orfebrería. Algunos de los tonos menos corrientes del ámbar son el azul, el verde, el rojo y un beis amarillento llamado coñac.

Aunque existe ámbar de colores diversos en muchos países, el de las montañas del norte de la República Dominicana se cuenta entre los más apreciados. Los coleccionistas de todo el mundo valoran por encima de todos los demás el escasísimo ámbar azul y las piezas que contienen inclusiones de animales fosilizados. Algunos comerciantes afirman que ni siquiera los zafiros pueden igualar el inconfundible ámbar violáceo de la República Dominicana.

Paolo Costa, director del Museo del Ámbar Dominicano de Puerto Plata, comenta: «La historia del ámbar tiene una gran importancia, pero mucha gente la desconoce». De hecho, fue en la República Dominicana donde el director de cine Stephen Spielberg llevó a cabo la investigación sobre el ámbar para su película *Parque Jurásico*; en ella, el ADN que los científicos utilizaban para engendrar a los dinosaurios se obtenía de un mosquito atrapado en ámbar que se había alimentado con la sangre de estos animales prehistóricos.

Antes de 1950 el ámbar dominicano no era demasiado conocido. Sin embargo, cuando la Unión Soviética cortó los suministros de ámbar del Báltico, todo el mundo recurrió a la República Dominicana. Fue entonces cuando los expertos internacionales y los comerciantes europeos descubrieron la extraordinaria calidad y belleza de este ámbar.

Durante 30 años el ámbar dominicano dominó el mercado. Posteriormente, la Unión Soviética se derrumbó y los recién independizados países del Báltico –Letonia, Estonia y Lituania– comenzaron a exportar grandes cantidades de ámbar de sus minas. En consecuencia, a principios de la década de 1990 la producción dominicana cayó de forma drástica, pero ahora, una vez más, este país vuelve a ser el principal productor de este precioso «oro transparente».

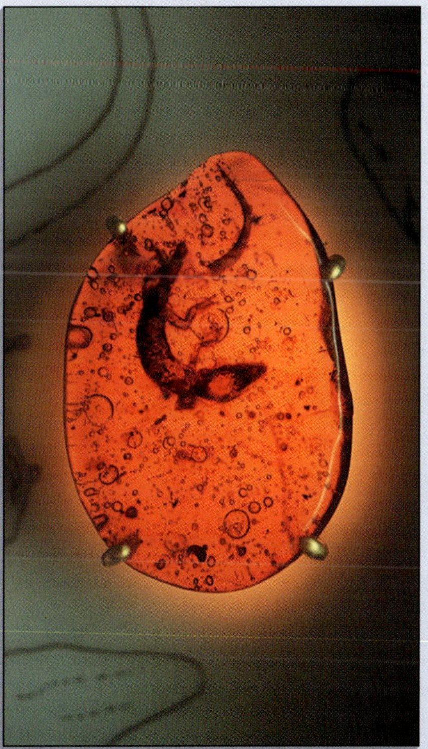

DERECHA: pieza de ámbar con una inclusión fosilizada.

EL APACIBLE NOROESTE

Cristóbal Colón eligió esta costa para fundar la primera ciudad colonial del Nuevo Mundo en 1493. Desde entonces, fuera de los límites de los complejos turísticos, no es mucho lo que ha cambiado

Mapa páginas 212-213

La esquina noroeste de la República Dominicana, al oeste de Puerto Plata, limita al sur con la majestuosa cordillera Septentrional. La región sólo cuenta con dos carreteras nacionales (las carreteras 1 y 5), cuyo recorrido discurre a través de pequeños y desangelados pueblos y ciudades. Entre las montañas y la costa atlántica, el ondulado paisaje proporciona pastos para las vacas y las cabras, además de plantaciones de tabaco y caña de azúcar. Las orquídeas silvestres crecen pletóricas sobre los viejos árboles de los bosques secos subtropicales que cubren grandes extensiones de terreno, en particular en el Parque Nacional Monte Cristi, en el extremo noroeste del país. Este parque llega casi hasta la pintoresca ciudad de Dajabón, paso fronterizo con Haití.

Las playas de la costa atlántica, protegidas por extensos arrecifes coralinos que sustentan una prolífica vida submarina, son en su mayor parte de guijarros de color gris, por lo que no se ajustan a lo que se consideran playas «paradisíacas», salvo en unos pocos complejos turísticos como Cofresí, donde por poco dinero podrá practicar el submarinismo, la pesca y otros deportes acuáticos. En esta costa Colón decidió establecer el primer grupo de colonos españoles; todavía se pueden ver los restos de aquel primer asentamiento en el Parque Nacional Histórico La Isabela. Durante los meses de enero y febrero a veces es posible avistar delfines y ballenas jorobadas nadando en las aguas del océano. Es muy poco lo que ha cambiado en esta región escasamente desarrollada cuyos habitantes, muchos de ellos descendientes de los inmigrantes procedentes de las islas Canarias llegados en el siglo XVIII, siguen siendo tan hospitalarios como siempre.

PÁGINAS ANTERIORES: familia campesina del noroeste.
IZQUIERDA: la carretera a Monte Cristi.
ABAJO: listas para ir a la playa.

Cascadas y una bahía resguardada

Puede que resulte difícil abandonar las comodidades de un complejo turístico donde uno tiene todo lo necesario al alcance de la mano, pero merece la pena salir y, una vez fuera, experimentar quizás la sensación de que el tiempo se ha detenido décadas atrás. En un taxi o en un coche, que podrá alquilar en el hotel (*o consulte la Guía Práctica, pág. 351*), tome la carretera 5 que se dirige hacia el sudoeste desde **Puerto Plata** (*véase la pág. 208*). Al cabo de unos 10 minutos llegará a un cruce; gire a la izquierda y continúe hasta Imbert, a 22 kilómetros.

Imbert ❼, rodeado de plantaciones de caña de azúcar y de tierras de labranza, se llama así en honor de José María Imbert, héroe de la guerra de la Restauración. Este pueblo es, fundamentalmente, un importante nudo de comunicaciones por el que pasan la mayoría de los medios de transporte –ya se trate de motoconchos, guaguas, autocares o taxis– que se dirigen a las poblaciones de los alrededores y al sur del país. Cuenta con un restaurante y una gasolinera, y en la cercana **Damajagua** hay una espectacular serie de 20 pequeñas cascadas, cada una de ellas con una poza, ocho de las cuales están abiertas al público. Allí podrá bañarse en sus frías aguas antes de poner rumbo a Luperón, a 25 kilómetros de distancia por la carretera 30.

Esta placa colocada en el Parque Nacional Histórico La Isabela conmemora la primera ciudad colonial del Nuevo Mundo. No obstante, cerca hay un par de pueblos que también se llaman La Isabela, lo que puede causar cierta confusión.

Luperón ❽ es un pueblecito pesquero ubicado en la hermosa bahía del mism nombre, un puerto natural bien protegido de los huracanes que suelen azotar la isl entre junio y octubre. Por ese motivo, se ha convertido en un refugio habitual de vele ros procedentes de todo el mundo. El principal medio de subsistencia de sus habi tantes es la agricultura y la pesca en las aguas del Atlántico, por lo que es un exce lente lugar para detenerse a comer o cenar marisco y pescado criollo –una delicios especialidad dominicana– en cualquiera de sus restaurantes. En las proximidades de pueblo se encuentra el moderno complejo hotelero **Luperón Beach Resort**.

La Isabela, la primera ciudad colonial de América

Cuando Colón regresó a La Española en 1493 y se encontró el fuerte Navidad arrasado (*véase pág. 28*), fundó La Isabela –le puso ese nombre en honor de la reina de España– a 12 kilómetros del actual emplazamiento de Luperón. Pero esta ciudad estaba condenada al fracaso desde un principio ya que los primeros colonos perecieron a causa de las enfermedades y del rigor del trabajo o se desanimaron y regresaron a España al no encontrar el ansiado oro. La violencia y la discordia, los huracanes y los incendios, todo contribuyó al ocaso de la ciudad, de manera que en 149 los colonos que aún quedaban se habían marchado para establecer Santo Doming (*véanse páginas 169-190*).

En el **Parque Nacional Histórico La Isabela** ❾ (abierto a diario de 8:00 a 17:0 h; se paga entrada) se han excavado las ruinas de aquella efímera ciudad. Allí podrá ver los cimientos de la primera casa de Cristóbal Colón así como un cementerio que contiene tumbas tanto taínas como españolas. Por desgracia, un sector del yacimiento se ha hundido en el mar, incluida parte de la casa de Colón. El museo atesora interesantes objetos que se cree que pertenecieron a aquellos primeros colonos y ofrece información sobre la vida de los taínos en tiempos precolombinos.

ABAJO: las ruinas de La Isabela.

Las excavaciones en La Isabela comenzaron en la década de 1950 y desde entonces los arqueólogos han reconstruido algunas secciones de los muros de piedra de los principales edificios. El restaurado **templo de las Américas** se alza en el lugar en el que el 6 de enero de 1494 se ofició la primera misa en el Nuevo Mundo. Se piensa así mismo que La Isabela tuvo el primer ayuntamiento de América.

Mapa páginas 212-213

Estero Hondo, un campo de batalla por la libertad

Continuando hacia poniente se llega a **Estero Hondo**, que cuenta con una tranquila y desconocida playa. No obstante, en 1959 esa paz se vio interrumpida cuando llegó un barco repleto de rebeldes dominicanos exiliados, quienes desembarcaron allí con el objetivo de derribar el régimen de Trujillo. El dictador estaba al corriente de los planes de los conspiradores, de modo que les tendió una emboscada que culminó en una sangrienta batalla. Desde entonces, Estero Hondo es un símbolo de la lucha de los dominicanos por la libertad y la democracia.

Un poco más adelante, siguiendo la accidentada carretera de la costa, ya casi en la provincia de Monte Cristi, se halla el pequeño pueblo pesquero de **Punta Rucia**, donde barcos pesqueros pintados de alegres colores descansan varados en su bonita playa de arena fina, enmarcada entre cocoteros y las aguas poco profundas del mar. Puede que no sea la más limpia, pero es sin duda una de las favoritas en la zona que los dominicanos llaman la Línea Noroeste; los domingos se llena de vida con las familias que van a merendar y el sonido de la música merengue.

Debido a que las carreteras de la vertiente costera de las montañas son por lo general bastante malas, quizás sea preferible ir a Monte Cristi por Imbert, desde donde deberá dirigirse hacia el sur por la carretera 5 hasta enlazar con la carretera 1, una de las mejores del país; discurre a lo largo de 90 kilómetros por las laderas meridionales de la cordillera Septentrional, casi paralela al río Yaque del Norte.

Desde Punta Rucia salen varios barcos que realizan excursiones a los manglares de la laguna de Estero Hondo y a cayo Arenas, una isla de arena blanca a 10 kilómetros de la costa.

ABAJO: un mural pintado por Máximo Gómez y Báez.

Los submarinistas disfrutarán buceando entre los viejos barcos españoles hundidos y los arrecifes coralinos que hay frente a las playas de La Granja y El Morro, al norte de Monte Cristi. El Club Náutico Monte Cristi Inc. (tel.: 579 2530) organiza excursiones de pesca de altura. Todos los meses de junio se celebra un torneo de pesca de marlines azules.

Auge y caída de San Fernando de Monte Cristi

A medida que uno se acerca a la ciudad de **San Fernando de Monte Cristi** ⑩, capital de la provincia homónima, el paisaje se va tornando mucho más árido, cubierto de matorrales, cactus y otras plantas xerófilas, consecuencia de la combinación de la escasa pluviosidad de la región con sus altas temperaturas, que pueden alcanzar los 35 ºC. En la llanura del delta del Yaque del Norte el único accidente geográfico al noroeste de Monte Cristi es la loma de **El Morro**, bañada por el mar.

Fundado en 1533 por 60 familias campesinas, el pueblo original de Monte Cristi fue evacuado en 1606, junto con otras localidades de la costa noroeste, por orden de Antonio Osorio, el entonces gobernador de La Española, con el propósito de poner fin al comercio ilegal entre sus habitantes y los piratas extranjeros. Durante 150 años Monte Cristi permaneció abandonado, hasta que lo repoblaron labradores procedentes de las islas Canarias. Se convirtió entonces en un importante puerto marítimo por el que pasaban diferentes mercancías (madera, miel y tabaco) que eran transportadas por el río Yaque del Norte desde Santiago (*véase pág. 239*) y La Vega (*véase pág. 245*). La ciudad prosperó y se establecieron en ella numerosas empresas europeas hasta que la construcción del ferrocarril que comunicaba Puerto Plata con las ciudades del valle del Cibao y la guerra de la Restauración de la década de 1860 provocaron su declive como centro comercial.

Los edificios victorianos que flanquean las calles del actual Monte Cristi reflejan la influencia europea en esta ciudad. Entre sus monumentos cabe destacar el reloj público de la iglesia de San Fernando, en el parque Central, fabricado en Francia en 1895. También en este parque, en la plaza del Reloj, se encuentra la antigua casa de Máximo Gómez y Báez, natural de Baní, en la que él y José Martí firmaron el manifiesto a favor de la independencia cubana; al lado se alzan otras residencias históricas de generales de la guerra de la Restauración.

ABAJO: en una misma tienda podrá tomar un refresco o pedir un taxi.

Las playas, El Morro y los canales navegables y lagunas que se extienden a ambos lados de la ciudad integran el **Parque Nacional Monte Cristi**, junto con **Los Cayos de los Siete Hermanos** ⓫, siete islas minúsculas que sirven de refugio a numerosas especies de aves marinas y a las tortugas que van allí a desovar, aunque desgraciadamente el furtivismo ha diezmado sus poblaciones. Más cerca de la orilla, a tan sólo cinco minutos en barco frente a la playa Juan de Bolaños, flota en el océano Atlántico el **cayo Cabras**, una magnífica ventana a un mundo submarino de peces tropicales y estrellas de mar.

Dajabón, una alegre ciudad fronteriza

A 30 minutos en coche al sur de Monte Cristi, por una carretera que discurre entre bosques secos subtropicales y monte bajo bordeando lagunas costeras, está **Dajabón** ⓬, en la frontera con Haití. Únicamente el **río Dajabón**, que se puede cruzar a pie sin dificultad, separa los dos países. Dajabón, fundada el 4 de julio de 1776 por un soldado español llamado José Solano, se convirtió en un importante centro del tráfico comercial entre las colonias Saint-Domingue y Santo Domingo –francesa y española, respectivamente– tras la firma en 1777 del tratado de Aranjuez por parte de España y Francia, en virtud del cual se fijaba la frontera entre las dos colonias.

Hoy en día cientos de haitianos cruzan la frontera todas las semanas para vender sus productos a precios realmente baratos en el mercado que se celebra en esta ciudad todos los lunes y viernes. Ollas, sartenes y otros utensilios de cocina, además de ropa y calzado de segunda mano y perfumes son desplegados sobre mantas de vivos colores extendidas en el polvoriento suelo para que los clientes puedan examinar los artículos. Luego, con las ganancias del día, los vendedores compran arroz, habichuelas, bananas y otros alimentos antes de regresar a Haití. Aquí, en esta pequeña ciudad, es posible apreciar con toda claridad las diferencias existentes entre ambos países.

Mapa páginas 212-213

NOTA

La carretera entre Monte Cristi y Dajabón se puede recorrer de noche siempre y cuando utilicemos el sentido común. Se dice que en el bosque seco y los matorrales que se extienden a ambos lados de la carretera se ocultan fugitivos haitianos y dominicanos.

ABAJO: el sol se pone sobre el cementerio de La Isabela.

LA PENÍNSULA DE SAMANÁ

Esta hermosa península bordeada de playas de fina arena blanca se adentra en las aguas azules del océano Atlántico, por lo que resulta un magnífico mirador para observar a las ballenas

Mapa página 231

Densos bosques de palmeras dan sombra a las bromelias y orquídeas que alfombran las onduladas colinas; pequeños huertos enmarcan las casas de campo pintadas de alegres colores; ríos y cascadas fluyen entre la exuberante vegetación tropical. En la península de Samaná hay playas solitarias de arena tan fina y blanca como el azúcar de repostería en las que el mar es cálido y tan azul como el cielo de una postal. Allí, para ver el mundo de color rosa no es necesario contar con la ayuda de un cóctel de ron.

Más de 80 000 personas viven en los pueblos y pequeñas ciudades de Samaná, una provincia que se extiende a ambos lados de la bahía de Samaná. A los dominicanos les gusta hacer vida en la calle, por lo que pasan gran parte del tiempo al aire libre, donde pueden ver y ser vistos. La música merengue suena sin cesar en bares con barras que dan a la calle; un grupo de ancianos echa una partida de dominó delante de un colmado; unos chicos con camisas de béisbol juegan al billar bajo una frondosa pérgola; una abuela, sentada en una mecedora en el balcón, pela un mango; y un par de adolescentes se trenzan el pelo a la sombra de un inmenso árbol, junto a las cáscaras de coco y los granos de cacao esparcidos por el asfalto para que se sequen bajo el ardiente sol del Caribe. Samaná parece un lugar tranquilo, remoto, como un pequeño universo en sí misma.

PÁGINAS ANTERIORES: barcas de pescadores frente a Playa Bonita.
IZQUIERDA: una columna vistosamente decorada en Las Terrenas.
ABAJO: sombrerero en Sabana de la Mar.

Esta región estuvo separada durante mucho tiempo del resto de La Española por una extensa marisma, de modo que para pasar a la isla, que tenía 60 kilómetros de largo por 20 kilómetros de ancho, hacía falta tomar un barco, hasta que en el siglo XIX el marjal fue terraplenado. Tras la llegada de Colón, y durante cientos de años, Samaná permaneció deshabitada, hasta que en el siglo XVIII unos pocos inmigrantes procedentes de las Islas Canarias se afincaron en la península. A comienzos del siglo XIX, durante la ocupación haitiana, les fueron otorgadas parcelas de tierra a antiguos esclavos llegados de los Estados Unidos y de las islas anglófonas de las Antillas; los descendientes de aquellos colonos hablaban una extraña mezcla de inglés y español conocida como «inglés del muelle». De los orígenes de muchos habitantes de Samaná todavía da fe la gran abundancia de apellidos como Smith, King o Green que figuran en el listín telefónico, así como el puñado de sectas protestantes y algunos platos típicos de la región, como los *yannikekes* (en inglés Johnny Cakes, un tipo de pan o torta de maíz).

Un enfoque individualista

Samaná sigue siendo un lugar para personas individualistas. Algunos viajan a esta península por las pintorescas playas de la costa norte, en tanto que para otros el principal atractivo reside en el otro lado de la bahía, en el Parque Nacional Los Haitises, con sus aves marinas, manglares y recónditas cuevas. Entre enero y marzo las ballenas jorobadas se reúnen cerca del Banco de la Plata,

NOTA

La bahía de Samaná, integrada en la Reserva Marina del Banco de la Plata, es una base perfecta para embarcarse en las excursiones que salen a observar a las ballenas (*véanse págs. 156-157*). Para más detalles llame al (409) 291 1210 o envíe un e-mail a la dirección: whales@aquaticadventures.com.

ABAJO: vista desde la carretera entre Sánchez y Las Terrenas.

a 60 kilómetros al norte de la costa, y a menudo se las puede ver nadando en la bahía. Estos enormes mamíferos marinos migran todos los inviernos hacia el su desde el frío norte en busca de mares más cálidos a fin de aparearse y dar a luz a lo ballenatos, que se congelarían al instante si nacieran en las heladas aguas polares de Atlántico.

El Gobierno dominicano tiene la intención de establecer una industria turística de lujo en Samaná, por lo que está haciendo muchos esfuerzos para construir una infraestructura adecuada. El aeropuerto de Arroyo Barril, situado en la costa sur de la península, lleva abierto al tráfico internacional desde 1999, aunque la pista de aterrizaje todavía es demasiado corta y la capa de cemento demasiado delgada para lo grandes aviones transoceánicos. Sin embargo, en la actualidad existe una buen carretera asfaltada que discurre desde Sánchez, a la entrada de la península, hasta La Galeras, en la punta nororiental. Las Terrenas, en la costa norte, también cuent con una buena vía de comunicación. Así mismo, se están realizando mejoras en l pista que cruza las montañas hasta Santa Bárbara de Samaná.

Casas victorianas y vistas espectaculares

Para la mayoría de los turistas **Sánchez** ❶ es poco más que un lugar en el que detenerse un momento a descansar, pero vale la pena dedicarle algo de tiempo par callejear entre sus casas victorianas de madera pintadas de vivos colores y acercarse hasta el puerto. La vía férrea que antes iba desde La Vega a Sánchez ya no existe y sus raíles están ahora completamente cubiertos por la vegetación. En e pueblo aún es posible ver algún vestigio de los primeros años del siglo XX, en los qu la actividad entre la estación de ferrocarril y el muelle dio un poco de vida a est remoto rincón del país. Si va al puerto, pruebe los cangrejos fritos que prepara el restaurante **Las Malvinas**. Desde Sánchez, una empinada y tortuosa carretera asciend

SELVAS TROPICALES Y MANGLARES

El Parque Nacional Los Haitises comprende una superficie de más de 200 kilómetros cuadrados en el lado sur de la bahía de Samaná, frente a la península. El terreno, cárstico está cubierto de selvas tropicales rodeadas de extensos bosques de mangles rojos y blancos.

Al parque, hábitat natural de numerosas especies de aves como fragatas, buitres, golondrinas de mar y pelícanos, sólo se puede acceder en barco; a medida que se acerca pasa junto a varios mogotes –farallones cársticos– que emergen del mar como setas de color verde esmeralda. Entre las raíces de los mangles proliferan los peces jóvenes, los cangrejos y los mejillones.

La excursión dura aproximadamente cinco horas –tres de ellas en una lancha motora y dos en tierra– e incluye una visita a las grutas cársticas del parque. En la cueva de la Línea podrá ver algunos fascinantes grabados en la roca dejados por los taínos, por desgracia mezclados con pintadas recientes. La Arena tiene estalactitas y murciélagos, mientras que San Gabriel impresiona por su tamaño, sus extrañas estalactitas y estalagmitas y una cueva secundaria abierta al cielo. A veces se permite el baño en un río subterráneo. A bordo del barco se sirven bebidas y el precio suele incluir una comida en un restaurante (*para más detalles véase la Guía Práctica, pág. 357*).

n dirección norte hacia las colinas, que alcanzan altitudes de más de 400 metros.)esde **Naranjita** –el punto más elevado de la carretera– se contempla una espec-acular panorámica del cocotal de mayor extensión de toda La Española, así como ımplias vistas de las resplandecientes praderas que avanzan ondulantes hasta el nar, donde flotan los tres islotes conocidos con el nombre de **Las Ballenas** porque u forma recuerda al dorso de una ballena cuando emerge.

Unas cuantas docenas de curvas más adelante, al cabo de 17 kilómetros, se llega ı **Las Terrenas** ❷, en la costa norte. No fue hasta finales de la década de 1980 :uando se construyeron las primeras casas a pie de la playa. Hoy en día, en un tramo le casi 2 kilómetros de la carretera de acceso –la calle Principal–, se suceden uno ras otro los bares, las cafeterías, las tiendas de recuerdos y las casas de cambio. Se nauguran constantemente nuevos hoteles, restaurantes y centros de buceo a lo largo le la preciosa playa, desde la que es posible ir andando a los arrecifes coralinos :uando la marea está baja.

Desde que fue inaugurado **Cacao Beach**, el primer complejo turístico, esta ɔequeña ciudad ha crecido hasta convertirse en la principal localidad turística de Samaná; como resultado de ello, el número de habitantes ha aumentado de forma vertiginosa, con una colonia extranjera que ya integran 14 000 residentes, muchos le los cuales llegan en avión privado. Los franceses constituyen la minoría más ıumerosa, seguidos por italianos, suizos y alemanes.

Las Terrenas es el destino para quienes no se sientan cómodos entre grandes mul-:itudes de turistas pero quieren mantenerse ocupados ya que ofrece actividades de :odo tipo las 24 horas del día: submarinismo, buceo con tubo, navegación en cata-marán o equitación. Al caer la noche podrá relajarse tomando un trago en algún bar le la playa, como en el **Casa Salsa**. Las discotecas –**Mambo**, **Nuevo Mundo** o **Tibidabo**– permanecen abiertas hasta la madrugada.

Mapa página 231

NOTA

En el centro comercial El Paseo de la Costanera, inaugurado en Las Terrenas, no sólo podrá hacer compras sino también cambiarse el peinado, someterse a un tratamiento de belleza, adquirir billetes de avión o arreglarse la dentadura.

ABAJO: un vendedor ambulante de zapatos, Las Terrenas.

Gerard, el cocinero del hotel Atlantis (tel.: 240 6111), en Punta Bonita, trabajó de jefe de cocina para el que fuera presidente de Francia, François Mitterrand. En la actualidad se encarga de que en el restaurante se sirvan no sólo unos platos exquisitos sino también excelentes vinos franceses.

Paz y tranquilidad en Punta Bonita

La carretera que se dirige hacia el oeste desde Las Terrenas se halla en la actualidad en un estado lamentable, pero merece la penar soportar los 5 kilómetros de baches para ir a **Punta Bonita** ❸, el destino perfecto para quienes deseen disfrutar de una paz absoluta y dedicarse simplemente a descansar bajo las palmeras. Bonitos y pequeños hoteles –desde el moderno **Coyamar** hasta el veterano **Acaya**– se ocultan al abrigo de las palmeras entre jardines tropicales; de vez en cuando rompe el silencio el trote de un caballo que pasa por el camino de tierra que bordea la playa o el traqueteo de un motoconcho (y últimamente también del autobús de Caoba Tours). Más adelante se encuentran la espléndida **Playa Coson** y una serie de playas sin nombre por las que podrá caminar kilómetros y kilómetros sobre fina arena blanca a la sombra de los cocoteros sin toparse con nadie. Caminando en la dirección contraria, la playa llega hasta Las Terrenas.

Rumbo a Santa Bárbara de Samaná

Hace mucho tiempo que existe una carretera que comunica Las Terrenas con la capital de la provincia, Santa Bárbara de Samaná, a unos 30 kilómetros de distancia en la costa sur, pero las obras para mejorarla se han iniciado hace muy poco. Saliendo de Las Terrenas en dirección este, al cabo de algunos kilómetros se pasa por **El Portillo Beach Club**, un atractivo complejo turístico que cuenta con múltiples instalaciones deportivas y que, además, posee una pista de hierba para avionetas.

A partir de El Portillo la carretera se adentra en las colinas hasta que, al cabo de 5 kilómetros, llega a un pequeño pueblo donde, en el restaurante **Casa Berca** (tel. 240 6261), podrá comer picantes especialidades criollas antes de partir a lomos de una mula o de un caballo acompañado de un guía dominicano hacia la **cascada del Limón**. La excursión, que dura aproximadamente una hora, pasa por inquietantes escarpadu-

ABAJO: la tentadora poza de la cascada del Limón.

as, caminos de herradura y embarradas sendas de vacas. En la cascada el agua se pre-ipita desde 40 metros de altura sobre una poza en la que es difícil resistirse a un efrescante chapuzón. Dependiendo de la estación del año y del tiempo que haga es osible que el terreno esté bastante resbaladizo, con la consiguiente peligrosidad.

La carretera que atraviesa los montes es sólo una de las tres rutas posibles para ir **Santa Bárbara de Samaná** ❹. Otra posibilidad es viajar en el transbordador que ruza la bahía de Samaná desde Sabana de la Mar, a bordo del cual disfrutará de una preciosa vista del pequeño puerto según se va aproximando. No obstante, si tiene oche tendrá que dejarlo en Sabana.

Si va a la capital por la carretera costera desde Sánchez haga una breve parada en **Las Garitas**. A la izquierda verá el **balneario La Fuente**, un estanque natural junto a un pequeño arroyo de refrescante agua verde en el que podrá zambullirse y luego picar algo o tomarse un refresco helado en la umbrosa terraza. Los fines de semana el balneario es territorio dominicano y probablemente la música merengue ahogará el canto de los pájaros. Entre semana a veces se detienen grupos de viajes organizados y aunque suele haber bastante gente el nivel de decibelios es menor.

Nuevas urbanizaciones

Samaná, como llaman los dominicanos a la capital de la provincia, está en pleno apogeo. Hace ya muchos años que veleros procedentes de todos los rincones del planeta fondean en su pequeña bahía presidida por el puerto, encajonado entre dos montes. Estos navegantes extranjeros han aportado una nota de cosmopolitismo al encanto provinciano de Samaná. Actualmente se ha emprendido un plan de cinco años en el curso de los cuales se va a dragar el fondo del mar para que puedan recalar los grandes cruceros, construyéndose además un puerto deportivo con atracaderos para 600 embarcaciones. Quizás para entonces la calle de cuatro carriles del malecón, con

Mapa página 231

Los motoconchos, motocicletas con un pequeño remolque para llevar pasajeros, vienen muy bien para trasladar las compras al hotel.

Cuando en 1996 el Gobierno aplazó las obras del aeropuerto Arroyo Barril para realizar estudios técnicos, los trabajadores, cansados de esperar a que les devolviesen sus empleos, formaron el Comité Samaná se Cansó de Esperar.

sus numerosas rotondas, trazada en la década de 1970 durante el mandato de Balaguer, parezca más acorde a las dimensiones de este discreto municipio.

La historia de Samaná –o al menos lo que se sabe de ella– se cuenta en seguida. El 12 de enero de 1493 Colón arribó con su flota a este punto de la península, donde los ciguayos, por el motivo que fuera, les estaban esperando armados con arcos y flechas en lugar de con una sonrisa de bienvenida. El almirante bautizó al instante la bahía con el nombre de golfo de las Flechas. Después de que derrotaran a los indígenas, esta remota región quedó en silencio y abandonada durante mucho tiempo. A mediados del siglo XVIII el gobernador español Francisco Rubio y Peñaranda repobló la zona con colonos procedentes de las islas Canarias con el fin de evitar que los piratas y los contrabandistas se apoderaran de ella. En 1946 un terrible incendio destruyó la ciudad y sólo unas cuantas casas, que eran en su mayor parte de madera, se salvaron de las llamas. Uno de los edificios que se libraron del fuego fue la iglesia metodista del siglo XIX **La Churcha**, así llamada porque había sido construida con materiales importados desde Inglaterra. Hoy en día, la mayoría de las casas son de cemento.

El **Malecón** o paseo marítimo va desde el hotel Cayacoa, en el extremo occidental de la bahía de Samaná, hasta el bonito hotel Tropical Lodge, en el extremo oriental. En él atraca el transbordador que comunica Samaná con Sabana de la Mar, en el otro lado de la bahía. Los barcos que realizan excursiones a la idílica isla de **cayo Levantado** (*véase la siguiente página*) también zarpan del Malecón, así como los que se dirigen a observar a las ballenas. Quienes deseen contemplar estos cetáceos en su elemento deberán ponerse en contacto con Kim Beddall en su oficina de **Victoria Marine** (tel.: 538 2588), situada así mismo en el Malecón.

En el paseo hay multitud de cafeterías y restaurantes muy acogedores. En el **Café de París** podrá degustar deliciosas *crêpes*, mientras que el restaurante **Mata Rosada**, regentado por un cocinero alsaciano, está considerado por muchos como el mejor de

ABAJO IZQUIERDA: una ballena enseña la aleta caudal en las aguas de Samaná. **ABAJO DERECHA:** reposando en la playa.

Mapa página 231

ciudad; prepara comida francesa y platos de marisco al estilo criollo. Con las erdes colinas detrás, el mar enfrente y los islotes de **cayo Vigía** y **cayo Linares** en horizonte, quizás se pregunte por qué casi nunca se ve a nadie en el curioso puente eatonal que une los cayos con la península.

La cara más colorista de la sociedad dominicana la podrá ver en el **mercado**, bicado a la entrada de la ciudad, detrás de la gasolinera. En él se vende fruta, verura, carne, pescado y ropa, y los nativos regatean, discuten, ríen y tocan música erengue con toda su alma (aquí también encontrará los lavabos públicos).

Una excursión a **cayo Levantado** ❺ le devolverá a los paisajes de sol, playas y almeras. Sin embargo, hay que reconocer que hoy en día esta bellísima isla sólo se justa a la idea de una isla paradisíaca desierta por la mañana temprano, al atarder y, por supuesto, por la noche; durante el día no es nada fácil encontrar un rincón ranquilo entre los chiringuitos que venden marisco asado y refrescos y los turistas ojos como cangrejos.

Además de los barcos que zarpan desde el Malecón, el hotel **Gran Bahía** dispone e una línea regular que realiza la travesía a cayo Levantado. Este encantador comlejo de estilo victoriano, enclavado a 10 kilómetros al este de Samaná, en la carreera de Las Galeras, tiene una playa privada relativamente pequeña pero dispone de na piscina situada en un emplazamiento magnífico en lo alto de una colina.

El finisterre dominicano: Las Galeras

Hasta no hace mucho, **Las Galeras** ❻, un minúsculo pueblo costero situado en la punta más septentrional de la península, estaba orientado casi exclusivamente al turismo independiente, lo cual significaba que la toalla más cercana en su preciosa playa solía estar a una distancia razonable de la de uno, y que por la noche reinaba una paz absoluta, salvo por los sonidos propios del trópico y los ruidos que salían del único bar del pueblo. Significaba así mismo que se miraba a todos los recién llegados con afectuosa curiosidad. Si intuían que el turista sólo iba a pasar unas horas, e invitaban a tomar asiento bajo un cobertizo de hojas de palmera a orillas del mar, donde, sentado sobre un tambaleante banco y con los pies enterrados en la arena, le servían pescado recién capturado. Si el viajero tenía pensado pasar una temporada, podía elegir entre tres pequeños hoteles: el **Moorea Beach**, el **Club Bonito** y el **Villa Serena**. Y al cabo de unos cuantos días ya conocía a todos los habitantes del pueblo.

En los últimos tiempos, sin embargo, el turismo de masas también ha hecho acto de presencia en Las Galeras. El complejo turístico **Casa Marina Bay**, enclavado en la siguiente ensenada, dispone de 250 habitaciones, dos restaurantes y una discoteca. En consecuencia, el pueblo está cambiando de forma paralela: no hace mucho que ha abierto un supermercado de dos pisos. Pero, pese a todo, Las Galeras sigue siendo un lugar ideal para no hacer absolutamente nada. Podrá salir a bucear con el centro de submarinismo **Dive Samaná** o visitar el **restaurante Moby's Whale Watch**, situado en el precioso acantilado que hay justo antes de llegar al pueblo, desde donde podrá observar estos enormes cetáceos con unos prismáticos.

A las maravillosas playas de **Rincón**, en la que está previsto construir un extenso complejo turístico, **Playa Madame** y **Colorado**, cuya arena brilla con tonos rojizos, se puede ir en barco, en motocicleta, a caballo o incluso a pie (unas dos horas).

ABAJO: combatiendo el intenso calor de la tarde.

EL ARTE DE FABRICAR PUROS

La República Dominicana cuenta con algunos de los mejores fabricantes del mundo de puros tradicionales

Las crónicas históricas enseñan que fumar tabaco no es un hábito moderno sino que se trata de una costumbre secular que ya tenían algunos de los primeros pobladores de La Española: los taínos. De los cultivos tradicionales de la República Dominicana, entre los que figura el azúcar, el cacao y el café, se cree que el tabaco es el más antiguo. Y mientras el cultivo y exportación de los otros productos ha decaído con el paso de los años, la industria tabaquera continúa floreciendo. La principal región productora y manufacturera de tabaco es la provincia de Santiago, en el norte.

FUMANDO ESPERO

La elaboración de puros es un proceso lento y complicado. Por regla general, las semillas de tabaco tardan seis semanas en germinar y pasan otras seis antes de que se recolecten las plantas. Una vez secas pero todavía algo húmedas, las hojas de tabaco se amarran en gavillas, se apilan en grandes pilones o burros y se dejan fermentar a temperaturas que pueden alcanzar los 60 °C. Con ello se consigue expulsar el amoníaco y reducir el nivel de nicotina. A continuación, el tabaco fermentado se deja envejecer durante uno o dos años, y algunas variedades hasta 10 años. Un maestro tabaquero crea entonces una mezcla de tabaco añejo que un torcedor enrolla o tuerce a mano en forma cilíndrica y luego prensa dentro de un molde. Por último, el tirulo o empuño (el corazón del puro) se envuelve bien apretado con una hoja escogida llamada capa. Los cigarros puros ya terminados se dejan madurar entre uno y seis meses antes de envasarlos en cajas y distribuirlos por los estancos del país y de todo el mundo.

△ **EL TORCIDO PERFECTO**
En Don Esteban, en Santiago, el tabaco se tuerce a mano, se prensa en un molde durante una hora y por último se envuelve con la capa.

◁ **CREAR UNA MEZCLA**
Las hojas de tabaco se seleccionan según su sabor y fuerza. A veces se mezclan hasta cuatro variedades distintas.

◁ **CAMPOS VERDES**
Los cultivadores de tabaco tratan sus cultivos con mucho cuidado para no dañar las plantas. La cosecha es un arte meticuloso en el que las hojas se recolectan por fases.

△ **CORTANDO EL TABACO**
Una vez seco y fermentado hay que vigilar constantemente la temperatura del tabaco. Las hojas no se cortan hasta que no han madurado.

△ **DEL VERDE AL DORADO**
Preparación de tabaco verde para su secado; durante el proceso, el color verde de las hojas llenas de clorofila se torna dorado debido a la producción de caroteno.

◁ **EL SECADO**
Las hojas de tabaco se dejan secar colgadas de varas o cujes entre un mes y medio y dos meses. Cada cuje puede tener hasta 1 000 hojas. Cuando están curadas, se apilan en burros o pilones.

▽ **MARCAS FAMOSAS**
Aquí se cultivan para la fabricación de puros algunas de las variedades de tabaco más conocidas y de mejor calidad; suelen obtenerse de semillas cubanas.

BUENOS CIGARROS, BUEN NEGOCIO

Durante la década de 1990 la República Dominicana fue la mayor exportadora mundial de cigarros puros, una industria que generó millones de dólares. El cinturón agrícola de Santiago es la principal región productora de tabaco gracias a la riqueza de la tierra. También hay varias fábricas de puros en el norte y en otras regiones, y encontrará tiendas especializadas y vendedores ambulantes de cigarros por todo el país, sobre todo en Santo Domingo. Algunas de las marcas dominicanas más famosas son Montecristo y Arturo Fuente. Si desea conocer con más detalle la historia del tabaco, le aconsejamos que visite el Museo del Tabaco (*véase pág. 241*), cerca del parque Duarte, en Santiago, que atesora piezas que se remontan al siglo XVI. Los cigarros puros y sus derivados son un gran negocio a pesar de la intensa presión internacional en contra del tabaco. Elegir un buen puro puede resultar complicado; pueden ser figurados, coronas, robustos, culebras, perfectos... También es necesario tener en cuenta el calibre o cepo de los puros ya que afecta a la velocidad de quemado y, en consecuencia, al tiempo que se tarda en fumarlos.

EL VALLE DEL CIBAO

Mapas páginas 240 y 245

El verdadero «oro» de la isla fue descubierto muy pronto en las fértiles tierras de esta región septentrional, donde ciudades como Santiago siguen prosperando al cabo de 500 años

PÁGINAS ANTERIORES: arrozales en Los Yayales.
IZQUIERDA: tierras de labor en los montes de Constanza.
ABAJO: Carlos (izquierda) y don Carlos Fuente, fabricantes de cigarros puros.

Arrozales, plantaciones de bananos y campos de tabaco se extienden a ambos lados de las carreteras; los camiones, cargados de caña de azúcar o de naranjas, pasan atronando por la transitada autopista Duarte procedentes de Santo Domingo en dirección al activo centro económico de Santiago. La región del Cibao, situada en el norte de la isla, es la despensa de la República Dominicana: una gruesa capa de fértil tierra negra cubre el terreno entre Santiago, La Vega y Salcedo. Las lluvias son abundantes en la parte sudoriental del valle, una enorme cuenca de 200 kilómetros de longitud entre la cordillera Central y la cordillera Septentrional. Que no haya escasez de agua se debe también a los ríos Yaque del Norte y Yuna.

Este fértil valle lleva mucho tiempo poblado y en él muchas familias terratenientes han prosperado a lo largo de los siglos. Cristóbal Colón bautizó este hermoso territorio con el nombre de La Vega Real; poco después de su llegada los conquistadores fundaron allí dos asentamientos: Santiago de los Caballeros y La Concepción de La Vega. Ambas localidades crecieron rápidamente, pero en el siglo XVI un terremoto las destruyó, siendo reconstruidas posteriormente en distintos emplazamientos de los originales.

La **Rúa Turística** (la carretera 25) serpentea entre los verdes montes de la cordillera Septentrional a lo largo de 50 kilómetros entre Santiago y la costa norte, atravesando numerosos pueblos pintorescos y ofreciendo unas estupendas vistas panorámicas del valle del Cibao.

Santiago, una ciudad orgullosa

Santiago de los Caballeros ❶ es una de las ciudades más importantes del país, un hecho que se debe en buena medida a la autopista Duarte, que la comunica directamente con Santo Domingo (*véanse págs. 169-190*), a 155 kilómetros de distancia al sur. Es un importante centro económico y empresarial con una población de 700 000 habitantes, lo que la convierte en la segunda metrópolis del país, sólo superada por la capital, dos ciudades entre las que existe una profunda rivalidad como ocurre habitualmente en todos los países.

Santiago, que ha sido descrita como la ciudad «más orgullosa» de la República Dominicana, parece menos caótica que Santo Domingo; da la impresión de que la actividad que se observa en sus calles tiene un propósito más definido. A los habitantes de Santiago les gusta mencionar que la mayoría de los presidentes de la nación, así como numerosas personalidades de las esferas del arte y de la cultura, nacieron en su ciudad. La **Universidad Católica Madre y Maestra**, ubicada en una bonita zona de la parte sur de la avenida S. Estrella Sahdalá, goza de excelente reputación.

La ciudad originaria de Santiago de los Treinta Caballeros fue fundada en 1495 por 30 caballeros españoles, junto con el hermano de Colón, Bartolomé, a unos kilómetros al nordeste de su actual emplazamiento, cerca del pueblo de **Jacagua**. Los conquistadores albergaban la esperanza de encontrar allí el oro que habían visto en los poblados taínos. No obs tante, en 1562 un terremoto destruyó por completo la ciudad, que posteriormen fue reconstruida en su ubicación actual de la margen oriental del **río Yaque de Norte**. Las incursiones piratas que asolaron la población durante el siglo XVII, nue vos seísmos (1755, 1783 y 1842), amén de un gran incendio ocurrido en 186 durante la guerra de la Restauración y que acabó con la mayor parte de los edifi cios, impidieron el crecimiento de la ciudad hasta que, finalmente, comenzó a pros perar y se convirtió en el centro económico que es hoy en día.

Santiago es una ciudad a la que se va en viajes de negocios, no de vacaciones. Lo ejecutivos de todo el mundo se alojan en hoteles serios como el **Gran Almirant** El ambiente nocturno es bastante animado y las tiendas son considerablemente má baratas que en Santo Domingo.

La **fortaleza San Luis** Ⓐ fue erigida sobre un cerro a orillas del río Yaque de Norte a finales del siglo XIX; posteriormente fue una prisión y en la actualidad per tenece al ejército dominicano, por lo que sólo es posible vislumbrar desde fuera e patio de armas. La calle que corre paralela a la orilla del río hace honor a su nom bre, **avenida Mirador del Yaque**, puesto que desde ella se contempla un bell panorama de la parte nueva de Santiago, al sur. Si se dirige hacia el norte llegará a centro urbano, donde abundan los edificios de estilo victoriano y neoclásico, enca jonados entre los bloques modernos.

En el parque Duarte, la plaza central

En el **parque Duarte** Ⓑ los ancianos sentados en los bancos a la sombra de los gran des árboles pasan el día intercambiando noticias y arreglando el mundo. En lo puestos ambulantes se venden helados, refrescos y cintas de música, mientras qu en el flanco norte del parque los cocheros dormitan en sus carruajes tirados po

ABAJO: panorámica del río Yaque del Norte.

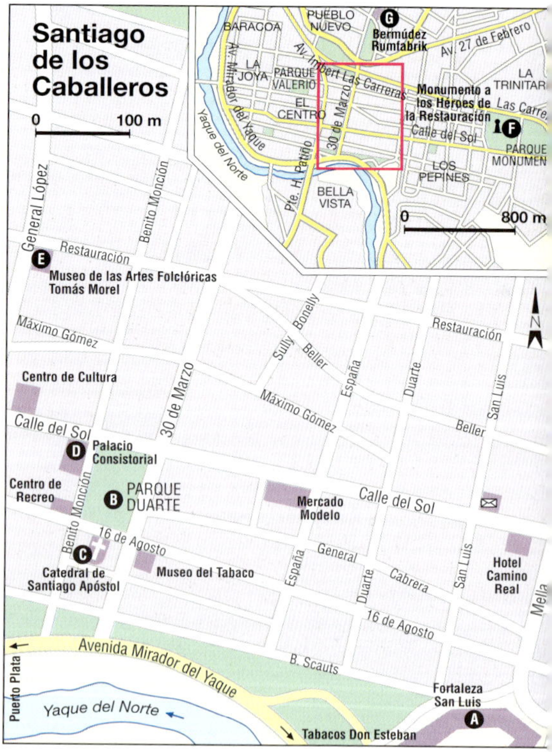

ıballos mientras esperan a los clientes que deseen realizar un recorrido nostálgico pintoresco por el casco antiguo de la ciudad. En el centro del parque hay un ɜqueño pabellón, detrás del cual se alza la **catedral de Santiago Apóstol** **C**, consuida entre los años 1868 y 1895 conforme a un proyecto que combina elementos ásicos y neogóticos. En el interior aloja un altar de caoba profusamente labrado y ecorado con pan de oro; el artista José Rincón Mora finalizó los hermosos vitrales ı la década de 1980.

El **Museo del Tabaco** (abierto de martes a viernes de 9:00 h a 12:00 h y de 14:00 a 17:00 h; los sábados sólo por la mañana; se paga entrada), al lado, fue fundado or el Dr. Salvador Jorge Blanco. Sus exposiciones proporcionan abundante inforıación sobre la planta del tabaco, tanto más interesante cuanto que la industria ıbaquera es uno de los factores económicos más importantes de la región. Las pieas, las fotografías y los textos explicativos están dispuestos de manera sumamente ustrativa en las distintas salas del museo.

El **Centro de Recreo**, en la acera oeste de la plaza, fue construido a finales del iglo XIX a imitación del estilo mudéjar; su aspecto contrasta con los edificios mayotariamente victorianos del casco histórico de la ciudad. En nuestros días, bajo sus igas primorosamente talladas se reúnen los miembros de un club privado; los omingos puede que le permitan unirse a la sesión de bingo.

Los edificios adyacentes constituyen magníficos ejemplos de arquitectura victoiana. El **Museo de la Villa** (abierto de martes a viernes de 9:00 a 12:00 h y de 4:00 a 17:30 h, sábados y domingos de 10:00 a 14:00 h; se paga entrada), ubicado n el **Palacio Consistorial** **D**, explica la historia de la ciudad.

A unos pasos se encuentra el **Centro de Cultura**. Además de albergar el **Teatro Nacional**, con aforo para 500 espectadores, y la escuela de música, en la que se uelen celebrar conciertos interpretados por músicos dominicanos o por famosos

Plano página 240

NOTA

Si desea informarse de los actos culturales programados en Santiago y los alrededores, pásese por el Centro de Cultura, en el parque Duarte, y consulte los tableros que hay allí, o telefonee a la oficina de turismo, tel.: 582 5885.

ABAJO: un carruaje espera a los clientes en la plaza de la Cultura.

El Monumento a los Héroes de la Restauración de la República, de mármol blanco, se conoce simplemente como «el Monumento».

ABAJO: José Manuel Bermúdez con su colección de coches clásicos de Trujillo.

intérpretes estadounidenses, dispone de varias salas en las que se organizan exp siciones de pintores nacionales e internacionales (abierto a diario de 9:00 a 12:00 y de 14:00 a 20:00 h; entrada gratuita). Y si su estancia en Santiago no cae e febrero, concretamente durante el Carnaval, cuando es posible disfrutar de los vi tosos desfiles, por lo menos podrá ver las máscaras de vivos colores que los santi gueses exhiben en esas fechas acompañando los disfraces folclóricos, en particul las variantes locales conocidas como lechones, caracterizadas por sus largos y af lados cuernos. Se exhiben en el **Museo de las Artes Folclóricas Tomás Morel C** (el horario varía; entrada gratuita), instalado en una bonita casa victoriana de made en la esquina de la calle Restauración con la calle López.

La calle del Sol, el centro comercial

En el trayecto de vuelta al parque Duarte, un buen establecimiento donde detener a picar algo es el **bar Colón**, en la calle 30 de Marzo. Decorado al estilo andalu sirve unos deliciosos emparedados y un café exquisito, pero su larga barra curva d madera suele estar atestada de clientes, sobre todo a la hora del desayuno. Una ve tomado el refrigerio ya estará listo para enfrentarse al gentío de la **calle del Sol**, centro financiero de Santiago, una larga y recta avenida llena de bancos, tiendas d todo tipo y puestos ambulantes. En las calles laterales los portales de las casas pin tadas de alegres colores ocultan talleres de reparación y multitud de pequeños come cios. En el **mercado Modelo**, en la esquina con la calle España, se venden tod clase de artículos, desde joyas hasta cestas. Los grandes ventanales del restauran que hay en el último piso del **hotel Camino Real**, cerca de la calle Mella, brinda una preciosa panorámica de la ciudad.

En lo alto de la colina que se eleva en el extremo oriental de la calle del Sol s encuentra el monumento más emblemático de la ciudad: el **Monumento a lo**

Plano página 240

éroes de la Restauración de la República Ⓕ, de 67 metros de altura, erigido por rden del presidente Rafael Leónidas Trujillo. Quienes no conozcan bien la ciudad eberían mostrarse agradecidos al cruel dictador porque el monumento es visible esde prácticamente cualquier punto, por lo que es casi imposible perderse. En el estíbulo podrá admirar los murales de Vela Zanetti, muerto en 1998, cuyas pinturas también decoran el edificio de las Naciones Unidas de Nueva York. Una escara sube hasta lo alto de la columna, coronada por una alegórica figura femenina; esde allí las vistas son magníficas.

Bajo el monumento, en el barrio que se extiende en torno a la calle R. C. Tolenno, han abierto en los últimos años numerosos bares y *pubs*; algunos días el **café as Tres** y el **Talanca** tienen música en directo.

abaco, ron, café y cacao

aliendo del centro urbano tiene la oportunidad de conocer de primera mano cómo e elaboran el ron y el tabaco. Al sur de Santiago, a 3 kilómetros de distancia por la utopista Duarte, se halla la fábrica de **tabacos Don Esteban**, donde un par de ocenas de empleados trabajan en la manufactura de cigarros puros selectos. El irector, Oskar Nausch, de origen alemán, le explicará de manera pormenorizada y ivertida las diferentes etapas del proceso de elaboración (para informarse sobre as visitas guiadas telefonee al 587 9976 o al 583 3277).

Quienes prefieran los placeres del alcohol pueden dirigirse a la fábrica de ron **ermúdez Rumfabrik** Ⓖ (horario de visitas: de lunes a viernes de 9:00 a 12:00 h de 14:00 a 15:00 h), localizada en la parte noroeste de la ciudad, para degustar l orgullo de la República y aprender cómo se elabora. La destilería de ron ocupa n ancho edificio en la esquina de la avenida J. Armando Bermúdez con la calle lanca Mascaro.

Camp David Ranch, en el barrio santiagués de Gurabo (kilómetro 7,5 de la carretera de Luperón; tel.: 583 5230), es un restaurante con unas vistas fantásticas de Santiago. En él se exponen así mismo coches clásicos que pertenecieron a la familia de Trujillo y un carruaje señorial que fue propiedad del ex presidente Balaguer.

ABAJO: el ron dominicano es un secreto muy bien guardado.

LA HISTORIA DEL RON

En su segundo viaje, en 1493, Cristóbal Colón llevó plántulas de caña de azúcar a La Española. Esta planta se había propagado por el Mediterráneo desde Asia hasta el sur de Europa, y las recién descubiertas «Indias» ofrecían unas condiciones idóneas para su cultivo gracias a su clima subtropical. El azúcar se convirtió pronto en el «oro blanco» de la región, hasta que los europeos descubrieron la remolacha azucarera como fuente alternativa de sacarosa.

La historia del ron es casi tan antigua como la de la caña de azúcar. Los principios básicos de su elaboración tampoco han cambiado prácticamente nada. El mejor ron es el que se obtiene de la melaza, un líquido viscoso que queda como residuo después de haber extraído el azúcar cristalizado. Este producto secundario se diluye y se deja reposar durante un mínimo de 12 días al cabo de los cuales se destila el ron y se mezcla para obtener el mejor sabor posible. La mezcla, que es la parte más difícil del proceso, requiere mayor maestría. Antes de embotellar el líquido ambarino se deja envejecer en barriles de roble durante al menos un año para que madure.

Comparados con el ron jamaicano, los rones dominicanos de marcas como Bermúdez, Barceló y Brugal presentan un sabor más suave. Pero el mercado de la exportación tiene una importancia secundaria para los dominicanos ya que prefieren guardarse su ron para ellos.

NOTA

El tiempo de las mariposas (1995), de la escritora dominicana Julia Álvarez, ofrece un ameno y penetrante retrato de las breves vidas de las hermanas Mirabal, asesinadas en 1960.

Moca ❷, la capital de la provincia de Espaillat, se encuentra a unos 20 kilóm tros al este de Santiago. Enclavada en una ladera, esta pequeña ciudad fue funda en el siglo XVIII y en la actualidad es un importante centro productor de café cacao. Al no formar parte de los destinos turísticos habituales supone una excelen oportunidad de empaparse de la atmósfera de una típica localidad dominicana, si bi ésta es más rica que la mayoría.

En el centro urbano hay una preciosa iglesia neoclásica, **Nuestra Señora d Rosario**; el órgano del **Sagrado Corazón de Jesús**, cuya torre es visible des muchos kilómetros a la redonda, es el único de su clase en toda la isla. Moca disfru de una edad de oro en los primeros años del siglo XX, cuando la vía férrea entre L Vega y Sánchez pasaba por la ciudad. Un monumento en la **plaza Viaducto** q representa una pequeña locomotora evoca aquellos tiempos. Moca, por cierto, pare haber desempeñado un exiguo papel en la historia del país, salvo por el hecho de q los rebeldes que en 1899 planearon y llevaron a cabo el asesinato del dictador Ul ses Heureaux eran de esta ciudad.

Asesinato en Salcedo

Una carretera asfaltada y en buen estado discurre a lo largo de unos 12 kilómetr a través de un bello paisaje de tierras de labranza plantadas de bananos y cacaos, su cadas por arroyos y erizadas de palmeras entre caseríos surgidos a su vera. **Sa cedo** ❸ fue el escenario de un sangriento episodio de la historia dominicana. U pequeño monumento de metal situado a la entrada de la ciudad y los retratos de l *Tres Hermanas Mirabal* pintados en la pared rememoran el asesinato en noviemb de 1960 de estas tres opositoras al régimen de Trujillo a manos de los esbirros d presidente (responsable así mismo del asesinato de muchos otros disidentes polít cos y de miles de haitianos). En la **plazoleta de las Hermanas Mirabal** ❹, un

ABAJO: monumento a las *Tres Hermanas Mirabal*.

Mapa página 245

ilómetros más adelante continuando hacia el este, cerca ya del pueblo de Ojos de guaon, se conserva el chasis del coche en el que murieron las valientes hermanas nto a una escultura de 5 metros de alto dedicada a su memoria. El pequeño **Museo e las Hermanas Mirabal** (la familia de la casa contigua se lo enseñará por un ódico precio) se alza a la derecha de la carretera a unos 5 kilómetros de Salcedo n dirección a San Francisco de Macorís. La muy respetada familia Mirabal, a la que ertenece el actual vicepresidente de la República Dominicana, ha dedicado la xposición de fotografías y objetos personales de Patria, Minerva y María Teresa a ı memoria de aquellas tres jóvenes mujeres.

Las máscaras de carnaval pueden representar tanto el bien como el mal.

l carnaval de La Vega

a Vega originaria, conocida como **La Vega Vieja** ❺, fue fundada en 1494 varios ilómetros al nordeste del actual emplazamiento de la ciudad de La Vega. Su razón e ser, al igual que la de Santiago, fue el oro. Los conquistadores dedujeron por lo ue les contaron los taínos que en esta zona encontrarían los ricos yacimientos de ste valioso metal. La villa no tardó en alcanzar cierta prosperidad, aunque no se ebió al escaso oro hallado sino a la fertilidad del valle, que permitió a los españo-es el cultivo de caña de azúcar desde los albores de la colonia. Sin embargo, hacia ıediados del siglo XVI muchos colonos abandonaron la región y algunos de ellos ıtentaron hacer fortuna buscando oro en el continente sudamericano. Y en 1562 un rágico terremoto destruyó casi por completo la ciudad. Hubo que esperar hasta el iglo XVII para que comenzase la reconstrucción de La Vega nueva, a unos 10 kiló-ıetros al sur.

Hoy en día, **La Vega** ❻ (también conocida como La Concepción de la Vega) es ına apacible ciudad de provincia pese a la proximidad de la autopista Duarte. La ıayoría de sus 60 000 habitantes se ganan la vida en la zona franca, la extensa zona

ABAJO: haciendo amigos en carnavales.

Mapa página 245

industrial enclavada al norte de la urbe. Los edificios históricos de La Vega qu todavía se mantienen en pie –el **palacio de Justicia**, el **teatro La Progresista** y e parque de bomberos, llamado la **Bombería**– datan de comienzos del siglo XX, époc en la que el ferrocarril a Sánchez produjo un notable auge económico en la ciudac La incorporación arquitectónica más reciente es la **Catedral Nueva**, en la con fluencia de las calles Independencia y Restauración, construida en 1992. Se trata d un edificio de cemento pomposo y solemne en el que el número bíblico doce tien una enorme significación: doce escalones conducen al interior, iluminado por doc ventanas redondas.

La mejor época para viajar a esta ciudad es en febrero porque todos los domingo de ese mes se arma una juerga de mil demonios. Los dominicanos están de acuerd en que el Carnaval de La Vega es el mejor del país. En esas fechas salen a bailar pc las calles los diablos cojuelos, hombres vestidos con llamativos disfraces que, co el rostro oculto tras siniestras máscaras, disfrutan golpeando a los inocentes tran seúntes con vejigas de cerdo llenas de agua.

Una aparición en el Santo Cerro

El **Santo Cerro** ❼ se eleva a unos 10 kilómetros al norte de La Vega. Allí nació un leyenda que se remonta a los tiempos de los conquistadores. Según se cuenta, e 1495 los taínos, capitaneados por el cacique Guarionex, se enfrentaron a los espa ñoles pero cuando intentaron quemar la cruz que Colón había plantado se apareci la Virgen de las Mercedes y protegió el símbolo cristiano de las llamas, lo que indujo a los amerindios a aceptar su autoridad. «¿Cabe la posibilidad de que la cruz fuer de metal?», se preguntan los escépticos. Los dominicanos rechazan ese argument ya que al parecer en la iglesia de **Las Mercedes**, erigida en el año 1886, se guard para la posteridad una astilla de la legendaria cruz. Tanto si uno se cree la histori como si no, merece la pena visitar esta iglesia porqu desde la parte posterior puede disfrutarse de magnífica vistas del valle, los bosques de palmeras y los árbole amapola, que en febrero florecen en un estallido de colo rojo coral.

ABAJO: detalle de la cruz del Santo Cerro. **DERECHA:** los diablos cojuelos también viajan en motocicleta.

En la vertiente opuesta del Santo Cerro una carreter desciende en fuerte pendiente hacia el valle hasta desem bocar en la carretera 21. En el cruce, si tuerce a l izquierda en dirección a Pueblo Viejo, llegará a las esca sas ruinas que se conservan de La Vega Vieja. E siguiente desvío a la izquierda conduce a las **ruinas de convento de San Francisco** ❽, del que sólo perdurar parte de los muros exteriores, si bien aún es posible dis tinguir la disposición de los diversos elementos que inte graban el primer monasterio que se edificó sobre suelc americano: la capilla, el pozo, el claustro y el recinto Detrás del monasterio hay un viejo camposanto.

A las ruinas de la **fortaleza Nuestra Señora de l Concepción** se llega siguiendo por la carretera 21. Los españoles decidieron levantar este fuerte después de su victoria sobre los taínos en el Santo Cerro. Tampoco es mucho lo que queda de ella hoy en día. El muro más altc que todavía se mantiene en pie (con 2 metros de altura) formaba parte en el pasado de una torre defensiva. Un museo minúsculo (abierto a diario; se paga entrada) expone utensilios cotidianos que se remontan al añc 1500, entre ellos lo que parece un enorme mortero perc que en realidad es un trapiche español, prueba fehaciente de que los conquistadores ya cultivaban caña de azúcar en este fértil valle.

LA CORDILLERA CENTRAL

Los «Alpes dominicanos» brindan preciosas vistas panorámicas sobre valles exuberantes, fértiles tierras de labor, densos bosques y ríos turbulentos

PÁGINAS ANTERIORES: panorámica de Jarabacoa.
IZQUIERDA: cruzando la poza bajo el salto de Jimenoa.
ABAJO: descendiendo por los rápidos del río Yaque del Norte.

a cordillera Central es un verdadero imán para los amantes de la naturaleza. La hermosa flora alpina, el aire puro de la sierra y los bellísimos paisajes de esta región denominada cariñosamente los «Alpes dominicanos» atraen a cientos de ficionados a los deportes de aventura, quienes recorren a pie, en bicicleta o a lomos e un caballo sus pintorescos rincones rurales y sus parques nacionales. La cordillera 'entral es inmensa, la mayor de las cinco cadenas montañosas de la República)ominicana: cruza la isla de La Española de lado a lado, desde Haití hasta el sur de ı República Dominicana, cerca de **San Cristóbal**. Sus montañas, entre las que guran las de mayor altitud de todo el Caribe, proporcionan un refrescante alivio 'ente a las altas temperaturas tanto del interior como del litoral. El Pico Duarte *véase pág. 255*) se eleva hasta los asombrosos 3 087 metros de altitud, mientras que .a Pelona alcanza nada menos que los 3 150 metros. Al pie del Pico Duarte se ncuentran las dos principales ciudades de esta región: Constanza, en el sudeste, y arabacoa, en dirección a La Vega (*véase pág. 245*); también merece la pena conoer Bonao, en el nordeste.

Pese a que se trata de una agreste región eminentemente agrícola, cuenta con lgo de industria, debida sobre todo a la existencia de yacimientos de níquel, plata bauxita en los alrededores de Bonao. Aunque en estas montañas no es un trabajo ácil, la mina de níquel Falconbridge explota los abunlantes filones de este mineral. Existen así mismo varias eservas naturales y científicas que albergan una exubeante vegetación única y complejos y ricos ecosistemas; ntre ellas cabe destacar el Parque Nacional José del 'armen Ramírez, al sur, el Parque Nacional Armando 3ermúdez, en el norte, y el Parque Nacional Valle Nueo, en el sudeste.

Para los amantes de la naturaleza estas montañas son ın auténtico sueño hecho realidad, tanto para quienes]uieran admirar las maravillas naturales como para los ımantes de las aventuras pues les permite practicar diveras actividades con las que descargar adrenalina.

Desde los principales centros turísticos del país se ɔrganizan excursiones tanto a Constanza como a Jaraɔacoa. Esta última es el destino más habitual, pudiénlose llegar en autocar desde Santo Domingo, un viaje le unas 2 horas y media, o en menos de media hora desde La Vega. Si tiene pensado viajar en coche lo más aconsejable es que alquile un vehículo todoterreno para evitarse problemas.

Aventuras de montaña

Jarabacoa ❶ es un pueblo de 6 000 habitantes situado en un frondoso valle a 528 metros de altitud sobre el nivel del mar, en la margen oriental del **río Yaque del Norte**. El valle es una fértil zona agropecuaria en la que se cultivan frutas y verduras, así como una amplia variedad de flores. El valle lo riega el río Yaque del Norte, el más largo del país, con abundantes rápidos que son idea-

Los bares y restaurantes preparan deliciosos zumos frescos con las frutas que se cultivan en la región.

les para hacer *rafting*. Hay varios ranchos que ofrecen descensos de rápidos y otra actividades de aventura, como el descenso de cascadas, el barranquismo, el sende rismo y excursiones por el campo a caballo o en todoterreno hasta el **salto de Bai guate** y el **salto de Jimenoa** (se paga entrada), a 3 kilómetros de Jarabacoa; la má espectacular de las dos cascadas y a la que se llega más fácilmente es la de Jimenoa cuyas aguas se precipitan desde una altura de 40 metros sobre una rocosa poza d agua fresca. El camino a las cataratas está bien señalizado y hay transporte públicc así como lugares para aparcar a escasa distancia de las mismas. En Jarabacoa lo turistas encontrarán establecimientos básicos donde alojarse, pero la mejor opció es hospedarse en algunos de los hoteles o bungalós de las afueras.

Al norte de Jarabacoa se halla el **balneario La Confluencia**, una piscina natura poco profunda creada en la confluencia de los ríos Yaque del Norte y Jimenoa.

La cordillera Central, donde pasan sus vacaciones muchos dominicanos, es tam bién una magnífica región para atreverse con algún deporte de riesgo. Aunque e Yaque del Norte no tiene corrientes tan rápidas o turbulentas como algunos ríos d otros países, el trayecto aguas abajo en una lancha hinchable puede hacer que e corazón lata a cien por hora. Encontrará empresas que organizan *rafting* y otra actividades similares en Jarabacoa. Un modo menos agotador de explorar el valle e ir caminando hasta el Pico Duarte por cualquiera de los senderos que recorren lo parques nacionales.

Frutales y bosques

Adentrándose más en las montañas y subiendo desde Jarabacoa se llega a otro vall precioso, **Constanza** ❷, que, con sus 1 200 metros de altitud es uno de los más ele vados del país. Posee un clima templado, aunque en invierno las temperaturas pue den bajar de los 0 °C. La carretera directa entre Jarabacoa y Constanza es muy acci-

ABAJO: cabalgando por el valle, Jarabacoa.

lentada, por lo que es preferible evitarla a menos que se viaje en un robusto vehí-ulo todoterreno. El trayecto más recomendable es tomar la autopista Duarte en lirección a Santo Domingo y desviarse por la carretera 12, que ofrece unas vistas spléndidas del valle, sus bosques y ríos, y conduce a la ciudad de Constanza. La ombinación de su suave climatología y la fertilidad de la tierra produce abundan-es cosechas de frutas y verduras cuyo cultivo no es habitual en el Caribe (sobre todo ijos y fresas), además de hermosas flores para la exportación.

Las montañas que rodean la ciudad están cubiertas de bosques madereros, en special de especies como la caoba y el pino criollo, mientras que en las tierras al sur del **Parque Nacional Valle Nuevo** hay un bosque protegido surcado por frescos irroyos e ideal para la observación de aves. Volviendo por la carretera 12 hacia Bonao se llega a la **Reserva Científica del Ébano Verde**, un pequeño bosque poblado por una sorprendente variedad de plantas y aves.

Al este de Constanza, en las montañas, se encuentra **Bonao** ❸, capital de la **provincia Monseñor Nouel**. En Bonao, básicamente una localidad minera, nació el famoso pintor dominicano Cándido Bidó, un renombrado artista que ha expuesto por todo el mundo sus cuadros, en los que representa mujeres y palomas. Bidó fundó en Bonao una escuela de pintura y artesanía; podrá comprar las obras de cerámica y alfarería de sus alumnos a los vendedores que se instalan a la orilla de la carretera.

Muy cerca de Bonao está la **mina de níquel Falconbridge**, desde hace años uno de los mayores productores del país de níquel y hierro para la exportación. Aunque esta mina genera puestos de trabajo muy necesarios para la gente de la región, sus efectos sobre el medio ambiente han sido motivo de preocupación a causa de la contaminación y la degradación del suelo que parece provocar esta industria. Por contraste, gran parte de la cordillera Central se halla protegida dentro de los límites de varios parques nacionales.

Mapa página 253

Las fragantes flores del frangipani.

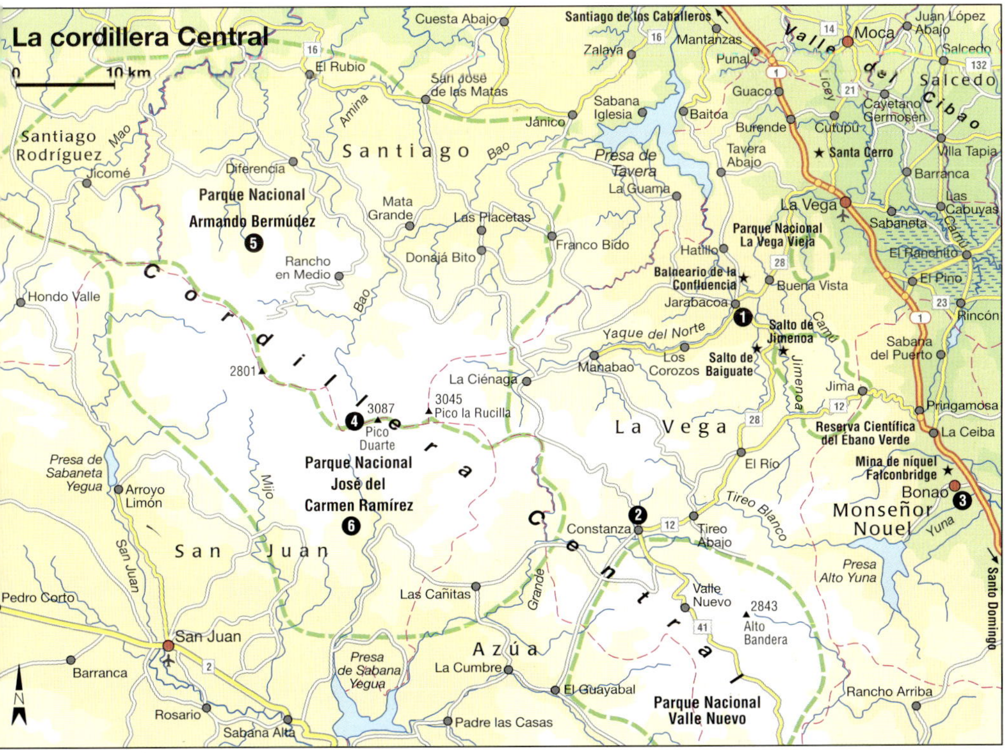

Mapa página 253

Por los parques

La República Dominicana tiene más de 20 parques nacionales y reservas naturales, dos de los más importantes de los cuales se encuentran en la cordillera Central; ambos fueron creados en la década de 1950 con el fin de proteger los bosques y la fauna que albergan. Los principales parques nacionales de la cordillera Central, el Parque Nacional Armando Bermúdez y el Parque Nacional José del Carmen Ramírez, ocupan las estribaciones de la mayor elevación de las Antillas, el **Pico Duarte** ❹ (*véase la pág. 255*), junto a la cual se alzan los picos de La Pelona (3 080 metros) y de La Rusilla (3 045 metros).

Al norte está el **Parque Nacional Armando Bermúdez** ❺ (se paga entrada), cuyo abrupto terreno está cubierto de bosques de pinos autóctonos. El clima es alpino, con temperaturas frescas que en invierno descienden por debajo del punto de congelación. En diciembre y enero las temperaturas pueden llegar a los 8 °C bajo cero durante la madrugada; el sol, al salir, revela los arbustos y la vegetación cubiertos de escarcha creando una especie de paisaje fantasmagórico que resulta realmente inesperado en el Caribe.

Si piensa realizar una excursión por un parque nacional o subir a alguna montaña, no se olvide de llevar agua.

La mayoría de las excursiones organizadas parten de alguno de los pueblos de las inmediaciones, como La Ciénaga, que tiene un puesto de guardabosques a la entrada del parque. Si viaja de forma independiente es esencial que contrate un guía cualificado y adquiera un permiso de paso para explorar este territorio. Un punto de partida alternativo es San José de las Matas, una pequeña ciudad con algunas zonas modernas situada al sudoeste de Santiago. Ésta es una región ganadera y aunque las carreteras son bastante malas, son transitables en un vehículo todoterreno.

Existen numerosos senderos que recorren el parque, remontan las montañas y ascienden hasta el Pico Duarte. La mayor parte arrancan desde los muchos puestos de guardabosques que hay en el valle. Entre la fauna que habita el parque figura una rica variedad de aves, como la cotorra endémica de La Española, el pájaro carpintero, la cigua palmera (declarada ave nacional), el papagayo y el guaraguao, una especie de rapaz que se alimenta de pequeños roedores.

ABAJO: los colores de Constanza.

Los puercos cimarrones, que los montañeses cazaban hace muchos años porque atacaban a los animales domésticos, representan a los mamíferos. Este parque también es el hábitat del ratón y de la jutía, otro pequeño roedor autóctono de La Española. En las zonas más bajas de los bosques es posible encontrar serpientes.

Al sur del Parque Nacional Armando Bermúdez y al oeste de Constanza se extiende el **Parque Nacional José del Carmen Ramírez** ❻ (se paga entrada). Entre ambos comprenden más de diez de las principales redes fluviales de la República Dominicana, lo que significa que poseen los recursos hidrológicos más abundantes del país. En estas montañas nacen los ríos que riegan el valle de San Juan, uno de los más fértiles del país, conocido como el «granero del sur». También en ellas se localiza el nacimiento del **río Yaque del Sur**, hermano gemelo del Yaque del Norte. En conjunto, los ríos de ambos parques riegan unas 5 000 hectáreas de terreno y una central hidroeléctrica suministra electricidad a las poblaciones vecinas.

Existen varias empresas que organizan excursiones por los ríos y paseos a pie o a lomos de una mula por los parques y las montañas. Para informarse sobre las actividades que es posible realizar en la región póngase en contacto con Iguana Mama Adventure Tours (tel.: 571 0908; fax: 571 0734), con bases de operaciones en Cabarete y en el Rancho Baiguate, en Jarabacoa (tel.: 696 0318).

Ascensión al Pico Duarte

Nadie intentó escalar el Pico Duarte, que con sus 3 087 metros de altura es la mayor elevación del Caribe, hasta 1944. Hoy en día existen varios senderos que suben hasta la cima. El dictador Trujillo bautizó la montaña con el nombre de Pico Trujillo, pero tras su caída se le cambió el nombre en honor de Pablo Duarte, padre fundador de la nación y revolucionario del siglo XIX. Incluso para los montañeros experimentados, «el Pico» supone un verdadero reto: el ascenso pasa por densos bosques pluviales y regiones de climatología extrema (desde zonas soleadas y brumosas hasta otras heladas y ventosas).

La mejor época para subir es entre marzo y octubre. Es imprescindible ir provisto de ropa de abrigo, botas de montaña, equipamiento para la lluvia y para acampar, una linterna, un botiquín y víveres. El mejor lugar para iniciar la ascensión es el pequeño pueblo de La Ciénaga, situado río arriba al oeste de Jarabacoa. Desde allí quedan 23 kilómetros hasta la cumbre. Únase a alguna excursión organizada o contrate un guía cualificado (deberá pagar al guía y aportar las provisiones) para efectuar la caminata, que andando le llevará unos tres días. Si realiza el mismo trayecto en mula, el tiempo de marcha se reduce a dos días.

Un buen sitio donde contratar un guía es en el hotel Patria Muñoz, o pregunte a los habitantes del pueblo. Para caminar por los senderos que suben al Pico Duarte necesitará un permiso de paso, que podrá obtener en el Departamento de Parques Nacionales de Santo Domingo o a la entrada del parque, situada en las afueras de La Ciénaga.

Al principio el camino corre paralelo al río Los Tablones. Los 4 primeros kilómetros discurren por un frondoso paisaje de bosque tropical latifoliado alternado por cañaverales. Si se cansa podrá pernoctar en una caseta cercana. El camino asciende hasta La Cotorra atravesando fragantes almendrales, palmas manacla y alfombras de helechos antes de adentrarse en un pinar maravillosamente perfumado. En las zonas indicadas intente ver las cotorras de color rojo fuego que se deslizan en el aire fresco de la montaña. La panorámica del valle de La Ciénaga es soberbia.

A partir de aquí el camino sigue la cresta a lo largo de unos 2 kilómetros; tras una empinada pendiente se llega a un desvío que conduce al valle del Tetero, ya a una altitud considerable. Las praderas de color verde neón, que recuerdan a los Alpes suizos, son un sueño impresionista. Continúe hacia La Compartición, donde comienza la verdadera ascensión al Pico. Lo más sensato aquí es detenerse a recobrar el aliento antes de acometer los escarpados y agotadores 14 kilómetros restantes. El camino de Agüita Fría pasa junto a un gran pantano que es la fuente de los ríos Yaque del Norte y Yaque del Sur. La confluencia de estos dos ríos es una visión inolvidable. El último trecho debe iniciarse antes del amanecer. Tras una prolongada y fuerte subida entre bosques de pinos, el camino atraviesa el vallecito de Lilís, una ancha pradera cubierta de lirios que brinda unas vistas magníficas del Pico Duarte y La Pelona; sigue luego entre inmensas rocas hasta llegar a la cima, donde le espera un busto de bronce de Pablo Duarte. Las vistas en todas las direcciones son espectaculares, abarcando el mar Caribe, el lago Enriquillo, el valle del Cibao y las montañas.

DERECHA: los ponis y los mulos pueden servir para cargar con el equipo, la comida e incluso con uno mismo cuando se está demasiado cansado.

HACIA EL LAGO ENRIQUILLO

Mapa página 262

En esta parte de la isla la vida todavía se muestra en su estado más puro y la naturaleza en su estado más salvaje

Al oeste de los deslumbrantes complejos hoteleros de Santo Domingo la vida todavía es como en un cuento de hadas de un mundo desconocido. La isla muestra aquí su cara más frugal y diversa. Son muy pocas las personas que visi- an esta tierra, a la que aún no ha llegado la sociedad moderna y cuyos habitantes reci-)en a todo el mundo como si fueran sus mejores amigos. «En ninguna otra parte -asegura el guía turístico Julio E. Feliz– la República Dominicana le sorprenderá nás que en esta espléndida región.» A medida que vea que el perfil de los edificios le la capital comienza a desdibujarse detrás de usted, la carretera se interna en un)aisaje desértico que, incluso a la persona menos poética, le recordará un cuadro surrealista de Dalí o una escena de la película de Wim Wenders *París, Texas*. Pero la liversidad del caluroso y árido oeste se hace patente en seguida: de pronto surgen sel- vas tropicales acurrucadas al pie de las gigantescas sierras, junto a playas de guija- rros desiertas, el segundo lago salado más grande del mundo –refugio de cocodrilos : iguanas– y dos inmensos parques nacionales en los que las cuevas y los petrogli- fos amerindios constituyen un doloroso recuerdo de los primeros pobladores de la isla.

Aparte de la aventura que supone explorar el oeste, los campesinos dominicanos son extraordinariamente acogedores y cordiales y reciben a los viajeros con infinita hos- pitalidad. En esta región, la mayoría de las personas consideran honroso ser fotogra- fiadas y quizás le abracen calurosamente si les da algunos pesos por su tímida sonrisa. Y no se extrañe si le invitan a sus pequeños bohíos, donde, como convidado de honor, le servirán agua de coco y un sabroso guisado de chivo.

PÁGINAS ANTERIORES: los paisajes rurales siempre invitan a quedarse.
IZQUIERDA: unas mujeres de Azúa.
ABAJO: estatua del gran cacique Enriquillo.

Recuerdos de sangrientas batallas

Los avatares de la historia han dejado algunas cicatrices en esta región de la República Dominicana. San Cristóbal, Baní y Azúa de Compostela, las tres localidades de mayor tamaño, fueron fundadas por conquistadores; las estatuas de sus pequeños parques son recuerdos esculpidos de sangrientas batallas entre los dominicanos y los haitianos o entre los españoles y los taínos. La profunda espiritualidad de los amerindios ha quedado grabada en el paisaje cerca de San Juan de la Maguana y en torno al lago Enriquillo, donde el gran cacique Enriquillo combatió con éxito contra los conquistadores españoles. El presidente Trujillo también dejó su huella arquitectónica (y emocional) en la ciudad de San Cristóbal y sus alrededores.

En contraste con el este y el norte de la República Dominicana, donde el turismo domina la economía, aquí el dinero proviene sobre todo de la agricultura y de la minería. Los dominicanos más emprendedores trabajan sin descanso en lo que llaman la zona sur, es decir, en los centros turísticos del sudeste del país. Las finanzas aún son escasas y muchos turistas prefieren las zonas más «civilizadas», que son el destino de todos los viajes organizados. Pero no pasará mucho tiempo antes de que las torres de acero de hoteles como el Hyatt & Co se eleven hacia el cielo azul...

El escudo de la ciudad de Baní.

ABAJO: Nuestra Señora de la Consolación guarda la tumba de Trujillo.

San Cristóbal, la ciudad natal de Trujillo

Tome la estupenda carretera Sánchez que sale de Santo Domingo en dirección oeste las nubes industriales de la metrópolis caribeña no tardan en disiparse dando pas a la deliciosa fragancia de la caña de azúcar recién cortada y de las hierbas aromá ticas que crecen a los lados de la carretera. En esta región no encontrará intermina bles playas de arena fina y blanca como el azúcar enmarcadas por cocoteros, per el desierto dominicano de matorrales y cactus, rodeado de enormes sierras, tam bién resulta fascinante a su manera.

Tras rebasar **Haina**, el principal puerto de Santo Domingo y la población co el mayor ingenio de azúcar del país, al cabo de 15 kilómetros aparece **San Cristó bal ❶**, a orillas del **río Nigua**, como una versión en miniatura del bullicioso Sant Domingo. Esta ciudad, capital industrial del sudoeste, con una población que y supera los 170 000 habitantes, es famosa porque en ella nació Rafael Leónidas Tru jillo y Molina. Se trata de una urbe trepidante y contaminada y no demasiado amis tosa con los turistas; quién sabe, puede que se deba al espíritu maligno del Genera lísimo, que dejó numerosos monumentos repartidos por la ciudad.

El dictador, después de reconocer la primera constitución de la República Domini cana, que había sido firmada a principios del siglo XIX en el **palacio del Ayunta miento** tras una rebelión contra los haitianos, denominó oficialmente a San Cristóba la «Ciudad Meritoria». Hoy en día, sin embargo, apenas queda en ella nada digno d encomio, por lo que con dos horas es suficiente para visitar todos sus monumentos

Cerca del **parque Duarte** se alza la iglesia neoclásica de **Nuestra Señora de l Consolación** (abierta a diario de 6:00 a 8:00 h y de 17:30 a 18:00 h; entrada gratuita) donde podrá ver la tumba de Trujillo. El corrupto dictador invirtió una fortuna en s ciudad natal, donde en 1946 construyó esta iglesia por la astronómica cifra de millones de dólares, sacados evidentemente de los fondos públicos, así como l

ecientemente restaurada plaza delante de la iglesia, cuyas fuentes, irónicamente, stán secas porque el municipio no puede permitirse abastecerlas de agua.

Al oeste de la ciudad, sobre una pequeña colina, se levanta el **palacio del Cerro**, de eis pisos de altura, la fastuosa mansión que se hizo construir Trujillo aunque nunca egó a viviren ella; en la actualidad está en proceso de restauración. Si lo desea, un levoto sirviente del difunto dictador le enseñará la casa, que costó 4 millones de dólaes que salieron de las arcas del Estado. El resultado final fue tan desmedido que, al arecer, cuando los consejeros más cercanos al dictador lo criticaron por su mal gusto, rujillo declaró que era un regalo para el pueblo de San Cristóbal y rehusó vivir en él.

Fijó entonces su residencia en otra de sus costosas creaciones, la **Casa de Caoa** ❷, oculta al abrigo de la espesura a 5 kilómetros al norte de la ciudad. Está previsto que las reformas que también aquí se están llevando a cabo finalicen hacia 2003. En la década de 1980 se intentó devolverle su antiguo esplendor en vista del amentable estado en que se hallaba, pero para sustituir la madera podrida se utilizó emento, lo que malogró en buena medida su aspecto general. A tan sólo un tiro de iedra se encuentran las antiguas termas privadas del Jefe: el **balneario La Toma** abierto de lunes a viernes de 9:00 a 18:00 h, los sábados y los domingos de 7:00 a 20:00 h; se paga entrada).

Petroglifos y murciélagos

Desde la casa de Caoba, tras 15 kilómetros por la accidentada carretera que se dirige al norte, llegamos a la **Reserva Antropológica de las Cuevas de Borbón** ❸, une serie de 40 grutas intercomunicadas (entre las que se encuentran las **cuevas de El Pomier**) en las que conservan varios miles de pinturas murales y más de 5 000 petroglifos hechos por los amerindios. Las cuevas, abiertas todo el día, son así mismo el hogar de miles de murciélagos (no se olvide de la linterna).

Mapa página 262

NOTA

Para no perderse y ahorrar tiempo, lo más aconsejable es tomar un taxi para visitar el palacio del Cerro y la casa de Caoba, dos de las residencias de Trujillo.

ABAJO: petroglifos cerca de Caoba.

El sudoeste
MAR CARIBE
Sierra de Bahoruco
Parque Nacional Sierra de Bahoruco
Parque Nacional Jaragua
Lago Enriquillo
Isla Beata
Barahona
Pedernales
HAITÍ
Azúa de Compostela
Baní
San Cristóbal
Santo Domingo

Mapa página 262

Quince kilómetros al sur de San Cristóbal, en la costa, descansa el apacible pueblo de **Nigua**. Nada más cruzar el puente sobre el **río Nigua** verá las viejas ruinas de dos ingenios azucareros: **Boca de Nigua**, del siglo XVIII, y **Diego Caballero**, construido a comienzos del siglo XVI. En un cartel instalado delante de las viejas fábricas se explican los diferentes pasos del proceso de producción del azúcar.

La bonita carretera costera 10 desde Nigua se dirige hacia el oeste pasando junto a las playas vacías de **Najayo,** en las que podrá contemplar las ruinas de la casa que Trujillo tenía al borde del mar, y **Palenque**. Sin embargo, aunque es posible que el color gris ratón de la arena y la basura podrida entre las palmeras le quiten las ganas de detenerse, a los lugareños les encanta repantigarse en esas tumbonas de madera pintadas de color azul vivo mientras toman tortas fritas de mandioca y jugo de papaya. Si prefiere no conducir de noche podrá alojarse en el **hotel Playa Palenque** (tel.: 243 2525), a un minuto de la playa.

Desde finales de mayo hasta comienzos de julio encontrará puestos en los que se venden los pequeños pero muy dulces mangos de Baní.

Baní, la ciudad natal de un héroe de la emancipación

Tras un agradable viaje a través de un verde paisaje de cimbreantes cañas de azúcar salpicado de bohíos pintados de colores pastel, **Baní** ❹ (40 000 hab.), conocida también como la «ciudad de los poetas», es la siguiente localidad más importante de la región en cuanto a su tamaño. Baní, cuyo nombre significa abundancia de agua, fue fundada en el siglo XVIII por inmigrantes procedentes de las islas Canarias; es una ciudad hospitalaria y amistosa. Aparte del **Museo de Máximo Gómez** (abierto de lunes a sábado; entrada gratuita), que honra la memoria del célebre luchador cubano por la independencia, no hay mucho que ver, aunque los adictos al café pueden acercarse al **Museo del Café Dominicano** (abierto de lunes a sábado; se paga entrada), donde se documenta la historia del precioso grano dominicano. Podrá hacer unas fotografías magníficas en el animado **mercado Modelo**, próximo al **parque Central**. No es fácil llegar a la **Playa Baní**, pero sin duda merece la pena el accidentado viaje hasta ella.

Abajo: preparando la sal en Las Salinas.

Unos 30 kilómetros hacia el sudoeste se adentran en el mar los campos de sal de la **península de Las Salinas**, una zona que ha sido declarada patrimonio nacional. Para llegar hasta allí siga las señales en dirección a la base naval de Las Calderas y gire a la izquierda por la pista de tierra. La visión de los blanquísimos montículos de sal tiene algo de surrealista, con la ventosa **bahía de Las Calderas** a la derecha y la majestuosa **sierra Martín García** al fondo. El **hotel Club Salinas** (tel.: 471 9463) es un desconocido reducto de *windsurfistas*. Si le apetece disfrutar de un placentero baño en un bello paraje, tome la carretera hacia el norte que va a **Palomar de Ocoa**, un pintoresco pueblecito pesquero en el que todos los años se celebra un torneo de pesca; hay una playa muy limpia de arena gris y unas haciendas.

Rumbo al desierto

Al retomar la carretera Sánchez (carretera 2) en dirección a Azúa, ubicada a 55 kilómetros al oeste de Baní, el paisaje se torna árido, poblado de matorrales y cactus. En esta tierra, muy rica en minerales, florecen en primavera las acacias y los mezquites. Unos 15 minutos antes de llegar a Azúa hay un puesto militar que más bien parece un mercado en miniatura en medio de ninguna parte. Allí los niños pobres venden cacahuetes recién tostados junto a ancianas desdentadas que ofrecen manojos de sabrosas chalotas y pimientos secos. Los pilones (morteros) de madera y las escobas de caña son una especialidad de la región.

El Corral de los Indios es un gran círculo de piedras situado a 7 kilómetros al norte de San Juan de la Maguana. En el pasado era un lugar de culto en el que se reunían los taínos; en el centro se conserva el zócalo de un sepulcro con grabados que representan candorosas muecas. La Maguana es el nombre de una tribu taína.

Azúa de Compostela ❻ (85 000 hab.) es otra bulliciosa ciudad que vive de su floreciente agricultura (principalmente melones y sandías). Originariamente fue fundada en 1504 diecisiete kilómetros al norte de su actual emplazamiento por el soldado y conquistador español Diego Velázquez de Cuéllar (1465-1524), quien más tarde conquistaría y gobernaría Cuba. En 1508 el rey Fernando el Católico le concedió un escudo de armas. Esta urbe portuaria, en la que vivió Hernán Cortés, el conquistador de México (*véase pág. 186*), sufría de manera periódica feroces ataques por parte de los piratas. Finalmente, en 1791, un terremoto arrasó Azúa y la ciudad fue reconstruida en su actual ubicación. En varias ocasiones Azúa quedó totalmente destruida por el fuego, provocado la mayor parte de las veces por el ejército haitiano, hasta que por fin los dominicanos alcanzaron la ansiada independencia en la cruenta batalla del 19 de marzo de 1844. La batalla, en cuyo recuerdo se levanta un monumento en el **parque Central**, tuvo lugar a 16 kilómetros de distancia, en **Puerto Viejo**, antaño uno de los principales puertos de la isla y donde aún es posible ver algunas ruinas coloniales; se dice que ahí yace enterrado el gran cacique taíno Enriquillo.

Otra posibilidad es zambullirse en las tibias aguas del mar Caribe en compañía de los lugareños en la rocosa **Playa Monte Río**, en la bahía de Ocoa. Pruebe el pescado asado del **restaurante San Miguel** y disfrute de una vista de postal del lujuriante monte **El Número** (628 metros de altitud).

Barahona, puerta de entrada a un mundo natural

Avanzando hacia el oeste por la carretera general de la costa, la pendiente aumenta y las curvas se multiplican. Enormes rocas rojas afloran a ambos lados de la carretera hasta que se abre de súbito una soberbia panorámica de la **bahía de Neiba**. Al descender hacia la fértil desembocadura del **río Yaque del Sur**, un luminoso vergel de bananeros, palmas caratas y cañas de azúcar ameniza este yermo territorio.

Abajo: los jugadores de dominó no tendrán problemas para encontrar adversarios.

Mapa página 262

Barahona ❼ (160 000 hab.), a 80 kilómetros de Azúa, es la siguiente y última ran ciudad de la región sudoccidental de la República Dominicana. Resulta difícil imainar que este puerto de provincias llegue a ser alguna vez un «El Dorado» del turismo e lujo, o algo parecido a la «Boca Chica del sudoeste», pero hace ya tiempo que se erminó el aeropuerto internacional (aunque todavía no aterrizan vuelos comerciales) los urbanistas municipales están muy atareados fraguando futuros complejos turísicos. Sólo es cuestión de tiempo antes de que esta zona aún intacta desaparezca bajo n mar de urbanizaciones.

El nombre del aeropuerto se le puso en honor de una de las hijas de la ciudad, la ctriz de Hollywood María Móntez, cuyo auténtico nombre era María África Graia Vidal. Nacida en Barahona en 1912, durante la década de 1940 trabajó en más le 20 películas, entre ellas *Las noches de Arabia* y *Ali Babá y los cuarenta ladroes*. Falleció en 1951.

El nombre del aeropuerto de Barahona se puso en honor de María Móntez (arriba), una famosa estrella de cine de esta ciudad.

Barahona, que había sido la guarida favorita del infame pirata Cofresí, fue fundada n 1802 por Toussaint L'Ouverture (*véase pág. 47*), luchador por la independencia le Haití. La ciudad no tardó en prosperar como importante puerto de exportación le azúcar y, hoy en día, también de café, minerales como el yeso y la bauxita, nadera y cera. No obstante, no hay en ella ningún monumento destacable, a no ser us casas pintadas de alegres colores, ni tampoco tiene ninguna playa decente. Pero a gente es extremadamente cordial y disfruta de la vida al máximo, como podrá comprobar por las noches en el **Malecón**, donde los jóvenes bailan al son del merenue y se lucen con las últimas acrobacias que han aprendido a hacer con la moto.

El verdadero aliciente de esta ciudad es su ubicación, en la entrada de la **península le Pedernales**, por lo que resulta una buena base desde la que acceder a sus bellos parques nacionales. Dedique un día a recorrer las altas montañas de la **sierra de Bahoruco** para ir al idílico pueblecito de **Polo** (tome la carretera 46 en dirección a Cabral

ABAJO IZQUIERDA: un efusivo saludo.
ABAJO DERECHA: la costa de Bahoruco.

Casa Bonita de Bahoruco (tel.: 696 0215; fax: 223 0548), también llamada Bahoruco Beach Resort, es un complejo turístico de inspiración marroquí, construido en 1998, del que algunos dicen que ofrece la mejor comida dominicana de toda la República. Disfruta así mismo de unas vistas fantásticas de la bahía.

y al cabo de 10 kilómetros gire a la izquierda y continúe otros 25 kilómetros). El pa saje es espectacular, como también lo es si se viaja hacia el sur desde Barahona a l largo de la «Costa Azul» de la República Dominicana. La carretera 44, bien asfaltad pero tortuosa, discurre entre las exuberantes selvas tropicales de la sierra de Bahoruc a la derecha, y los acantilados que se precipitan a la izquierda sobre las aguas azul tu quesa del mar Caribe. La carretera pasa junto a numerosas bahías con interminable playas de guijarros y extensos bosques de cocoteros salpicadas de pequeñas chozas d pescadores. Los niños juegan en los ríos y se refrescan bajo las cataratas, transparente como el cristal. Encima de **Bahoruco**, un pueblo de casas pintadas en tonos paste situado a 17 kilómetros al sur de Barahona, podrá ver los trabajos de extracción de un piedra semipreciosa única de la República Dominicana conocida como larimar (abiert de lunes a viernes; entrada gratuita). La **Playa San Rafael**, un poco más adelante, e la más concurrida; dos piscinas de agua dulce transvasada del **río San Rafael** invita a darse un chapuzón mientras las mamás asan pescado a la sombra.

Flora, fauna y tesoros arqueológicos

En **Oviedo** comienza el inmenso **Parque Nacional Jaragua** ❽, de 1 400 kilómetro cuadrados de superficie, el mayor de toda la República Dominicana. Ocupa la tota lidad de la parte meridional de la península de Pedernales e incluye las islas desha bitadas de **Beata** y **Alto Velo**, al sur. Este territorio, antiguamente el «biotopo» de cacique Xaragua, en la actualidad atrae la atención de arqueólogos, naturalistas científicos porque en él hay numerosas cuevas precolombinas y todavía esperan a se desenterrados muchos otros tesoros arqueológicos.

Su fauna incluye el 60 por ciento de todas las especies de aves endémicas de l isla. Incluso aún es posible ver al guaraguao, en vías de extinción, deslizándos sobre el adusto paisaje de matorrales, afiladas rocas de piedra caliza, cactus y pal

ABAJO: cactus y matorrales.

COCODRILOS EN EL PARQUE

Además de las gigantescas iguanas rinoceronte y de las iguanas de Ricord, en el Parque Nacional de Isla Cabritos podrá ver gran cantidad de cocodrilos americanos (*Crocodylus acutus*) tomando el sol en la ribera del lago Enriquillo.

Desde los primeros años de la década de 1990 estos reptiles de aspecto prehistórico han sido el objeto de un programa de investigación y conservación financiado conjuntamente por la Wildlife Conservation Society y la Agencia Suiza para la Cooperación (HELVETAS). Los investigadores han observado que el número de nidos de cocodrilo encontrados aumentó entre 1995 y 1996 de 14 a 51; en 1993 fueron robados tres nidos frente a tan sólo uno en 1995.

Las principales zonas de cría se hallan en la isla Cabritos, aunque en los últimos años se han descubierto nidos en algunas playas muy frecuentadas por los turistas. Se han encontrado incluso dos nidos al lado de una pista de tierra, lo que demuestra que la protección de estos animales está favoreciendo poco a poco una coexistencia más pacífica entre los humanos y los cocodrilos. Una vez han eclosionado los huevos, la madre acostumbra poner a las crías a salvo de peligros trasladándolas hasta la desembocadura de los arroyos de agua dulce que afluyen al lago procedentes de las cercanas sierras de Neiba y Bahoruco.

ıeras. Está prohibido explorar este tórrido y laberíntico parque por uno mismo, or lo que deberá obtener un permiso en el puesto de guardabosques situado a la ntrada del parque (abierto a diario de 9:00 a 17:00 h), junto a la **laguna de Oviedo**, unirse a una excursión organizada con un guía oficial. La laguna, un lago salado oco profundo de 15 kilómetros de longitud, es un sitio perfecto para observar de erca los vistosos flamencos, pelícanos e iguanas rinoceronte.

La impecable pero sinuosa carretera 44 hacia **Cabo Rojo** ❾, una población a ·8 kilómetros de Oviedo en la costa oeste de la península, pasa bordeando el Parque Iacional Jaragua, a la izquierda, con el **Parque Nacional Sierra de Bahoruco** a la erecha. Durante el viaje tendrá ocasión de aspirar los embriagadores aromas de las ierbas de la *macchia* dominicana que los taínos utilizaban como medicina. Cabo Rojo, un puerto pesquero cuyo nombre se debe al color rojo anaranjado de la tierra, ue produce grandes cantidades de bauxita, es la segunda puerta de entrada al Parque Iacional Jaragua. Si toma la accidentada pista de tierra que avanza hacia el sur a lo argo de la costa descubrirá playas vírgenes repletas de grandes caracolas vacías.

Las mejores playas son las de la **bahía de las Águilas**, a las que sólo es posible cceder en vehículo todoterreno o en barco. Pregunte a los pescadores en el surrealista pueblo troglodita de **La Cueva**, situado a medio camino entre Cabo Rojo y la bahía; por unos pocos dólares le llevarán hasta allí, así como a las islas infestadas de mosquitos de Beata y Alto Velo. En **Pedernales**, 20 kilómetros más al norte en a frontera con Haití, hay algunos controles aduaneros y poco más.

na ruta circular alrededor del lago Enriquillo

El paisaje extremadamente seco que rodea el **lago Enriquillo** ❿ diferencia a La Española de casi todas las demás islas de las Grandes Antillas. Allí, casi cualquier rincón posee valor histórico ya que fue en las rocosas montañas de las aledañas **sie-**

Mapa página 262

NOTA

Los «públicos» y las «guaguas» circulan con bastante frecuencia por la carretera 44 entre Oviedo y Pedernales. También le llevarán hasta el puesto de guardabosques de la entrada del Parque Nacional Jaragua, junto a la laguna de Oviedo.

ABAJO: vista del lago Enriquillo.

rra de **Bahoruco** y **sierra de Neiba** donde el legendario cacique Enriquillo s ocultó con sus hombres de los soldados españoles, contra los que luchó durant más de 14 años. En 1533, en la isla Cabritos, en mitad del lago Enriquillo, firmó co un enviado del rey de España el primer tratado de paz entre los taínos y los con quistadores. El tratado garantizaba a su pueblo una parte del territorio y a él le otor gaba el título honorífico de Don.

Si sale temprano hacia Barahona (las 6:00 h es una buena hora) podrá realizar e ocho horas la ruta circular en torno al lago Enriquillo. Siga la carretera 44 en direc ción norte y al cabo de unos 12 kilómetros aproximadamente vire a la izquierd por la carretera 48; tras cruzar el **río Yaque del Sur** la carretera pasa entre ubérri mas plantaciones de caña de azúcar.

Después del pueblo de Galván se llega a **Las Marías**, donde los más temerario podrán saltar a las fuentes de aguas termales sulfurosas desde los robles de la orilla La carretera atraviesa después **Neiba** –con un animado mercado los miércoles y lo sábados– y continúa hasta **Villa Jaragua**, ubicada en la ribera del lago Enriquillo, u mar interior de 200 kilómetros cuadrados de superficie, tres veces más salado que e océano y a casi 40 metros por debajo del nivel del mar. Enmarcado por monumen tales cocoteros, con la sierra de Neiba al norte y la sierra de Bahoruco al sur, este lag formaba parte de un canal que comunicaba la bahía de Neiba, al este, con la bahía d Puerto Príncipe, al oeste, hasta que los movimientos tectónicos de la corteza terres tre lo cerraron. Si tiene suerte puede que encuentre fósiles, conchas y trozos de coral

NOTA

A los animales que viven en el lago Enriquillo no les gusta que el sol caliente demasiado. Si quiere verlos, vaya a la isla Cabritos por la mañana temprano o al atardecer, ya que durante el día permanecen ocultos entre la vegetación.

Un paseo por la isla Cabritos

La carretera panorámica que se dirige hacia el noroeste rodeando el lago brind unas vistas magníficas, destacando la de las cuevas de **Las Caritas**, en lo alto de un inclinada pendiente, cerca del **río Postrer**. Para los amerindios estas grutas eran u

ABAJO: la carretera a Neiba.

mplo sagrado, y se cree que Enriquillo se escondió en ellas de los conquistadores. ·os petroglifos grabados en el coral aluden a rezos indígenas.

Unos 500 metros más adelante se encuentra la entrada al **Parque Nacional de Isla ·abritos** (abierto a diario de 7:00 a 19:00 h; se paga entrada; tel.: 224 9525). Camine través de este umbroso bosque tropical, habitado por iguanas más grandes que un ato doméstico, hasta el embarcadero en el que atracan los barcos que cruzan a la **·la Cabritos,** de 12 kilómetros de longitud. Pese a su nombre, no espere ver cabras ·no algunos de los animales más exóticos del Caribe: cocodrilos, iguanas rinoce-onte e iguanas de Ricord, grandes tortugas y 62 especies de aves, incluidos fla-nencos, cotorras y espátulas.

Volviendo a la entrada del parque, el balneario **Las Barias**, en **La Descubierta**, e encuentra a tan sólo 10 minutos en coche; en él tendrá la oportunidad de darse un año helado en un umbroso bosque de robles. Los lugareños aprecian mucho el hivo guisado del restaurante de la señora Etamila. La siguiente parada es la ciudad ronteriza de **Jimaní**. Si dispone del permiso que expide la embajada haitiana de ·anto Domingo podrá cruzar a la «otra Española» en un vehículo privado (pero no n uno alquilado). También puede viajar hasta el lago salado de **Étang Saumâtre** *véase pág. 298*), en el lado haitiano de la frontera.

Cuando regrese a Barahona por la carretera 46, que bordea el lago Enriquillo por su nargen meridional, fíjese en la estatua de bronce del cacique Enriquillo que se yergue n un cruce próximo a **Duvergé**. Antes de llegar a la ciudad de **Cabral** verá a su zquierda la **laguna del Rincón** ⓫ (47 kilómetros cuadrados de superficie), el segundo ago más grande del país. Allí cabe la posibilidad de que vea flamencos, cormoranes , quizás, alguna de las ya escasas tortugas jicoteas holgazaneando en las aguas del ago. El precio que hay que pagar por este lujo es una difícil, se puede decir que ago-adora, caminata de 20 minutos a través de húmedos campos con un calor sofocante.

Mapa página 262

ABAJO: de vuelta a casa en mula, Rincón.

NREVE
bank
S

TRACO
DERS CO
UFREDO
CENTER
MAISON DOFFY
STEREO POU KAY
LOVE JEHOVAH
LOVE
LOVE
ELISEE CEVERRE CONST
RICOTET CLAUDE ARTS
COTE PLAGE16
YP-137

COMPETITION
JUDNER
LEONIE
ROCK SILVENER CONSTRUCT.
LAROCHELLE #148 MECEN PEINTRE
Jn MICHEL ELECT PATOUTOURT
YL-829

HAITÍ

Una guía detallada de todo el país en la que los lugares de mayor interés llevan una referencia alfanumérica que remite a los mapas

Haití no es el típico destino caribeño, ni tampoco una idílica región de postal llena de encanto tropical. Es una tierra de terribles extremos y contrastes. Es un país único, capaz de provocar fuertes reacciones y de causar una profunda impresión.

Viajar por él es ya de por sí una aventura: casi nada sucede según lo previsto. Pero la recompensa no se debe medir en términos de comodidad o de confianza porque lo que Haití puede ofrecer es precisamente lo inesperado. Una cosa es segura: tardará mucho tiempo en olvidar esta tierra de intensos colores y ritmos insistentes. Tampoco podrá dejar de advertir la huella indeleble que su gloriosa historia y trágico pasado han dejado en el Haití actual.

Para tratarse de un país pequeño sus paisajes presentan una asombrosa diversidad: laderas desérticas erizadas de cactus bordean feraces valles verdes; a media hora en coche del sofocante centro urbano hay pueblos de montaña donde el aire es fresco; su bulliciosa capital, en la que viven 2 millones de personas, parece otro mundo comparada con las remotas aldeas a las que todavía no ha llegado la electricidad ni el agua corriente. Y la historia ha dictado que el norte y el sur –las dos penínsulas que se abren como unas tenazas sobre la isla de La Gonâve– tengan tradiciones e identidades diferenciadas, apreciables tanto en las costumbres de sus habitantes como en la arquitectura.

Tras la obtención de la independencia Puerto Príncipe, centro neurálgico del país y que durante un siglo y medio fue el refugio exclusivo de la elite comercial y política, acoge ahora a un tercio de la población nacional. Es una ciudad superpoblada, sucia y tumultuosa, pero en sus calles se respira una vitalidad nacida de la lucha diaria. Y con ella viene la creatividad que ha hecho a este empobrecido país tan rico en logros artísticos. Los museos de la capital, las galerías de arte y los mercados callejeros son testimonio de ese impulso creativo. Es posible que la incansable actividad de Puerto Príncipe se aprecie mejor desde la relativa calma de las poblaciones vecinas o desde los miradores de la montaña que se alza sobre el encantador barrio de Pétionville.

En el norte se conservan multitud de ruinas de la trascendente historia de Haití: viejas haciendas, palacios y la sobrecogedora Citadelle La Ferrière. El sur, tradicionalmente el bastión de la minoría mulata acomodada, es una región remota con decadentes ciudades coloniales y pequeñas aldeas pesqueras. Entre ambas regiones se extiende el fértil valle del Artibonito, antaño la fuente de la fabulosa riqueza de la colonia, y las desoladas montañas que se elevan en la frontera con la República Dominicana.

En la década de 1930 se publicó *La isla mágica*, un libro que hablaba de Haití en tono sensacionalista y que fue todo un éxito de ventas. El mérito literario del libro es cuestionable, pero el título fue sin duda una elección acertada porque esa magia sigue conservando todo su poder. Es más que probable que usted también caiga preso del hechizo de Haití.

PÁGINAS ANTERIORES: un velero fondea en la bahía de Saint-Louis du Sud; un animado día de mercado en Puerto Príncipe; todos los *tap-taps* cuentan una historia.
IZQUIERDA: los carnavales haitianos.

Haití
CUBA
0
20 km
N
Passe du Vent
Paso del Viento
Bord de Mer
de Jean Rabel
Jean-Rabel
Cap du Môle
Môle
Saint-Nicolas
Bombardopolis
Pointe du Cheval Blanc
La Plateforme
Baie-de-Henne
Golfe de
la Gonâve
Pointe des
Latainiers
Pointe Ouest
Pointe
Pierrot
37
Canal del Sur
Anse du
Clerc
Cap
Rose
28
Anse d'Azur
29
Bonbon
Jérémie
27
Abricots
Cap de
Dame Marie
Grande Anse
Dame
Marie
220
Chambellan
V. Brg. de
Jérémie
Islas
Cayemites
Grande
Cayemite
26
Petite
Cayemite
Pointe Sable
Presqu'île des
Baradères
Les Basses
Corail
Pestel
218
Bahía de
Baradères
Petit-Trou-
de-Nippes
Anse-à-
Veau
Anse
d'Hainault
Grande Anse
La
Bastille
Beaumont
Baradères
Sources Chaudes
Patate
Parque Nacional
Macaya
2
Cap
des Irois
Les Irois
Macizo de la Hotte
Nippes
Miragoâne
L'Asile
Saut Mathurine
24
Changieux
Pico Macaya
2347
Marceline
Maniche
Pico Tête Bœuf
1379
Virgile
Kounoubois
Tiburon
Les Anglais
Camp Perrin
23
Sur
2
Cavaillon
Grande
Pointe
Bahía de
los Ingleses
Port-à-
Piment
213
Chantal
Llanura
de
Cayes
Laurent
St-Louis
du Sud
Aquin
Duverger
Isla
Grosse Caye
208
22
Les Cayes
Les
Coteaux
Canal del Este
Bahía de
Cayes
Port-Salut
Gelée
Saint-Jean
de Sud
Canal del Sur
25
Île-à-Vache
Pointe
l'Abacou

OCÉANO ATLÁNTICO
Isla de la Tortuga
Cap Haïtien
Monte Cristi
Dajabón
Norte
Nordeste
Centro
Artibonito
Oeste
Sudeste
HAITÍ
REPÚBLICA DOMINICANA
Puerto Príncipe
Delmas
Carrefour
Pétionville
Gonaïves
Saint-Marc
Hinche
Jacmel
Lago Enriquillo
Lago Saumâtre
Lago Péligre
Macizo del Norte
Cadena de Belance
Cadena de Vallières
Meseta Central
Montagnes Noires
Cadena de Matheux
Costa de Arcadins
Macizo de la Selle
Sierra de Neiba
Sierra de Bahoruco
Bahía de Puerto Príncipe
Bahía de Gonaïves
Bahía de Saint-Marc
Parque Nacional La Visite
Parque Nacional Isla Cabritos
Parque Nacional Sierra de Bahoruco
Parque Nacional Monte Cristi
Citadelle La Ferrière
Sans Souci
Labadie
Fort Liberté
Elías Piña
Independencia
Pedernales
MAR CARIBE

Puerto Príncipe
0
500 m
N
Cap-Haïtien, Gonaïves
Estación de autobuses (hacia el norte)
Boulevard La Saline
St-Louis de Gonzague
Rue des Remparts
Rue Tiremasse
Rue Macajoux
Rue des Césars
Rue Saint-Martin
Bahía de Puerto Príncipe
Place d'Italie
Ayuntamiento
Rue de la Mairie
Marché de Fer
I
Rue Bonne Foi
Rue Eden
Place des Nations
Fontaine Lumineuse
Palacio Legislativo
R. A. Macéo
Avenue Marie-Jeanne
Place Geffard
Rue du Quai
Rue Magasin de l'État
Rue Courbe
Boulevard Jean-Jacques Dessalines
Rue du Centre
Rue du Peuple
Rue du Dr Aubry
Rue des Fronts Forts
Rue des Pucelles
Catedral de Notre-Dame
Rue des Miracles
Rue Pavée
Rue Courte
Rue Montalais
Rue Geffard
J
Sainte Trinité
Rue Borgella
Rue des Casernes
Rue du Marron Inconnu
H
Le Marron Inconnu
Place du Marron Inconnu
Avenue John Brown
Ave de la République
Rue de l'Enterrement
Rue de la Réunion
Rue du Champs de Mars
Palacio Nacional
G
Rue Oswald Durand
Rue Piquant
Mausoleo de Dessalines & Pétion
Museo del Panteón Nacional Haitiano
F
Place des Héros de l'Independence
Rue Ducoste
Rue d'Ennery
R. de la Justice
Casernes Dessalines
C
CHAMPS DE MARS
Rue Saint-Cyr
Rue Ste-Anne
Place Ste-Anne
Rue St-Paul
Rue Saint-Honoré
Rue Magny
Rue Capois
Boulevard Harry Truman
Rue Carbonne
Sainte-Anne
Rue Joseph Janvier
Rue Magloire Guilloux
Rue St-Honoré
Maison du Tourisme
Avenue Christophe
Université
Secrétairerie d'État au Tourisme
Rue Légitime
E
Maison Défly
D
Museo de Arte Haitiano
Corridor du Bois-de-Chêne
Rue Chareron
Ruelle Romain
Rue Brutus
Rue M. Coicou
Rue Lysius Salomon
Avenue Magloire Ambroise
Rue du Dr Denoux
Estación de autobuses (hacia el sur)
Avenue Audin
Théâtre de Verdure
Stade Sylvio Cator
Rue Fequière
Rue Marcelin
Rue Waag
Ruelle Roy
Ruelle Bathier
CEMENTERIO EXTERIOR
Centro de Arte
B
Ruelle Nicolas
Rue La Fleur Ducheine
Carrefour, Jacmel, Les Cayes
Ave Bolosse
Ruelle Alerte
Ruelle Cameau
A
Hotel Oloffson

PUERTO PRÍNCIPE

La multitudinaria y caótica capital de Haití puede resultar desalentadora, pero también ofrece una inolvidable experiencia humana, así como tesoros artísticos y arquitectónicos

Mapas páginas 278 y 280

No es fácil adaptarse a la capital y ciudad de mayor tamaño de Haití, cuya población, que hoy roza los 2 millones, tan sólo tenía 150 000 habitantes hace apenas unas décadas. Puerto Príncipe, al igual que el resto de Haití, es un lugar único lleno de contrastes y enigmas, atractivos y misterios desconcertantes. La prensa mundial tiende a escribir únicamente sobre los aspectos negativos –la delincuencia, la inestabilidad y la violencia–, pero, en realidad, Puerto Príncipe es tan segura como cualquier otra gran urbe, sobre todo si se atiene a unas simples normas. Lo mismo que en cualquier otra ciudad populosa del mundo, hay que tomar unas precauciones básicas para evitar percances. Algunas son tan obvias que a menudo se descuidan. Es preferible pasar lo más desapercibido posible en todo momento, aun cuando los turistas siempre llaman la atención en Haití. Y no sólo por el color de la piel, sino que la ropa, el calzado, las gafas, las joyas, y su aspecto en general serán como una luz roja intermitente que anuncie: «Mírenme, soy un turista, un extranjero». Lo fundamental: cuando oscurezca tome siempre un taxi y no vaya andando a ninguna parte, sobre todo en el centro urbano. No conduzca por las largas carreteras secundarias de Delmas. Por la noche deberá extremar las precauciones debido a la falta de alumbrado en las calles.

No hay forma de que el turista pueda estar preparado, ni siquiera después de varios viajes, para la reacción física que produce el asfixiante calor que golpea casi como un puño en el mismo instante en que se sale del avión. Nada más dar el primer paso se hace necesario detenerse un momento para, acto seguido, notar que se retrocede un poco, como si se hubiera recibido una bofetada. Pasada la sorpresa inicial se sigue descendiendo por la escalerilla y se entra en la bulliciosa terminal del aeropuerto, pero tardará un tiempo en acostumbrarse al a menudo agobiante calor de la ciudad, a las muchedumbres, a las miradas y a las esporádicas expresiones de sorpresa.

El color de la piel siempre ha sido un tema muy complejo en Haití, sin duda difícil de entender para un viajero. El término *blanc* se emplea como nombre, no como adjetivo, o como tratamiento de respeto (en lugar de señora o señor, se utiliza blanco); *blanc* es cualquiera que sea diferente, forastero o que haya triunfado en la vida, por muy oscuro que sea el color de su piel. Y se piensa que todos los *blancs* están forrados de dinero, por lo que es lógico tratar de privarles de parte de él. Su trabajo consiste en gastar únicamente lo que quiera gastar. Piense en ello como si de un juego se tratara ya que eso le ayudará mucho a mantener la perspectiva y a conservar el sentido del humor. La verdad es que los turistas, por definición, suelen tener bastante más dinero en los bolsillos que muchos haitianos.

Armado de comprensión, los preparativos resultan sencillos. Deje las joyas y los objetos de valor en casa; vístase de forma discreta; guarde la cámara donde no pueda verse mientras no la necesite. Consiga tantos billetes pequeños como pueda, porque los vendedores y los taxistas rara vez llevan cambio (no se asuste si, al comprar

ABAJO: los mercados de Puerto Príncipe siempre están llenos de gente.

Podrá ver ejemplos de los primorosos calados de la arquitectura gingerbread *en Puerto Príncipe y en los barrios de la periferia, como Bois Verna y Pancot.*

ABAJO: la decadente belleza del hotel Oloffson.

algo, el dependiente se marcha con el dinero; lo más probable es que vaya a busca cambio). Divida el dinero en cantidades pequeñas y distribúyalo por los bolsillos par evitar andar exhibiendo un fajo de billetes cada vez que vaya a pagar algo (existen prendas de vestir con múltiples bolsillos diseñadas específicamente para viajar)

El trazado urbano

Puerto Príncipe ❶ se encuentra al fondo de una ancha bahía en mitad del profund golfo de La Gonâve. El auténtico corazón de Puerto Príncipe en lo que respecta a turismo es la zona de los Champs de Mars/Place des Héros de l'Indépendence, dond se encuentra el palacio Nacional, las estatuas a los héroes, entre ellas el *Marron Inconnu*, la Maison de Tourisme, el Musée du Panthéon National Haïtien (Museo de Panteón Nacional Haitiano) (MUPANAH) y el Musée d'Art Haïtien (Museo de Arte Haitiano). No muy lejos se hallan así mismo el Marché de Fer (Mercado de Hierro) la iglesia episcopal de la Sainte Trinité y la catedral de Puerto Príncipe.

El primitivo núcleo colonial, que se remonta a la década de 1740, está delimitad al norte por la calle des Remparts y al sur la calle Pavée. A través de este céntric barrio, cuyas calles presentan un trazado en cuadrícula, discurre el boulevard Jean-Jacques Dessalines, la caótica arteria principal de la ciudad que hacia el norte lleva a Cap-Haïtien y hacia el sur hasta Jacmel. En esta calle, con permanentes atascos de tráfico y atestada de vendedores ambulantes, es donde se realiza gran parte de los negocios de la ciudad, desde los enconados regateos del mercado de Hierro hasta las transacciones de las oficinas y almacenes de las compañías importadoras y exportadoras haitianas. Sin embargo, no espere ver gran cosa en lo que a arquitectura colonial se refiere ya que hace mucho tiempo que los sucesivos incendios y alzamientos revolucionarios acabaron con aquellos primeros edificios. En su lugar, el centro comercial de la ciudad lo integran destartalados comercios y palacetes deci-

EL ESTILO *GINGERBREAD*

Muchas de las residencias construidas entre 1880 y 1920 se embellecían con intrincados ornamentos, torres, tejados muy inclinados y corredores o galerías en los pisos superiores que rodeaban toda la casa. A diferencia de lo ocurrido en otras ciudades, donde las casas *gingerbread* fueron derruidas para dejar sitio a los nuevos edificios, en Puerto Príncipe parecen haberse conservado tal y como eran.

Numerosas construcciones de estilo *gingerbread* han sido restauradas y transformadas en galerías de arte, escuelas u oficinas, mientras que otras continúan siendo viviendas. Los mejores ejemplos se encuentran en las colinas de Pacot, en Bois Verna, así como a lo largo de la calle Lamartinière.

El hotel Oloffson es toda una institución en Puerto Príncipe y uno de los mejores exponentes de la arquitectura *gingerbread.* Esta otrora mansión señorial de color verde y blanco está en Pacot, muy cerca de los Champs de Mars, aunque en un mundo aparte. En el hotel se han alojado numerosos personajes famosos (e infames) y suele contar con la presencia de un heterogéneo conjunto de periodistas, cineastas, diplomáticos y políticos que van allí a pasar el tiempo e intercambiar historias. Los escritores Herb Gold y Graham Greene lo incluyeron en sus novelas. Los jueves por la noche suele ser un buen día para ir a cenar y disfrutar del talento musical de su propietario, Richard Morse, y su banda, los RAM.

monónicos que alternan con bloques de oficinas más modernos. Si bien en las aceas suele haber soportales para resguardarse del sol, la cantidad de vendedores que as ocupan con tenderetes o simples mantas extendidas en el suelo hace difícil transitar por ellas. Pese a todo, merece la pena visitar el centro de Puerto Príncipe, aunque sólo sea para experimentar la enorme vitalidad de esta ciudad.

El crecimiento continuado de la ciudad ha empujado sus límites más y más hacia el este por la **Plaine du Cul-de-Sac** (llanura sin salida) hacia las estribaciones del **Massif de la Selle**, una cadena montañosa de forma semicircular que se eleva como una muralla en torno a la ciudad. Al alejarse del centro urbano, la siguiente demarcación incluye los primeros barrios construidos a comienzos del siglo XX: **Bois Verna** y **Pacot**, dos zonas básicamente residenciales que todavía retienen en parte aquella elegancia decimonónica, con muchas de sus calles embellecidas con grandes árboles e infinidad de flores multicolores. La mayor parte de los edificios de estilo *gingerbread* que aún perduran se encuentran desperdigados estas zonas, como ocurre con el Centro de Arte, las galerías de arte, hoteles como el Oloffson y el Prince y unos cuantos restaurantes pequeños. El extenso barrio de **Delmas** es el siguiente distrito; a ambos lados de la calle principal se alinean pequeñas tiendas, mientras que entre las boscosas calles laterales se hallan dispersas las oficinas de numerosas organizaciones no gubernamentales.

El hotel Oloffson

Célebre por haber inspirado el siniestro hotel Trianon de la novela de Graham Greene *Los comediantes*, esta obra maestra de la recargada arquitectura *gingerbread* se yergue en el extremo sur de la calle Capois. El **hotel Oloffson** Ⓐ (*véase pág. 282*), un edificio blanco con torres, una gran escalinata doble, un fresco porche y amplios jardines, es probablemente el mejor exponente del estilo *gingerbread* de

Mapas páginas 278 y 280

NOTA

Para informarse sobre excursiones organizadas, póngase en contacto con la Secretaría de Estado del Turismo de la República de Haití, tel.: 223 2143/223 5631. Aquí también podrá remitirle a Jacqueline Labrom, una mujer que organiza rutas especializadas.

ABAJO: las calles están llenas de vehículos pintados de vivos colores.

En todas las ciudades y pueblos hay un reñidero de gallos.

Puerto Príncipe. Fue construido a finales del siglo XIX como residencia para la familia Sam, una poderosa dinastía haitiana, hasta que, durante la ocupación estadounidense de 1915-1934, fue transformado en un hospital militar. En la actualidad, aunque ha perdido lustre, sigue siendo el hotel más famoso de Puerto Príncipe.

El centro de la excelencia

Cerca de los Champs de Mars, bajando por la calle Capois y tomando la calle Roy, se encuentra la sede actual del **Centro de Arte** Ⓑ (tel.: 222 2018). La mansión Pacot, construida al estilo *gingerbread*, es un elegante museo de arte en el que se exhiben, al lado de la original y ancha escalinata curva y en varias salas, obras de cerámica, escultura (incluida la escultura en metal) y pintura. El Centro de Arte acostumbra organizar exposiciones de artistas contemporáneos, tal y como tenían en mente sus fundadores, DeWitt Peters, un profesor estadounidense, y Selden Rodman, un crítico de arte, cuando lo inauguraron en 1944 con el propósito de que fuera un espacio en el que los pintores haitianos pudieran exponer su obra. En la década de 1940 Peters, que trabajaba en Haití como profesor, se enamoró del país en general y de la pintura de estilo naif en particular. Se le considera el descubridor de la obra de Hector Hyppolite (*véase pág. 100*). Rodman, que supervisó el trabajo de los artistas que pintaron los murales de la iglesia de la Sainte Trinité, escribió así mismo varios libros sobre Haití.

Barrios como **Pétionville** o **Kenscoff**, ahora casi prolongaciones de la ciudad, eran antes localidades enclavadas en los montes colindantes en los que, con el fin de escapar del ardiente calor de Puerto Príncipe, se construían casas las personas con medios económicos suficientes. Pétionville es el siguiente núcleo urbano desde el centro, y a continuación, más alejadas, se hallan las poblaciones de Montagne Noire, Kenscoff, Fermathe, Forts Jacques y Alexandre y Boutilliers, situadas incluso a mayor altitud.

ABAJO: en Puerto Príncipe las calles son un hormiguero de gente.

Puerto Príncipe es durante el día un hervidero de actividad. El número de habitantes no deja de aumentar en todas las ciudades de Haití; a medida que la economía agraria decrece, los campesinos, que antes eran autosuficientes, emigran a la ciudad con la esperanza de encontrar trabajo, pero allí descubren que tienen que competir contra muchísimas otras personas en su misma situación.

El resultado de esta tendencia es que donde antes había playas ahora está la mayor barriada de chabolas del mundo. La franja costera del extremo norte de Puerto Príncipe, La Saline, comprende una enorme extensión de suburbios en los que viven en torno a 200 000 de las personas más pobres de Haití. En el *bidonville* (barrio de chabolas) de Cité Soleil la situación es particularmente grave pues carece de cualquier tipo de servicios básicos, sufre frecuentes inundaciones y registra una ola creciente de violencia generada por la droga (éste es el único sitio en todo Haití que los turistas deben evitar a toda costa, a menos que vayan acompañados de alguna persona que resida en la zona). La cercana zona portuaria, llamada **Bicentenaire** (o Cité de l'Exposition), fue rehabilitada para el bicentenario de la ciudad, celebrado en 1949. Casi todo el mundo sigue conociendo la calle principal que discurre a través de ella por su antiguo nombre, Boulevard Harry Truman. Esta zona es segura durante el día pero por la noche es preferible evitarla.

Las camionetas y los *tap-taps* (autobuses) pintados de alegres colores son el transporte público de Puerto Príncipe y el extrarradio. Suelen ir tan abarrotados que resulta difícil imaginar cómo se las apañan los de dentro para salir vivos.

Un recorrido por el centro urbano

Los **Champs de Mars** ⓒ, delimitados por las calles Légitime, Capois, Mgr. Guilloux y Marron Inconnu/Piquant, están considerados como un único parque, pero es más fácil imaginárselos como un conjunto de espacios verdes separados entre sí

Plano página 280

Los Champs de Mars sirven así mismo de zona de prácticas de las autoescuelas. Cuidado con los volkswagen escarabajo conducidos por principiantes que circulan entre los monumentos.

ABAJO: el ingenio: velas de plástico en Cité Soleil.

por las calles que los cruzan. Muchos de los principales lugares de interés turístico de Puerto Príncipe se encuentran en las cercanías de los Champs de Mars. La **Maison du Tourisme** (oficina de turismo; abierta de lunes a sábado de 8:00 a 12:00 h y de 14:00 a 18:00 h), ubicada en la esquina de la calle Capois con Magny, constituye un excelente punto de referencia.

La extensa explanada que se extiende delante de la Maison de Tourisme son los Champs de Mars. Tuerza a la izquierda y camine por la calle Capois hasta la calle Légitime, al final del parque (lo más probable es que no haya ningún letrero), una estrecha calle de sólo una manzana de largo. Tenga cuidado al cruzar la carretera ya que es bastante difícil adivinar qué dirección van a tomar los coches en el cruce.

El edificio blanco de la esquina es el **Museo de Arte Haitiano** **D**; abierto de lunes a sábado de 10:00 a 16:00 h; se paga entrada), donde encontrará una de las mejores colecciones de Haití de arte naif, con cuadros de Philomé Obin, Hector Hyppolite y Préfète Duffaut entre otros. Recuerde que cuando el museo acoge alguna de sus soberbias exposiciones temporales retiran las pinturas de arte naif. Si se encontrara en esta situación recuerde que el Centro de Arte y algunas de las principales galerías de arte de la ciudad quedan bastante cerca. El museo cuenta, además, con una interesante tienda de regalos que dispone de un excelente surtido de cuadros, libros y objetos de artesanía a precios razonables.

Un poco más adelante del museo, por la calle Légitime, hay una valla con una puerta que oculta una extensa zona del parque. Si va en coche, siga por la hierba hasta el sitio donde vea que están aparcados los demás vehículos. Quienes no deseen visitar el museo pueden ir a la tienda de regalos y a la cafetería, a los que se accede por la misma puerta. No se sorprenda si al aproximarse a la puerta se le acerca un joven ya que probablemente sea un pintor que quiera enseñarle sus cuadros; si se detiene a echar una ojeada se reunirán a su alrededor otros artistas deseosos de mostrarle sus obras. Si

ABAJO: *El Paraíso,* de Wilson Bigaud, Museo de Arte Haitinao.

embargo, no suelen ser demasiado insistentes, de modo que una sonrisa agradable y una negativa amistosa bastarán si ninguno tiene esa obra maestra que le cautive.

El **Café du Jardin du Musée** (Café del jardín del Museo; abierto de lunes a sábado de 10:00 h a 16:00 h), ubicado en el jardín privado, detrás del museo, es un recoleto establecimiento donde descansar mientras almuerza, toma un bocado o bebe un refresco (en una mesa que tenga un ventilador cerca).

Si continúa por la calle Légitime más allá de la valla del museo llegará a la **Maison Défly** **E**, el edificio rosa de al lado. Se alza un poco apartado de la calle, detrás de una pequeña rotonda rosa situada en medio de un camino de grava, como para conceder a los que entran unos instantes para que el cambio desde el frenético ritmo del exterior al ambiente más sosegado del interior del recinto no resulte demasiado brusco. Aunque ahora es una escuela, la casa fue construida en 1896 por un comandante del ejército al estilo victoriano *gingerbread*. Alguien le enseñará encantado el edificio si usted expresa su interés en ello.

El parque de bomberos se encuentra a unos pasos en la misma calle Légitime, y junto a él, detrás de una larga valla de hierro ondulado, se alza el edificio de las oficinas de la Secrétairerie d'État au Tourisme (Secretaría de Estado de Turismo). No se arredre aunque nadie le haga caso, limítese a entrar y pregunte en el mostrador, y si no hay nadie, suba por la enorme escalinata (lo más seguro es que la cancela de la escalinata esté abierta antes de las 16:00 h) y hable con el recepcionista del primer piso. Si quiere folletos y mapas, diríjase a la Maison du Tourisme (*véase pág. 285*).

La calle Légitime desemboca unos metros más adelante en la avenida Magloire Ambroise. En la esquina de la izquierda hay un pequeño hotel ocupado sobre todo por haitianos que viajan a la capital por asuntos de negocios. Gire a la derecha por la avenida; pasará junto a un par de secciones del parque, también a la derecha. Todo a lo largo de las verjas de los Champs de Mars se instalan puestos de libros de

Plano página 280

NOTA

Conviene concertar una cita antes de ir a la Secretaría de Estado de Turismo si desea recabar información detallada.

ABAJO: productos frescos del campo a la venta en un mercado callejero.

Si tiene curiosidad por presenciar una ceremonia vudú, pregunte en el hotel Oloffson, pero cuente con que tendrá que pagarle una suma considerable al oficiante (houngan). *Otra posibilidad es esperar hasta ir a Jacmel, donde podrá concertar una cita con Madame Yclide La Guerre* (véase pág. 324).

viejo mezclados con otros en los que se venden todo tipo de artículos menudos, as como golosinas, comida y bebidas. Si quiere pasear por el parque podrá acceder a mismo por la siguiente entrada; es probable que vea gente llenando enormes garra fas de plástico en un caño que mana sobre una gran fuente de cemento, o a un grup de hombres jugando al fútbol en un campo improvisado: el largo paseo cementado

En el segundo cruce mire a la izquierda para ver un edificio alargado de color mos taza, el antiguo cuartel del ejército, **Casernes Dessalines** (hoy vacío y cerrado a público). Continúe avanzando en la misma dirección hasta el **Museo del Panteón Nacional Haitiano** (MUPANAH) **F**. En esta zona del parque suele haber grupos enzarzados en animadas discusiones, algo parecido a lo que ocurre en el famoso «Speakers' Corner» del Hyde Park de Londres. La totalidad del museo está baj tierra, salvo por unos pocos elementos arquitectónicos: un gran fuente (que pued que nunca tenga agua) y unas imaginativas y futuristas claraboyas que recuerdan a los vanguardistas edificios del arquitecto estadounidense Buckminster Fuller.

El Museo del Panteón Nacional contiene varias salas de carácter histórico dedicadas a las figuras de los primeros dirigentes de Haití en las que se exponen, entre otras cosas, maniquíes vestidos con ropas de época, el reloj de bolsillo de Toussaint L'Ouverture, documentos y un cuadro al óleo del presidente y rey Henri Christophe pintado por el artista galés Richard Evans, que fue director de la Academia de Arte instalada por el monarca en el palacio Sans Souci (*véase pág. 310*). Tambié podrá ver el ancla original de la nave capitana de Cristóbal Colón, la *Santa María* que encalló en un arrecife cerca de Cap-Haïtien el día de Nochebuena de 1492.

La Place des Héros de l'Indépendence

Gire a la izquierda a la salida del museo y camine dos manzanas hasta el **Palacio Nacional G**, un reluciente edificio blanco que preside una ancha plaza cuadrada

ABAJO: *Le Marron Inconnu*, con el Palacio Nacional al fondo.

frente al cual hay unos cuantos árboles y un césped incongruentemente verde. El palacio parece una gigantesca tarta de boda, lo que contrasta con algunos de los terribles acontecimientos que han tenido lugar entre sus paredes. En uno de los más recientes el presidente Aristide se negó a abandonarlo durante el golpe de Estado de 1991 y a punto estuvo de perder la vida de no ser por la oportuna llegada del embajador francés. El edificio actual fue construido en 1918 en el mismo solar que ocupaba el anterior, volado en 1912 con el presidente en su interior. El palacio no está abierto al público.

Delante del palacio, cruzando la plaza, podrá admirar ***Le Marron Inconnu*** (*El esclavo desconocido*) Ⓗ, la extraordinaria estatua de Albert Mangonès que representa a un hombre soplando una caracola en un llamamiento a la revolución. Completan la plaza otras estatuas de los héroes de la emancipación haitiana junto a una llama perpetua dedicada a los que murieron por la independencia.

Arte móvil

Si fuera posible encontrar un sitio en el que sentarse a tomar un refresco y ver pasar los *tap-taps* sería como contemplar una galería móvil de arte psicodélico con mensajes en criollo, inglés y francés escritos sobre pinturas de temática religiosa, deportiva, vuduista o simplemente dibujos geométricos. Algunos de los dibujos podrían muy bien estar expuestos en cualquiera de las galerías de arte de la ciudad. Hay imágenes de mujeres, de la Virgen con el Niño y motivos sacados de la naturaleza, así como divertidas sentencias que ponen de manifiesto el mordaz sentido de la sátira y de los proverbios religiosos de los haitianos.

Como también ocurre en otras regiones del Caribe, los conductores de las furgonetas que se utilizan para el transporte público acostumbran ponerles nombres rimbombantes, pero los haitianos han llevado esta forma de identificación a un nivel

Plano página 280

En el Mercado de Hierro encontrará tallas en madera y otros objetos de artesanía.

ABAJO IZQUIERDA: cebollas a la venta.
ABAJO DERECHA: *Estatua del Pueblo.*

superior. No se extrañe si ve aproximarse un *tap-tap* con un letrero que rece: *Paix amour* (paz, amor), o *Sans Jesus tout est nul* (sin Jesús todo es inútil).

Le Marché de Fer (mercado de Hierro)

Parece imposible en esta agostada, polvorienta y a menudo sucia ciudad que los *tap taps* presenten siempre un aspecto tan inmaculadamente limpio y brillante, pero as es. Los *tap-taps* se agolpan a todas horas enfrente del **Marché de Fer** (Mercado d Hierro) ❶ en su recorrido por las calles de Puerto Príncipe cargados de pasajeros.

El edificio del mercado, situado en el trepidante Boulevard Jean-Jacques Dessa lines, es una estructura de hierro coronada por dos minaretes y pintada de un bonit color ocre. Se cuenta que la estructura fue fabricada en Francia para el Gobiern turco, pero que en la década de 1880 el presidente de Haití, Hyppolite, la compr aprovechando que las piezas prefabricadas habían sido enviadas al Caribe por error.

Las calles adyacentes al mercado de Hierro bullen de vida como sólo pued hacerlo un mercado. Por ellas deambulan vendedores de todas las edades acarreand cestos de diversos tamaños sobre la cabeza, llenos de una increíble variedad de artículos: enormes estropajos de lana de acero, rollos de tela, platos de plástico, barreños... Los *tap-taps* y los vehículos privados dejan pasajeros aquí y allá, se paran y arrancan en sitios impredecibles, o intentan acelerar.

También le resultará muy útil contar con la ayuda de alguien que sepa hablar criollo. Además, es una zona en la que conviene mostrarse particularmente precavido cor el bolso, la cartera y la cámara. Los aficionados a la fotografía hallarán infinidad d escenas llenas de colorido e incluso chocantes, pero recuerde que a los haitianos n les gusta demasiado ser fotografiados, por lo que es preferible pedir permiso antes d enfocar a alguien con el objetivo. Otra posibilidad es ir provisto de un zoom o buscar un sitio discreto, procurar pasar desapercibido y elegir el momento adecuado

ABAJO: vendedoras en el Mercado de Hierro.

Las entradas del Mercado de Hierro están tapadas por los puestos que se apiñan en el exterior; pase entre ellos por el primer hueco que vea y busque las puertas abiertas. A fin de poder orientarse antes de sumergirse en el laberinto de angostos pasillos del interior, deténgase un momento de cara al edificio; la mitad de la izquierda, un gran espacio sin particiones lleno de tenderetes, contiene sobre todo productos para el hogar (utensilios de cocina y una asombrosa variedad de alimentos), mientras que la mitad de la derecha está abarrotada de casetas de un metro cuadrado en las que se venden cuadros, esculturas, objetos de artesanía y recuerdos.

En el interior la iluminación escasea, como también la ventilación. El olor a sudor, pescado salado, especias y fruta madura puede resultar ciertamente abrumador. En todo el recinto se respira un ambiente cargado y los pasillos suelen estar atestados de gente. Aunque algunos puestos disponen de ventilador, no cabe duda de que éste no es el mejor lugar para alguien que sufra de claustrofobia. Tenga presente que hay vendedores que querrán hacer negocio por todos los medios intentando persuadir a todo el que pasa para que se acerque a ver sus puestos. Al cabo de un rato sólo queda uno, que se pega como una lapa con el objeto de obtener una comisión de cualquier cosa que compre diciéndole al vendedor que ha sido él quien le ha llevado hasta allí.

Entre la ingente cantidad de obras de arte y artesanía, tesoros y basura, cabe la posibilidad de encontrar algún artículo valioso, pero conviene conocer de antemano la calidad y los precios en otros sitios para poder comparar. Si tiene la intención de comprar algún cuadro, asegúrese de que sea un óleo original, no una copia o una pintura acrílica. El mercado es un excelente lugar donde adquirir esculturas en jabón, tallas en caoba, objetos decorativos en hierro forjado y banderines y avíos de vudú. Si bien es cierto que los precios tienden a ser razonables, lo más seguro es que cuando pregunta un turista los suban al menos el 50 por ciento. Es obligatorio regatear ya que si no lo hace perderá crédito ante los vendedores.

Plano página 280

Los frescos pintados por Adam Léontus y Jasmine Joseph en la década de 1960 decoran la galería del coro y el órgano de la iglesia episcopal de la Sainte Trinité.

ABAJO: el altar mayor de la iglesia episcopal de la Sainte Trinité.

Plano página 280

La iglesia Sainte Trinité

La **iglesia de la Sainte Trinité Épiscopale** ❶ (iglesia episcopal de la Santa Trinidad), a unas cuatro manzanas de distancia de los Champs de Mars, en la esquina de la calle Courte con Pavée, es un lugar magnífico para mirar pasar a la gente y hacer fotografías de los *tap-taps* sin llamar tanto la atención como en el mercado de Hierro. La iglesia contiene unos espléndidos murales pintados por algunos de los artistas haitianos de estilo naif con más talento, como Philomé Obin, Castera Bazile y Rigaud Benoît; representan escenas bíblicas tradicionales en las que aparecen los rostros de haitianos que los pintores conocían, como también es haitiano el paisaje en el que se mueven, de forma que los fieles pudieran reconocerlo e identificarse con él. Estos extraordinarios murales demuestran que la espiritualidad en sí misma, como quiera que esté expresada, es el elemento más importante en la práctica religiosa. Hace tiempo que sus imágenes deberían haber zanjado el debate acerca de si mezclar los símbolos cristianos y del vudú supone un menoscabo para ambos.

Hector Hyppolite era un sacerdote vudú y un pintor de casas cuando su obra artística fue arrancada de la oscuridad y expuesta en el Centro de Arte.

Ambrose Thompson es un caballero encantador que disfruta compartiendo sus vastos conocimientos sobre los murales y los pintores con cualquiera que muestre interés. Suele ir a la iglesia todos los días, donde cuenta unas historias fascinantes por las que agradece unos *gourdes*.

Obras maestras en Sainte Trinité

Los muros de las naves y el presbiterio están enteramente decorados con obras de arte de famosos artistas haitianos que representan escenas bíblicas, la mayoría de ellas pintadas entre los años 1949 y 1951. El ábside lo adornan *La Crucifixión*, de Philomé Obin, *La Natividad*, de Rigaud Benoît (en el lienzo de la izquierda), *La Ascensión*, de Castera Bazile (derecha), y *Los ángeles*, de Gabriel Lévêque (encima, ocupando los tres lienzos del ábside).

En la capilla de Nuestra Señora, situada en el lado sur del edificio, podrá admirar *El milagro de Caná*, pintado por Wilson Bigaud cuando sólo contaba 22 años, *La huida a Egipto*, de Toussaint Auguste (sobre la ventana del lado este), *La Visitación*, de Fernand Pierre (sobre las columnas del oeste) y *La Anunciación*, de Adam Léontus (en el exterior de la capilla de Nuestra Señora).

El brazo sur del crucero alberga *La tentación de Adán y Eva*, de Toussaint Auguste (sobre la puerta del crucero), *La tentación de Cristo en el monte*, de Préfète Duffaut (arriba a la izquierda) y *Procesión callejera nativa*, también de Duffaut (arriba a la derecha). En el brazo norte del transepto verá *La expulsión de los mercaderes* y *El bautismo de Cristo*, ambos de Castera Bazile.

Hay una pequeña escuela aneja a la iglesia episcopal de la Sainte Trinité y de vez en cuando se celebran conciertos de música coral y clásica (para informarse llame al tel.: 222 5638). En un edificio contiguo encontrará así mismo una tienda de regalos que dispone de un buen surtido de libros y postales para enviar a los amigos.

Tres manzanas más adelante, siguiendo por la calle Courte, se alza una iglesia de mayores dimensiones pero de estética menos atractiva: la blanca y rosa **catedral de Notre-Dame**. Fue concluida en 1915 y algunos dicen que sus dos torres presentan un ligero parecido a la basílica del Sagrado Corazón de París. La catedral acoge una enorme capilla consagrada a la Virgen María. Los domingos se congregan en ella grandes multitudes de fervientes feligreses, así como un buen número de mendigos con la esperanza de beneficiarse de la caridad cristiana.

ABAJO: en los carnavales Puerto Príncipe se llena de colorido.
DERECHA: es imposible no reparar en algunos edificios.

DIEU POU NOUTOUS
FRESCO
24

LA FAUNA Y LA FLORA DE LA ESPAÑOLA

La República Dominicana ofrece una variedad más espectacular de plantas y animales, pero en Haití todavía hay zonas de gran belleza natural

Gran parte de La Española ha sido devastada por la deforestación, sobre todo en Haití, donde los árboles se talan para convertirlos en carbón o leña. La destrucción de los bosques ha alcanzado un nivel ciertamente peligroso en algunas regiones, convertidas en tierras baldías expuestas a las inclemencias del tiempo. No obstante, tanto la República Dominicana como Haití siguen siendo dos joyas caribeñas pobladas por vistosas, escasas y exóticas flores. En Samaná, al este de la República Dominicana, así como en el fértil valle del Cibao –el granero del país–, se cultivan extensas plantaciones de caña de azúcar, tabaco, café y cacao, mientras que el valle del Artibonito es la despensa de arroz de Haití. Por todas partes crecen árboles frutales cargados de cocos, mangos o naranjas, si bien los marañones (*arriba*) y los cactus sólo prosperan en las regiones secas.

HOMENAJES FLORALES

Los muros de las casas coloniales de Santo Domingo están adornados con buganvillas. Grandes palmeras se yerguen en el Malecón dando sombra en los parques, mientras en el jardín botánico proliferan infinidad de plantas aromáticas.

En el resto del país la flora tropical crece en las montañas y parques nacionales de ambiente más fresco, como el Parque Nacional Sierra de Barohuco, en el sudoeste. Cerca de Jarabacoa y Constanza, en la cordillera Central, hay praderas alpinas tapizadas de flores silvestres y extensos pinares cubren la falda del Pico Duarte. Hato Mayor, en el este, cuenta con un centro hortícola en el que se cultivan gran variedad de plantas exóticas, como anturios o bromelias, y donde también se crían numerosas especies de aves y de mariposas. Las hermosas orquídeas son muy abundantes; hasta la fecha han sido identificadas 300 especies diferentes.

◁ UN EMBLEMA VERDE
La cigua palmera es el ave nacional de la República Dominicana. Vive en los bosques autóctonos de palmeras.

▽ LAS MARIPOSAS
Podrá ver mariposas de alegres colores revoloteando entre la hermosa flora silvestre de los montes cercanos a San Pedro de Macorís, en el este, así como en el jardín botánico de Santo Domingo.

△ LAS IGUANAS
La iguana, un reptil protegid vive en las zonas cálidas y secas de La Española, incluid el Parque Nacional Macaya, en el sur de Haití.

▷ COCODRILOS AL SOL
Los cocodrilos nadan en las aguas saladas del lago Enriquillo en torno a la calurosa y árida isla Cabritos así como en Étang Saumâtre, al este de Puerto Príncipe.

◁ **EL RÍO CHAVÓN**
Los lujuriantes paisajes que atraviesa el río Chavón son un regalo para la vista. Desde Altos de Chavón, el río corre encajonado en un barranco rodeado de bosques y vistosas flores silvestres.

△ **LAS BANANAS**
Se cree que los plátanos fueron introducidos en La Española desde las islas Canarias, aunque se piensa que el nombre «banana» procede del idioma bantú de África occidental.

△ **LA ESCASA JUTÍA**
La jutía (*Capromys pilorides*), un roedor endémico de La Española y en peligro de extinción, vive en bosques como los del macizo de la Selle, en Haití.

▷ **UNA CRIATURA TEMIBLE**
La iguana rinoceronte (*Cyclura cornuta*) tiene un aspecto terrible, pero en realidad es bastante tímida.

EL REINO ANIMAL

Los amantes de la naturaleza viajan a La Española atraídos por sus parques nacionales, sus selvas vírgenes y sus lagos de agua salada habitados por animales exóticos. En el enorme Parque Nacional del Este y en la isla Saona, en el sudeste de la República Dominicana, además de vivir unas curiosas tortugas, ofrecen excelentes posibilidades para la observación de algunas de las aves más excepcionales del Caribe. Los bosques caducifolios y los manglares son el hábitat natural de las amenazadas jutías, los solenodontes y las iguanas rinoceronte. El ambiente seco y caluroso de la isla Cabritos es perfecto para los cocodrilos, las iguanas y los flamencos. La región que se extiende en torno a Étang Saumâtre la puebla una fauna semejante a la de la isla Cabritos, así como más de 100 especies de aves acuáticas. Si se tiene paciencia es posible sorprender a los tímidos manatíes en el Manatí Park Bávaro, al este, donde también encuentran refugio reptiles, aves y delfines. Las tibias aguas del mar Caribe son el hogar de infinidad de especies marinas, incluido el camarón boxeador (*arriba*). Y las ballenas jorobadas se aparean en el Banco de la Plata (*véase pág. 156*). En La Española no hay ninguna especie de serpiente venenosa.

EXCURSIONES DESDE PUERTO PRÍNCIPE

Mapa páginas 278-279

Para escapar del calor y de las aglomeraciones de la capital se puede ir de excursión a las montañas, visitar las lujosas urbanizaciones de la sierra o explorar los talleres de los afamados artesanos haitianos del metal

IZQUIERDA: acarreando cestos por la carretera de Puerto Príncipe a Kenscoff. **ABAJO:** peregrino en la catarata de Saut d'Eau.

Saliendo de la capital se extiende un territorio de suaves colinas ajeno al ajetreo, al ruido y al agobiante calor de la capital. Al sur se encuentran Pétionville y Kenscoff, dos poblaciones con unas vistas espléndidas del paisaje urbano que se despliega a sus pies. Al este de Puerto Príncipe está Croix-des-Bouquets, mientras que los centros playeros de la costa des Arcadins se hallan al norte. En la actualidad no existen demasiados destinos recomendables para el turismo al nordeste de la ciudad. La Route Nationale 3 (RN3) (carretera nacional) que se dirige a **Hinche** es en realidad una pista de tierra de 128 kilómetros de longitud que requiere un vehículo todoterreno y que se tarda por lo menos 5 horas en recorrer los días de buen tiempo. La región de Hinche es desde hace muchos años un foco de conflictividad campesina, de modo que, hasta que la situación no cambie, es preferible visitar otras zonas de Haití que sean bonitas y a las que resulte más fácil llegar.

Croix-des-Bouquets ❷, a menos de una hora en coche al este de Puerto Príncipe, todavía en la Plaine (llanura) du Cul-de-Sac, es una de las joyas desconocidas de Haití. Se trata de una pequeña y agradable ciudad de la que proceden la mayoría de las maravillosas esculturas metálicas que se venden en Haití. Parecen de hierro forjado, pero en realidad están hechas con metal reciclado de bidones de petróleo viejos. Dése un paseo por la calle mayor y las calles adyacentes y descubrirá multitud de interesantes talleres en los que los artesanos le enseñarán encantados sus creaciones. Algunas de las piezas de mayor tamaño con intrincadas filigranas y símbolos vudú son realmente extraordinarias. Una advertencia: casi todos los habitantes sólo hablan criollo, así que no se olvide de llevar un libro de frases o vaya acompañado por un intérprete.

Al aproximarse a Croix-des-Bouquets, justo antes del núcleo urbano, el amplio recinto vallado de la derecha es un mercado de ganado y un *abattoir* (matadero) al que los campesinos llevan sus animales para venderlos y sacrificarlos. En las calles de la vecindad se instala todos los viernes un mercado muy animado.

El 15 de julio miles de personas van en peregrinación a **Ville-Bonheur** ❸, un pequeño pueblo situado en los montes de la meseta Central, cerca de **Mirebalais** ❹. Allí se reúnen católicos practicantes, adeptos al vudú y algunos que profesan ambas religiones. Se tarda unas tres horas en recorrer los 35 kilómetros de carretera desde Puerto Príncipe. El origen de la romería se remonta a 1884, año en que unos lugareños anunciaron que se les había aparecido la imagen de la Virgen María en una palmera; para conmemorar el sitio donde se produjo dicha aparición se construyó un santuario.

La formidable catarata **Saut d'Eau** ❺, a unos 4 kilómetros de distancia, es un lugar sagrado para los fieles al vudú, quienes se bañan en sus aguas para purificarse antes de encender las velas e invocar la ayuda de los espíritus

Este bonito detalle decorativo es característico del estilo arquitectónico haitiano.

ancestrales que creen que moran allí. La ceremonia es uno más de los muchos ejem plos que ofrece Haití de sincretismo de las tradiciones y lugares vudús y cristianos

Saumâtre ❻, un lago de agua salada, tiene un considerable potencial para e futuro desarrollo del ecoturismo, pero de momento no cuenta con una verdader infraestructura. Conviene decir, sin embargo, que la ribera septentrional es la que má posibilidades ofrece de observar aves y otros animales, incluidos los flamencos y lo cocodrilos americanos.

Pétionville y excursiones por los montes vecinos

Algunas guías de viajes mencionan **Pétionville ❼** y las poblaciones de los monte aledaños como «excursiones» desde Puerto Príncipe. Aunque son localidades inde pendientes con su propia personalidad, su proximidad a la capital y la brevedad de trayecto hacen que sean casi como barrios de la misma. Por eso, Pétionville result una estupenda opción a la hora de elegir el hotel que vaya a ser nuestra base en Haití

Pétionville

Ubicada a 450 metros sobre el nivel del mar y con varios grados menos de tempe ratura que el centro urbano, Pétionville era antes un reducto de la elite capitalina Sigue siéndolo, pero ahora que está mejor comunicada también se han establecid allí familias de clase media y alta, además de numerosas organizaciones humanita rias internacionales y embajadas. Pétionville, así llamada en honor de Alexandr Pétion, el general mulato que unificó el sur de Haití durante la revolución de prin cipios del siglo XIX, posee muchos de los mejores hoteles y restaurantes de Haití además de un casino, un campo de golf de 9 hoyos y unos cuantos clubs de tenis

Proliferan los restaurantes modernos, que cambian constantemente, y cuenta co abundantes locales nocturnos, galerías de arte y boutiques. La mayor parte se encuen

ABAJO IZQUIERDA: la plaza de Saint-Pierre. **ABAJO DERECHA:** uno de los omnipresentes y llamativos *tap-taps*.

ran dentro o en las inmediaciones de la zona delimitada por las calles Lamarre, Grégoire, Panaméricaine (avenida John Brown) y la plaza de Saint-Pierre. Salvo por unos pocos establecimientos de siempre en Puerto Príncipe a los que no les falan nunca clientes, Pétionville constituye una excelente alternativa para cualquiera que tenga intención de salir de noche.

Tres carreteras paralelas conducen a Pétionville desde Puerto Príncipe. La Route de Delmas (llamada Delmas), la más septentrional, es probablemente la que tiene el ráfico más denso y la mayor concentración de microbuses del transporte público. Todas las calles perpendiculares están numeradas (por ejemplo: Delmas 31, Delmas 60), de manera que resulta relativamente sencillo dar con una dirección en este populoso barrio. En las señas o al dar direcciones siempre se incluye el número del portal. Las calles numeradas pueden ser bastante largas, por lo que es importante determinar con exactitud cuál de las tres carreteras está más cerca de nuestro destino para ahorrarnos una larga y sofocante caminata.

La avenida John Brown es divertida. En primer lugar, todo el mundo la llama **Lalue**. En segundo lugar, al cabo de un trecho, a la altura de Delmas 60, cambia de nombre y se convierte en la calle Panaméricaine (o sólo Panaméricaine). De las tres, es la más transitada por los *tap-taps* y *publiques* (taxis compartidos, que se identifican por una cinta roja colgando del retrovisor). En el centro de Pétionville confluyen las calles Panaméricaine, Delmas y Delmas 105 (a la derecha en el cruce). A partir de allí, Delmas 105 (también denominada la Route des Frères) pasa a llamarse Boulevard du 15 Octobre (la fecha en que Aristide regresó a Haití en 1994). Salir de Pétionville por ella supone dar un pequeño rodeo, pero es posible que se evite buena parte del tráfico del centro urbano.

La carretera situada más al sur es la Route du Canapé Vert (o sólo Canapé Vert, literalmente Canapé Verde). Es el mejor trayecto para ir desde Puerto Príncipe a

NOTA

En la carretera Noailles de Croix-des-Bouquets se encuentran algunos de los mejores talleres de artesanía en metal.

ABAJO: Canapé Vert.

Pétionville, el que ofrece las mejores vistas y el que tiene menos tráfico. Conforme va subiendo hacia Pétionville, se abre un nuevo panorama detrás de cada curva.

Desde los **Champs de Mars** a Pétionville, dependiendo del tráfico y del conductor, hay 15 fascinantes y amenos minutos de viaje durante los cuales tendrá ocasión de contemplar el incesante ajetreo de la ciudad.

De excursión al monte

Merece la pena dedicar uno o dos días a explorar con calma los montes que se elevan sobre Pétionville. Desde las carreteras que recorren sus apacibles y frescas laderas podrá disfrutar de espléndidas vistas de la bahía de Puerto Príncipe así como la ciudad y la llanura del Cul-de-Sac. No obstante, si anda escaso de tiempo, cabe la posibilidad de condensar la excursión en medio día. Si tiene pensado utilizar el transporte público, los *tap-taps* y las *camionettes* salen muy cerca del mercado de Pétionville.

Kenscoff es aún una pequeña localidad llena de hermosas casas de veraneo en la que se celebra un mercado semanal; en Fermathe está la misión bautista; Boutilliers brinda las mejores vistas; y los fuertes Jacques y Alexandre están rodeados de umbrosos pinares y gozan de una magnífica panorámica. Una incorporación reciente al bucólico paisaje de estas montañas son las nuevas edificaciones y las suntuosas mansiones que han proliferado por toda la zona. En un país de pobreza tan extrema la ostentosa riqueza de unos pocos afortunados resulta particularmente notoria en los montes que dominan el bochornoso Puerto Príncipe.

La ruta comienza en la plaza de Saint-Pierre de Pétionville; deje atrás la comisaría de policía y las muchedumbres de alrededor, continúe por la carretera de Kenscoff durante unos 10 minutos y vire a la derecha en **United Sculptors of Haiti** donde podrá admirar bonitas tallas en madera. La carretera pasa junto a una inmensa cantera y al enorme castillo de imitación que construyó la **fábrica de ron Barban-**

ABAJO: el castillo de imitación que construyó la destilería Barbancourt como local de degustación.

Mapa páginas 278-279

ourt como local de degustación, aunque lleva muchos años cerrado a causa de na disputa familiar. Durante un breve período fue una discoteca y actualmente se a presentado un proyecto para montar en él un restaurante.

Barbancourt sigue produciendo excelentes rones haitianos en su destilería situada n la RN1. El ron que se elabora allí está hecho con jugo de caña de azúcar en lugar e la melaza que se suele utilizar en otras partes. Una visita a alguna de las destileías de caña de azúcar de la llanura del Cul-de-Sac constituye una magnífica excurión, que puede combinarse con un recorrido por las antiguas plantaciones de **La Ruta de los Esclavos** y una visita a Croix-des-Bouquets (*véase pág. 297*).

La carretera a **Kenscoff** ❽ ofrece unas vistas maravillosas de Puerto Príncipe mienras asciende serpenteando hacia esta localidad ubicada a 1 500 metros sobre el nivel lel mar. El **hotel Florville** cuenta con un buen bar-restaurante donde tomar un refresco comer y en el que los fines de semana actúa una orquesta. El restaurante **L'Infini** ambién tiene música en directo los fines de semana. **Le Pistacchio**, al final de la calle, un modesto restaurante familiar que sirve una comida deliciosa, quizás esté abierto los fines de semana. En Kenscoff hay un pequeño mercado semanal que resulta nteresante por el modo en que está disperso a lo largo de las calles. Pregunte en Pétionville el día de la semana que se celebra.

No es fácil subir más allá de Kenscoff, aunque para los senderistas la siguiente escala es **Furcy**. Debido a que el estado de la carretera es muy malo a partir de Kenscoff, puede ser necesario realizar un esfuerzo considerable para alcanzar la cima, sobre la que se distingue una gran antena de radio. No obstante, el ascenso merece la pena por la panorámica que se extiende hacia el sur, un precioso paisaje de pinares y bosques pluviales montanos que cubren el **macizo de la Selle** ❾. Furcy es el punto de partida de una ruta de 5-6 horas que desciende hasta el **Auberge de la Visite**, en **Seguin** (50 kilómetros), dentro del **Parque Nacional La Visite**.

ARRIBA: los fines de semana los bares y restaurantes ofrecen música en directo. **ABAJO:** a caballo por las colinas.

Mapa páginas 278-279

Al independizarse, Haití carecía de ejército, por lo que en caso de una invasión el plan consistía en incendiar las llanuras y retirarse a las fortalezas de las montañas. Los guerrilleros Caco *utilizaron algunas en su lucha contra la ocupación estadounidense de 1918-1920.*

ABAJO: una niña haitiana.
DERECHA: una representación de la vida rural.

De nuevo en la carretera principal, ésta continúa subiendo en zigzag, mostrand tras cada revuelta un nuevo y lujuriante panorama mientras el aire se nota cada ve más frío. Unos 20 minutos después, nada más salir de una curva muy cerrada, apa rece a la derecha la **montaña Maid Mission**. Si ve pasar a su izquierda un mur decorado con pinturas de vivos colores, ése es el sitio, así que reduzca la velocidad dé la vuelta y regrese a la misión. Algunas personas van a la misión bautista d **Fermathe** con el único propósito de comer en la cafetería porque en ella despa chan hamburguesas al estilo estadounidense, patatas fritas y helados. El recint comprende una escuela en la que se enseña artesanía, agricultura o sistemas de rega dío. Desde los grandes ventanales de la cafetería se contemplan las ordenadas terra zas de las laderas cultivadas por los alumnos de la escuela, a menudo envueltas e la niebla. Las vistas sobre el cambiante paisaje, que puede brillar bajo un sol res plandeciente iluminando las verdes colinas o enmudecer bajo una neblina azulad que entolda el cielo y las cumbres, son arrebatadoras.

La mayor parte de lo que produce la misión se vende en sus dos tiendas. En un se venden plantas en maceta, semillas, frutas y verduras y unos pasteles deliciosos la otra es una tienda de artesanía y recuerdos con muy buenos precios. En el exte rior del recinto de la misión podrá comprar otros artículos de artesanía y, desd luego, admirar las pinturas que adornan el muro al otro lado de la carretera.

Los fuertes

Los haitianos construyeron el **Fort Jacques** y el **Fort Alexandre** ❿ después de inde pendizarse de Francia con el fin de protegerse contra futuras invasiones. Un desví cerca de la misión conduce al fuerte Jacques, a 10 minutos de distancia. Las muralla de la fortaleza, de 1804, fueron restauradas a comienzos de la década de 1990, por l que ahora están completas. Por un pequeño importe un muchacho le abrirá la puert de entrada, aunque en realidad no hay demasiado que ve en el interior. La principal razón para visitar el fuerte so las fantásticas vistas que se contemplan desde allí, co Puerto Príncipe al oeste y la llanura del Cul-de-Sac a norte. El fuerte Alexandre nunca llegó a concluirse y ho apenas queda nada de la estructura original.

La segunda razón para visitar las ruinas de ambas for talezas, edificadas sobre dos montes contiguos, es disfru tar del aire fresco de la montaña; el aroma de los pino constituye un raro placer, y podrá preparar una meriend campestre en cualquiera de los dos sitios. Se cree que esta fortalezas están comunicadas por un pasadizo subterráneo

Antes de regresar a Pétionville puede hacer un alto e otro agradable y fresco paraje situado a 1 000 metro sobre Puerto Príncipe. Los días despejados, **Boutilliers** ⓫ disfruta de las mejores vistas sobre la ciudad y sobre tod la cuenca, así como de los atardeceres más espectaculares

A una hora en coche al norte de Puerto Príncipe s extiende la **costa de Arcadins** (*véase pág. 342*), cono cida sobre todo por sus playas y por sus complejo turísticos de lujo. En las poblaciones de la costa tendr la posibilidad de practicar diversas actividades, como e submarinismo, el buceo y la equitación. Al norte d Cabaret se encuentra Montrouis y, no muy lejos, el cen tro turístico de Moulin sur la Mer, donde está el **Muse de Ogier-Fombrun**, de especial interés para los turis tas que sigan la Ruta de los Esclavos pues sus panele informativos (en francés) explican la historia de Hait desde los taínos y el comercio de esclavos hasta l época de la posguerra.

LA COSTA NORTE

Mapas páginas 278 y 309

Atormentada por la herencia de su turbulento pasado, la región en torno a Cap-Haïtien, la segunda ciudad del país, cuenta con una fascinante historia y unos paisajes espectaculares

En la actualidad la costa norte se encuentra económica, política y geográficamente muy alejada de la capital, Puerto Príncipe, pero en el pasado fue el escenario de la mayor parte de los principales acontecimientos históricos de Haití. n 1492 Cristóbal Colón arribó a estas costas, donde levantó el primer fuerte euro-o del Nuevo Mundo. Durante el período colonial, la fértil llanura del Norte (Plaine Nord) que rodea Cap-Haïtien no era tanto el granero como el azucarero de la isla. n esa época las grandes plantaciones prosperaban con la exportación de azúcar a uropa, pero su rendimiento era directamente proporcional al sufrimiento de los clavos. En consecuencia, el norte fue la cuna de la sublevación de los esclavos que ondujo a Haití a la independencia. Los únicos vestigios visibles hoy en día de quellas enormes plantaciones son los solitarios postes de los cercados que salpican paisaje del norte. En esta región abundan las fortificaciones costeras, construidas nto antes como después de la independencia. El ostentoso reinado del ex esclavo enri Christophe dotó a esta zona de otros edificios imponentes, como la Citadelle el palacio Sans Souci. El litoral, sobre todo al este de Cap-Haïtien, es uno de los ás hermosos de Haití y sus aguas cobijan numerosos barcos hundidos que podrá xplorar. La isla de la Tortuga, la isla que flota frente a Port-de-Paix, fue una popuosa guarida de piratas y filibusteros durante el siglo XV.

Cap-Haïtien ⓬ disfruta de un ambiente relajado e formal que sirve de contrapunto al ritmo frenético de uerto Príncipe. Por la tarde resulta particularmente agraable, cuando los haitianos salen al balcón a descansar, harlar, bromear y abanicarse. Por fortuna, Cap-Haïtien arece de los habituales e insistentes vendedores ambuıntes y personas que se ofrecen como guías, por lo que allejear por ella es una experiencia mucho más relajada.

Los edificios de la ciudad presentan un estilo arquitecónico homogéneo que debe mucho a las influencias franesa y española. Las calles son angostas, por lo que a ualquier hora del día una de las aceras siempre está a la ombra. El trazado del centro urbano es una simple cuarícula organizada mediante números y letras. Las calles ue corren de este a oeste están numeradas del 1 al 24 mpezando desde el sur de la ciudad. Las calles que van e norte a sur, paralelas a la costa, se identifican mediante etras, de la A a la Q; la calleA es la más próxima al Bouevard, el ancho paseo marítimo a orillas del mar.

Históricamente, los orígenes de Cap-Haïtien se remonan a un pequeño asentamiento llamado Bas-du-Cap que ue fundado por bucaneros en el siglo XVII. Las autoriades francesas le cambiaron el nombre por el de Caprançois, modernizado a mediados del siglo XVIII como Cap-Français. Gracias a la extraordinaria fertilidad de la lanura del Norte en la que está enclavada la ciudad, Caprançais se convirtió en la capital colonial más próspera e Francia. Al poco tiempo ya era célebre por su sunuosa arquitectura neoclásica y conocida como el «París e las Antillas». Después de la independencia de 1804

PÁGINAS ANTERIORES: panorámica desde la Citadelle La Ferrière.
IZQUIERDA: las ruinas del palacio Sans Souci.
ABAJO: una barbería en Cap-Haïtien.

El práctico sistema de denominación de las calles de Cap-Haïtien es consecuencia de la invasión estadounidense de 1915. Los marines se negaron a llamarlas por sus nombres franceses porque les resultaban demasiado difíciles de pronunciar, y prefirieron rebautizarlas. Algunos de los habitantes de más edad todavía utilizan los antiguos nombres del siglo XIX.

fue rebautizada, por motivos evidentes, con el nombre de Cap-Haïtien. En el siglo XVIII fue devastada por dos grandes incendios, arrasada por Henri Christophe a comienzos del siglo XIX y asolada por un terremoto años después, de modo que en la actualidad apenas queda nada que recuerde su antiguo esplendor.

Uno de los mejores ejemplos que se conservan de la arquitectura colonial es el **hotel Roi Christophe** Ⓐ, en la calle 24B, construido para el gobernador francés en 1724. Su estilo, con un umbrío patio central porticado, recuerda más al de la arquitectura colonial española que al de la francesa. Las terrazas, pavimentadas con losas de mármol, miran al exuberante jardín, detrás de cuya tapia se extienden las abarrotadas calles de la ciudad. Si continúa por la calle 24B hacia el norte, cruzando el canal que da paso a la zona llamada Carenage, desembocará en la carretera costera que avanza serpenteando hasta **Rival**, la playa de la ciudad, sucia y llena de basura. Las tres antiguas fortalezas francesas de Cap-Haïtien se alzan junto a esta carretera. Un par de pilas de bolas de cañón huecas y oxidadas es todo lo que queda del fuerte Magny, a la izquierda. El **fuerte Joseph** se asoma al acantilado de la derecha, pero está prohibida la entrada. El más impresionante de los tres es el **fuerte Piclet**, donde todavía se mantienen en pie algunas de sus escaleras y muros, donde podrá ver un considerable arsenal de viejas bolas de cañón.

La **plaza de Armas** Ⓑ, delimitada por las calles F, H, 20 y 18, es una apacible plaza situada en el centro de la ciudad que en el pasado fue el escenario de numerosas ejecuciones realizadas por los franceses como escarmiento. Muchos de los mártires de la revolución haitiana murieron en este lugar. François Mackandal, el esclavo que había estado envenenando el agua de los terratenientes, fue quemado en la hoguera ante miles de esclavos. Chavannes y Ogé, cabecillas del alzamiento de los mulatos, fueron torturados públicamente en la plaza, y Boukman, el sacerdote vudú que exhortó a los esclavos a rebelarse durante una ceremonia clandestina en Bois Caïman, fue

ABAJO: interior de la catedral.

:capitado. Hoy en día los estudiantes van allí a leer y a comer helados a la sombra : la **catedral de Notre-Dame C**, construida en 1774, y de la Universidad Roi Chris-phe, levantada sobre las ruinas de un palacio real posterior a la independencia.

Existe un mercado de hierro al sudoeste de la plaza de Armes en la manzana que ›rman las calles I, K, 9 y 11, en el que las mujeres pregonan una plétora de frutas, ›pecias y verduras. Más al sur, entre las calles I, K, 2 y 4, hay otro mercado donde : venden utensilios domésticos tales como ollas o sartenes y recipientes de plástico : todas las formas y tamaños que quepa imaginar. En la confluencia de la calle 17 ›n el Boulevard hay un pequeño mercado de artesanía donde podrá comprar cua-:os, bordados y tallas en madera.

Philomé Obin, el pintor más famoso del norte de Haití, nació en 1891 en Cap-Haï-en. Merece la pena visitar su casa, que todavía se alza en la esquina de la calle L, ›nocida así mismo como calle Espagnole. Siguiendo por la carretera nacional 1, nos 5 kilómetros más al sur, tras franquear las recargadas puertas de la ciudad lla-adas **Barrière Bouteille**, se encuentra el distrito de **Vertières**, donde tuvo lugar la istórica victoria de Dessalines en la batalla del 18 de noviembre de 1803, que culminó ›n la toma de Cap-Haïtien, la derrota de los franceses y la libertad de los esclavos egros. Al borde de la carretera hay un monumento dedicado a la memoria de los éroes de la liberación erigido en 1953 para conmemorar los 150 años de libertad.

Durante el período colonial había más de mil plantaciones entre la **llanura del :orte** y el sur de Cap-Haïtien. Aunque la mayor parte de las ruinas han desapare-ido, existen algunos monumentos que rememoran aquella época, como el dedi-ado a Toussaint Louverture, levantado en los terrenos de la plantación Bréda. En ı calle 15B tiene su sede una sociedad dedicada a la protección del patrimonio his-órico de Haití, ISPAN, en la que le facilitarán información sobre los diferentes ıgares de interés.

Plano página 309

Mackandal era un cabecilla de los esclavos oriundo de Guinea. Experto en el arte del envenenamiento, tramó un plan para eliminar a los crueles colonizadores. Eligió el arsénico porque en aquella época era un insecticida común, pero también utilizó raíces, bayas, tierra contaminada y vidrio triturado. Su campaña de terror duró seis años.

ABAJO: en el barrio histórico.

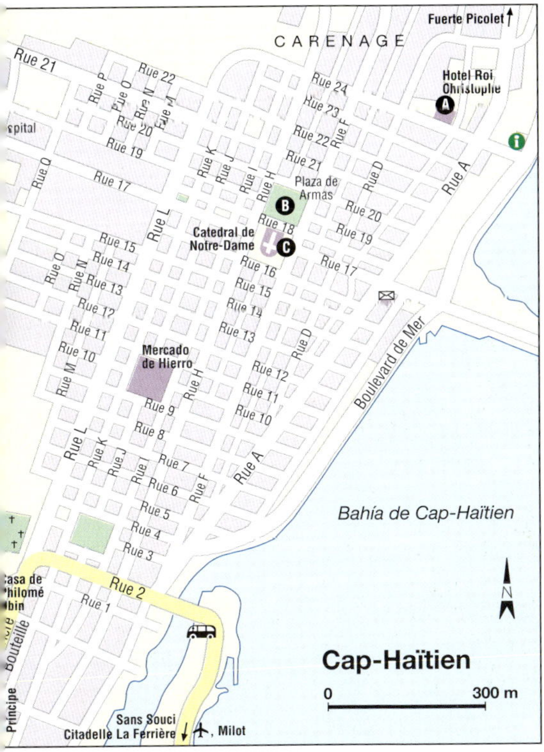

En los jardines del palacio Sans Souci aún se conservan algunas estatuas y monumentos, pese al terremoto de 1824 y al abandono.

Abajo: tras una cabalgada desde Milot aparece el palacio Sans Souci.

El palacio Sans Souci

Tres años después de la independencia, Henri Christophe, un ex esclavo, se aut proclamó rey de la provincia del norte. Christophe pretendía imitar a la reale europea, para lo que mandó construir nueve palacios, ocho castillos y la más mar villosa de sus creaciones, la imponente Citadelle. Henri edificó palacios en Je Rabel, Cap-Haïtien y Petite-Rivière, pero la joya de la corona era el elegante **pal cio Sans Souci** ⓭ (abierto a diario; se paga entrada), donde recibía en audiencia la recién instituida nobleza. A pesar de que Sans Souci resultó parcialmente destruic por el terremoto de 1842, que también arrasó Cap-Haïtien, se conserva la estructur que aún trasluce su belleza original; sus ruinas surgen como una sobrecogedo aparición en el monótono paisaje haitiano, sobre todo si se ven a través de la neblii de la mañana. Se puede llegar a Sans Souci en una escapada de un día desde Ca Haïtien por la calle del Aéroport en dirección a Milot, a 20 kilómetros de la ciuda

Christophe ordenó la construcción de Sans Souci en 1810, en pleno delirio c vanidad monárquica, y fue finalizado en 1813. Azuzado por el ardiente deseo de qu rivalizase en esplendor con el palacio de Versalles, levantó el palacio más ostento de las Antillas: tenía aposentos reales, salas de banquetes, salones de baile e inclus orificios disimulados en las paredes de la cocina para espiar a los cocineros por pretendían envenenarle. Fueron llevados ebanistas, pintores y canteros desde Itali Francia e Inglaterra para que colaborasen en su suntuosa ornamentación. Incluso co taba con un sencillo sistema subterráneo de refrigeración alimentado por los mana tiales de las montañas. El edificio remeda el palacio prusiano de Potsdam, pero lo jardines querían parecerse a los de Versalles. Ocupaban 8 hectáreas de superficie qu incluían una imprenta, una biblioteca, un hospital, una fábrica de moneda y un cua tel. Era el centro neurálgico del Gobierno de Henri Christophe, enclavado tier adentro como medida de protección contra un eventual ataque desde el mar.

a Citadelle

Milot es el punto de partida de la ruta –que puede hacerse a pie o a caballo– que sube ısta la **Citadelle La Ferrière** ⓮ (abierta a diario; se paga entrada). Esta formida- e ciudadela es un poderoso símbolo de la grave aprensión que sufría la sociedad ıitiana a comienzos del siglo XIX; puesto que el temor a una nueva invasión y la ›nsiguiente esclavitud estaban muy arraigados se construyó la ciudadela con el n de rechazar los posibles ataques. Su lúgubre mole se alza dominando el paisaje ı la cima del **pico La Ferrière**, a 900 metros de altitud. Cerca de Sans Souci hay ı aparcamiento en el que podrá adquirir la entrada a ambos monumentos; cuesta ıos 25 gourdes. En el aparcamiento próximo a la base del pico La Ferrière se quilan caballos por unos 50 gourdes. El kilómetro y medio de subida hasta la Cita- elle requiere un esfuerzo considerable, de modo que no se olvide de llevar un som- ero y agua en abundancia.

Las obras de esta colosal ciudadela se iniciaron en 1804, pero no fue hasta 1817 ıando se colocó la última piedra. Un ejército compuesto por más de 20 000 anti- ıos esclavos transportaron miles de toneladas de piedras, cañones de bronce y olas de cañón hasta la cima del escarpado pico La Ferrière. El proyecto fue fruto e la colaboración de Henry Beese y Henri Barre, dos arquitectos –uno inglés y tro francés– contratados por Henri Christophe. A primera vista, la Citadelle parece ı proa de un gigantesco buque modernista que surca las montañas, una forma sor- rendente y casi futurista para su época. La fortaleza, cuyas murallas tienen 4 metros e espesor y hasta 40 metros de altura en algunas partes, era inexpugnable y alma- enaba víveres suficientes para alimentar a una guarnición durante un año. Desde su unto más alto el ejército podía vigilar Cap-Haïtien, el litoral, las llanuras del norte las rutas del sur. Las vistas de la **cadena de Bonnet**, incluido el **monte Bonnet à 'Évêque**, son espectaculares. En 1820, a raíz de una sublevación contra su despó-

Mapa páginas 278-279

La Citadelle, proyectada por el arquitecto mulato Henry Beese, fue el último gran gesto de Henri Christophe y también su tumba. Henri, parcialmente paralítico tras un ataque de paraplejía, se suicidó en 1820 de un disparo en la cabeza mientras los republicanos se congregaban frente a Sans Souci.

ABAJO: los cañones todavía montan guardia.

El uso del gourde *como unidad monetaria es un legado de Henri Christophe. El* gourde, *que en realidad es la cáscara dura de las calabazas, se utilizaba para transportar agua y frutas. Christophe nacionalizó los* gourdes, *reuniendo en torno a 200 000. Pagaba a los campesinos en gourdes por toda una cosecha de café, que luego vendía a Europa a cambio de oro. En menos de un año Haití ya disponía de su propia moneda metálica y estable*

tico reinado, Henri Christophe se suicidó disparándose una bala de plata –algun dicen que en la cabeza, otros que en el corazón– en los aposentos reales del palac Sans Souci, pero su cuerpo fue finalmente enterrado dentro de la Citadelle metic en una tinaja llena de cal viva.

A unos kilómetros de Cap-Haïtien, por la carretera que va al aeropuerto, un de vío a la izquierda conduce a **Fort Liberté** 15. Resulta difícil creer que esta polvorie ta y desangelada población con tan sólo un teléfono fuera en el pasado una ciuda estratégica en el devenir de la historia haitiana. Los únicos vestigios que perdura de aquellos tiempos son las ruinas de los viejos fuertes dispersos por su ampl bahía. El **Fort Dauphin**, construido en 1732, es el que se conserva en mejor estad para llegar hasta él siga la carretera principal que cruza las puertas de la ciudad dirección al mar. Su estructura de piedra roja, que se ciñe al sinuoso contorno de bahía, contiene un polvorín, bóvedas de cañón y las ruinas de una vieja capilla. Lo franceses llamaron a la ciudad Fort Dauphin, pero Toussaint L'Ouverture le camb el nombre por el de Fort Liberté cuando la capturó en 1796. Hace menos tiempo, el siglo XX, Fort Liberté tenía la plantación de henequén más extensa del mund hasta que la producción de nailon acabó con la demanda de sisal.

La ruta entre Cap-Haïtien y Fort Liberté pasa por una pequeña ciudad llamac **Limonade** y cerca del pueblo costero de **Bord de Mer** 16. Se cree que este puebl fue el emplazamiento de **La Navidad**, el primer fuerte que los europeos levantarc en el Nuevo Mundo, aunque el único indicio que lleva a tal conclusión es una estac de madera encontrada allí que la prueba del carbono 14 fechó en el siglo XV. Cri tóbal Colón echó anclas en la **bahía de Acul**, al oeste de Cap-Haïtien, el 21 c diciembre de 1492. La víspera de Navidad la carabela *Santa María* encalló en u arrecife de coral no muy lejos de allí. La madera de la nave fue utilizada entonce para construir un fuerte, La Navidad, en el que Colón dejó una guarnición d

ABAJO: las ruinas del fuerte Dauphin.

Mapa páginas 278-279

40 hombres. Un año más tarde los indígenas amerindios destruyeron el fuerte y asesinaron a los hombres que había en él.

Al oeste de Cap-Haïtien, en la costa norte del cabo, se encuentran algunas de las playas, ensenadas y acantilados más hermosos de Haití. La prolongación de la calle 21 de Cap-Haïtien hacia el oeste constituye la accidentada ruta de acceso a esta zona, a unos 20 minutos en coche. La primera playa a la que es posible acceder es **Cormier**, con un pequeño complejo hotelero en el que podrá practicar el submarinismo y la vela.

Un poco más adelante se encuentra **Labadie Nord** ⓱, una península vallada que pertenece a la compañía Royal Caribbean Cruise Lines, lo que en cierto modo parece una incongruencia en esta por lo demás remota región. Tres veces a la semana (lunes, martes y jueves) un crucero deja allí a unos 1 000 pasajeros que se dedicarán a nadar, hacer esquí acuático, tomar el sol, comer y beber. Esta península es sumamente hermosa, pero quizás se disfrute y aprecie mejor los días más tranquilos en que la entrada cuesta unos 2 dólares, en comparación con los 20 dólares que hay que pagar los días que recala un crucero. A partir de Labadie Nord la carretera continúa otros 2 kilómetros hasta la **Playa Belli**, donde un taxi acuático le llevará a Labadie Village, un modesto pueblo pesquero, y a muchas calas y ensenadas ocultas.

La única ciudad importante en la costa norte es **Port-de-Paix** ⓲, un paraíso del contrabando donde los hombres honrados comercian con colchones de segunda mano importados de Miami. Se trata de una olvidada localidad portuaria, pero muy animada e interesante. El puerto es el mejor lugar para empaparse del carácter de la ciudad y hacerse una idea del loco mundo del comercio haitiano. Dependiendo del barco que haya atracado, el muelle puede estar lleno de frigoríficos, bicicletas o generadores eléctricos de segunda mano. Toda la zona portuaria se transforma en un bullicioso mercado callejero cuando atracan los destartalados barcos. Históricamente, Port-de-Paix fue la primera capital de la colonia francesa de Saint-Domin-

ABAJO: dos formas diferentes de navegar.

Mapa páginas 278-279

La palabra filibustero deriva de una traducción francesa del siglo XVII del término inglés flyboat, *con el que se designaba a las pequeñas embarcaciones que utilizaban los piratas. Y de su costumbre de curar la carne sobre grandes hogueras de brasas, que los amerindios llamaban* boucans, *toman su nombre los bucaneros.*

gue, en 1665. Con el propósito de que los bucaneros se afincasen allí las autoridades francesas pusieron en libertad a 100 prisioneras, la mayoría prostitutas y rateras y las trasladaron a Port-de-Paix. «Te tomo sin saber, o querer saber, quién eres…» son palabras con las que los contrayentes expresaban su consentimiento en bodas documentadas en el Port-de-Paix de aquella época. Hay un par de iglesias interesantes: la bella **catedral** de estuco azul y blanco, en la avenida Notre-Dame, y la **iglesia Montfort**, en una bocacalle de la calle del Quai. Entre las calles Sténio Vincent y La Forêt existe así mismo un típico mercado haitiano de hierro en el que se venden sobre todo alimentos.

De Port-de-Paix sale una accidentada carretera hacia el oeste que se dirige a los remotos municipios de **Jean Rabel** y **Môle Saint-Nicolas**. El noroeste, antaño una fértil región agrícola, es ahora un territorio devastado por culpa de la deforestación la más grave de Haití. La pobreza y el aislamiento han propiciado el desarrollo de una industria carbonífera que ha ocasionado la tala indiscriminada de los árboles para hacer carbón, que se envía a Puerto Príncipe. Una serie de sequías sucesivas y las consiguientes condiciones de cuasi hambruna han convertido esta árida zona en la más pobre del país, una situación agravada por los violentos enfrentamientos que estallan cada cierto tiempo entre los grandes terratenientes y los campesinos sin tierra.

Desde **Saint-Louis du Nord**, a 15 kilómetros al este de Port-de-Paix, zarpan los barcos que van a la **isla de la Tortuga** ⓳. Los pasajeros tienen que subir a bordo montados a hombros de los marineros porque el embarcadero está poco menos que en ruinas, pero los 10 kilómetros de navegación a través del canal son emocionantes y estimulantes.

Treinta años después de la llegada de los españoles a Saint-Domingue, los piratas y filibusteros franceses e ingleses ya estaban estableciendo bases secretas en la región desde las que poder atacar a los buques de paso. Los piratas no tardaron en darse cuenta de que la isla de la Tortuga era un lugar perfecto desde el que causar estragos entre las naves mercantes y los barcos cargados de plata. La isla se convirtió en un refugio de piratas en el que éstos se repartían los despojos, reparaban los barcos, bebían y se dedicaban a divertirse. A la hora de repartir el botín los heridos eran siempre los primeros en recibir su parte, que se fijaba en función del número de miembros que hubieran perdido.

No queda ningún vestigio del pasado pirata de la isla, aunque podrá ver los cimientos del **Fort de la Roche**, el mayor de la isla, junto a un manantial situado un poco más arriba de **Basse-Terre**. Los barcos procedentes de Saint-Louis du Nord fondean frente al pequeño muelle de **Cayonne**, donde, pese a que es poco más que una aldea costera, se venden bebidas y comida. Una estrecha carretera de cemento asciende en fuerte pendiente hasta **Palmiste**, la población más importante de la isla. Es necesario ser un hábil negociante si quiere asegurarse una plaza en alguno de los escasísimos coches de la isla que suben y bajan por esta carretera. En el trayecto disfrutará de unas vistas preciosas del **canal** y de La Española. Una vez en Palmiste, Bruno Blondeau, el cura del pueblo, le podrá conseguir alojamiento básico. Sólo hay una carretera principal que recorre la isla de este a oeste por ella circulan durante todo el día un par de camionetas de pasajeros. La mejor playa se halla en **Pointe Ouest**, recientemente calificada como una de las diez mejores playas del Caribe. En la isla existen varias cuevas con restos precolombinos a las que podrá ir desde Palmiste con la ayuda de un guía.

Abajo: la playa y los montes de Labadie.

Constructores de imperios

La Citadelle, cuyas murallas de 4 metros de espesor se elevan casi 40 metros en la cima del pico La Ferrière, a 914 metros de altitud, es un mastodóntico monumento tanto a la revolución haitiana como a los dos generales de raza negra que, después de haber conducido el país a la independencia, fueron sus dos primeros monarcas.

El 1 de enero de 1804, el día que Jean-Jacques Dessalines leyó en Gonaïves la declaración de independencia, ya hacía tiempo que era famoso por su coraje y su crueldad. El Tigre, nacido hacia 1760 en una plantación cercana a Grande-Rivière-du-Nord, se distinguió durante la Noche de Fuego que marcó el inicio de la revolución por serrar a más de un enemigo por la mitad.

El ciclópeo ex esclavo analfabeto que combatía con el pecho desnudo no tardó en convertirse en el «lugarteniente más feroz» de Toussaint L'Ouverture. Aunque carecía de la inteligencia y el talento para la estrategia de su amado jefe, tras la captura de Toussaint fue la crueldad de la Furia Negra la que determinó la rápida victoria de los rebeldes.

Dessalines, que rasgó simbólicamente la franja blanca de la bandera tricolor francesa para crear la de Haití, en 1805 emuló a Napoleón autoproclamándose emperador. Valiéndose de la bayoneta «para infundir moral», se dispuso a restablecer la economía, para lo cual expropió las plantaciones de los franceses y de los mulatos. Mandó construir una serie de fuertes en las montañas detrás de los principales puertos para protegerlos de una posible invasión. Las obras de la Citadelle, que domina el litoral encima de Cap-Haïtien, se iniciaron en 1805. Pero el emperador, gran aficionado a las mujeres y a los banquetes interminables, no tuvo demasiado tiempo para disfrutar del estilo de vida imperial. La facción mulata lo asesinó en Pont Rouge el 17 de octubre de 1806.

Le sucedió como presidente del Gobierno en funciones Henri Christophe, nacido de padre negro y madre mulata en la isla de Saint Kitts o Granada hacia 1767. Furioso con la nueva constitución que limitaba sus privilegios, Christophe marchó sobre Puerto Príncipe. Tras llegar a un punto muerto con el caudillo mulato Pétion, Christophe se retiró al norte, donde en 1811 instauró el reino de Haití coronándose rey con el nombre de Enrique I.

Aunque al igual que Dessalines era un dictador analfabeto, Christophe tenía en alta estima la cultura y la educación. Anglófilo convencido, invitó a profesores ingleses a su reino para que fundasen escuelas y creó una aristocracia en la que no faltaban un duque de Marmelade ni un conde de Limonade.

Su política de trabajos forzados y el comercio que estableció con Estados Unidos e Inglaterra le proporcionaron las riquezas necesarias para poner en marcha un ambicioso programa de construcción cuyo objetivo era consolidar el nuevo estado negro a los ojos del mundo.

El palacio Sans Souci, al pie del pico La Ferrière, sobre el que se alza la Citadelle, se empezó a construir en agosto de 1811 y se concluyó en septiembre de 1813. El palacio, de cuatro plantas, es un edificio de ladrillos enlucidos de estuco amarillo con tejados de tejas rojas. Entre sus muchas estancias con suelos de mármol y techos artesonados había salones de banquetes, una sala de audiencia, un arsenal y una capilla. Fue en este palacio donde el rey se suicidó, tras lo cual fue saqueado.

DERECHA: una larga pila de herrumbrosas bolas de cañón conduce a la Citadelle.

#5

USA
BASE
NÒMAL
USA

EL SUR

Aislada, subdesarrollada y mal comunicada, la agreste península del sur tiene algunas de las mejores playas de Haití, los bosques más extensos y las poblaciones más hospitalarias

PÁGINAS ANTERIORES: embarcaciones frente a la isla de la Gonâve.
IZQUIERDA: los carnavales.
ABAJO: estatua y poste señalizador en Jacmel.

Al sur de Puerto Príncipe se adentra en el mar una larga península montañosa, espléndida y apacible, de 14 400 hectáreas de superficie escasamente pobladas. A lo largo de la línea costera alternan altos y escarpados acantilados rocoos con playas solitarias de arena blanca o negra. Es la única región de Haití donde odavía se conservan intactas considerables extensiones de bosque perennifolio.

Una cadena montañosa que corre de este a oeste divide la península aproximaamente en dos mitades. Los amantes de la naturaleza y los aficionados al sendesmo en busca de aventuras encontrarán allí una de las últimas reservas naturales que ún no están llenas de gente. El **macizo de la Selle**, en el extremo oriental de la enínsula, tiene la montaña más alta de Haití, el **pico La Selle**, con 2 647 metros de ltitud. En los majestuosos pinares, el bosque pluvial montano y las inmensas cuevas de roca caliza esperando a ser exploradas del **Parque Nacional La Visite** (*véase ág. 302*) encuentran refugio algunas especies de aves amenazadas, como la hermosa otorrita de Sierra (*Temnotrogon roseigaster*) y la cigüita aliblanca (*Xenoligea monana*), así como numerosas aves que migran allí en invierno.

El extremo occidental de la cordillera lo forma el **macizo de la Hotte**. Hay pocas arreteras, por lo que resulta bastante difícil llegar tanto al **Parque Nacional Macaya**, aunque el esfuerzo merezca sin duda la pena para disfrutar de sus bosques erennifolios, como al otro bosque montano que hay en Iaití, en lo alto del **pico Macaya**, que con sus 2 347 netros de altitud es la montaña más alta del parque; la scensión a este pico supone dos días de dura escalada ara alcanzar la cima y otros dos de regreso. El Parque Nacional Macaya alberga 50 variedades endémicas de rquídeas y dos especies de mamíferos endémicos de La Española: la jutía (*Plagiodontia aedium*) y el solenoonte (*Solenodon paradoxus*), llamado en francés *nez ong* (nariz larga), del tamaño aproximado de una rata equeña. Es así mismo el hábitat del escaso cuatro ojos abeciblanco (*Phaenicophilus poliocephalus*), el halcón eregrino (*Falco peregrinus*) y el diablotín.

El sur de Haití, relativamente desconocido, subsiste como una joya colonial al borde de la explosión turística. Es famoso sobre todo por sus encantadoras poblaciones agraciadas con viejos edificios victorianos, por sus imponentes montañas y por el mal estado de las carreteras. Al nivel del mar el clima tropical favorece la proliferación de las preciosas buganvillas y orquídeas y una plétora de enredaderas de todos los colores.

Los planes de mejora de las vías de comunicación del sur de Haití incluyen la construcción de una carretera asfaltada a lo largo de la costa. Cuando esté terminada quedarán comunicadas poblaciones hoy aisladas, como **Tiburon** y **Les Irois**, en la punta sudoeste de la península, o **Dame Marie** con **Abricots**, en el noroeste. No se ha fijado ninguna fecha para su conclusión, pero no cabe duda de que causará un enorme impacto en todos los aspectos de la vida en el sudoeste de Haití. Se habla así

Las máscaras de animales confeccionadas con papier mâché *(cartón piedra) son una especialidad de los artesanos de Jacmel. Durante los carnavales la gente desfila por las calles luciendo estas y otros tipos de caretas y llamativos disfraces.*

ABAJO: una preciosa balconada de Jacmel.

mismo de construir una autopista desde Puerto Príncipe hasta Jérémie que reduzc el tiempo de viaje de 12 a unas tres horas. Si se llega a hacer, producirá cambic inmediatos en la zona. Jérémie ya ha iniciado las obras.

Viajar por carretera

Para ir al sur desde Puerto Príncipe tome el Boulevard Harry Truman (también lla mado Bicentenaire) para enlazar con la carretera nacional 2 (RN2) en direcció oeste hacia Les Cayes. Esta carretera corre paralela a la costa y atraviesa el populos y animado barrio Carrefour de Puerto Príncipe. La carretera de circunvalació –actualmente en construcción– acortará el viaje en una hora, pero todavía no s sabe cuándo estará concluida. Entretanto, disfrute del paisaje urbano, en el que ver numerosas tiendas con extraños nombres, como Pharmacie Christ Vivant (farmaci del Cristo Viviente), L'Éternel c'est mon berger (el Padre eterno es mi pastor) Shalom Auto Parts.

Al cabo de 45 minutos aparece la ubérrima y superpoblada **llanura de Léogâne** donde el paisaje empieza a adquirir un aire típicamente rural. Pequeños pueblo salpican la llanura y caminos llenos de baches desembocan en la RN2. Después d cruzar el pedregoso río Momance, tome cualquier desvío para dar un pequeño rode y explorar la zona.

Si sigue todo recto, en la bifurcación de Dufort (en el kilómetro 40), un poc más adelante de Léogâne, llegará a Miragoâne y Les Cayes. Vire hacia el sur (a l izquierda) por la carretera panorámica que culebrea tortuosa subiendo y bajand lomas. Al pasar por los pueblos situados en lo alto de los montes tendrá ocasión d contemplar pintorescas escenas de la vida en el campo: pequeñas casas construida en escarpadas laderas cultivadas y personas andando por la carretera camino de mercado cargadas con todo tipo de artículos que llevan en equilibrio sobre la cabeza

Mapa páginas 278-279

La carretera nacional 204, denominada a veces **Route de l'Amitié** (carretera de a Amistad), fue construida por los franceses (algunos dicen que para acortar el iaje de sus compatriotas. Al salir de la última y espectacular curva se extiende a uestros pies la bucólica cuenca del río y vemos por primera vez el puerto de Jacnel, donde las angostas callejuelas bajan sinuosas desde las colinas hasta una playa le arena oscura enmarcada por palmeras. En los muelles adyacentes atracan tanto os cruceros como los buques comerciales. Los muelles se construyeron a tiempo de ecibir el siglo XXI, así como un espacio adecuado para los artesanos, cuyos talleres staban hasta entonces ocultos en sus casas.

na ciudad con encanto

Al acercarnos a **Jacmel** ⓴ descubrimos una de las ciudades más atractivas de Haití. De inmediato, todo parece más limpio, más ordenado y menos tumultuoso que en cualquier otra parte. Gire a la derecha por la avenida de la Liberté; al cabo de unas cuantas manzanas irá a parar a un aparcamiento vallado frente a la fachada encalada del **hotel La Jacmélienne**. Detrás del arco de la entrada se contempla una vista preciosa de la piscina de color azul celeste, una hilera de tumbonas de madera pintadas de blanco en segundo término y al fondo la resplandeciente bahía.

Jacmel es una ciudad llena de encanto, caracterizada por su amplia bahía en forma de herradura. Cuando fue fundada, a finales del siglo XIX, los mercaderes de café ricos importaron columnas y barandillas de hierro colado desde Francia o Estados Unidos para adornar sus hermosas casas victorianas y mansiones al estilo de Nueva Orleans. A finales de la década de 1990 Jacmel fue una de las tres localidades seleccionadas en primer lugar para el futuro desarrollo del turismo. Además de mejorar la infraestructura, gran parte del Plan de Desarrollo Turístico está dedicada a la restauración del puerto y de su arquitectura original.

Debido a lo limitado del servicio telefónico de Jacmel, el hotel La Jacmelienne funciona como locutorio oficioso. Casi todo el mundo pasa por allí cuando busca a alguien, y a veces dejan mensajes. No obstante, no está garantizado que el destinatario los reciba.

ABAJO: vista del mercado y la catedral de Jacmel.

NOTA

Si busca un guía, pregunte por Michel Jean, quien habla francés e inglés. Sus vastos conocimientos transmiten una profunda pasión por la ciudad y su habilidad para el regateo le compensará de sobra por el precio de sus servicios. También podrá conseguirle un coche con conductor o un guía y caballos para hacer una excursión a Bassin Bleu.

ABAJO IZQUIERDA Y DERECHA: murales y casas pintadas de vivos colores.

El reducido tamaño de Jacmel anima a explorarla a pie. Un breve paseo nos permitirá descubrir angostos callejones escondidos, la zona de la calle del Commerce bellamente restaurada, y el animado centro comercial en torno al **Mercado d Hierro**, que también fue construido en Europa e importado en 1895. El día de má jaleo, antes reservado para los sábados, es ahora el domingo.

Los lugares de interés de Jacmel que no aparecen reseñados en ninguna parte so tantos que merece la pena contratar a un guía para que se los enseñe. Lo normal e que el precio sea negociable y que los guías trabajen a cambio de una propina porqu están seguros de que el turista quedará satisfecho con sus servicios. Por regla general, simplifica las cosas preguntar primero si piden un importe fijo y acordar la cantidad antes de ponerse en marcha.

Los guías acostumbran apostarse frente a la entrada del hotel La Jacmelienne y co frecuencia ése es el único modo de contactar con ellos. También resulta un poco difícil saber quién es un guía y quién no lo es, ya que al igual que los demás jóvenes d la ciudad llevan el mismo conjunto de camiseta y pantalones vaqueros. Sin embargo ya se ha hablado de organizar a los guías con un documento acreditativo oficial, y es posible que este sistema se ponga en práctica en cualquier momento.

Los turistas acompañados por un guía suelen estar a salvo de ser importunados. Los guías turísticos de la capital contratan a un guía de Jacmel, Michel Jean, cuando organizan una excursión a esta ciudad (*véase la nota del margen*). Por favor, recuerde que, si bien la insistencia y el número de personas que ofrecen sus servicios como guías puede resultar enojosa, este trabajo proporciona una fuente legítima de ingresos en un país con un elevado índice de desempleo, de modo que trate de ser paciente.

Mientras explora Jacmel, fíjese en los murales –signos y consejos de índole diversa pintados en las paredes–, unos artísticos y otros caprichosos, y repare asimismo en sus atractivos edificios victorianos. Al doblar una esquina quizás oiga de

ronto la música de una banda que está ensayando. En medio de la plaza las vendedoras montan guardia junto a sus tenderetes repletos de zapatos, mantas y demás, jenas al parecer a los alegres sonidos de la ciudad. Y en el centro de un pequeño parque puede que haya un grupo de bailarines vestidos con vistosos trajes practicando os pasos para el próximo desfile festivo.

El Carnaval de Jacmel es uno de los mejores y más concurridos de Haití. Se celebra una semana antes que el de Puerto Príncipe, pero resulta menos caótico y agobiante. Al igual que en Puerto Príncipe, los participantes ensayan durante semanas ntes de las fiestas, por lo que es posible disfrutar del ambiente de las celebraciones revias aunque nuestro viaje no coincida exactamente con los carnavales. Las imaginativas máscaras de *papier mâché*, los disfraces de animales y la alegre música distinguen al carnaval de Jacmel.

Rara (o Rah Rah) es otra fiesta en la que reina la música. Conocida como el carnaval rural, se celebra desde el Miércoles de Cenizas hasta el Domingo de Pascua y hunde sus raíces en antiguas tradiciones del vudú en las que los juerguistas «arman un alboroto de mil demonios». Durante estas fechas podrá ver en las carreteras de odo Haití bandas de música *rara* desfilando alegremente al son de su hipnótica música y reuniendo a su paso un enjambre de personas que las siguen como los niños al flautista de Hamelín.

Las máscaras de *papier mâché* y las figuras de animales talladas en madera son sólo dos de las múltiples expresiones artísticas del repertorio de los artesanos de Jacmel. Los objetos pintados de vivos colores –cajas, bandejas, juguetes y muebles– son otra de sus especialidades. Las típicas peanas de brillante laca negra sobre las que se colocan loros y/o flores de colores chillones pueden ser un buen recuerdo o un regalo para llevar a alguien. Al igual que Préfète Duffaut (*véase pág. 100*), algunos de los pintores más famosos de Haití nacieron y se criaron en Jacmel, ciudad en la

Mapa páginas 278-279

Las fragantes buganvillas caribeñas.

Abajo: disfrazados de diablos para el Carnaval de Jacmel.

NOTA

Si en Jacmel desea consultar a una *mambo* (sacerdotisa vudú), póngase en contacto con Madame Yclide La Guerre, en el n.º 37 de la calle de Cémitier, tel.: 288 2420. El precio de una sesión puede subir muy rápido dependiendo de las preguntas y de los remedios que le sugiera, que deberá pagarlos aparte, de modo que lleve sólo el dinero que quiera gastarse.

que Selden Rodman, una de las primeras personas, junto con DeWitt Peters, en promover el arte naif haitiano, fijó su residencia. En ella viven hoy, como siempre pintores desconocidos, aunque magníficos, con pequeños estudios desperdigados por la ciudad a la espera de ser descubiertos.

Debido a que muchos de los edificios coloniales siguen estando ocupados, es fácil visitarlos. Una antigua residencia de la calle Seymour Pradel ha sido transformada en una galería de arte llamada **Salubria** cuyos propietarios son estadounidenses. Al salir de la galería gire a la izquierda y suba hasta la **Manoir Alexandre** (tel.: 288 2711), al final de una pequeña cuesta. Se trata de una centenaria casa solariega que en la actualidad alberga un bonito y económico hostal.

El Mercado de Hierro se alza a dos manzanas al este, entre las calles Veuve, de l'Église y Vallières. Este mercado, de menores dimensiones y mucho más asequible que el de Puerto Príncipe, carece de muros exteriores. En él se venden sobre todo productos del campo, carne y otros alimentos; ningún *souvenir* a la vista. La **catedral de Saint-Phillippe et Saint-Jacques** se yergue justo enfrente del mercado, al otro lado de la calle de l'Église.

Oculto detrás de los puestos de los vendedores, en la esquina con la calle Vallières, se halla el poco atractivo edificio en el que vivió Simón Bolívar durante su exilio y donde fue concebida la bandera de Venezuela. Bolívar instruyó a soldados en Haití y su expedición para liberar Sudamérica del dominio español partió de Jacmel. Más tarde parece que se mostró ambivalente acerca de la independencia de Haití porque, según se dice, le dijo a Alexandre Pétion que no reconocería públicamente el apoyo de Haití puesto que Pétion temía nuevas agresiones y represalias por parte de los europeos.

La primera zona de Jacmel que se restauró fue la calle del Commerce, una ancha y agradable calle adoquinada en algún tramo. Muchas de sus casas y almacenes del siglo XIX se han conservado en muy buen estado y han sido transformados en galerías de arte o tiendas de *artisanat*. Cabe destacar la residencia de la familia Boucard, en la esquina con la calle Grande Rue, así como el almacén de la familia Vital, que data de 1865. A medio camino entre las calles Grande Rue y avenida de la Liberté se encuentra la antigua residencia de Selden Rodman, un auténtico paradigma del estilo victoriano que aún conserva intactas la mayor parte de las barandillas de hierro colado de las escaleras, los balcones y las pasarelas que cruzan el espacioso patio lleno de flores. En 1999 fue convertida en una incomparable casa de huéspedes. Aunque no hay ningún letrero o número en el exterior, es fácil encontrarla, justo al lado de **Créations Moro**, una excelente tienda de objetos de laca en el número 40.

ABAJO: un joven campesino haitiano.

De vuelta a la naturaleza y hacia las playas

Si desea regresar a la naturaleza después de haber explorado la ciudad durante un rato, tome la calle Roosevelt para subir, tras un breve paseo junto a algunas bonitas casas antiguas y otras de reciente construcción, hasta lo alto de una colina en la que se extiende un prado suavemente ondulado con varios árboles de gran tamaño y una maravillosa panorámica de Jacmel, la bahía y el mar. Este lugar tiene un aire sorprendentemente rural pese a su cercanía a la ciudad. Continúe por el camino para disfrutar de un estupendo recorrido por una zona que lo más probable es que dentro de unos años esté llena de viviendas y comercios. Mientras camina se cruzará con personas que van al mercado o vuelven a casa; las mujeres llevan grandes cestos sobre la cabeza rebosantes de frutas y verduras

Mapa páginas 278-279

carbón vegetal y pican a asnos cargados hasta los topes para que se muevan; los hombres llevan machetes o empujan carretillas llenas de cosas incómodas de transportar, como largas ramas de árbol o cañas de azúcar.

Las famosas playas de arena fina de Jacmel están al este de la ciudad, no muy lejos. Cuando finalicen las obras de asfaltado de la carretera hasta Marigot, el acceso a ellas será aún más fácil. Desde el centro de Jacmel diríjase por la avenida Barranquilla hacia el este en dirección al aeropuerto, donde el restaurante **Le Rendez-Vous** permanece abierto las 24 horas del día siete días a la semana. El cercano **Fort Ogé** es digno de una breve parada. La **Habitation Price** es una recóndita y prácticamente desconocida reliquia de los tiempos coloniales en la que las ruinas de una vieja plantación guardan un motor de vapor único (que no funciona). Construido por el científico inglés James Watt (1736-1819), sólo existe otro igual en el mundo; estas máquinas se utilizaban en la industria azucarera cuando la mayoría de los demás motores estaban ocupados tirando de vagones de tren. Puede ser un lugar interesante para cualquiera que disponga de tiempo de sobra y le guste buscar tesoros; no hay ninguna señal que indique su localización, pero nada más pasar el aeropuerto gire a la izquierda por una pista de tierra en la que es necesario un vehículo todoterreno, sobre todo si llueve o después de la lluvia.

De nuevo en la carretera que va a Marigot, pequeñas casas con tiendas de *artisanat* jalonan toda la ruta. Al cabo de 7 kilómetros gire a la derecha por una carretera lateral para bajar a la **Playa Cyvadier**, una pequeña cala con una estrecha franja de arena y rocas. En lo alto de la cala hay un hotel de igual nombre integrado por varios edificios que albergan las habitaciones de los huéspedes. Gozan de un emplazamiento delicioso entre jardines en los que hay una tentadora piscina de agua dulce y una agradable terraza (en la que podrá saborear la langosta fresca que se prepara en el restaurante) a la sombra de las buganvillas, cerca de las escaleras que condu-

ABAJO: camino del mercado.

cen a la playa de arena y guijarros. El propietario del hotel dona parte de los beneficios del establecimiento a una escuela local, de modo que alojarse en el Cyvadier es, además, una manera de contribuir a una buena causa.

Continuando hacia el este, la siguiente playa se extiende al borde mismo de la carretera a 15 kilómetros de Jacmel. **Raymond-les-Bains** es una playa de fina arena blanca y olas mansas que chapalean la orilla; sus tranquilas aguas permiten disfrutar de un baño sin riesgos. En la pequeña localidad de **Cayes Jacmel**, un poco más adelante, vive un artesano genial al que merece la pena hacer una visita: Joseph Franck Pierre, que construye fieles modelos a escala de veleros antiguos como la *Santa María*, el *Cutty Sark* y muchos otros. Hay así mismo un pequeño parque que conmemora la estancia de Toussaint L'Ouverture en la ciudad.

La **Playa Ti Mouillage**, la siguiente por la carretera, es una de las favoritas de los expatriados franceses. Se trata en realidad de dos playas, la primera de las cuales cuenta con un modesto restaurante, mientras que en la segunda hay casitas a pie de playa que es posible alquilar. En **Marigot**, un pequeño pueblo costero ubicado 10 kilómetros más al este, reside una nutrida colonia de expatriados. Desde allí sale una abrupta y accidentada pista en la que es necesario un buen vehículo todoterreno para poder subir hasta **Seguin** y el Parque Nacional La Visite. En la región al norte de Marigot existe un conocido sendero que los excursionistas suelen recorrer partiendo de Furcy (*véase Excursiones desde Puerto Príncipe, pág. 302*).

NOTA

A la hora de organizar una excursión al Bassin Bleu:

- Antes de salir contrate un guía, un conductor y un vehículo todoterreno en Jacmel.
- Acuerde el precio antes de ponerse en marcha.
- Alquile los caballos en Jacmel puesto que hacerlo cerca de las cataratas puede salir más caro.

Una excursión a Bassin Bleu

De vuelta en Jacmel no hay mucho que ver al oeste de la ciudad, de modo que diríjase al norte para ir a las cataratas de **Bassin Bleu** ㉑ pasando por La Vallée. Bassin Bleu es, en realidad, una serie de grandes y profundas pozas naturales de agua verdeazulada y tres espectaculares cascadas que caen en gradas por una garganta de

Abajo: Saint-Louis du Sud, en la costa sur.

piedra caliza poblada de helechos. La excursión desde Jacmel dura casi todo el día, así que no se deje engañar si los nativos le dicen que no está lejos o que no se tarda mucho en llegar. Y no piense ni por asomo en ir si ha llovido.

Los 12 kilómetros hasta Bassin Bleu son una experiencia memorable. Comienzan con un emocionante tramo esquivando a los otros vehículos que circulan por la misma pista hasta cruzar el **río Jacmel**. Sortear a la multitud de personas que van allí a lavarse o a lavar la ropa, a los animales y a sus coches también requiere habilidad. A continuación viene una serie de accidentadas subidas, bajadas y revueltas por los montes compitiendo con los rebaños de animales por la prioridad de paso. Cuando el vehículo ya no puede avanzar ni un centímetro más todos los pasajeros se apean y recorren a caballo el último kilómetro hasta la primera catarata. Es posible que los caballos sean más pequeños de lo esperado y que se parezcan a asnos.

Es preferible realizar la excursión a Bassin Bleu en compañía de un guía local. A la hora de organizarla debería tener en cuenta los siguientes consejos para prevenir posibles incidentes: conviene hacer los preparativos en Jacmel en vez de en Puerto Príncipe puesto que aquí conocen mejor las complicaciones del trayecto hasta las cataratas; asegúrese de contratar a un guía que sepa realmente cómo llegar a ellas y pacte el precio con anterioridad.

Para el último trecho del recorrido son necesarios caballos ya que resulta impracticable para cualquier vehículo. Alquílelos en Jacmel para evitar problemas en el último momento. En este punto un guía local sustituye siempre al guía de Jacmel, al que, como es lógico, hay que pagarle un pequeño suplemento.

Por último, recuerde que el kilómetro final es muy empinado. Para llegar a la última cascada es necesaria la ayuda de una cuerda (y quizás de un pequeño empujón por parte del guía). Tras haber escalado hasta el borde de la poza, le bajarán con la soga hasta el agua y luego, por supuesto, deberá trepar por la cuerda para salir. Si

Mapa páginas 278-279

En el Parque Nacional Macaya viven cientos de especies diferentes de plantas y animales, entre ellas 102 variedades de helechos, 99 de musgos, 11 especies de mariposas, 57 de caracoles, 28 de anfibios, 34 de reptiles, 65 de aves y 19 de murciélagos.

ABAJO: haciendo la colada en el río, cerca del mercado de Cavaillon.

ha llovido hace poco el intenso color azul de la poza tal vez se haya vuelto de u verde turbio debido a las aguas de escorrentía.

Otra posibilidad es realizar toda la excursión desde Jacmel hasta Bassin Bleu a pi o a caballo. Son dos o tres agotadoras horas de ida y otras tantas de vuelta, pero lo intrépidos senderistas se verán recompensados con algunas vistas magníficas.

John James Audubon fue un célebre ornitólogo y pintor nacido en Les Cayes en 1785. Bautizado con el nombre de Jean-Jacques, era hijo ilegítimo de un oficial de la armada francesa y de una mujer criolla. Audubon dedicó varios años de su vida a ilustrar la monumental obra Las aves de América.

La punta sur y el sudoeste de la península

Los 200 kilómetros de la RN2 desde Puerto Príncipe hasta Les Cayes están asfalta-dos y en excelente estado. El viaje en coche dura aproximadamente 2 horas y medi y atraviesa unos paisajes preciosos. Durante la primera hora la carretera discurr paralela a la costa norte de la península. Tras rebasar Léogâne se verá tentado po el canto de sirena de las anchas y hermosas playas, pero continúe otros 20 kilóme-tros hasta un compacto núcleo urbano llamado **Grand-Goâve**. Las espléndidas pla-yas entre Grand-Goâve y la localidad vecina de **Petit-Goâve**, un nombre del tod inapropiado pues es mucho más grande, merecen sin duda la espera. Petit-Goâve e una encantadora villa colonial situada a orillas de una preciosa ensenada en la qu hay pequeñas embarcaciones que le llevarán a la **Playa Cocoyer**, el islote de aren que flota en medio de la bahía.

Miragoâne domina la siguiente cala, a 26 kilómetros de distancia. Aunque sigu siendo un puerto de contrabandistas, sus atractivas y estrechas callejuelas que ser-pentean ladera abajo hasta el bullicioso puerto son un fiel reflejo de las de Jacmel y Jérémie. En la actualidad, en lugar de oro robado a los barcos españoles, el botín consiste en artículos de contrabando importados desde Miami: ropa, calzado y ense-res domésticos.

Desde Miragoâne la carretera se dirige al sur rumbo a **Les Cayes** ㉒, donde el segundo fin de semana de agosto se celebra la **fiesta de Notre-Dame**, un festival

ABAJO: preparando la tierra para la siembra, La Vallée.

anual de tres días de música que tiene lugar en la playa. El ambiente es insuperable, pero la competencia es reñida porque Petit-Goâve también celebra un festival ese mismo fin de semana. Entre las actuaciones figuran conjuntos de músicos haitianos expatriados que han alcanzado el estrellato en Europa, Canadá o Estados Unidos, incluidos Tambo Combo, RAM y Ti Vice (*véase pág. 111*). Muchos jóvenes haitianos que viven en el extranjero regresan para asistir a estos festivales.

Les Cayes tiene unas playas magníficas de aguas tranquilas y arena blanca y fina como el azúcar; tiene un par de hoteles en los que podrá alojarse. La ciudad es famosa por otros dos motivos: es la más cercana al **Parque Nacional Macaya** y es el lugar donde confluyen la mejor carretera de Haití y la peor; la mejor es la RN2; la peor, la RN7 o RD214.

La RN7 es una carretera extremadamente difícil que discurre entre Les Cayes y Jérémie, en el norte de la península, pero que permite acceder al Parque Nacional, al pico Macaya, a las **cuevas de Kounoubois** ㉓ y al **Saut Mathurine** ㉔, parajes todos ellos próximos a **Camp Perrin**, una localidad que todavía conserva algunos vestigios de su origen colonial francés, como el **canal de Davezac de Castera**, construido en 1749. Las cercanas cuevas de Kounoubois son lugares sagrados del vudú.

Se tarda medio día en llegar a la base que tiene la Universidad de Florida en la llanura de Durand, en el límite del Parque Nacional Macaya. Este espacio de acampada dotado de los servicios básicos es el único lugar del parque en el que se puede pernoctar. El difícil ascenso a la cumbre del **pico Macaya** (2 347 metros) supone otros dos días de ida y dos más de regreso. Si tiene pensado realizar la ascensión, planéela con tiempo puesto que necesitará contratar a un guía local que tenga experiencia y llevar víveres suficientes para el trayecto.

El estado de la carretera que se dirige al oeste desde Les Cayes es invariablemente malo, y seguirá así hasta que finalicen las obras de la autopista costera. No es en abso-

Mapa páginas 278-279

Antes había una catarata en el llamado Saut Mathurine, pero su curso fue desviado a causa de un plan hidroeléctrico para suministrar electricidad al sur de Haití.

Abajo: vista de Corail con el océano al fondo.

La carretera desde Les Cayes a Jérémie es tan mala que la mayoría de los turistas prefieren volar a Jérémie desde Puerto Príncipe o hacer el viaje de 12 horas, a veces arriesgado, en el transbordador que atraca al sudoeste de la ciudad.

luto recomendable conducir si ha llovido, pues los ríos están crecidos y pueden resultar muy traicioneros. Desde Les Cayes se tarda unas dos horas (si no se pincha una rueda) en llegar a **Port Salut**, un magnífico lugar para degustar una langosta o marisco fresco al borde del mar. El islote frente a la playa de Macaya, llamado **Coq Anglade**, es poco más que una extensión de arena erizada de palmeras a la que es posible ir caminando (o más bien vadeando). Otras dos playas de las inmediaciones con palmeras y aún sin urbanizar que suelen estar desiertas son las de **Gelée** y **Pointe Sable**.

Las islas

Igual que la isla de la Tortuga en el norte, la **Île-à-Vache** ㉕ resultaba un refugio perfecto para los piratas gracias a los muchos escondites ocultos entre las caletas de sus abruptos acantilados rocosos. Playas de arena blanca como la nieve embellecen el resto de la línea costera de esta idílica isla próxima a Les Cayes.

Henry Morgan, el infame bucanero inglés que más tarde se convertiría en gobernador de Jamaica, utilizaba la Île-à-Vache como puerto seguro. En ella se preparó para el sitio de Panamá, y en 1668 su barco explotó frente a sus costas.

Aunque la Île-à-Vache se halla a escasa distancia de La Española, el horario del transbordador está pensado para los habitantes de la isla que trabajan en Les Cayes. Zarpa a las 10:00 h rumbo a Les Cayes y regresa a la isla a las 16:30 h, de modo que excluye la posibilidad de realizar una excursión de un día sin tener que depender de los barcos pesqueros. No obstante, los pescadores locales estarán encantados de llevarle por un módico precio, pero, por fortuna, ahora existe una alternativa.

El complejo turístico **Port Morgan** resuelve el problema de alojamiento en la Île-à-Vache. Los viajeros pueden pasar allí la noche y empaparse del ambiente tranquilo y apacible de la isla. Está prevista la apertura de un centro de submarinismo de la PADI que permitirá explorar el mundo submarino que rodea la isla. Si reserva una habitación en Port Morgan con antelación el barco del complejo irá a buscarle a Les Cayes.

Abajo: viajando por una carretera del sur.

Las **islas Cayemites** ㉖ se encuentran frente a la costa septentrional de la península sur de Haití, justo al norte de **Pestel**, un bonito pueblo pesquero. Gracias a su estupenda ubicación a medio camino entre Miragoâne y Jérémie, Pestel resulta ideal para disfrutar de las actividades en la playa y de los deportes acuáticos. **Grande Cayemite** es una isla de gran tamaño habitada y cultivada que cuenta con dos municipios, un extenso anillo de islotes formado por afloramientos del arrecife costero y un faro iluminado constantemente. **Petite Cayemite** es una pequeña isla arenosa. Desde el aire se distingue una larga lengua de tierra, la **Presqu'île des Baradères** (que significa «península»), que parece una isla pero que en realidad está unida a la costa por su extremo occidental.

La ciudad de los poetas

El viaje a Jérémie por carretera es largo y fatigoso, con una no demasiado segura travesía en transbordador de 12 horas de duración como única alternativa. Si su presupuesto se lo permite, lo mejor es viajar en avión. Algunos de los aviones de la compañía Tropical Airways disponen de sendas ventanas que sobresalen como dos grandes burbujas a ambos lados del avión, justo detrás de la cabina. Si el vuelo no está completo y el tiempo atmosférico acompaña puede que algunos pilotos dejen a un pasajero entrar en la cabina y tomar algunas fotografías memorables desde la ventana delantera; la vista panorámica de la isla y el océano es espectacular.

Mapa páginas 278-279

Tras el despegue, el avión sobrevuela la barriada de chabolas de Cité-Soleil y la bahía cuajada de embarcaciones de Puerto Príncipe. Las relucientes aguas del mar cambian del color marrón fangoso –debido a los sedimentos de la orilla– al azul marino, que rápidamente va adquiriendo tonalidades turquesas más claras y límpidas a medida que los bancos de arena y los arrecifes que rodean la **isla de la Gonâve** pasan por debajo de sus alas plateadas.

Mientras nos deslizamos lentamente sobre la isla podemos examinar la perspectiva aérea del sistema de arrecifes que se extiende un buen trecho desde la orilla. Durante el vuelo podrá apreciar la infinita gama cromática del mar, desde el blanco casi puro con un ligerísimo matiz azul de las aguas poco profundas hasta el azul zafiro donde el borde del arrecife cae a plomo hacia las profundidades oceánicas.

En el lado contrario, mientras el avión vuela casi paralelo a las islas Cayemites, se divisa un bonito paisaje de campos cultivados, sus dos pequeños pueblos y los arrecifes que las rodean (que desde el aire parecen pegados a ellas).

Jérémie ㉗ se halla en pleno renacimiento, lo que se debe en parte al despertar de un renovado orgullo cívico tras las calamidades sufridas durante los tiempos de Duvalier y sus consiguientes secuelas. Y en parte también gracias al mayor número de vuelos que aterrizan allí desde que Tropical Airways inició un servicio regular en 1999. Está previsto ampliar el aeropuerto para atender al creciente número de turistas que están devolviendo la vida a esta ciudad tanto tiempo olvidada.

En 1964 *Papa Doc* Duvalier ordenó el cierre del puerto de Jérémie como represalia por la oposición local a los métodos del dictador. Con las exportaciones de café y cacao interrumpidas prácticamente de la noche a la mañana, la ciudad se vio sumida en un prolongado declive y la carretera desde Les Cayes literalmente se desintegró. Durante muchos años la ciudad permaneció estancada viviendo de los recuerdos. Hoy en día, sin embargo, un cierto optimismo ha vuelto a adueñarse de

Jérémie fue en su tiempo un próspero cafetero, pero las exportaciones disminuyeron de forma drástica durante la década de 1960, en la que la ciudad sufrió un severo aislamiento impuesto por el dictador Papa Doc *Duvalier.*

ABAJO: acicalándose en el porche de casa, Grande Cayemite.

Con el cacao haitiano se elabora chocolate mediante métodos tradicionales.

su población, que está creciendo de nuevo gracias a los haitianos que han vivido y trabajado en el extranjero y han retornado después de jubilarse y a los agricultores que invierten los ahorros de toda una vida en una casa en la ciudad.

A comienzos del siglo XXI Jérémie, otrora un próspero centro de exportación de café y cacao conocido como la Ciudad de los Poetas (debido a los ilustres poetas nacidos en esta ciudad, como Émile Roumer), continuaba siendo un lugar desconocido para la mayoría de los turistas. Se están empezando a pintar y restaurar los viejos edificios victorianos adornados con barandillas de hierro colado, y el cultivo y la exportación de café aumentan.

En el muelle y en los amplios patios de cemento que se extienden detrás de los tinglados, los turistas podrán presenciar los primeros pasos de la producción de chocolate, un proceso que no ha cambiado prácticamente nada. Un hombre se carga un pesado saco sobre los hombros y acto seguido otro raja una esquina del saco. El primero empieza a caminar arriba y abajo a fin de distribuir los granos de cacao que caen del saco en hileras uniformes mientras el segundo los extiende con un rastrillo para que se sequen al sol. Por suerte para los más golosos, la temporada de cultivo del cacao, que va de septiembre a febrero, permite que haya chocolate en Navidad y en Semana Santa. Más afortunado incluso para Jérémie ha sido el hecho de que la escasez mundial de chocolate haya empujado a empresas como el gigante estadounidense Hershey, que tiene una cooperativa en Dame Marie, a recurrir a Haití para cubrir la demanda.

Desde el centro de Jérémie, la calle Roumer (así llamada en honor del célebre poeta haitiano) pasa a llamarse Borges antes de llegar a las casas de huéspedes situadas encima de la zona céntrica, denominada así mismo Borges. Para conducir por las calles de Jérémie, llenas de socavones y destrozadas por las lluvias, es necesario un buen vehículo todoterreno, e incluso a éstos les cuesta subir.

Abajo: preparando los granos de café.

Mapa páginas 278-279

Casi todo el mundo en Jérémie parece más amable y abierto, menos reservado que en otros lugares de Haití. Quizás porque Jérémie ha permanecido aislada durante tanto tiempo y ha sido visitada por muy pocos viajeros, sus habitantes no han tenido todavía experiencias que les hagan recelar de los extranjeros.

Otra razón quizás sea que la mayoría de los extranjeros que han viajado a esta región en los últimos tiempos lo han hecho como colaboradores de programas de ayuda internacionales, gracias a los cuales se están haciendo enormes progresos para aliviar los problemas sanitarios del país, en particular entre las mujeres y los niños que viven aislados en las montañas. La pequeña clínica gestionada por la Fundación de Salud Haitiana cuenta entre su personal con médicos políglotas y enfermeras estadounidenses, y el moderno equipamiento de que dispone es uno de los mejores de Haití.

El general Alexandre Dumas, natural de Jérémie, padre de Alexandre Dumas, se sentiría orgulloso de su ciudad natal. Ascendió al rango de general en el ejército francés de Napoleón mientras su hijo escribía la famosa novela *El conde de Montecristo*. La familia Dumas era un ejemplo típico de la vieja elite de piel clara educada en Francia que dominaba Jérémie y que se ganó la ira de *Papa Doc* Duvalier.

Debido a los constantes apagones es preciso usar generadores gracias a los cuales la noche de Jérémie ha cobrado nuevos bríos. Dos de los muchos locales donde bailar son **Le Vertigo Beach**, una animada discoteca, y el **Ma Folie**, un espacioso establecimiento con un restaurante en la planta baja y una pista de baile iluminada por parpadeantes focos en el piso superior.

Al igual que en otras ciudades, como Cap-Haïtien y Jacmel, la **Alliance Française** organiza multitud de actividades y cursos. Cuenta, además, con un restaurante y canchas de tenis, y es un excelente lugar para enterarse de qué espectáculos hay en la ciudad. El **bar-restaurante Castillo** lo tiene todo: abre a las 7:00 h para servir desayunos y continúa abierto hasta las 3:00 h de la madrugada, hora a la que cierra la discoteca.

Algunos voluntarios de las Fuerzas de Paz trabajan en lo alto de las montañas. No hay teléfono, ni electricidad, ni agua corriente. Hasta la ciudad hay una caminata de seis horas en cada dirección.

ABAJO: casa de campo.

Mapa páginas 278-279

El manjar más famoso de Jérémie es sin duda la *comparette*, una especie de pan (o bollos) dulce elaborado con harina, canela y jengibre. Si se lo lleva de regalo a algún haitiano que viva en otra zona del país donde resulta difícil conseguirlo seguro que se lo agradecerá.

Gran parte de Jérémie disfruta de unas vistas maravillosas del litoral. Las zonas altas brindan una panorámica ininterrumpida de los abruptos acantilados que parecen no tener fin. Las playas desiertas de arena blanca destellan a la luz del sol y el esplendoroso azul del mar se funde en el horizonte con las algodonosas nubes blancas. Los colores cambian constantemente: el rosa pálido de la mañana, cuando la aurora despierta de su letargo, va adquiriendo una tonalidad violácea que se diluye en un arrebol dorado y de pronto irrumpe la claridad del día. Durante el día los tonos verdes y grises, azules apagados o eléctricos pasan por todos los matices del arco iris según el capricho de las nubes. Los atardeceres son fantásticos. Los cielos nocturnos parecen descender para envolver al observador, quizás porque el aire es diáfano y no hay luces que les roben a su brillo las estrellas.

ABAJO: los habitantes de Jérémie son gente amistosa.
DERECHA: la exuberante y abrupta costa de Saint-Louis du Sud hace que las embarcaciones parezcan minúsculas.

Excursiones desde Jérémie

Anse d'Azur ㉘ es la playa de postal perfecta. Se encuentra a medio camino entre Jérémie y el aeropuerto. Busque una abertura en la vegetación y entre por ella; después de pasar junto a los cimientos de un edificio baje por unas escaleras de cemento muy empinadas hasta la extensa cala en forma de media luna, cuyas aguas, tranquilas y poco profundas, al abrigo de la curva que describe la escarpada costa, son ideales para la práctica del buceo con tubo. A escasa distancia de la orilla emerge el armazón metálico de un barco hundido (con parte del motor intacto), entre cuyos restos nada una gran variedad de peces. Al final de la playa hay una cueva bastante grande a la que se puede entrar nadando o andando por el agua unos metros. Algo más al oeste está **Anse du Clerc**. El trayecto en coche hasta esta playa implica ir por pistas de tierra llenas de baches y rocas.

Antes de llegar a Anse du Clerc, un desvío conduce a **Bonbon** ㉙, un pintoresco pueblecito pesquero. No es un lugar donde comprar recuerdos, pero sí permite conocer la sociedad rural haitiana sin tener que caminar durante horas hasta alguna remota aldea de montaña.

Bonbon se limita a un grupo de unas veinte casas de adobe bastante pequeñas pintadas con atractivos tonos azul, rosa y verde, tan frecuentes en el Caribe. Debe requerir una maestría extraordinaria perfeccionar los colores para que aguanten el implacable sol tropical. Hay una comisaría de policía y una escuela en un cobertizo con una fila de bancos en los que se sientan los niños durante las clases. En una zona un poco apartada las mujeres se sientan en el suelo para vender el género: unos cuantos pescados, algunas piezas de fruta o de verdura y unos pocos utensilios domésticos desplegados frente a ellas. Los niños corretean semidesnudos despreocupados y felices. Resulta desgarrador observar que algunos muestran señales de desnutrición. No obstante, y como es lógico, miran con enorme curiosidad a cualquier extraño que se presente tan lejos de los habituales destinos turísticos.

Siete kilómetros después de Borbon, por una bonita carretera panorámica que discurre entre montes y pasa bordeando una preciosa ensenada, se llega a la población de **Abricots**, el centro regional de la artesanía. Aquí se acaba la carretera; en adelante solamente hay pistas de tierra hasta la localidad de **Dame Marie**, situada en la punta occidental de la península.

HAITÍ CENTRAL, EL OESTE Y EL VALLE DEL ARTIBONITO

El centro del país está formado por anchas praderas herbáceas, un fértil valle y una fachada litoral dedicada al turismo, todo ello separado por inhóspitas cadenas montañosas

Una sabana cubierta por un manto herbáceo en la que pasta desperdigado el ganado se extiende sobre la meseta Central hasta donde alcanza la vista, porque esta vasta, llana y escasamente poblada región que limita el macizo Montagnes Noires al sur y a la cadena de la Grande Rivière du Nord al norte, es una zona predominantemente agropecuaria. En el centro se encuentra la pequeña ciudad de Hinche, donde dos días a la semana se celebra un mercado al que los campesinos llevan sus vacas, cabras, pollos y otros animales domésticos. No es fácil llegar a Hinche, a 171 kilómetros de distancia de Puerto Príncipe. La RN3 atraviesa la llanura de Cul-de-Sac sin demasiados problemas antes de remontar las montañas del Trou d'Eau para luego bajar serpenteando hasta Mirebalais, en la cabecera del río Artibonito. A partir de aquí la carretera se complica, sobre todo si ha llovido y desde que en 1998 el huracán *Georges* provocó el desbordamiento del embalse de Peligré, destruyendo gran parte de la red de carreteras. Es aconsejable viajar en un vehículo todoterreno o aguantar siete largas horas de viaje en autobús.

El río Artibonito fluye hacia el oeste a través de un gigantesco mosaico de arrozales, conocido como la despensa de arroz del país, hogar de una gran variedad de garcetas y numerosas especies de garzas. Al otro lado de la cordillera que se eleva al sur –«detrás de las montañas hay más montañas», dice un refrán criollo– está la costa de Arcadins, donde se localizan los mejores complejos turísticos de Haití, cuyas playas están bañadas por aguas azules y cristalinas ideales para nadar o bucear con tubo. Enfrente, tres islotes o cayos, llamados los Arcadins, deparan interesantes inmersiones.

PÁGINAS ANTERIORES: arrozales en la despensa de arroz de Haití.
IZQUIERDA: granos de arroz secándose al sol.
ABAJO: Bassin Zim.

Hinche, el mercado central

Hinche ㉚ (53 000 hab.) es una ciudad esencialmente rural que cobra vida los días de mercado. Decenas de campesinos cruzan el puente sobre el ancho río Guayamoue con la esperanza de vender sus vacas, cerdos y chivos, así como los pavos que transportan en grandes cuencos que llevan en equilibrio sobre la cabeza. El mercado está en la calle Stenio Vincent, al este de la cochera de los *tap-taps*, y se desparrama por las calles adyacentes transformando la ciudad. En ellas encontrará numerosos restaurantes que sirven platos típicos haitianos a base de arroz, habichuelas y carne.

La calle J. J. Dessalines se dirige hacia el sur desde la estación de autobuses hasta la **plaza Charlemagne Péralte**, una polvorienta plaza dedicada a Charlemagne Péralte, el heroico hijo de la ciudad que fue jefe de la resistencia de los cacos contra la ocupación estadounidense de 1915. Los cacos eran una banda de guerrilleros de raza negra procedentes de la meseta Central formada originariamente en 1867 como oposición al Gobierno. Logró sobrevivir, aunque de forma intermitente, como una fuerza de resis-

La región de la meseta Central en torno a Hinche, al nordeste de Puerto Príncipe, es un foco de disturbios sociales desde hace años. No es recomendable que los turistas viajen por ella.

tencia hasta la época de su prodigiosa lucha contra las tropas estadounidenses y su práctica de *corvée*, que consistía en emplear mano de obra forzosa en la construcción de carreteras. Al cabo de casi dos años de una guerra de guerrillas, Péralte fue capturado y ejecutado por el ejército de Estados Unidos, que al poco tiempo aplastó la rebelión. Preside la plaza la catedral de Hinche, del siglo XVI cuyo interior no tiene nada que envidiar al de la más moderna iglesia de la calle C. Heureuse

A unos 15 kilómetros al nordeste de Hinche se encuentra **Bassin Zim** ㉛, una preciosa cascada que más que precipitarse fluye sobre una inmensa roca redondeada hasta una poza de 50 metros de diámetro en la que el agua presenta un color azul lechoso. Es una magnífica piscina natural para nadar. Desde este lugar un guía local podrá mostrarle el camino (por un pequeño importe), abriéndose paso con el machete a través de la maleza conforme va avanzando, a las **grutas Bassin Zim**; se tarda unos 20 minutos andando por un estrecho sendero que a veces requiere tener que andar a gatas y otras escalar. Las grutas, ocultas entre el verde follaje de los helechos y de los árboles, son frías y oscuras y en sus paredes albergan algunas pinturas primitivas que se cree son obra de los indígenas taínos. Bassin Zim está al final de una pista de 5 kilómetros que arranca en un desvío de la carretera de Papaye a Cap-Haïtien; para ir es necesario un vehículo todoterreno puesto que no hay autobuses. No obstante, sí es posible ir en *tap-tap* a las fuentes termales de **Cerca-la-Source** ㉜, ubicadas a 30 kilómetros al este de Hinche.

El fértil valle del Artibonito

La fuente del río Artibonito mana al otro lado de la frontera, en la República Dominicana. Cuando finalmente llega a la costa oeste de Haití su cauce ha crecido hasta convertirse en un ancho y poderoso río navegable que riega la fértil región arrocera del valle del Artibonito. El paisaje en torno a **Pont Sondé**, en el kilómetro 110 de la

ABAJO: meter el arroz en los sacos es un trabajo agotador.

RN1, lo configura un mosaico de pequeños campos de arroz de intenso color verde delineado por una red de canales de irrigación. Si se dirige hacia el este llegará a la pequeña y modesta ciudad de **Petite-Rivière de l'Artibonite** ㉝, donde, dos calles detrás de la iglesia –ahora restaurada–, se alza el **Palais des 365 Portes** (palacio de las 365 Puertas), construido por Henri Christophe como cuartel general de la provincia. En la actualidad sólo quedan 60 ventanas y puertas exteriores.

Continuando hacia levante la carretera gana altura según se va aproximando a las ruinas del **Fort Crète-à-Pierrot**, donde, en 1802, el ejército de esclavos de Dessalines resistió valientemente frente a las tropas francesas del general Leclerc en una batalla clave en su lucha por la independencia. Desde este lugar las vistas del río son espléndidas. Tras confluir con la RN1 a la altura de L'Estère, la carretera continúa hacia el norte en dirección a Gonaïves a través de la polvorienta y desértica región de **Savane Désolée**, un territorio de monte bajo erizado de grandes cactus.

El *blues* de la costa Oeste

Gonaïves ㉞, aunque es importante desde el punto de vista histórico por haber sido el lugar donde en 1804 Dessalines proclamó la independencia de Haití, es así mismo famosa por ser la ciudad menos atractiva del país. En la **plaza de la Indépendence** hay un monumento a Dessalines en el que aparece retratado al timón de un barco que representa a Haití. Una fea catedral modernista domina la plaza, que hace las veces de taller al aire libre de reparación de bicicletas pues está llena de puestos en los que se arreglan y venden ruedas, neumáticos y cuadros: en Gonaïves, la bicicleta es la reina. El **Mémorial de l'Indépendence** se yergue al oeste en la calle Liberté, que baja hacia los deteriorados pero activos muelles. Evite las playas inmediatamente al norte de la ciudad pues se cree que en 1988 los estadounidenses las utilizaron como vertederos de ceniza tóxica.

Mapa páginas 278-279

Dessalines, situada a unos 20 kilómetros al norte de Petite-Rivière a la vera de una accidentada carretera, fue declarada la capital de Haití por el caudillo rebelde tras proclamar la independencia en 1804. Una excursión con un guía por los montes de los alrededores le permitirá ver las ruinas de los siete fuertes que erigió Dessalines para proteger su plaza fuerte.

ABAJO: día de mercado en Hinche.

NOTA

El espacioso restaurante Venus, situado mirando al puerto en el extremo occidental del parque central de Saint-Marc, es un sitio magnífico para observar el fatigoso desembarco de las mercancías de los cargueros por medio de barcas de remos.

ABAJO: el mar de Arcahaie. **DERECHA:** madre e hija de vuelta del mercado.

Al sur de Gonaïves, a 75 kilómetros de distancia, se halla la animada localidad portuaria de **Saint-Marc** ㉟, una peculiar y ruinosa población repleta de casas de madera de dos pisos que se aguantan en pie con chapa ondulada, cartones y esperanza. Saint-Marc fue un importante puerto comercial durante la época colonial por el que todavía pasan las exportaciones de azúcar, los plátanos y el arroz que se producen en el valle del Artibonito. En las afueras existen algunas fábricas de sebo y jabón.

Hoteles de lujo en la costa de Arcadins

La **costa de Arcadins** ㊱ se extiende desde Delugé, a 16 kilómetros al sur de Saint-Marc, hasta Cabaret, a 45 kilómetros de distancia. En ella hay largas playas de arena blanca con aguas poco profundas en las que se puede nadar sin peligro. Las descarnadas montañas de la **cadena de Matheux** se levantan como una muralla frente al mar. Al sudoeste, a 5 kilómetros de la costa, flotan **Les Arcadins**, tres cayos arenosos rodeados por un arrecife coralino claramente visible en el que los submarinistas podrán pasar horas inolvidables. La pequeña ciudad de **Montrouis**, en el extremo norte, es famosa por los puestos que se instalan al borde de la carretera principal y que venden comida sabrosa y barata, desde platos de arroz y habichuelas, *mayi moulen* y *lambi* fritos (*véase pág. 138*) hasta aguacates y piñas.

La mayoría de los complejos turísticos de lujo de Haití se hallan situados a lo largo de la costa des Arcadins. Además de estancias con todo incluido, ofrecen pases de un día para los no residentes que por lo general incluyen una comida y el derecho a utilizar las instalaciones deportivas. El centro de vacaciones de **Moulin sur la Mer** (tel.: 223-5700), a 3 kilómetros al norte de Montrouis, está construido en torno a un edificio restaurado del siglo XVII de estilo colonial que alberga un museo dedicado a ese período. A la entrada se expone una prensa de azúcar intacta. El **hotel Ouanga Bay Beach** (tel.: 257-7889), a 8 kilómetros al sur de Montrouis, goza de un ambiente acogedor y cordial y tiene una sala de fiestas que ofrece música en vivo los fines de semana. La **playa Publique** (playa pública), algo más al sur, se encuentra de forma chocante pero prometedora entre los lujosos complejos **Kaliko Beach Resort** (tel.: 298-4609) y **Wahoo Bay Beach** (tel.: 223-2950), que organiza paseos a caballo por las montañas. Fue inaugurada en 1997 por el presidente Preval para el disfrute libre y gratuito de los haitianos; el ambiente es muy animado. El **Kyona Beach Club** (tel.: 257-6863) es el complejo turístico al que resulta más fácil llegar desde Puerto Príncipe, y por lo tanto el más concurrido.

La **isla de la Gonâve** ㊲, a veinte kilómetros de la costa en el golfo de la Gonâve, es la mayor de las islas haitianas. Está densamente poblada por familias que intentan sobrevivir de la pesca en sus esquilmadas aguas y de la agricultura en un terreno mayoritariamente árido e inhóspito. Los barcos que realizan la travesía zarpan a diario desde un pequeño embarcadero en **Carries**, al norte del Wahoo Beach Resort, que antaño era la residencia playera de *Baby Doc* Duvalier.

La última población importante antes de Puerto Príncipe, a 30 kilómetros de distancia, es **Cabaret** ㊳, una extraña anomalía de la arquitectura haitiana que se levanta como una triste y abatida reliquia del frágil ego de *Papa Doc* Duvalier. Esta ciudad fue concebida y parcialmente construida en 1961 con el nombre de Duvalierville como respuesta a Brasilia. Rebautizada hace no demasiado tiempo, todo lo que queda del legado duvalierista es un enorme y modernista reñidero de gallos

MON AMOUR

Guía práctica

GUIAS OCEANO

Discovery Channel
GUIAS OCEANO

Las guías del nuevo milenio

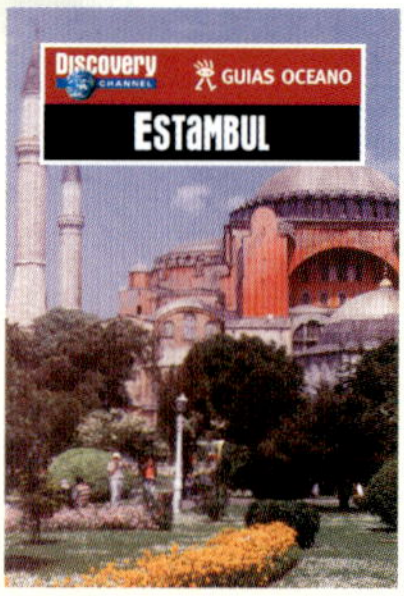

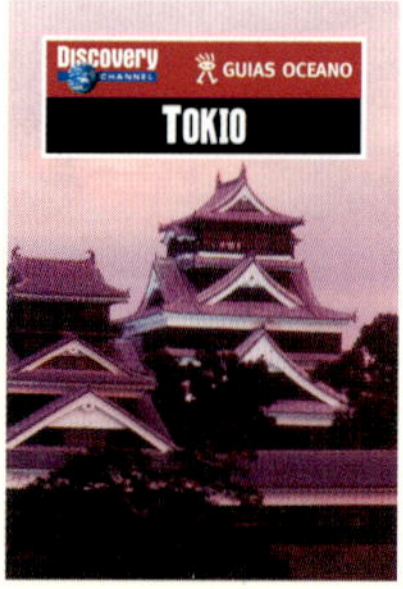

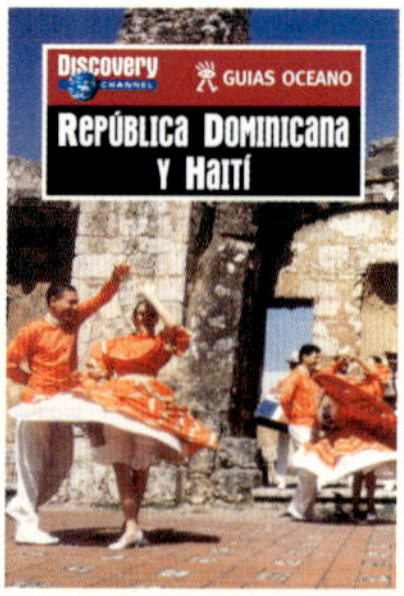

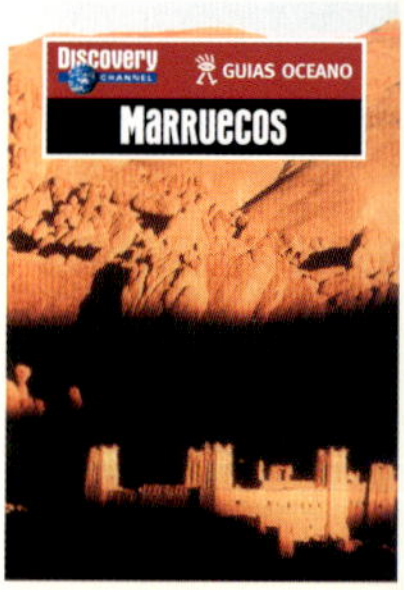

SUMARIO

Familiarizarse

República Dominicana

Superficie: 48 442 km^2.
Población: 8 millones de habitantes, de los cuales el 70% son mulatos de ascendencia europea y africana; el 30% restante se compone de personas de raza negra, caucásicos y asiáticos.
Idioma: español.
Religión: católica.
Huso horario: hora estándar oriental (en verano se adelanta una hora para aprovechar la luz del sol). Cuando en Santo Domingo es mediodía, en Londres son las 17:00 h, las 18:00 h en Madrid y Roma, las 14:00h en Buenos Aires y las 11:00 h en Ciudad de México.
Moneda: la moneda nacional es el peso, pero suelen aceptarse dólares estadounidenses.
Corriente eléctrica: 110-120 voltios y 60 ciclos. Todos los hoteles disponen de generadores eléctricos para casos de urgencia.
Prefijo telefónico internacional: 809

Geografía

Tres son los principales sistemas montañosos de la República Dominicana: la cordillera Central, la cordillera Septentrional y la cordillera Oriental. La cordillera Central es la que ocupa la superficie más amplia; entre sus accidentes geográficos destacan el pico Duarte, que con sus 3 087 metros de altitud es la mayor elevación de las Antillas, cascadas como las de Baiguate y Jimenoa, así como varios parques nacionales y reservas científicas. En la cordillera Central nacen algunos de los ríos más importantes del país, entre ellos el más largo, el Yaque del Norte, con algunos tramos excelentes para el descenso de rápidos. La cordillera Septentrional discurre paralela a la cordillera Central y separa el valle del Cibao de la llanura costera del Atlántico. El pico Diego de Ocampo, una reserva científica, es la montaña más elevada de esta cordillera. Cabe destacar así mismo el Morro, en Monte Cristi, y los cayos de los Siete Hermanos, ideales para la práctica del submarinismo y de la pesca. En esta cordillera también se encuentran las minas de ámbar de las cercanías de Puerto Plata. La cordillera Oriental es la menos extensa de las tres.

Existen, así mismo, cinco sierras o cadenas montañosas menores: Samaná, Yamasa, Martín García Neiba y Bahoruco.

Varios ríos riegan la República Dominicana, algunos de los cuales se aprovechan para generar energía eléctrica por medio de presas hidroeléctricas.

Clima

La temperatura media anual en la República Dominicana es de 25 °C. El clima de la costa es de carácter más tropical que el de la parte central del país, donde las temperaturas son más frescas.

El caudal medio de precipitaciones varía dependiendo de la zona del país. En la costa norte la estación lluviosa va de octubre-abril a mayo, mientras que en la costa sur va de mayo a octubre-noviembre.

Las poblaciones del norte y del este son las más lluviosas.

Promedio anual de precipitaciones:

Puerto Plata	176 cm
Monte Cristi	167 cm
Santo Domingo	138 cm

Economía

La economía de la República Dominicana se apoya en cuatro sectores principales: la agricultura, la minería, el turismo y las zonas libres de impuestos. En los últimos tiempos las fuentes de ingresos más activas han sido el turismo y las zonas francas. Hoy en día el turismo es el que proporciona las mayores ganancias económicas al país, seguido por las zonas francas, en las que se fabrican para la exportación productos textiles, equipos electrónicos, puros, etc.

En el sector agrícola los principales productos destinados a la exportación son el café, el cacao, el azúcar, la piña, la naranja, el llantén, la banana, las verduras y las flores. La región del valle del Cibao no es sólo rica en productos agrícolas sino que contiene, además, grandes yacimientos de ferroníquel y la mayor explotación a cielo abierto de oro del continente, la mina Rosario Dominicana. Otros minerales para la exportación son el yeso, el mármol y la sal gema.

Pesos y medidas

De acuerdo con las leyes dominicanas, debería usarse el sistema métrico decimal. No obstante, la libra y la onza se utilizan para pesar sólidos y aceite para cocinar. Las telas se miden en yardas, y la gasolina y los aceites para motor en galones ingleses (4,55 litros). Por otra parte, el ron, la cerveza y otros líquidos se venden en botellas de 0,756 litros. Los solares urbanos se miden en metros cuadrados, mientras que para los terrenos rurales se utilizan las «tareas» (1 tarea = 624 m^2).

Gobierno

Como también ocurrió en otras regiones de Latinoamérica, durante el siglo XX la República Dominicana experimentó períodos de agitación política, cambios violentos de Gobierno y guerras civiles. Sin embargo, en las cuatro últimas se ha convertido en una democracia representativa.

El Gobierno democrático de la República Dominicana se divide en tres poderes: ejecutivo, legislativo y judicial. Se celebran elecciones libres cada cuatro años. La capital y sede del Gobierno es Santo Domingo. El presidente nombra a los gobernadores provinciales, que son los representantes de las distintas provincias. El Senado elige la judicatura.

Planificar el viaje

Visados y pasaportes

Los ciudadanos de Estados Unidos, Canadá, España, Francia, Reino Unido, Alemania, Suiza, Italia, Venezuela, países escandinavos, Panamá, Uruguay, Costa Rica, Japón, Dominica, Brasil, Argentina, Antigua, Bermudas, Antillas Holandesas, Guadalupe, Martinica, Jamaica, México y Trinidad y Tobago no necesitan visado para entrar en la República Dominicana, únicamente una tarjeta de turista que cuesta 10 dólares y un documento acreditativo de su ciudadanía (pasaporte, certificado oficial de nacimiento, etc.). Los ciudadanos de otros países necesitan un visado para entrar.

Aduanas

Los artículos clasificados como equipaje personal no presentarán ningún problema a la hora de cruzar la aduana. Está permitido introducir en el país hasta un litro de alcohol, 200 cigarrillos y artículos de regalo cuyo valor no supere los 100 dólares. El recibimiento de que sea objeto puede depender del lugar de procedencia del vuelo y de la actitud del oficial que lo reciba, pero generalmente le dejarán pasar con una sonrisa amistosa. Es posible que le registren el equipaje.

Bancos y cambio

La unidad monetaria de la República Dominicana es el peso. Las monedas son de 1, 5, 10, 25 y 50 centavos y de 1 peso; los billetes pueden ser de 5, 10, 20, 50, 100, 500 y 1 000 pesos. Si lleva dólares estadounidenses obtendrá más pesos si los cambia en un banco comercial al llegar al país. Por ley, los bancos han de tener un tablero a la vista del público en el que se informe de la tasa de cambio del día.

La mayoría de los hoteles, restaurantes y establecimientos comerciales aceptan las principales tarjetas de crédito y están obligados por ley a utilizar el tipo de cambio correcto. Normalmente también aceptan dólares estadounidenses.

Precauciones sanitarias

La República Dominicana es un destino seguro si se toman las precauciones adecuadas. Se aconseja visitar al médico de cabecera antes de viajar a la isla. Asegúrese de revisar su historial de vacunas para comprobar lo que necesita. Las vacunas recomendadas para todas las personas que viajen a las islas tropicales del Caribe son contra la hepatitis A y B.

No es seguro beber agua del grifo en la isla; es preferible que los turistas beban agua embotellada o purificada, que encontrarán en cualquier establecimiento. Los principales hoteles y complejos turísticos disponen de clínicas para atender a los huéspedes. Las personas que viajen por libre pueden acudir a los hospitales y clínicas locales. No obstante, asegúrese de que cuenta con el seguro médico adecuado.

Qué llevar

La ropa ligera confeccionada con fibras naturales (algodón, lino, etc.) será la más adecuada durante el día. No se olvide de llevar un bañador, crema solar y calzado cómodo.

En las iglesias los hombres deben descubrirse la cabeza en señal de respeto. En la actualidad, las mujeres ya no necesitan cubrirse la cabeza, aunque la costumbre es que lleven un vestido de manga larga y un velo para asistir a los servicios religiosos. Entrar en una iglesia con pantalones cortos puede considerarse una ofensa.

Los hombres que asistan a un congreso o que estén en viaje de negocios necesitarán probablemente chaqueta y corbata, o incluso un esmoquin. Para ocasiones formales la costumbre en la República Dominicana es que los hombres lleven un traje blanco y las mujeres un vestido de noche. En las noches más frescas –desde noviembre hasta febrero– las mujeres quizás necesiten un chal ligero.

Cómo llegar

Desde los aeropuertos europeos de Londres, Madrid, Roma, Lisboa, Amsterdam, Bonn, Düsseldorf, Stuttgart, Bruselas, Frankfurt, Helsinki y París, entre otros, hay vuelos chárter y regulares a la República Dominicana.

También hay vuelos directos desde numerosas ciudades latinoamericanas, entre ellas Caracas, Panamá, La Paz, Santiago de Chile, Buenos Aires, Bogotá y Cancún.

Más de 60 vuelos chárter aterrizan en los aeropuertos internacionales de Puerto Plata, Punta Cana y Santo Domingo.

LÍNEAS AÉREAS

Desde Europa: Air Europa, Air France, Air Portugal, Alitalia, AOM Minerve, British Airways, British Caledonian, Condor, Hapaz, Iberia, Lloyd, LTU, Martinair Holland.
En el Caribe: Aeroportal, Air France, Air Guadeloupe, Air Santo Domingo, ALM, American Eagle, Copa, Cubana de Aviación, Dominair, Iberia, Lynx Air, Sky King.
Desde Centroamérica: Copa, Lacsa.
Desde Sudamérica: Aces, Aeroperú, Aeropostal, Aserca, Iberia, Lanchile.

Operadores turísticos

Operadores turísticos con oficinas en la República Dominicana.

SANTO DOMINGO

Caribbean Connections
Siervas de María, 2
Naco, Santo Domingo
Tel.: 549 4010; fax: 566 8393
James.garcia@codetel.net.do

Casarse en la República Dominicana

Las bodas tropicales en la República Dominicana son cada vez más populares entre las parejas que desean juntar la ceremonia con la luna de miel y llevarse con ellos a familiares y amigos. Si quiere casarse en una playa de postal o en una bonita capilla caribeña, la mayoría de los operadores turísticos, hoteles y complejos turísticos ofrecen paquetes con todo incluido. Algunos hoteles disponen de personal especializado en planificar bodas que se encarga de organizarlo todo: la ceremonia (al aire libre o a cubierto), los servicios de un juez, el pastel de boda, el champán y las flores, así como la música, las fotografías y el vídeo.

Las reservas tienen que hacerse, al menos, con un mes de antelación. Los lugares más populares para casarse son Samaná, Punta Cana y Playa Grande, o el animado Santo Domingo, Puerto Plata, Boca Chica y Playa Dorada.

Antes de la ceremonia, la pareja debe cumplir el requisito de una estancia mínima de tres días y adjuntar los siguientes documentos oficiales:

- Una declaración notarial sobre el país de origen de los novios, legalizada en el consulado dominicano, en la que se indique el estado civil de ambos contrayentes.
- Si fuese el caso, copias legales de la documentación relativa al divorcio.
- Pasaportes válidos (también los de los testigos si no son dominicanos).
- El original de la partida de nacimiento.

Omni Tours
Roberto Pastoriza, 204
Santo Domingo
Tel.: 565 6591; fax: 567 4710
Omni.torus@codetel.net.do

Premiere Tours
Dr. Jacinto Mañón
Edif. D´Roca Plaza 201
Santo Domingo
Tel.: 563 0790; fax: 566 9243
Premiere@codetel.net.do
También tiene oficinas en Puerto Plata, Punta Cana y Juan Dolio.

Prieto Tours
Avda. Francia, 125
Santo Domingo
Tel.: 685 0102; fax: 682 8929
Prieto.tours@codetel.net.do
También tiene oficinas en Puerto Plata, Punta Cana, Samaná y Juan Dolio.

Temptation Tour and Travel
Plaza Francesca
Abraham Lincoln, Suite 229
Santo Domingo
Tel.: 227 6688; fax: 227 6696
Temptation@codetel.net.do

Touridea
Leonor de Ovando, 57
Santo Domingo
Tel.: 685 7525; fax: 682 0302
Touridea@codetel.net.do
Tiene otra oficina en Punta Cana.

Turinter
Leopoldo Navarro, 4
Santo Domingo
Tel.: 686 4020; fax: 688 3890
Turinter@aacr.net
También tiene oficinas en Puerto Plata y Punta Cana.

EL NORTE

Cafemba Tours
Centro de Convenciones Playa Dorada
Puerto Plata
Tel.: 586 2177; fax: 586 6313
m-jiminian@codetel.net.do

Coco Tours
Puerto Plata
Tel.: 586 1311; fax: 586 1237
Steve@cocotours.com

Go Dominican Tours
Puerto Plata
Tel.: 586 5969; fax: 586 8641
Go.dominican.tours@codetel.net.do

Consejos prácticos

Servicios postales

El servicio postal dominicano (Inposdom) tiene oficinas en todas las ciudades, así como en los aeropuertos y en los complejos turísticos.

Telecomunicaciones

El prefijo internacional para la República Dominicana es el **809**.
El país cuenta con una moderna red de telecomunicaciones por teléfono, télex, cable, Internet y fax que funciona las 24 horas del día todos los días. La mayoría de los hoteles dispone de teléfono público.
Dos compañías telefónicas sirven a todo el país:
Codetel, de 8:00 a 22:00 h a diario. Sus servicios incluyen acceso a Internet y fax.
Tricom, de 9:00 a 17:00 h de lunes a sábado.

También hay otras compañías más pequeñas que proporcionan servicios de telefonía, entre ellas Turitel y All America.

Embajadas en Santo Domingo

Los siguientes países poseen representación diplomática en Santo Domingo:
Argentina: Av. Máximo Gómez nº 10
Tel.: 682 0976, 682 2977;
fax: 221 2206.
Chile: Av. Anacaona nº 11, Parque Mirador Sur. Tels.: 530 8441, 532 7800; fax: 530 8310;
echiledo@tricom.net
España: Av. Independencia, 1205
Tel.: 535 1615; fax: 535 1595;
embespdo@mail.mae.es

Haití: C. Juan Sánchez Ramírez 33
Tel.: 686 5778; fax: 686 6096;
Amb.haiti@codetel.net.do
México: C. Arzobispo Meriño nº 265, esq. con Las Mercedes, Zona Colonial. Tel.: 687 6444; fax: 687 7872; embamex@codetel.net.do

Embajadas y consulados dominicanos

Argentina: Av. Santa Fe nº 830, piso 7, Buenos Aires
Tel.: 4312 9378; fax: 4894 2078.
Chile: C. Augusto Leguia Sur nº 79, of. 1802, Comuna de los Condes, Santiago. Tel.: 245 0667; fax: 245 1648; emrepdom@ctcinternet.cl
España: Pº de la Castellana nº 30, 1ª dcha, 28046 Madrid
Tel.: 91 431 5395; fax: 91 435 8139; embrdes@infonegocio.com
Haití: 121, av. Panamericaine, Pétion Ville, Puerto Príncipe
Tels.: 257 9215, 221 8718;
fax: 257 0568.
México: C. Guatemala nº 84, Colonia Centro, Delegación Cuauhtemoc, 06020 México D.F.
Tel.: 5522 7409; fax: 5522 7409;
embadomi@data.net.mx;
www.embajadadominicana.com.mx

Organizaciones internacionales

Nunciatura Apostólica
Máximo Gómez, 27
Tel.: 682 3773; fax: 687 0287
nuncap.rd@codetel.net.do
UNESCO-PNUD
Anacaona, 9 Mirador Sur
Tel.: 531 3403; fax: 687 0287
salhailu@codetel.net.do
UNICEF
Aybar Castellanos, 165
Tel.: 540 2868; fax: 540 3905
Unicef@codetel.net.do

Viajeros discapacitados

La República Dominicana todavía no está convenientemente equipada para atender las necesidades de los viajeros discapacitados, pero es posible encontrar algunos hoteles adecuados. Consulte en su agencia de viajes.

Mujeres que viajan solas

Las mujeres que viajen solas pueden moverse con bastante seguridad por la República Dominicana. De todos modos, conviene ser prudentes en las zonas más pobladas tanto de día como de noche. No se extrañe si los hombres del lugar intentan seducirla de forma espontánea.

Viajar con niños

La mayoría de los hoteles y complejos turísticos ofrecen instalaciones y actividades para los niños, así como servicios de monitores infantiles cualificados.

Asistencia sanitaria

Hay clínicas y hospitales en la mayoría de las ciudades o poblaciones grandes. Pregunte en el hotel para que le recomienden un médico o le indiquen la dirección de la farmacia más cercana.

Hospitales

Centro Cardiovascular
Josefa Perdomo, 152
Santo Domingo
Tel.: 682 6071
Hospital José María Cabral
Avda. Central
Santiago
Tel.: 583 4311
Centro Médico Oriental
Sta. Rosa
Puerto Plata
Tel.: 586 2210

Seguridad y delincuencia

En caso de urgencia, llame al **911**. En él le atenderán las 24 horas del día y le conectará con la policía, la Cruz Roja, los bomberos, protección civil y los servicios de urgencias.

Debido a las medidas que han adoptado las autoridades para luchar contra la droga, la República Dominicana es uno de los destinos más seguros del Caribe. No obstante, conviene ser prudente. No lleve consigo grandes sumas de dinero, no deje sus pertenencias desatendidas y evite pasear por calles sin alumbrado durante la noche.

El Departamento de Turismo dispone de un cuerpo de seguridad especial llamado *Politur* o *Policía Turística* cuyos agentes informan al turista sobre temas de seguridad. Para más información:
Tel.: 221 4660; fax: 682 3806 en Santo Domingo (oficina principal); o tel.: 586 3676; fax: 586 3806 en Puerto Plata.

Medios de comunicación

En Santo Domingo se editan cinco diarios matinales y dos vespertinos de tirada nacional: *El Caribe*, *El Nuevo Diario*, *El Siglo*, *Hoy*, *Listín Diario*, *El Nacional* y *Última Hora*. El periódico de la mañana *La Información* se publica en Santiago de los Caballeros. Existe así mismo un periódico en inglés, *Santo Domingo News*, con información orientada al turismo, y una revista especializada en información turística de ámbito internacional, *Bohío Dominicana*, que se publica en inglés y en español.

Hay 179 emisoras de radio y 10 canales de televisión. La mayoría de los hoteles tienen televisión por cable.

Horarios comerciales

El horario de la mayoría de las tiendas y los negocios es el siguiente:
Bancos: de lunes a viernes de 8:30 a 15:30 h.
Organismos gubernamentales: de lunes a viernes de 7:30 a 14:30 h.
Oficinas comerciales: de lunes a viernes de 8:30 a 12:30 h y de 14:30 a 18:30 h, o bien de 9:00 a 17:30 h.
Tiendas: de lunes a viernes de 9:00 a 19:00 h. Las grandes superficies abren el sábado y a veces el domingo hasta las 14:00 h.
Nota: algunos comercios cierran a mediodía de 12:30 a 14:30 h.

Fiestas oficiales

1 de enero Año Nuevo
21 de enero Día de Nuestra Señora de Altagracia
27 de febrero Día de la Independencia
Marzo o abril Semana Santa (puede variar)
Viernes Santo (puede variar)
Mayo o junio Corpus Christi (puede variar)
24 de septiembre Día de Nuestra Señora de las Mercedes
25 de diciembre Navidad

Los siguientes días festivos se celebran el lunes más próximo a las fechas indicadas:

6 de enero Epifanía
26 de enero Aniversario de Juan Pablo Duarte
1 de mayo Día del Trabajo
16 de agosto Día de la Restauración Dominicana
6 de noviembre Día de la Constitución

Propinas

Además del 8% de IVA, los restaurantes añaden a la cuenta un 10% por el servicio, que luego entregan a los empleados. Si recibe algún servicio excepcional, lo apropiado es dar una propina extra.

Servicios religiosos

El 90% de los dominicanos son católicos, pero también hay anglicanos, baptistas, evangélicos, adventistas del Séptimo Día y mormones. La sinagoga de Santo Domingo celebra la liturgia los viernes por la tarde.

Desplazarse

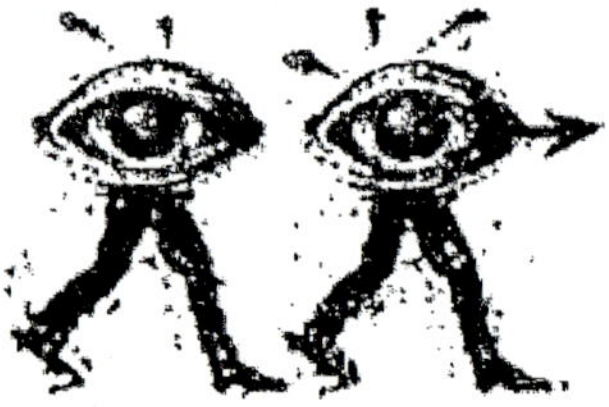

Desde el aeropuerto

La República Dominicana tiene ocho aeropuertos internacionales, incluidos los de Las Américas, situado a 20 kilómetros de Santo Domingo; Herrera (que será sustituido por el nuevo aeropuerto de La Isabela), en la capital; General Gregorio Luperón, a 18 kilómetros de Puerto Plata; Punta Cana; La Romana; y el aeropuerto internacional de Cibao, en Santiago. En los aeropuertos internacionales María Móntez, en Barahona, y Arroyo Barril, en Samaná, todavía no operan líneas regulares.

La mayor parte de los hoteles y de los operadores turísticos se encargan de ir a buscar a sus clientes y de llevarlos al aeropuerto. Sin embargo, si viaja de manera independiente, lo mejor es que tome un taxi. Acuerde siempre el precio de la carrera antes de subirse al taxi.

En coche

Desplazarse en coche por la República Dominicana puede resultar complicado; lo más aconsejable es conducir siempre a la defensiva y extremar las precauciones. Si se ve involucrado en un accidente, esperarán que por ser un turista corra con todos los gastos, incluso si no ha sido el causante del mismo. Cerciórese de que el seguro que contrate cubra todos los gastos.

ALQUILER DE COCHES

Alquilar un vehículo puede resultar muy caro e implicar engorrosos trámites burocráticos. Para alquilar un coche, el conductor debe ser mayor de 25 años, tener el permiso de conducir de su país de origen en regla (o uno internacional) y disponer de una tarjeta de crédito de alguna entidad importante. Una alternativa más económica y conveniente para desplazarse a lugares situados a corta distancia es alquilar una motocicleta (*motoconcho*).

Si tiene pensado recorrer la isla, lo más sensato es alquilar un vehículo todoterreno que sea capaz de transitar por las a menudo accidentadas y empinadas carreteras rurales. Aunque algunas carreteras se encuentran en buen estado, otras, sobre todo las de las regiones aisladas, son poco más que pistas de tierra lo bastante anchas para permitir el paso de dos vehículos.

Las principales empresas de alquiler de coches, como Herz, Avis, Thrifty, Budget o Dollar, cuentan con oficinas en los aeropuertos y en las principales ciudades. Otra posibilidad es hacer la reserva antes de emprender el viaje.

Avis

Avda. Abraham Lincoln
Esquina Sarasota
Santo Domingo
Tel.: 535 7191

Antigua Autopista Duarte, kilómetro 2
Santiago
Tel.: 582 7007

Carretera Luperón kilómetro 4,5
Puerto Plata
Tel.: 586 4436

Casa de Campo Resort
La Romana
Tel.: 221 0972

Márquez 35
La Romana
Tel.: 550 0600

Budget

Avda. JFK, esquina Lope de Vega
Santo Domingo
Tel.: 562 6812

Hertz

Mercantile Santo Domingo
Avda. Independencia, 454
Santo Domingo
Tel.: 221 5333
Fax: 221 8927

Hotel Flamenco
Proyecto Playa Dorada
Puerto Plata
Tel.: 320 1025
Fax: 221 8927

Casa de Campo Resort
La Romana
Tel.: 523 8988
Fax: 221 8927

Hotel Carabela
Bávaro
Tel.: 221 2728
Fax: 221 8927

Nelly Rent a car

José Contreras, 139
Santo Domingo
Tel.: 508 0088; 535 8800

Aeropuerto Las Américas
Santo Domingo
Tel.: 549 0505/09
Fax: 549 0693

Calle Estrella Sadhalá, 204,
esquina Proyecto
Santiago
Tel.: 233 0034
Fax: 563 6695

Gregorio Luperón, 32
La Romana
Tel.: 556 2156
Fax: 556 2861

Punta Cana Beach Resort
Punta Cana, Higüey
Tel.: 221 2662 (ext. 7119)
Fax: 687 8745

Centro Comercial Playa Dorada
Puerto Plata
Tel.: 320 4888
Fax: 320 2239

Aeropuerto internacional La Unión
Puerto Plata
Tel.: 586 0505

Thrifty

Hotel Santo Domingo
Avenida Independencia
Santo Domingo
Tel.: 685 9191

Calle José María Heredia, 1
Gazcue
Santo Domingo
Tel.: 685 9191

Aeropuerto Las Américas
Santo Domingo
Tel.: 685 9191

En avión

La compañía aérea Air Santo Domingo ofrece vuelos regulares a diario entre los aeropuertos situados cerca de los centros turísticos y financieros del país.

En taxi

En Santo Domingo, Santiago y Puerto Plata los taxis circulan las 24 horas del día; suelen tener paradas frente a los principales hoteles.

No todos los taxis tienen taxímetro, así que se recomienda acordar el precio de la carrera antes de subirse para evitar malentendidos al llegar al destino.

Siempre que haga buen tiempo, los *motoconchos* (motocicletas que transportan pasajeros) son un medio de transporte rápido y económico.

Transporte público

Los autobuses públicos, los *carros* públicos (una especie de taxis colectivos) y los microbuses constituyen una manera eficaz y barata de desplazarse por Santo Domingo y otras ciudades. La tarifa suele estar fijada de antemano en los complejos turísticos, pero si viaja por libre debe acordar el precio antes de subirse.

Dónde alojarse

Alojamiento

La República Dominicana es famosa por sus grandes y modernos complejos hoteleros a pie de playa. Pero si desea algo menos masificado, también existen, desde luego, hoteles más sencillos y pequeños, encantadoras casas de huéspedes y chalés en alquiler, si eso es lo que usted prefiere, dependiendo de la temporada.

Casi todos admiten niños y algunos complejos turísticos organizan actividades especiales para mantenerlos entretenidos.

La siguiente lista es una selección de los diferentes establecimientos que existen. Los precios y las instalaciones pueden variar.

Santo Domingo

Caros

Hotel El Napolitano
George Washington, 101
Tel.: 687 1131
Fax: 687 6814
Un hotel con 72 habitaciones; ofrece hermosas vistas al Malecón, y cuenta con sala de fiestas y casino. Uno de los más asequibles dentro de la categoría de los caros.

Hotel Hispaniola
Avda. Independencia, esquina con Abraham Lincoln
Tel.: 221 1511, (800) 877 3643
Fax: 535 4050
res@pwmonline.com

Guía de precios

El precio es por persona en una habitación doble:
Caro: más de 60 dólares
Medio: 30-60 dólares
Económico: menos de 30 dólares

Una nueva filial del hotel Santo Domingo que se alza justo enfrente.

Hotel Lina
Avda. Mario Gómez, esquina con 27 de febrero
Tel.: 563 5000
Fax: 686 5521
h.lina@codetel.net.do
Este hotel de 202 habitaciones pertenece a la cadena hotelera española Barceló. Muy conocido por su restaurante.

Hotel Meliá Santo Domingo
George Washington 365
Tel.: 221 6666, (800) 336 3542
Fax: 687 8150
Meliasdb@codetel.net.do
Un hotel con 260 habitaciones, vistas al Malecón, una cancha de tenis, un casino y una sala de fiestas muy concurrida los viernes y sábados.

Hotel Renaissance Jaragua
George Washington, 367
Tel.: 221 2222
Fax: 686 0582
h-jaragua@codetel.net.do
Hotel moderno y ostentoso con todo tipo de instalaciones, entre ellas un gimnasio y un estanque con gansos. El primer día obsequia a los huéspedes con champán.

Medio

Betty's Guest Quarters
Isabel La Católica 163, plaza María de Toledo
Tel.: 688 7649
Un edificio de estilo modernista con un jardín en la azotea.

Hostal Duque de Wellington
Avda. Independencia 304
Tel.: 682 4525
Fax: 688 2844
e-mail: hotelduque@codetel.net.do
Decorado con gusto; habitaciones con aire acondicionado, teléfono y baño.

Hotel El Señorial
Presidente Vicini Burgos 58
Tel.: 687 4367
Fax: 687 0600
Hotel de dos plantas bastante grande. Todas las habitaciones disponen de aire acondicionado, baño, teléfono y televisión por cable.

Hotel Kara
Presidente Vicini Burgos
Tel.: 685 3837
Fax: 221 1706
Un buen hotel en el que suelen hospedarse muchos turistas estadounidenses y alemanes. Habitaciones con aire acondicionado y baño. Desayuno incluido.

Hotel Villa Italia
Avda. Independencia, cerca de la Avda. Alma Mater
Tel.: 682 3373
Fax: 221 7461
hotel.villai@codetel.net.do
Podrá elegir entre alguna de sus habitaciones o suites o el apartamento.

La Cazona Dorada
Avda. Independencia 255
Tel.: 221 3535
Fax: 221 3622
cazonadorada@codetel.net.do
Habitaciones con aire acondicionado, frigorífico, TV por cable, baño y teléfono. También dispone de piscina, jacuzzi y restaurante.

Económicos

Apart-hotel Sea View
Calle el Número 2
Tel.: 221 4420
Cerca de los casinos y de las discotecas de la ciudad, así como de la Zona Colonial y del Mercado Modelo. Los apartamentos tienen habitaciones pequeñas y limpias con aire acondicionado y baño.

Hotel Rafael
Avda. Independencia 19
Tel.: 685 0084
Habitaciones con aire acondicionado, TV y baño. No dispone de agua caliente ni de su propio generador eléctrico. También cuenta con algunas habitaciones pequeñas y baratas que comparten un cuarto de baño.

El sudeste

BÁVARO

Caros

Bávaro Beach Resort
Bávaro
Punta Cana
Tel.: 686 5797
Fax: 688 7808
bavaro@codetel.net.do
Éste es el mayor complejo turístico de la Costa del Coco, así como el más concurrido. Consta de cinco hoteles, un campo de golf de 18 hoyos, varios restaurantes, etc.

LA ROMANA

Caros

Casa de campo
Al este del centro de La Romana
Tel.: 523 3333, (800) 877 3643
Fax: 523 8548
res@pwmonline.com
Cuenta con dos campos de golf y el centro deportivo Clay. Es un complejo turístico con todo incluido, con habitaciones de hotel y 150 chalés. Dispone de varias piscinas, nueve restaurantes, una sala de fiestas y un aeropuerto privado. Es obligatorio hacer la reserva con seis meses de antelación.

La Reina Cumayasa
Cerca de Soco
Tel.: 555 7506
Fax: 550 8105
En un alto sobre el río Cumayasa; recuerda a un castillo mediterráneo.

Económicos

Apart-hotel Libra
Héctor Rene Gil 11
Tel.: 556 8820. Fax: 556 4833
La mayoría de las habitaciones tienen aire acondicionado, cocina, frigorífico y baño.

Hotel Condado
Calle Altagracia 55
Tel.: 556 3010
Veinticuatro habitaciones. El precio se puede negociar y depende del número de camas que haya en la habitación y de si tiene aire acondicionado o ventilador.

Hotel Frano
Padre Abreu, a unos metros del hotel Olimpo
Tel.: 550 4744
Habitaciones con aire acondicionado.

Hotel Olimpo
Padre Abreu, esquina con Pedro A. Lluberes
Tel.: 550 7646
Fax: 550 7647
Habitaciones con aire acondicionado y baño. Piscina y restaurante.

PUNTA CANA

Caros

Club Mediterranée
Apartado Postal 106, Higüey
La Altagracia, Punta Cana
Tel.: 687 2606
Fax: 687 2896 o 685 5287

Consta de cuatro bloques en forma de U con varios niveles, tres restaurantes y una enorme piscina. Dispone de tarifas con todo incluido. Excursiones opcionales.

Punta Cana Beach Resort
A 5 kilómetros al sur del Club Med
Tel.: 972 2139 o 221 2262
Fax: 541 2286
reservas@puntacana.com
Chalés y espaciosas habitaciones en edificios de tres pisos en la playa. Los deportes acuáticos, así como otras actividades, están incluidos en el precio.

El nordeste

SAMANÁ

Caros

Cayo Levantado Beach Resort
Cayo Levantado
Tel.: 538 2988/3141
Fax: 538 2764
ohrd.h.cayacoa@codetel.net.do
Un complejo turístico con todo incluido que dispone de 44 habitaciones y un excelente restaurante.

Hotel Cayacoa
Loma de Puerto Escondido, en lo alto de un cerro con vistas a Samaná y la bahía.
Tel.: 538 3131
Fax: 538 2985
ohrd.h.cayacoa@codetel.net.do
Un complejo turístico con todo incluido; 82 habitaciones y bungalós con aire acondicionado, piscina y restaurante. Playa privada. La temporada alta (invierno) es la época de observación de las ballenas.

Hotel Gran Bahía
Los Cacaos
Tel.: 538 3111
Fax: 538 2764
ohrd.h.gbahia@codetel.net.do
Un hotel en régimen de pensión completa; 106 habitaciones, piscina y cancha de tenis. Organiza excursiones a cayo Levantado, así como para observar a las ballenas durante la temporada de cría de estos cetáceos.

Guía de precios

El precio es por persona en una habitación doble:
Caro: más de 60 dólares
Medio: 30-60 dólares
Económico: menos de 30 dólares

El norte y el oeste

PUERTO PLATA

Caros

Puerto Plata Beach Resort y casino
En el extremo oriental del Malecón
Tel.: 586 4243 o (800) 348 5395
Fax: 586 4377
Complejo turístico con todo incluido; 216 habitaciones en edificios de estilo victoriano, casino, dos restaurantes, piscina y servicio de guardería.

Económicos

Apart-hotel Lomar
En el extremo oriental del Malecón
Tel.: 320 8555
Fax: 586 5050
Espaciosas habitaciones con aire acondicionado, teléfono, TV por cable y baño. Algunas con ventilador y un balcón con vistas al mar.

Casa de huéspedes Portofino
Avda. Hermanas Mirabal 12
Tel.: 586 2858
Fax: 586 5050
Trece habitaciones con aire acondicionado y baño en un edificio de una planta; piscina, aparcamiento y un restaurante económico.

Hotel Ira
Calle Villanueva 25
Tel.: 586 2337
Nueve habitaciones económicas y sencillas, cada una de ellas provista de ventilador y de mosquitera sobre la cama. Baño compartido.

Hotel Jimesson
Calle J. F. Kennedy 41
Tel.: 586 5131
Fax: 217 7586
Veintidós habitaciones, todas ellas con aire acondicionado.

Hotel Victoriano
Calle San Felipe, esquina con la calle Restauración
Tel.: 586 9752
Veinticinco habitaciones con TV por cable y baño. Ventilador o aire acondicionado. El personal de servicio es muy atento. Dispone de generador eléctrico propio.

SANTIAGO DE LOS CABALLEROS (REGIÓN DEL VALLE DE CIBAO)

Caros

Hotel Aloha Sol
Calle del Sol 50
Tel.: 583 0090
Fax: 583 0950
El restaurante sirve especialidades locales e internacionales.

Medio

Hotel Ámbar
Al norte en la Avda. Estrella Sadhala
Tel.: 575 1957
Fax: 576 2572
Treinta y seis habitaciones con aire acondicionado y televisor.

Hotel Don Diego
Enfrente del hotel Ámbar
Tel.: 575 4186
Fax: 582 8830
Cuarenta habitaciones, piscina, cancha de tenis, discoteca, restaurante chino e internacional.

Hotel Gran Almirante
Avda. Estrella Sadhala
Tel.: 580 1992
Fax. 241 1492
Habitaciones cómodas. Muy caro.

Hotel Matum
Avda. Las Carreras
Tel.: 581 3107
Fax: 581 8415
Cincuenta habitaciones bien cuidadas, televisión por cable, piscina, discoteca y casino.

Hotel Santiago Camino Real
Calle del Sol, esquina con calle Mella
Tel.: 581 7000
Fax: 582 4566
Habitaciones cómodas con aire acondicionado. Tiene un buen restaurante.

Económicos

Hostal del Cibao
Calle Benito Moncion 40
Tel.: 581 7775
Fax: 582 3593
Catorce habitaciones económicas con baño, ventilador y TV.

Hotel Colonial
Salvador Cucurullo 115
Tel.: 247 3122
Fax: 582 0811
Habitaciones con TV y balcón.

Dónde comer

La dieta dominicana

Una parte esencial de la dieta dominicana es el arroz, que se prepara de diversas maneras. Por ejemplo, el locrio consiste en una combinación de arroz con distintas clases de carne; el moro es arroz con verduras (habichuelas, guisantes, etc.); y bandera dominicana es el nombre que recibe el plato nacional: una sencilla receta a base de arroz blanco, alubias rojas, carne y tostones (llantenes verdes fritos).

Además, cada región tiene su propio plato típico como, por ejemplo, chivo con salsa criolla en el noroeste, pescado con coco en Samaná, y yanniqueques (literalmente *Johnny cakes*, un tipo de tortas de maíz) en la parte oriental del país. La comida favorita de los indígenas es el pan de cazabe.

Restaurantes y cafeterías

Además de los establecimientos en los que se sirven platos típicos dominicanos, hay restaurantes de cocina española, francesa, italiana, oriental, alemana, árabe y argentina.

SANTO DOMINGO

Hotel Meliá Santo Domingo
George Washington 365
Tel.: 221 6666
Tres restaurantes:
La Terraza
Abierto a diario de 6:30 a 24:00 h. Desayuno bufé hasta las 11:30 h. Sándwiches y comidas completas. **$$–$$$**
The Antoine
Abierto de lunes a viernes de 11:00 a 15:00 h para almuerzos y comidas tipo bufé. El menú cambia todos los días. **$$**
La Canasta
Abierto a diario de 8:00 a 18:00 h. Ensaladas del chef, bocadillos cubanos, estofado dominicano, palitos de pescado, *filet-mignon*. **$–$$**

Precios orientativos

Precio medio por persona de una comida de dos platos y postre o una comida bufé:

$$$	Más de 15 dólares
$$	Entre 8 y 15 dólares
$	Menos de 8 dólares

Hotel Renaissance Jaragua
George Washington 367
Tel.: 221 2222
Este hotel ofrece tres restaurantes:
The Manhattan Grill
En la carta tiene solomillo, *filet-mignon*, pescado asado y langosta. **$$$**
Café Jaragua
Cafetería abierta las 24 horas. Sus especialidades son el sancocho dominicano con arroz y el pollo frito con salsa de mostaza y miel. **$$**
Latino
El menú incluye paella valenciana (arroz con marisco), chivo guisado, chuletas de cerdo a la plancha, churrasco (chuletas de ternera al estilo argentino) y fuente de carnes asadas. **$$**

Hotel Santo Domingo
Avda. Independencia con Avda. Abraham Lincoln (frente al hotel Hispaniola)
Tel.: 221 1511
Este hotel cuenta con dos buenos restaurantes:
El Cafetal
Abierto de 6:00 a 13:00 h todos los días. Desayuno bufé de 6:00 a 11:30 h, comida a la carta de 12:00 a 17:00 h (sopas y platos típicos dominicanos básicamente) y comida italiana a partir de las 17:00 h. **$$**
The Alcazar
Comida bufé de lunes a sábado de 12:00 a 15:00 h. Incluye dos o tres platos de carne, dos de marisco y uno de pasta. Amplia variedad de ensaladas. **$$**

Restaurante Vesuvio
Avda. George Washington 521
Tel.: 221 1954
Un restaurante italiano que sirve *antipasti* fríos y calientes, así como platos de pasta, marisco, vaca y ternera. **$$–$$$**
Restaurante Bucanero
Avda. España, Puerto Sans Souci
Tel.: 592 2202
Gran selección de pescados y mariscos, por ejemplo cangrejo cacerola y lubina rellena de langosta. Abierto a diario de 11:00 a 24:00 h. **$$**
Restaurante Lina
Grand Hotel Lina
Avda. Máximo Gómez
Tel.: 563 3500
Muy elegante pero asequible. Un pianista interpreta canciones románticas todas las noches. Cocina variada: pasta, platos de marisco, carnes rojas y aves. Se recomienda reservar. **$$**
Restaurante El Fran'Boyan
Avda. George Washington
Cocina criolla. Entre sus especialidades figuran la ensalada de gambas, la sopa y el pollo al horno. Abierto a diario de 8:00 a 14:00 h. **$**

El sudeste

JUAN DOLIO

El Sueño
Carretera Vieja
Una pizzería que sirve auténtica cocina italiana casera. **$**

LA ROMANA

D'Alondra Pizzería
Castillo Márquez 88
Tel.: 550 4115
Un local al aire libre que prepara unas buenas pizzas con diferentes ingredientes. **$$**
De América
Calle Reales
Un establecimiento semiformal; comida de calidad a precios razonables y un buen servicio. Entrantes, ensaladas y platos fuertes. Deliciosas bebidas tropicales. **$$**

Cafeterías de Playa Dorada Plaza

A tan sólo unos kilómetros de Puerto Plata podrá saborear un delicioso café en animados locales caribeños.

Caribbean Coffe & Tea
En el interior de la joyería Harrison. Esta cafetería dispone de una larga lista de licores especiales, bebidas de chocolate frías y calientes y sabrosos pasteles y pastas. Abierta a diario de 9:30 h a 22:00 h.

Hemingways Café
Tel.: 320 2230
Excelente comida mexicana y estadounidense acompañada de música rock y reggae (actuaciones en directo) en un ambiente fantástico. Abierto desde el mediodía hasta tarde por la noche.

Rum Runners Bar
Tel.: 586 8388
Un animado bar enfrente de la entrada principal al complejo turístico Playa Dorada, en la carretera de Puerto Plata. Organiza así mismo excursiones por las montañas en vehículo todoterreno.

Don Quijote
Diego Ávila 42 (frente al parque Central)
Tel.: 556 2827.
Precios más altos que en el De América, pero tiene el mejor cocinero de la ciudad. **$$**

Shish Kabab
Castillo Márquez 32 con la calle Reales
Especialidades de Oriente Medio; bebidas tradicionales dominicanas. Abierto para el desayuno. **$$**

Cafetoría restaurante La Candela
Héctor René Gil 42
Tel.: 556 3138
Prepara unas hamburguesas y unos bocadillos de pollo deliciosos, platos típicos dominicanos y bebidas tropicales. **$**

PUERTO PLATA

Restaurante Roma II
Calle Beller 45
Tel.: 586 8358
El mejor restaurante italiano de la ciudad. Sirve platos de pasta variados y 17 tipos de pizza diferentes. Se recomienda hacer reserva porque siempre está muy lleno. **$$–$$$**

Aguaceros Bar and Grill
Avda. Malecón 32
Tel.: 586 2796
Especialidades mexicanas, cocina internacional, marisco y pasta. Música en vivo un día a la semana. **$$**

Casa de huéspedes Porto Fino
Avda. Hermanas Mirabal 12
Tel.: 586 2858
En un bonito emplazamiento y comida bien presentada pero barata. Platos de pasta, carne y pizzas. **$**

El Provocón
Calle Separación, esquina con la calle Salomé Ureña
Tel.: 970 1200
Mesas en el interior y en la terraza. Abierto las 24 horas. La especialidad es el pollo asado a la plancha. **$**

Hansi's Wienerwald
Avda. Malecón (sin teléfono)
Un café al borde del mar. Desayunos, escalope vienés y hamburguesas con queso. **$**

Sam's Bar and Grill
Calle José del Carmen Ariza
Abierto todos los días desde la hora del desayuno hasta tarde. La música es invariablemente estadounidense. **$**

SAMANÁ

La Gina
Avda. Malecón
La especialidad de la casa es un exquisito marisco. También sirve desayunos, bocadillos y platos de espagueti. **$–$$**

Café de París
Avda. Malecón
El menú incluye tortas de maíz, pizzas, ensaladas, helados y *crêpes*. Gran selección de bebidas como piña colada, *rum punch* y margaritas. **$**

Piazza del Plebiscito
Avda. Malecón
Bocadillos, hamburguesas con queso y patatas fritas. **$**

Restaurante Camilo
Avda. Malecón 3
Tel.: 538 2495
Un local informal pero con clase, con vistas a la bahía. Sirve ensaladas variadas y platos de pasta, carne, pollo y marisco. **$**

Comida rápida

En la República Dominicana la comida rápida se suele vender en los puestos de los vendedores ambulantes o en pequeños tenderetes. Algunos de los bocados más sabrosos son:

Chicharrones: trozos de manteca de cerdo muy fritos (también pueden ser de pollo).

Pollo picante: pollo rebozado con diversas especias y muy frito.

Yanniqueques: tortas de maíz fritas en aceite.

Notas sobre la bebida

La bebida nacional es el ron, un licor tan apreciado en la República Dominicana que algunas marcas se elaboran para consumo interior y únicamente un pequeño porcentaje se destina a la exportación. Pruebe las marcas Brugal, Barceló y Bermúdez, que se venden en todo el país.

El ron de mejor calidad es el añejo, el extra viejo o el gran reserva. Tanto si lo prueba solo como mezclado tenga cuidado porque sin duda se le subirá a la cabeza; la mayor parte de los rones dominicanos tienen un 40% de alcohol.

Cócteles de ron

Casi todos los bares y discotecas ofrecen una asombrosa variedad de cócteles de ron. Y no olvide que, por lo general, podrá optar por una versión sin alcohol de casi cualquier bebida.

Coco loco: coco fresco mezclado con ron y crema de coco.

Cubalibre: ron, cola, hielo y una rodaja de limón.

Daiquiri: ron con hielo picado y fruta.

Mamajuana: una deliciosa infusión de hierbas y corteza de árbol en una mezcla de ron, vino y miel.

Piña colada: piña machacada, crema de coco y un chorro de ron.

Cultura

Museos y galerías

SANTO DOMINGO

Faro a Colón
Avda. Boulevard Alfaro
Tel.: 592 1492
Un polémico y costosísimo museo que se construyó como monumento y mausoleo de Cristóbal Colón. Entre sus exposiciones incluye copias de documentos históricos y utensilios de la época de los conquistadores. Abierto de martes a domingo de 10:00 a 17:00 h.

Plaza de la Cultura

Plaza de la Cultura
La plaza de la Cultura de Santo Domingo es el foco cultural de la ciudad. En ella hay varios museos importantes, además de la **Biblioteca Nacional**, la **Cinemateca Nacional** y el **Teatro Nacional**.

Museo de Arte Moderno
Pedro Henríquez Ureña
Plaza de la Cultura
Te.: 685 2153
Una excelente exposición de arte dominicano contemporáneo que merece la pena visitar. Abierto de martes a domingo de 9:00 a 17:00 h.

Museo de Historia Natural
Plaza de la Cultura
Tel.: 689 0106
Un decepcionante museo dedicado al mundo natural. Abierto de martes a domingo de 10:00 a 17:00 h.

Museo de Juan Pablo Duarte
Calle Isabel la Católica 308
Tel.: 687 1436
Un museo ubicado en la casa donde nació Pablo Duarte. Abierto de martes a domingo de 10:00 a 17:00 h.

Museo de las Atarazanas
Calle Colón 4
Las Atarazanas
Tel.: 682 5834
Un pequeño museo marítimo que contiene algunas piezas interesante recuperadas de los barcos de los conquistadores. Abierto de jueves a martes de 9:00 a 17:00 h y los domingos por la mañana.

Museo de las Casas Reales
Calle Las Damas con Las Mercedes
Tel.: 682 4202
Antaño fue la sede de la Real Audiencia. Entre sus piezas figuran objetos de la época colonial, escudos de armas, monedas antiguas y tesoros de barcos hundidos. Abierto de martes a sábado y los domingos por la mañana.

Museo del Hombre Dominicano
Pedro Henríquez Ureña
Plaza de la Cultura
Tel.: 687 3622
Este museo posee numerosos utensilios interesantes y exposiciones que examinan las influencias taína, africana e hispana en la República Dominicana actual. Abierto de martes a domingo de 10:00 a 17:00 h.

Museo Mundo del Ámbar
Arzobispo Meriño 452
Tel.: 682 3309
Exhibiciones dedicadas al ámbar que se extrae en la República Dominicana y de piedras preciosas de todo el mundo. Cuenta así mismo con una tienda de regalos en la que se venden joyas fabricadas con ámbar. Abierto todos los días de 9:00 a 17:00 h.

Museo Nacional de Historia y Geografía
César Nicolás Penson
Plaza de la Cultura
Tel.: 689 0106
Un museo en el que los visitantes realizarán un pequeño viaje por la historia del país a partir del siglo XIX. Presta una atención especial a la dictadura de Trujillo. Abierto de martes a domingo de 10:00 a 17:00 h.

Museo Numismático
Pedro Henríquez Ureña con Leopoldo Navarro
Tel.: 688 6512
Colección de monedas y sellos. Abierto de martes a sábado de 9:00 a 17:00 h.

HIGÜEY

Santuario de los Taínos
Carretera Otra Banda 4
Otra Banda
Tel.: 551 1094
Una pequeña colección de recuerdos taínos. Abierto de martes a domingo de 9:00 a 12:30 h y de 14:30 a 17:00 h.

PUERTO PLATA

Museo de Arte Taíno
Calle Beler 22
Tel.: 586 7601
Este museo está dedicado a la historia de los taínos antes de la llegada de Colón. Entre sus numerosas y muy interesantes piezas figura una tumba excavada. Abierto a diario de 10:00 a 17:00 h.

Museo del Ámbar Dominicano
Calle Duarte 61
Tel.: 586 2848
En él se exponen algunos magníficos ejemplos de ámbar con inclusiones fosilizadas. Abierto de lunes a sábado de 9:00 a 17:00 h.

SANTIAGO DE LOS CABALLEROS

Museo de las Artes Folclóricas Tomás Morel
Calle Restauración 174
Tel.: 582 6787
Máscaras y disfraces de alegres colores tradicionales de carnaval. Llame con antelación para informarse del horario de apertura, ya que puede variar.

Museo del Tabaco
Calle 30 de Marzo
Una completa e instructiva mirada a la historia de una de las industrias más importantes de la República Dominicana. Abierto de lunes a viernes de 9:00 a 17:00 h.

SOSÚA

Museo de la Comunidad Judía de Sosúa
Calle Dr. Alejo
Tel.: 571 1386
Un pequeño museo en el que se ilustra la historia de la comunidad judía en esta ciudad, sin duda la más importante de la República Dominicana. Abierto de lunes a jueves de 9:00 a 13:00 h.

Teatros

SANTO DOMINGO

Casa del Teatro
Tel.: 689 3430
Teatro experimental. Telefonee para informarse de los detalles y de las salas en las que se representan las funciones.
Palacio de Bellas Artes
Avenidas Máximo Gómez e Independencia
Tel.: 682 1325
Un hermoso edificio pero que sólo de forma esporádica organiza funciones teatrales y musicales y exposiciones de arte.
Teatro Nacional
Plaza de la Cultura
Tel.: 687 3191
Presenta excelentes representaciones teatrales, danza contemporánea, ballet y ópera. Desde cualquiera de las 1 700 butacas de este teatro se tiene una excelente vista de su moderno escenario.

Carnaval y festivales

Febrero es el mes del carnaval, una de las tradiciones más antiguas de la isla. Cada región tiene sus propios carnavales; las festividades finalizan con un alegre desfile por la avenida George Washington (conocida como el Malecón) de Santo Domingo. Los carnavales de La Vega están considerados los mejores del país, aunque también son famosos los de Santiago y Monte Cristi.

El célebre **Festival de Merengue**, que se celebra en el Malecón de Santo Domingo durante dos semanas de julio, es otro animado y divertido festival que atrae a miles de dominicanos llegados de todos los rincones del país, además de a numerosos extranjeros. Puerto Plata celebra en octubre su propio festival de merengue.

Excursiones

Excursiones con guía

En la República Dominicana todos los complejos turísticos están afiliados a las empresas que organizan excursiones. No obstante, si viaja de manera independiente podrá apuntarse a una excursión de su elección en alguna de las siguientes agencias:
Colonial City Tours
Santo Domingo
Tel.: 687 5245; fax: 685 1332
Recorridos por la Zona Colonial de Santo Domingo. De lunes a viernes de 8:30 a 17:30 h, los sábados de 8:30 a 12:00 h.
Iguana Mama
Cabarete
Tel.: 571 0908; fax: 571 0734
Excursiones al Pico Duarte, paseos a caballo, rutas en bicicleta de montaña, submarinismo; especialista en viajes familiares.
Franz's Aventuras del Caribe
Hato Viejo 21, Jarabacoa
Tel./fax: 574 2669
Descensos de rápidos, safaris en vehículos todoterreno y excursiones a pie hasta el Pico Duarte.
Máxima Aventura
Rancho Baiguate, Jarabacoa
Tel.: 574 6890; fax: 572 4940.
Excursiones al Pico Duarte, descensos de rápidos, barranquismo, paseos a caballo y rutas de senderismo; también organiza excursiones a los saltos de Baiguate y Jimenoa.
Get Wet
Puerto Plata
Tel./fax: 586 1170
Descensos de rápidos, barranquismo, espeleología y descensos de cascadas.
Rum Runners Jeep Adventures
Puerto Plata
Tel.: 586 8388; fax: 586 2729
Safaris en vehículos todoterreno.

Las mejores excursiones

Descensos de rápidos
Descienda en lancha neumática por los rápidos y gargantas del río Yaque del Norte y disfrute de algunos paisajes montañosos a los que sólo es posible acceder desde el río.
Las Cascades
Excursiones de aventura en vehículo todoterreno a través de las plantaciones de caña de azúcar de Imbert hasta Las Cascadas, donde hay cuevas y una cascadas con ocho saltos. Podrá dedicarse a explorar la zona, escalar, etc.
Playa Grande y laguna Gri Gri
Una excursión a Río San Juan, en la Costa Verde, desde donde podrá recorrer en lancha motora las aguas cristalinas de la laguna Gri Gri para ver los manglares y la avifauna.
Recorrido por la ciudad de Santo Domingo
Algunos de los lugares más interesantes de esta ciudad fundada en 1496 por Bartolomé Colón (hermano de Cristóbal Colón) son el palacio Nacional, el Faro a Colón y la Zona Colonial (la ciudad vieja), donde se encuentra el Panteón Nacional.
Samaná-cayo Levantado
En el nordeste podrá conducir hasta las playas de arena blanca de la bahía de Samaná. Las aguas de esta bahía son un santuario de las ballenas jorobadas, que se desplazan todos los inviernos (de diciembre a marzo) hasta esta zona para aparearse y criar. Cuando esté en Samaná diríjase al puerto de los pescadores si desea realizar una excursión en lancha motora hasta cayo Levantado. Contacte con **Victoria Marine**, en el Malecón, tel.: 538 2588.
Santiago-Jarabacoa
Un viaje en coche por las montañas de Jamao al Norte. Desde la cima de las montañas disfrutará de unas vistas soberbias del exuberante valle del Cibao. Visite una plantación de café cerca de Moca/La Vega. A continuación vaya hasta Jarabacoa para dar un paseo a caballo o realizar una excursión en todoterreno. No se olvide del bañador ni de llevar calzado adecuado para caminar.

Vida nocturna

En la República Dominicana la vida nocturna es muy animada, con discotecas, bares musicales, cabarés y actuaciones en las salas de fiestas o en los restaurantes de los hoteles. La siguiente es una selección de algunos locales nocturnos de moda:

Santo Domingo

Bachata Rosa
Arazana 9
Tel.: 688 0969
Música en directo.
Bar Marrakeh
Hotel Santo Domingo
Esquina de la Avda. Independencia con Abraham Lincoln
Tel.: 221 1511
Música en directo.
Fiesta
Hotel Jaragua
George Washington 367
Tel.: 221 2222
Guacara Taina
Avda. Mirador Sur
Tel.: 530 2666
Música en directo.
Il Cappuccino
Máximo Gómez 60
Tel.: 689 8600
Jubilee Discoteque
Hotel Jaragua
George Washington 367
Tel.: 221 2222
Las Palmas
Hotel Santo Domingo
Esquina de la Avda. Independencia con Abraham Lincoln
Tel.: 221 1511
Música en directo.
Merengue Bar
Hotel Jaragua
George Washington 367
Tel.: 221 2222
Música en directo.
Nightclub
Hotel Napolitano
Avda. George Washington 101
Tel.: 687 1131
Música en directo.
Omni
Hotel Meliá Santo Domingo
Avda. George Washington 365
Tel.: 221 6666.
Punto y Corcho
Esquina de la Avda. A. Lincoln con Gustavo Mejía Ricard
Tel.: 683 0583
Steak House Café
Gustavo Mejía Ricard 52
Tel.: 565 7137

Puerto Plata

Andrómeda Playa Dorada
Heaven's Hotel
Tel.: 320 5250, extensión 851
Calígula
Jack Tar Village Hotel
Tel.: 320 3800, extensión 2248
Crazy Moon
Paradise Beach Club
Playa Dorada
Tel.: 320 3663
Hemingways Café
Playa Dorada Plaza
Tel.: 320 2230
Música en directo.
La Barrica
Manolo Tavares Justo
Tel.: 586 6660
Una discoteca abierta las 24 horas.
Orión
30 de Marzo esquina con 12 de Julio
Tel.: 320 8956
Discoteca.

De compras

Qué comprar

Arte haitiano

En las tiendas y galerías de la República Dominicana también se venden las preciosas obras de arte haitiano. Algunos temas habituales de estos cuadros son los grupos de mujeres con pañuelos en la cabeza en el mercado o en el campo.

Artesanía

Por toda la isla encontrará una amplia variedad de obras de artesanía realizadas por los artesanos locales, los cuales fabrican objetos de cerámica, barro, ámbar, larimar, asta, madera, cuero o caracolas. También merecen la pena las telas de algodón manufacturadas en la isla y los hermosos bordados.

Joyas

El ámbar y el larimar son dos piedras preciosas que pueden adquirirse por toda la isla y que constituyen espléndidos recuerdos. Para garantizar que sean de alta calidad se recomienda a los turistas que compren estas gemas en las tiendas del Museo del Ámbar o en Harrinson's, en Santo Domingo.

Deporte

Actividades al aire libre

COMO ESPECTADOR Y PARTICIPANTE

El clima dominicano es ideal para la práctica del *windsurf*, mientras que el relieve montañoso de la isla resulta magnífico para el senderismo o los paseos a caballo. Y no hay que olvidar el béisbol, el deporte nacional. Si tiene ocasión asista a algún partido.

Pesca

Para informarse sobre la pesca deportiva en la isla póngase en contacto con el **Club Náutico de Santo Domingo**, Andrés, Boca Chica, tel.: 685 4940. Si desea obtener información sobre excursiones de pesca de altura con instructores profesionales diríjase a **Actividades Acuáticas**, Boca Chica, tel.: 523 4511; o en Puerto Plata, tel.: 320 2567.

Atletismo

Se practica en el Centro Olímpico de Juan Pablo Duarte, tel.: 540 4010.

Automovilismo

Para informarse sobre las carreras de coches póngase en contacto con **Autopista de las Américas**, kilómetro 16,5, tel.: 687 6863; o con el **Circuito V Centenario**, Autopista de las Américas kilómetro 14,5, tel.: 687 6060.

Baloncesto

Se juega durante todo el año en el Centro Olímpico y en los clubs privados.

Béisbol

La liga de béisbol tanto profesional como amateur se juega de octubre a enero. Para más información, telefonee a la **Liga de Béisbol**, tel.: 567 6371.

Billar y bolos

En la Bolera Sebelen, tel.: 540 0101.

Boxeo, esgrima, judo y karate

Póngase en contacto con el Coliseo Carlos Teo Cruz o con los hoteles y clubs deportivos. En el Coliseo también es posible jugar al tenis de mesa.

Golf

La mayoría de los grandes complejos turísticos disponen de sus propios campos de golf u ofrecen acceso a los mejores clubs. Algunos de los campos más espectaculares de la Costa del Ámbar miran al mar. Para más información póngase en contacto con la **Asociación Dominicana de Golf**, tel.: 689 7737.

Polo

Los partidos de polo se disputan en el complejo turístico de la Casa de Campo, cerca de La Romana, además de en otras muchas partes de la isla. Para más información llame al tel.: 523 3333.

Tenis

En el Centro Olímpico de Juan Pablo Duarte, tel.: 540 4010, se juegan partidos de tenis profesional y amateur. Así mismo, los complejos turísticos de lujo y los clubs privados disponen de canchas de tenis.

Lecturas adicionales

República Dominicana

NO FICCIÓN

Breve historia contemporánea de la República Dominicana, de Frank Moya Pons, Fondo de Cultura Económica, México D.F.

La Española en el siglo XVI, de Frank Moya Pons, Editora Taller, C. por A., Santo Domingo, 1988. Dos manuales de historia accesibles de la pluma del más destacado historiador dominicano de la actualidad.

FICCIÓN

De cómo las chicas García perdieron el acento, de Julia Álvarez, Ediciones B., S.A., Barcelona, 1994. Un lúcido relato sobre una familia dominicana atrapada entre Estados Unidos y la isla.

En el tiempo de las mariposas, de Julia Álvarez, Editora Taller, C. por A., Santo Domingo, 1995. Los horrores del régimen de Trujillo retratados consagran maestría en una historia (real) de crímenes y heroísmo.

Enriquillo (1889), de Manuel de Jesús Galván, Editora Taller, C. por A., Santo Domingo, 1976. La clásica historia del cacique taíno y su rebelión imposible contra el dominio colonial español.

Los boys, de Junot Díaz, Grijalbo Mondadori, S.A., Barcelona, 1996. Relatos breves, duros y valientes sobre los barrios de Nueva Jersey y los pueblos dominicanos que dejaron atrás los inmigrantes.

Poemas, de Pedro Mir, Ediciones La Discreta, S.L., San Lorenzo de El Escorial, 1999. Una antología del «poeta nacional» de la República Dominicana.

Haití

FICCIÓN

El reino de este mundo, de Alejo Carpentier, Editorial Planeta, S.A., Barcelona, 1997. El maestro cubano del realismo mágico recrea la revolución haitiana y la excéntrica construcción de la Citadelle.

Los comediantes, de Graham Greene, Edhasa, Barcelona, 1985. La inolvidable evocación del ilustre novelista británico de la maldad y el miedo durante los años de *Papa Doc* Duvalier.

Los gobernadores del Rocío, de Jacques Roumain, Editora Taller, C. por A., Santo Domingo, 1974. Una descripción socialista-realista de la sociedad rural haitiana y la importancia de la acción colectiva.

Palabra, ojos, memoria, de Edwidge Danticat, Ediciones del Bronce, Barcelona, 1998. Un sombrío relato de alienación y opresión política tal y como las vivió esta mujer haitiano-estadounidense.

Familiarizarse

Haití

La República de Haití ocupa el tercio occidental de la segunda isla de mayor tamaño del Caribe (La Española), que comparte con la República Dominicana. El océano Atlántico baña la costa norte, mientras que el mar Caribe envuelve el sur. El Paso de los Vientos es el canal que separa la costa oeste haitiana de Cuba, situada a poco más de 100 kilómetros de distancia.

Superficie: 17 142 km^2; es el segundo país más grande del Caribe.
Territorio: dos terceras partes de la superficie de Haití son montañosas y gran parte del resto del país es semiárido, mientras que las regiones costeras son húmedas y calurosas.
Capital: Puerto Príncipe (Port-au-Prince).
Población: 7 millones de habitantes.
Idioma: criollo (*kréyol*) y francés.
Huso horario: hora estándar oriental; hora media de Greenwich menos 5 h. En verano no se adelanta la hora.
Moneda: el gourde (gd) y el dólar haitiano.
Corriente eléctrica: 110 voltios y 60 ciclos de CA.
Prefijo telefónico internacional: 509.

El país

Todo aquel que tenga pensado viajar a Haití debe saber que no se trata de un destino turístico apto para todo el mundo. Es un país de fuertes contrastes en el que se construyen mansiones por valor de millones de dólares (estadounidenses), mientras que la economía nacional está en ruinas. La miseria más absoluta está generalizada, lo que provoca dolorosos casos de niños desnutridos por todo el país y favorece la delincuencia. Las tradiciones democráticas son muy débiles; las elecciones se posponen una y otra vez, y no ha habido un cuerpo legislativo electo en años.

Sin embargo, Haití –tan vibrante como los colores de su arte *naïf*, tan misterioso como las ceremonias de vudú, tan excitante como su música, su carnaval y sus fiestas *rara*, tan encantador como la arquitectura *gingerbread*– es un país que puede enganchar al viajero con suma facilidad. Es un destino para las personas que hayan viajado mucho y que, por lo tanto, estén familiarizadas con las complejidades del Tercer Mundo. También es necesario que los turistas no se dejen desanimar por los inconvenientes que suponen los frecuentes retrasos, un servicio telefónico que apenas funciona y una escasa (pero creciente) infraestructura para el turismo.

Gobierno

Haití, la primera república negra y la segunda en todo el mundo, se formó tras la guerra de la independencia contra Francia. La constitución fue aprobada en marzo de 1987, suspendida en junio de 1988 y la mayoría de sus artículos restablecidos en marzo de 1989. En octubre de 1991 hubo un golpe de Estado y, finalmente, un retorno al mandato constitucional en octubre de 1994.

De acuerdo con la ley, las elecciones legislativas (al Parlamento) y presidenciales se deben celebrar cada cinco años, pero se cancelaron en 1997, 1998 y 1999, por lo que el país no ha tenido un primer ministro desde 1997. El presidente René Préval, elegido en 1995, declaró a principios de 1999 que el cargo de la mayoría de los parlamentarios había «expirado» con el propósito de forzar así unas elecciones ese mismo año, pero se celebraron en 2000, en las que salió reelegido.

El país tiene sufragio universal para los mayores de 18 años.

PODER EJECUTIVO

El jefe de Estado es el presidente, en la actualidad René García Préval, quien ha ocupado el cargo desde el 7 de febrero de 1996. El presidente se elige por votación popular para un

Clima

Básicamente, en Haití hay dos estaciones: la seca y la lluviosa. En temporada alta, de noviembre a marzo, las temperaturas oscilan entre los 23 °C y los 32 °C durante el día y entre los 15 °C y los 27 °C por la noche. En julio y agosto las altas temperaturas se sitúan entre los 32 °C y los 36 °C, con un alto nivel de humedad. Las dos estaciones de lluvias tienen lugar de abril a junio y de septiembre a octubre. Haití, en pleno cinturón de los huracanes, ha sido azotado con resultados devastadores, como ocurrió en 1998, año en que el huracán *Georges* sembró la destrucción y la muerte. La estación de los huracanes dura de julio a octubre.

Las temperaturas en Cap-Haïtien son algo más bajas que en Puerto Príncipe, en torno a los 31 °C en verano y unos 27 °C de media en invierno. Al oeste de Port-de-Paix, en el extremo oeste del país, las escasas precipitaciones han dejado la tierra yerma, árida y cada vez menos capaz de sustentar a los campesinos que allí viven.

período de al menos cinco años. Las últimas elecciones se celebraron el 21 de mayo de 2000, y a partir de entonces cada cinco años: en 2005, 2010, etc.

El jefe del Gobierno es el primer ministro, que es nombrado por el presidente y ratificado por el Congreso.

El gabinete lo elige el primer ministro en consulta con el presidente.

El poder legislativo es bicameral, formado por una asamblea nacional o Senado y la Cámara de Diputados. El Senado está compuesto por 27 miembros que ocupan el cargo durante seis años; un tercio de ellos son elegidos cada dos años. La Cámara de Diputados está compuesta por 83 representantes, elegidos por votación popular para cuatro años.

El máximo órgano del poder judicial es el Tribunal de Casación.

Los departamentos

Haití se divide en nueve regiones administrativas llamadas departamentos, igual que en Francia. Son: • Artibonito • Centro • Grand'Anse • Norte • Nordeste • Noroeste • Oeste • Sur • Sudeste.

Moneda

En la actualidad un dólar estadounidense equivale a 16,5 gourdes. Existe otro sistema monetario oficioso: el dólar haitiano; 1 dólar haitiano equivale a 5 gourdes. Por lo tanto, 1 dólar estadounidense equivale a, aproximadamente, 3 dólares haitianos.

Cuando un precio aparece indicado en dólares asegúrese de preguntar si se trata de dólares haitianos o estadounidenses, pues de lo contrario podría llevarse una desagradable sorpresa.

Horarios comerciales

Los bancos abren de 9:00 a 13:00 h y de 15:00 a 17:00 h de lunes a viernes. Las tiendas suelen abrir de 8:00 a 16:00 h, si bien cierran una hora a mediodía para comer. Los sábados permanecen abiertas de 8:00 a 12:00 h.

Las oficinas de correos abren de 8:00 a 20:00 h de lunes a viernes, y de 8:30 a 12:00 los sábados.

El horario oficial de apertura de las oficinas gubernamentales es de 7:00 a 16:00 h de lunes a viernes.

Idioma

El criollo haitiano (*kréyol*) y el francés son los dos idiomas oficiales de Haití, pero el criollo es la lengua mayoritaria en el campo. Muchos habitantes de las grandes ciudades, sobre todo de las que están inmersas en la industria del turismo, saben hablar español y/o criollo francés. Si bien todos los haitianos entienden el francés y lo hablan un poco, su empleo (necesario para progresar en las profesiones liberales) se limita a las clases medias y altas; de todos modos, la gente corriente (el 85%) sólo habla *kréyol*.

Desde la década de 1990 se ha observado un importante aumento del uso oficial del criollo. Las estaciones de radio emiten cada vez más programas en esta lengua, los músicos la utilizan en las letras de sus canciones, los escritores escriben en criollo y algunos políticos pronuncian sus discursos en este idioma.

Población

Haití tiene una población aproximada de 7 millones de habitantes. El 95% son descendientes directos de los esclavos africanos de raza negra y el 5% restante son mulatos o mestizos de origen racial diverso. Los siguientes datos estadísticos corresponden a estimaciones de 1999:

- El 65% de la población tiene menos de 25 años.
- El 42% tiene menos de 14 años (1,5 millones de sexo masculino y 1,4 millones de sexo femenino).
- El 54% tiene entre 15 y 64 años (1,8 millones de hombres y 2 millones de mujeres).
- El 4% tiene 65 años o supera esa edad (141 000 hombres y 142 000 mujeres).
- La tasa de mortalidad infantil es de 97,64 muertes por cada 1 000 nacimientos. La esperanza de vida en Haití en el momento de nacer es de 50 años para los hombres y 54 para las mujeres.

Religión

El 80% de los haitianos son católicos romanos practicantes y en torno al 16% son protestantes. De ese 16%, los baptistas representan un 10%, los pentecostalistas un 4% y los adventistas del Séptimo Día un 1%. El 1% del total de la población es atea y un 3% profesa alguna religión desconocida.

La influencia del vudú es enorme. El vudú es una mezcla de religiones de África occidental (sobre todo de Dahomey, el actual Benín, y la cuenca del río Congo) que impregna la vida cotidiana de una gran mayoría de los haitianos.

Fiestas oficiales

1 de enero Día de Año Nuevo y Día de la Independencia (1804)
2 de enero Día de los Héroes de la Independencia/Día de los Ancestros
Viernes Santo Marzo/abril
Pascua de Resurrección Marzo/abril
7 de abril Día de Toussaint Louverture
1 de mayo Día del Trabajo
18 de mayo Día de la Bandera
22 de mayo Día de la Soberanía Nacional
15 de agosto Asunción de la Virgen
17 de octubre Aniversario de la muerte de Jean-Jacques Dessalines
1 de noviembre Día de Todos los Santos
2 de noviembre Día de Difuntos
18 de noviembre Día de Vertières
5 de diciembre Día del Descubrimiento (celebra el desembarco de Cristóbal Colón cerca de Cap-Haïtien)
25 de diciembre Navidad

El vudú adquirió una pátina de catolicismo durante la época colonial, en la que los esclavos disfrazaron a sus *loas* (espíritus) de santos católicos. Hoy en día, las principales ceremonias del vudú coinciden a menudo con celebraciones católicas y a algunos centros religiosos de peregrinación acuden simultáneamente tanto católicos como practicantes de vudú.

Diferencias de clase

Los orígenes de la lucha de clases se basan, tristemente, en el color de la piel. Con el paso del tiempo, y tras la independencia obtenida en 1804, los mulatos de piel clara evolucionaron hasta formar la elite dominante; vivían en el sur del país, que se convirtió en la República de Haití. Con el general mulato Alexandre Pétion a la cabeza y concentrada en Jérémie y la zona en la que posteriormente se levantaría Pétionville, la elite hablaba francés, estudiaba en el extranjero y poseía una mayor cultura que sus compatriotas de raza negra del norte, quienes habían sido obligados a volver al trabajo en las plantaciones y a los que el dictador Dessalines y su sucesor, Henri Christophe, les negaron el derecho a la educación. Aunque Haití fue reunificado en 1818, a partir de entonces existirían dos clases dirigentes. La rivalidad entre los mulatos y las clases medias de raza negra, cada vez más ricas, persiste.

Economía

El paro se estima en un 60%. Haití tiene la renta per cápita más baja del hemisferio occidental. En torno al 75% de los haitianos vive por debajo del umbral de pobreza y el 70% depende para sobrevivir de la agricultura de subsistencia. El campo se está quedando despoblado porque los campesinos emigran a las ciudades y abandonan la agricultura.
Población activa: 3,6 millones (1995).
Principales industrias: refinerías de azúcar, fábricas textiles, de harina, de cemento, el ensamblado de artículos importados y el turismo.
Productos agrícolas: café, mangos, caña de azúcar, arroz, maíz, zahína y madera.

Transporte

En Haití hay 13 aeropuertos; tres de ellos con pistas de aterrizaje asfaltadas y los otros 10 con las pistas sin asfaltar. Hay puertos y fondeaderos en Puerto Príncipe, Jacmel, Cap-Haïtien, Saint-Marc, Gonaïves, Jérémie, Les Cayes, Miragoâne y Port-de-Paix.

El ferrocarril es prácticamente inexistente en Haití.

Planificar el viaje

Visados y pasaportes

Los ciudadanos de Australia, Canadá, Reino Unido y Estados Unidos sólo necesitan el pasaporte en regla y un billete de vuelta o de prosecución del viaje hacia otro país. No hace falta disponer de un visado para una estancia inferior a 90 días.

Aduanas

Los turistas pueden entrar en el país con 250 g de tabaco y un litro de alcohol.

Precauciones sanitarias

Se recomienda vacunarse contra la malaria, la fiebre tifoidea y la polio. La rabia también es un riesgo potencial. Es sumamente aconsejable un buen seguro médico, ya que los hospitales no siempre están tan bien equipados como los occidentales y los transportes aéreos de urgencia resultan muy caros.

Tenga cuidado con lo que come ya que las intoxicaciones alimentarias son muy frecuentes entre los turistas.

Siempre se debe hervir el agua antes de consumirla o beber sólo agua embotellada.

Si tiene que tomar alguna medicación asegúrese de llevársela, ya que las farmacias, aunque muy abundantes, pueden no tener el medicamento que necesite.

Lleve el repelente de insectos más fuerte que encuentre, pero recuerde que a algunas personas puede provocarles reacciones alérgicas.

El botiquín debería incluir: vendas estériles, gasas, tiritas, tijeras, pinzas, algodón, un antiséptico y un equipo de sutura, jeringuillas desechables, una pomada antibiótica, antihistamínicos –internos y tópicos para tratar las posibles reacciones alérgicas a las picaduras–, repelente contra insectos, protector solar y remedios para los dolores de cabeza y musculares y contra la diarrea.

Una de las mejores cosas que un turista puede hacer es llevar (y dejar allí) suministros médicos que quizás escaseen en Haití. Póngase en contacto con algún organismo de beneficencia internacional para que le aconsejen qué llevar.

Seguros

MÉDICO

Normalmente, los médicos y los hospitales haitianos esperan que se les pague en efectivo y al momento por sus servicios, de modo que se recomienda a los viajeros que adquieran una póliza de seguro de viaje que incluya la repatriación por transporte aéreo en caso de alguna enfermedad grave. Pida consejo en la agencia de viajes.

Los submarinistas pueden inscribirse en la DAN (Divers Alert Network) que, además de ser una organización sin ánimo de lucro que financia programas de investigación, ofrece uno de los mejores seguros de viaje existentes.

DE ROBO

Las pólizas de seguros de hogar suelen cubrir los robos ocurridos fuera de casa; compruebe la suya antes de emprender el viaje. Por lo general, para cualquier reclamación se necesita una copia del informe policial. Si viaja con objetos caro, como un equipo de submarinismo o cámaras, considere la posibilidad de asegurar el equipaje y/o una cláusula adicional que cubra los artículos más caros.

Bancos y cambio

En Haití el mejor sitio para cambiar dinero son los bancos, ya que ofrecen el tipo de cambio más favorable, son más seguros y hay menos probabilidades de que los billetes que entreguen sean falsos. Los hoteles también pueden servir, pero la tasa de cambio será inferior a la que ofrecen los bancos. Estos últimos únicamente cambian dólares estadounidenses y cheques de viaje en esta moneda.

Los tres bancos que cuentan con las mejores oficinas de cambio son Sogebank, Unibank y BNC (Banque Nationale de Crédit), que disponen de sucursales en las principales ciudades. Otras entidades importantes en Haití son: Banque Nationale de la République d'Haïti (BNRH), Banque Centrale, Bank of Nova Scotia, Banque Populaire, Banque Nationale, Banque Nationale de Paris, Banque de l'Union Haïtienne, Citibank, Promobank y Union Bank.

Cuando vaya al banco lleve siempre con usted el recibo de compra de los cheques de viaje. Este recibo, en el que figura el número de los cheques, es necesario, junto con el pasaporte o un documento de identidad que incluya una fotografía, para poder cambiar los cheques de viaje en el banco. Sin él no le canjearán los cheques de viaje por dinero en efectivo. Tenga en cuenta que en la mayoría de los bancos tendrá que hacer largas colas para cualquier tipo de servicio. Las direcciones de algunos bancos son:

Promobank en Puerto Príncipe: en la esquina de la calle Lamarre con la avenida John Brown; Boulevard du Quai; y calle Éden.

Scotiabank en Puerto Príncipe: Route de Delmas (debajo de la embajada canadiense); y calle des Miracles, cerca de la esquina con el Boulevard Dessalines.

Citibank en Puerto Príncipe: Route de Delmas.

Sogebank, Banque de l'Union Haïtienne en Cap-Haïtien: los tres están en la calle A, entre la 10 y la 11. En Jacmel hay un banco en la avenida Baranquilla Jérémie.

Qué llevar

En Haití la gente suele vestir de manera informal pero discreta. En las ciudades no se debe andar en traje de baño o ropa de playa. Únicamente unos cuantos restaurantes de lujo exigen vestir de etiqueta para cenar.

No lleve joyas caras y mantenga las cámaras fotográficas fuera de la vista mientras no las utilice.

Información turística

Haití no tiene oficinas de turismo en el extranjero, pero sí cuenta con representación diplomática.

EMBAJADAS DE HAITÍ EN EL EXTRANJERO

Argentina: Av. Figueroa Alcorta nº 3297, 1425 Buenos Aires
Tels.: 4807 0211, 4802 5979;
fax: 4802 3984;
embahaiti@interar.com.ar

España: C. Marqués del Duero nº 3, 28001 Madrid
Tel.: 91 575 2634;
fax: 91 431 4600.

México: C. Córdoba nº 23-A, Colonia Roma, 06700 México D.F.
Tels.: 5511 4390, 5511 4505;
fax: 5533 3896;
embadh@mail.internet.com.mx

República Dominicana:
Avda. Juan Sánchez Ramírez 33, Santo Domingo
Tel.: 686 5778; 686 6096.

EN INTERNET

Existen varias páginas web en las que podrá recabar información adicional sobre Haití. Es importante saber, sin embargo, que la información turística de estas páginas no siempre está actualizada.

www.i-port.net/sd-hgv-port
www.haitionline.com/index.html
www.haitiglobalvillage.com/sd-sod-textfader/default.htm
www.medalia.net/Artists.htmlhttp:/
www.travelfacts.com/tfacts/htm/hai/haidest.htm
www.belimage.com/radio/haitinews
www.info.usaid.gov/countries/ht.html
www.igc.apc.org/wohaiti/index.html
www.sightseeing.com/HAITI.htm
www.caribtourism.com
www.caribbeantravel.com
(de la Asociación Hostelera Caribeña).
www.washingtonpost.com/wp-srv/inatl/longterm/worldref/country/haiti.htm
www.ahad-kreyol.org

Fotografía

Lleve repuestos de todo lo que pueda ser difícil de reemplazar, así como pilas y carretes.

Las actuales máquinas de rayos X de los aeropuertos pueden destruir o estropear los carretes –utilizados o no–, por lo que no deberá guardarlos en el equipaje que vaya a facturar. Las máquinas de los controles de seguridad no son tan potentes, pero los efectos de pasar por ellas de forma repetida son acumulativos. Lleve todos los carretes en una bolsa de plástico cerrada y pídale al oficial de aduanas que las registre por sí mismo. Es posible que insistan en que tienen que pasar por la máquina, pero cada vez que lo consiga evitar será una exposición menos a los rayos X.

Lista de lo que conviene llevar a Haití

- Repelente de insectos.
- Un repelente de mosquitos eléctrico y velas antimosquitos para la noche.
- Protector solar o bronceador (que puede contener alguna sustancia repelente de insectos).
- Bolsas de plástico de varios tamaños que puedan cerrarse.
- Fotocopias de todos los documentos: pasaporte, tarjetas de crédito, permiso de conducir, etc. Lleve las fotocopias con usted y deje los originales en la caja fuerte del hotel.
- Transformador para la corriente eléctrica.
- Remedios contra el prurito: loción de calamina, antihistamínicos.
- Pastillas para el mareo y medicamentos contra la diarrea y la cogestión nasal.
- Tapones para los oídos.
- Aerosol nasal.
- Remedios para combatir el desfase horario.
- Crema limpiadora para las manos.
- Toallitas húmedas.
- Calculadora.
- Linterna.
- Gafas/gafas de sol.
- Mochila pequeña.
- Mechero/cerillas.
- Clips de oficina.
- Libreta.
- Aguja e hilo.
- Quitamanchas.
- Cinta adhesiva.
- Tarjetas de crédito.
- Cualquier medicación que esté tomando y vitaminas o complementos alimenticios.

Cómo llegar

EN AVIÓN

El horario y las rutas de las líneas aéreas que viajan a Haití o dentro del país cambian constantemente. Han empezado a funcionar nuevas aerolíneas y las ya existentes están añadiendo o aumentando sus servicios a Haití.

Algunas de las compañías aéreas que viajan a Haití son: Aero Caribbean, Air Canada, Air d'Ayiti, Air France, Air Guadeloupe, ALM Atillean Airlines, American Airlines, Canada 3000, Caribintair, Copa, Lynx Air, Tropical Airways y United Airlines.

Para obtener información en Puerto Príncipe diríjase a alguna de las siguientes oficinas, que se encuentran en el aeropuerto, a no ser que se indique lo contrario:

Aero Caribbean, tel.: 222 1792.
Air D'Ayiti, tel.: 246 2300/5755/2692.
Air Canada, tel.: 246 0441/0442.
Air France, Champs de Mars, B.P. 1161, tel.: 222 4262; fax: 223 0172.
Air Guadeloupe, tel.: 246 1215.
ALM Antillean Airlines, 69 calle Pavée, tel.: 222 0900.
American Airlines, 29/31 Delmas, tel.: 246 0100/0159/0205; 249 0311; Ave Marie-Jeanne, Bicentenaire, Canada 3000, tel.: 257 2740.
Caribintair, Copa Panama, tel.: 246 0737/0778; calle du Quai, 249 0203; tel.: 249 1575.
Lynx Air, tel.: 262 1386.
Tropical Airways d'Haiti, vuelos nacionales e internacionales, calle Panaméricaine, PV, tel.: 256 3626/7/8; fax: 256 3629/298 3445; Cap-Haïtien, tel.: 262 1226; Jérémie, tel.: 284 6989; Port-de-Paix, tel.: 268-5770.

Algunas rutas son: vuelos de American Airlines a Puerto Príncipe desde Nueva York, Miami y San Juan. Existen así mismo vuelos directos a Puerto Príncipe desde París, Santo Domingo, Martinica y Guadalupe.

Los vuelos desde Canadá los realiza la compañía Air Canada y la empresa de vuelos chárter Canada 3000. Lynx Air vuela entre Fort Lauderdale, en Florida, y Cap-Haïtien. Tropical Airways vuela entre Puerto Príncipe o Cap-Haïtien y Miami, Santo Domingo, Providenciales, Nassau, Kingston, Santiago de Cuba y otras ciudades. ALM vuela desde Curaçao. Haiti Transair, Turks y Caicos Airways van hasta Puerto Príncipe desde Miami, Nueva York y Montreal. Las compañías Turks y Caicos también vuelan entre Cap-Haïtien y Providenciales. Air d'Ayiti dispone de vuelos regulares a Miami.

Lynx Air cuenta con un servicio comercial regular desde el aeropuerto internacional de Fort Lauderdale, en Florida, hasta Cap-Haïtien.

Desde Puerto Príncipe despegan algunos vuelos nacionales. Caribintair tiene dos vuelos al día entre Puerto Príncipe y Cap-Haïtien. Esta compañía cuenta con oficinas en Puerto Príncipe, tel.: 246 0737/0778; fax: 249 1575, así como en el aeropuerto de Cap-Haïtien, tel.: 262 2300.

Tasa de salida

La tasa de salida es de 25 dólares estadounidenses, más un impuesto de seguridad de 10 gourdes; ambos recargos hay que pagarlos en efectivo.

Duración de los vuelos

Nueva York-Haití: 3 horas 20 minutos.
Miami-Haití: 1 hora.
San Juan-Haití: 1 hora 10 minutos.
Santo Domingo-Haití: 40 minutos.
Montreal-Haití: 4 horas.

POR TIERRA

Hay que abonar un impuesto aduanero al cruzar la frontera tanto en Haití como en la República Dominicana. Para salir de Haití por carretera es necesario un *laissez-passer* (pase), además de abonar un impuesto aduanero de 10 dólares estadounidenses más 25 gourdes en efectivo.

Los puestos aduaneros oficiales se encuentran en Jimaní, en el sur (en la ruta Santo Domingo–Puerto Príncipe), y en Ouanaminthe, al norte (en la ruta Santiago de los Caballeros–Cap-Haïtien).

La carretera nacional 1 sale de Puerto Príncipe en dirección norte y pasa por Saint-Marc y Gonaïves antes de llegar a Cap-Haïtien. El viaje en coche dura unas siete horas. Para ir a Port-de-Paix tome la carretera 105, que sale de la carretera nacional 1 a unos 5 kilómetros al norte de Gonaïves. El viaje dura unas cinco horas y es necesario un vehículo todoterreno.

En coche

No se permite que los coches de alquiler crucen la frontera y, de todas formas, los molestos controles policiales en las carreteras haitianas hacen que viajar en coche por este país no sea nada recomendable.

En autobús

Además de los asfixiantes y abarrotados autobuses públicos que circulan a diario entre Puerto Príncipe y Santo Domingo, así como entre Cap-Haïtien y Santiago de los Caballeros, a veces es posible encontrar autocares con aire acondicionado (*terra bus*) a través de las agencias de viajes si planea el viaje con antelación.

Los autobuses que se dirigen a Cap-Haïtien salen de la estación O'Cap de Puerto Príncipe, situada en el Boulevard La Saline, y una vez en Cap-Haïtien tienen la parada cerca de las puertas de la ciudad, en la calle L. El billete sencillo cuesta unos 100 gourdes (6 dólares estadounidenses). Los *tap-taps* que van a Cormier y Labadie Plage salen de la calle 21 Q; el billete sencillo cuesta unos 5 gourdes. Los autobuses y los *tap-taps* que viajan a Milot y Fort Liberté salen de la calle Lapont, en el sur de la ciudad; cada trayecto cuesta unos 15-30 gourdes (entre 1 dólar y 2 dólares estadounidenses).

EN BARCO

Después del golpe de Estado de 1991 los cruceros no han vuelto a recalar en Haití, excepto los cruceros que dejan a sus pasajeros en una playa privada de Labadie, en la costa norte, para que permanezcan allí durante unas ocho horas. Los muelles construidos recientemente en Jacmel, las nuevas carreteras y otras mejoras en las infraestructuras, permiten suponer que esta situación cambiará cuando Haití esté preparado para recibir a pasajeros llegados por mar.

Royal Caribbean Lines tiene tres cruceros que recalan durante un día en la playa de Labadie, cerca de Cormier Plage, una urbanización próxima a Cap-Haïtien. Se trata de una playa aislada que ofrece innumerables entretenimientos para los turistas, como los deportes acuáticos y las compras. En la cercana isla Amiga (antes llamada Rat) es posible pasar unas horas maravillosas buceando con tubo y realizar un recorrido didáctico que enseña cómo se construyen los arrecifes artificiales. Existe la posibilidad de organizar salidas para practicar submarinismo contactando con Jean-Claude, en el hotel Cormier Plage.

Los tres cruceros que recalan en Labadie son el *Enchantment of the Seas*, el *Grandeur of the Seas* y el *Majesty of the Seas*. A finales de 1999 se finalizó el muelle para el atraque de cruceros en Jacmel, en la costa sur, por lo que con toda seguridad otros cruceros también recalarán muy pronto en esta preciosa ciudad.

Embajadas y consulados en Haití

La **Secretaría de Estado de Turismo** se encuentra en el n.° 8 de la calle Légitime, Puerto Príncipe, Haití
Tel.: 223 5631/0723, 221 5960;
fax: 223 5359/5388;
set@haititourisme.com;
www.haititourisme.com

Argentina: 8, rue Mangones, Berte Pétion Ville, Puerto Príncipe
Tels.: 575 725, 578 227;
fax: 578 227.

Chile: 2, rue Coutilien Musseau, Puerto Príncipe
Tel.: 256 7960, 256 5934;
fax: 256 7545; echileht@hainet.net

España: 54, ru Pacot. State Liles, Desprez, Puerto Príncipe
Tels.: 254 4410, 245 4411;
fax: 245 3901;
embajada.espanola@haitiworld.com

México: 2, rue Delmas 60, Musseau, frente a Pétion Ville, Puerto Príncipe
Tel.: 257 8100; fax: 257 4256;
embmxhai@yahoo.com

ASESORÍAS TURÍSTICAS

Para asesorarse sobre vacunas, visados y seguridad, antes de emprender el viaje póngase en contacto con los servicios de sanidad internacional de su país o con la embajada.

Consejos prácticos

Conviene repetirlo: Haití es un país variable en el que todo está sujeto a cambios, casi de un instante a otro. Esta particularidad forma parte de lo que hace de Haití un país tan desesperante... y tan fascinante.

Convenciones sociales

Cuando viaje por el país trate a la gente con amabilidad y consideración, y normalmente le responderán de forma análoga.

Mirar a los ojos es importante, como también lo es sonreír y tener sentido del humor. Los haitianos sobreviven riéndose de sí mismos y de su situación. En una reunión informal es fundamental saludar a cada una de las personas presentes con una palabra, un apretón de manos o un ligero movimiento de la cabeza. Los haitianos acostumbran saludarse con un *bo'ju* (*bonjour*) antes del mediodía o un *bo'swa* (*bonsoir*) por la tarde. Esto es así sobre todo fuera de las grandes ciudades, donde es conveniente que los turistas imiten las costumbres locales y digan hola a todas las personas con las que se crucen. *Salut* (pronunciado «salú») puede resultar más fácil y vale para cualquier hora del día. No se olvide de saludar antes de pedir ayuda o preguntar una dirección.
Tómese con sentido del humor, consideración o indignación –según la situación concreta– todos los intentos legales por parte de los haitianos de sacarle algo de dinero; recuerde que entre los haitianos existe la idea generalizada de que todo *blanc* (cualquier extranjero) lo bastante rico como para viajar puede permitirse gastarse su «ilimitada» fortuna.

Teléfono y fax

El prefijo telefónico de Haití es el **509**. Los servicios y las instalaciones locales no son demasiado fiables; comunicarse por teléfono a veces no resulta nada fácil.

Al efectuar una llamada telefónica recuerde que el tono que indica que la línea está ocupada no siempre significa que el destinatario está hablando por teléfono; así mismo, la señal de llamada tampoco quiere decir en todos los casos que no haya nadie al otro lado de la línea, ni siquiera que ese teléfono esté de hecho sonando, o que exista el número marcado. Tenga paciencia: en ocasiones han pasado varias horas antes de poder realizar la comunicación.

Todo el país, incluidas las oficinas gubernamentales, puede verse afectado por un corte de las líneas sin previo aviso. Un teléfono móvil es el mejor medio para evitar tales problemas; compruebe el sistema que se utiliza en Haití antes de emprender el viaje.

Una opción para efectuar llamadas desde los teléfonos públicos son las tarjetas de teléfono; pueden comprarse en las oficinas de correos y en los hoteles. Es posible adquirir tarjetas internacionales MCI prepagadas. En ocasiones parece que el operador internacional de MCI es la persona con la que es más fácil contactar de todo el país.

Hay una oficina de Teleco en la calle 17 de Cap-Haïtien, cerca del Boulevard, tel.: 262 0000, que permanece abierta las 24 horas del día. Encontrará otra oficina en Port-de-Paix, en la calle Estimé.

Servicios postales

El horario de apertura de las oficinas de correos de las principales ciudades suele ser de 8:00 a 16:00 h. Toda la correspondencia debe enviarse desde una oficina de correos, si bien algunos hoteles disponen de un servicio de recogida de postales. Si se trata de envíos de mayor tamaño es preferible contratar un servicio de mensajería internacional; la mayoría tienen oficinas en las ciudades y localidades más grandes.

En Cap-Haïtien la oficina de correos de la calle 16-17 A abre de lunes a viernes de 8:30 a 16:00 h y los sábados de 8:30 a 12:00 h.

En Port-de-Paix la oficina de correos de la calle Dessalines abre de lunes a viernes de 8:30 a 16:00 h y los sábados de 8:30 a 12:00 h.

Medios de comunicación

La radio es con diferencia el medio de comunicación más popular del país; su programación es una saludable mezcla de música, noticias y tertulias. Una de las emisoras más escuchadas es Radio Haïti Inter, con música y noticias en francés.

La mayor parte de los periódicos y las revistas están escritos en francés. Los diarios más leídos son *Le Nouvelliste* y *Le Matin*; entre las publicaciones semanales destacan *Haïti en Marche* y *Haïti Progrès*. *Libète* es un periódico semanal escrito en criollo. El *Haïti Observateur*, publicado en Estados Unidos, ofrece noticias en inglés.

Oficinas de turismo en Haití

Existen tres oficinas de la Maison du Tourisme (información turística), todas ellas situadas en el corazón de las zonas turísticas. Abren de 9:00 a 16:00 h y proporcionan información, mapas, detalles sobre las distintas rutas, etc.
En Puerto Príncipe: calles Capois con Magny, tel.: 221 5496.
En Jacmel: av. Barranquilla n.° 165, tel.: 288 3305.
En Cap-Haïtien: calle 24 Boulevard, Cap-Haïtien, tel.: 262 1061.
Telefonee antes de ir ya que el horario de apertura puede variar.

Viajeros discapacitados

Haití se está preparando para modernizarse de cara al turismo, aunque todavía necesita tiempo para eliminar las barreras que dificultan los movimientos de las personas discapacitadas. Con la mejora de las infraestructuras es probable que la situación actual cambie pero, de momento, viajar a Haití puede resultarle demasiado difícil e incómodo a las personas con alguna discapacidad física.

El acceso al transporte público y a las atracciones turísticas presenta serias limitaciones. En las ciudades y en los pueblos parece como si hubiera obras por todas partes.

Las carreteras asfaltadas en el campo son raras y requiere cierto esfuerzo llegar hasta los lugares de interés, incluso para las personas sin ninguna discapacidad.

La mayoría de los hoteles tienen escaleras que es necesario salvar para pasar de una zona a otra. Sólo en los hoteles con más de tres o cuatro pisos hay ascensores, pero los frecuentes cortes de suministro hacen que no sea seguro depender de ellos.

Propinas y suplementos

Los hoteles y restaurantes suelen añadir a la cuenta un recargo del 10% por el servicio. Algunos hoteles cobran también un impuesto diario por la electricidad consumida.
Si el servicio en un restaurante ha sido especialmente bueno puede darle una pequeña propina adicional al camarero (en gourdes). Los taxistas no esperan propina.

Servicios religiosos

Muchas iglesias celebran unos maravillosos oficios religiosos acompañados con una música preciosa. Pregunte en el hotel para que le aconsejen adónde ir.

Asistencia sanitaria

La asistencia sanitaria, los servicios y los suministros médicos son limitados, y el nivel sanitario suele ser inferior al de los países desarrollados. Uno de los mejores servicios de rayos X de Haití es el que ofrece una pequeña clínica de Jérémie, aunque en caso de urgencia puede que esté demasiado lejos.

Servicios médicos

En Puerto Príncipe: hospital del Canapé Vert, calle del Canapé Vert 83, tel.: 245 0281. Abierto las 24 horas del día.
En Cap-Haïtien: hospital Justinien, calle 17 Q, tel.: 262 0512. Situado en lo alto de la ciudad; Clinic Antoni Constant, calle 16 L n.° 46, tel.: 262 1577. Recomendado por muchos de los hoteles.

Cruz Roja

El hospital de la Cruz Roja en Cap-Haïtien se encuentra en la calle 17 P, tel.: 262 0634. En Port-de-Paix llame al tel.: 268 4141; o al hospital general, tel.: 268 6264.

Seguridad y delincuencia

Los medios de comunicación publican noticias relacionadas con los secuestros de coches, los atracos a mano armada y los robos en las casas que ocurren en Haití, pero estos delitos no se cometen exclusivamente contra extranjeros.

Utilice el mismo sentido común que emplearía en cualquier gran ciudad y procure ser consciente de lo que ocurre a su alrededor. Guarde los objetos de valor fuera de la vista (preferiblemente en la caja fuerte del hotel), divida el dinero en cantidades pequeñas y repártalo por varios bolsillos. Manténgase alerta, sobre todo en el transporte público y en los lugares llenos de gente. Tenga las puertas del coche cerradas con el seguro en todo momento, en especial mientras se encuentre en el interior del mismo. No pasee por Puerto Príncipe después de que haya oscurecido; pregunte en el hotel y en la embajada de Haití de su país cuáles son las zonas más peligrosas. Evite viajar de noche.

Los turistas deberán extremar las precauciones cuando circulen por la carretera nacional 1, la carretera del aeropuerto, la zona portuaria y Cité Soleil, ya que en estos lugares son frecuentes los delitos cometidos contra vehículos. Si bien es cierto que en estas zonas se producen numerosos delitos, en algunos barrios de Puerto Príncipe considerados seguros hasta no hace mucho, como la zona de la carretera de Delmas o Pétionville, se ha constatado un incremento de la delincuencia.

Los períodos de vacaciones, las Navidades y el Carnaval en particular registran un significativo aumento de los delitos violentos.

Teléfonos de urgencia

Policía	114
Bomberos	115
Cruz Roja	118

La policía

La comisaría de policía de Cap-Haïtien está en la calle 25-26 A, Carenage, tel.: 262 0951; en Port-de-Paix telefonee al 268 5383.

Desplazarse

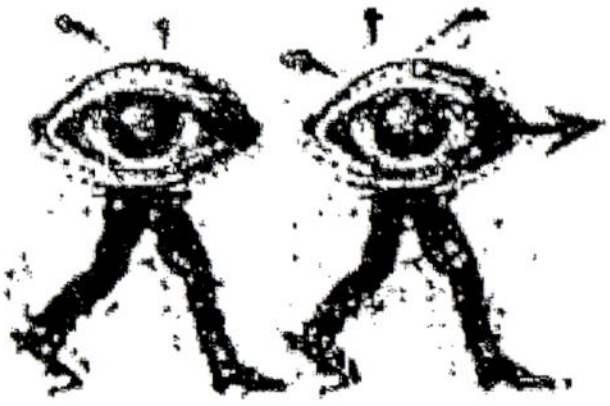

Orientación

Desplazarse por Haití puede resultar difícil por diferentes motivos, entre los cuales los principales son el idioma –las personas que no hablan criollo pueden tener dificultades para hacerse entender– y la falta de infraestructuras para el turismo. No existen itinerarios turísticos programados. El estado de las carreteras, en particular en el montañoso interior, es muy malo. El medio de transporte más rápido, más seguro y más cómodo, aunque también el más caro, para viajar entre las principales ciudades de Haití es el avión.

Desde el aeropuerto

En los aeropuertos suele haber taxis esperando. Hay tres clases básicas de taxis: los taxis **normales**, que llevan a los pasajeros directamente a su destino; los taxis **compartidos** (los menos caros), que realizan breves paradas para que se apeen otros pasajeros en el trayecto hasta el destino más alejado; y los taxis **ACGH** (Association des Chauffeurs-Guides d'Haïti). Estos últimos son iguales que los taxis corrientes en lo que se refiere al modelo y estado de los vehículos, pero los conductores están acreditados por la ACGH –lo que significa que han recibido algún tipo de formación turística– y llevan el mismo tipo de uniforme con camisa blanca y una insignia de la ACGH. Por ello, estos taxis son más caros.

El Gobierno establece una lista de precios, pero no siempre se cumple a rajatabla.

Una buena opción de transporte para grupos numerosos es la **Agence Citadelle**, que dirige un servicio de autobuses con aire acondicionado que van a recoger a los turistas a los aeropuertos de Puerto Príncipe y Cap-Haïtien y los llevan hasta su destino por unos 10 dólares estadounidenses por persona. Telefonee a la oficina de Puerto Príncipe con suficiente antelación para contratar sus servicios; tel.: 222 5900; 223 5900.

Los turistas también pueden utilizar los *tap-taps* para ir al centro de la ciudad, donde podrán apearse en la parada de la calle 10 A.

En avión

El viaje en avión a cualquier parte de Haití desde Puerto Príncipe dura menos de una hora. A menos que haya contratado una avioneta privada, volar entre dos ciudades cualesquiera implica hacer transbordo en Puerto Príncipe.

Vuelos nacionales

Air d'Ayiti tiene cinco vuelos al día a Cap-Haïtien y Port-de-Paix, así como a Jérémie. Tel.: 246 2300/5755.
Caribintair es una compañía que lleva ya años volando entre Puerto Príncipe y Cap-Haïtien, Jérémie y Santo Domingo, esta última ciudad en la República Dominicana. Tel.: 510 8040; 298 3040/3041.
Tropical Airways d'Haiti vuela desde Puerto Príncipe hasta Cap-Haïtien, Jérémie, Port-de-Paix y Pétionville. El servicio es excelente, los aviones son cómodos y el personal muy amable. Tel.: 256 3626; fax: 256 3629, 298 3445; Cap-Haïtien, tel.: 262 1226; Jérémie, tel.: 284 6989; Port-de-Paix, tel.: 268 5770.

En coche

TAXIS

Inevitablemente, los taxistas cobrarán de más a los turistas, excepto si el vehículo tiene taxímetro. Pero incluso si lo tiene, no dé por supuesto que funcione; pregúnteselo al conductor antes de ponerse en marcha. Conviene así mismo acordar el precio de la carrera con anterioridad. Consulte con alguien en el hotel cuál es el precio normal y luego intente negociar un importe lo más aproximado posible.

Aparte de los *publiques*, no se puede hacer señas a los taxis desde la acera para que paren; hay que llamarlos por teléfono. Los hoteles son los sitios donde con mayor facilidad encontrará taxis; el recepcionista del hotel telefoneará a un taxi para cualquiera que se lo pida, no sólo para los huéspedes. Teléfonos de empresas de taxis:
Nick's Taxi Service, tel.: 257 7777
Family Taxi, tel.: 511 3100.
Ambas tienen su base en Pétionville y disponen de radiotaxis con taxímetro.
Akenssa Taxi, calle 14B n.° 178, tel.: 262 2210. Una compañía de taxis de lujo con base en Cap-Haïtien.

Publiques

En Puerto Príncipe los *publiques*, que se distinguen por llevar una cinta roja colgando del retrovisor, son taxis compartidos que se pueden llamar desde la acera. Estos taxis recorren una ruta fija y sus conductores sólo saben hablar criollo. Asegúrese de preguntar si el *publique* va a pasar por el lugar al que quiere ir. El destino del primer pasajero en subirse es el que determina el itinerario; el conductor efectuará breves paradas para dejar que se apeen y se monten otros pasajeros en el trayecto. Es uno de los mejores, más rápidos y más baratos medios de transporte para desplazarse por la ciudad. Suele costar unos 5 gourdes, a no ser que el destino sea algún sitio de las afueras. Los *publiques* dejan de circular hacia las 19:30 h.

En Cap-Haïtien los taxis compartidos cobran unos 10 gourdes por cualquier destino dentro de la ciudad.

Chauffeurs-guides

Los *Chauffeurs-guides* son taxistas que trabajan para los turistas. Suelen esperar delante de los grandes hoteles y en el aeropuerto. Se puede contratar su servicio como en los taxis normales o hacerlo por horas, por medio día o por un día completo. Muchos de los conductores saben hablar un poco de francés y/o de inglés y han recibido cierta formación para que estén preparados a la hora de atender a los turistas. Podrá contratarlos por medio de la

Nombres de las calles

Algunas de las principales arterias de Puerto Príncipe tienen dos nombres: el oficial, que aparece en los planos callejeros y en la guía de teléfonos, y el oficioso, que se suele emplear en las conversaciones; con frecuencia, los taxistas sólo saben el nombre coloquial. Por ejemplo, el Boulevard Jean-Jacques Dessalines se conoce como la Grand Rue; la avenida Lamartinière recibe el nombre de Bois Vèrna (pronunciado Bua Vena); a la avenida Jean Paul II se la conoce por el sobrenombre de Turgeau (pronunciado Tu-yó o Ti-yó); la avenida John Brown es conocida como Lalue y Pan Américaine en Pétionville; a la avenida Paul VI la llaman calle de Casernes; y a la avenida Martin Luther King, Nazon.

Association de Chauffeurs-guides, tel.: 222 0330. La oficina de atención al público está en el centro urbano de Puerto Príncipe, en el Boulevard Harry Truman, cerca de la embajada de Estados Unidos.

Taxis particulares

Los taxis que son propiedad del conductor se distinguen fácilmente por la doble O pintada en las puertas y un número de registro visible en el capó.

Alquiler de coches con chófer

Secom, Pétionville, tel.: 257 1913/2847. Esta empresa alquila vehículos con chófer. El precio es muy razonable si sólo se contrata para una jornada normal de 8 horas, pero puede salir bastante más caro si se solicitan sus servicios por la noche.

ALQUILER DE VEHÍCULOS

Si a pesar de las advertencias sigue decidido a conducir por Haití, conviene que llame con antelación y reserve el vehículo con tiempo, ya que rara vez hay suficientes coches de alquiler para cubrir la demanda. En Puerto Príncipe y Pétionville existen varias empresas en las que es posible alquilar distintos tipos de vehículos. El precio por día oscila entre los 60 y los 165 dólares estadounidenses (por un vehículo todoterreno).

No dude en preguntar si existe alguna oferta o descuento especial. A menudo ofrecen tarifas rebajadas si se alquila el coche durante una semana o más. Recuerde que no se permite que los automóviles alquilados en Haití crucen la frontera para pasar a la República Dominicana.

Por regla general, los conductores con un permiso de conducir estadounidense, canadiense o europeo no necesitan obtener un permiso especial para conducir en Haití.

Empresas de alquiler de vehículos

Avis, tel.: 246 4161/2696; fax: 246 2640.
Budget, tel.: 246 2324.
Hertz, tel.: 246 0700. Cuenta así mismo con una oficina cerca del aeropuerto, en el Centre Multidynamic, tel.: 262 0369.
Secom, tel.: 246 2799/257 1913.

En autobús y *tap-tap*

Las ***camionettes*** (microbuses) y los ***tap-taps*** (autobuses con la carrocería de madera pintada de vivos colores) recorren rutas preestablecidas y el precio del billete es fijo. Suelen ir abarrotados, por lo que resulta difícil montarse si se lleva equipaje. Normalmente dejan de circular a las 20:30 h.

Para ir a Pétionville desde Puerto Príncipe tome cualquiera de los *tap-taps* que circulan por la avenida John Brown.

En Cap-Haïtien los *tap-taps* suelen recorrer dos rutas principales: una a lo largo de la calle L, desde la calle 15 L hasta las puertas de la ciudad, y otra por la calle A, desde la calle 10 A hasta el aeropuerto. El billete sencillo cuesta 2 gourdes.

Conducción

En Haití el estado de las carreteras es muy malo. Las pocas vías asfaltadas de Puerto Príncipe y las capitales de provincia más importantes están llenas de baches. La mayoría de las carreteras en las regiones rurales no están ni asfaltadas ni alumbradas. Las leyes de tráfico son parecidas a las de los demás países, pero por lo general no se hacen cumplir.

En Puerto Príncipe las calles suelen estar embotelladas la mayor parte del día a causa del mal estado del firme, de la indisciplinada manera de conducir de sus habitantes, de las malas condiciones en que se encuentran los vehículos y de la plétora de vendedores callejeros, mecánicos itinerantes y los muchísimos peatones.

El caos total y el mal estado de las carreteras son una experiencia desconcertante, delirante y desesperante. No es fácil determinar quién tiene prioridad de paso en una situación dada. Los conductores forman un tercer carril en calles tan estrechas que apenas tienen sitio para dos. Se sabe de más de un vehículo que ha sorteado un atasco subiéndose a la acera. Y cuando hay

El arte de los *tap-taps*

Los *tap-taps* son furgonetas, camionetas y autobuses profusamente decorados con dibujos geométricos de vivos colores y laboriosas pinturas en los que hay escritas sentencias humorísticas y mensajes religiosos en criollo, francés e inglés. Las imágenes suelen contar una historia y suelen utilizarse para hacer un comentario social o político. A continuación se recogen algunos ejemplos de esas leyendas:

- *Recherchez le Bien de la Ville* (Busca el bien de la ciudad).
- *Welcome to Don de Jesus* (Bienvenido sea el don de Jesús).
- *Merci Manman* (Gracias mamá). *Sans Jésus Tout est Nul* (Sin Jesús todo es nada).
- *Souv de mon Père et ma Mère* (Recuerdo de mi padre y de mi madre).
- *Paix, Amour* (Paz, Amor).
- *Peuple d'Égypte. Oh! La Femme* (Pueblo de Egipto. ¡Oh! La mujer).

obras en la carretera, rara vez hay alguna señal de aviso o se indica un recorrido alternativo.

Excursiones

La mayoría de las excursiones se organizan únicamente para grupos, de modo que deberá apuntarse con suficiente antelación, preferiblemente antes de salir hacia Haití.

OPERADORES TURÍSTICOS Y AGENCIAS DE VIAJES

Agence Martine
calle de Miracles 17, Puerto Príncipe; calle Oge 18, esquina con Geffrard, Pétionville
Tel.: 257 2740;
fax: 257 2824.

Cap Travel
Calle des Miracles con Bicentennaire
Tel.: 222 3150/9774; fax: 223 9452.

Horizon Tours
Avenida John Brown 192-B
Tel.: 245 8208/5671; fax: 245 8208.
Excursiones desde Haití a Cuba.

Napolitano
Avenida John Brown 24
Tel.: 223 8426/9796/9826;
fax: 223 8498.

Omni Tours
Calle des Casernes 34
Tel.: 223 8870/8981; fax: 222 8351.

Sans Souci
Avenida John Brown
Tel.: 245 6395/6980/6407.

Voyages Chatelain calle Geffrard 76
Tel.: 223 2400/2961/7882;
fax: 223 5065.
Dirige las líneas de autobuses Terra que van a Santo Domingo.

EXCURSIONES ESPECIALIZADAS

En Haití están apareciendo empresas especializadas en el turismo de aventura que ofrecen magníficas excursiones de carácter cultural, histórico o medioambiental.

Agence Citadelle S.A. y **American Sightseeing Haiti**
Plaza del Marron Inconnu 35, Puerto Príncipe
Dirección de correo: P.O. Box 41, Puerto Príncipe, Haití
Tel.: 222 5900/223 5900;
fax: 222 1792;
citagen@haitiworld.com
La mayor empresa turística de Haití ofrece: servicio de recogida en el aeropuerto y transporte desde el mismo; itinerarios turísticos por Puerto Príncipe y excursiones a Cap-Haïtien; recorridos por la República Dominicana. Todas las rutas se realizan en autobuses o microbuses con aire acondicionado.

Destination DjonDjon
Maison du Tourisme, esquina de la calle Magny con Capois, Puerto Príncipe
Tel.: 222 8896.
Una red de grupos que ofrecen una mirada alternativa sobre Haití.

Résidence Pauline
Madame LaRoche es la propietaria de la Résidence Pauline, que antaño perteneció a Paulina, la hermana de Napoleón.
Suelen salir dos grupos a la semana (mínimo 10 personas), los martes y los jueves, y quizás un tercero los sábados; el itinerario incluye una comida completa o la merienda. Dependiendo del tipo de grupo, a veces pueden unirse personas que viajen solas. Dirección de correo: P.O. Box 30, Cap-Haïtien, Haití
Tel.: 262 2098.

Voyages Lumière
Calle Jean Rigaud 5
Delmas 64, Pétionville, Haití, WI
Dirección de correo: P.O. Box 15010, Pétionville, Haití, WI
Tel.: 257 4005; fax: 257 3973/4;
teléfono móvil: 557 0753;
ljacqui@haitiworld.com
Jacqualine Labrom, una mujer inglesa que vive en Haití, organiza recorridos turísticos especializados en la arquitectura *gingerbread* para grupos reducidos y conoce Jacmel y Puerto Príncipe como la palma de su mano. También puede aconsejar excursiones a otras partes de Haití para grupos de cualquier tamaño.

Dónde alojarse

Hoteles

Al precio del hotel hay que añadirle un 10% en concepto de tasa de habitación, así como un suplemento de unos 5 dólares estadounidenses al día por el consumo de electricidad y quizás un recargo por el servicio.

Puerto Príncipe y el oeste

PUERTO PRÍNCIPE

Caros

Hôtel Oloffson
Avenida Christophe 60
Tel.: 223 4000/4102
Fax: 223 0919.
Toda una institución en la ciudad; una vieja mansión de arquitectura *gingerbread* situada en un tranquilo barrio residencial pero cerca del centro urbano. La mayoría de las habitaciones tienen aire acondicionado y un ventilador en el techo; restaurante, bar, piscina y una pequeña tienda de recuerdos. El dueño, el músico haitiano-estadounidense, Richard Morse, ha creado un ambiente único utilizando arte haitiano y muebles antiguos. Su grupo, RAM, suele actuar en el hotel los jueves. Un lugar de reunión favorito de periodistas, fotógrafos y políticos. **$$$**

Guía de precios

Precio por una habitación doble:
$$$ = caro, más de 50 dólares
$$ = medio, entre 15 y 50 dólares
$ = económico, menos de 15 dólares

Hôtel Prince
Calle 3 n.º 30, esquina con la Avda. N, Pacot
Tel.: 245 2764/5
Fax: 245 2756, 222 2765, 221 8604
Un hotel en un tranquilo barrio residencial a tres manzanas de distancia del hotel Oloffson. Habitaciones con aire acondicionado; restaurante, bar, piscinal. **$$$**

Medio

Le Plaza
Calle Capois 10, Champ de Mars
Tel.: 223 9800/9783/8697
Fax: 223 7232;
hiplaza@ acn2.net
También conocido como el Holiday Inn. Se trata de un hotel de gran tamaño dispuesto en torno a un exuberante jardín tropical. Tiene 80 habitaciones de estilo rústico con aire acondicionado; piscina, restaurante y bar. Posee su propio generador. **$$**

PÉTIONVILLE

Caros

Hôtel El Rancho
Avenida Panaméricaine
Impasse José de Saint-Martin
Tel.: 257 2080/81/84, 257 9623
Fax: 257 4134
Un hotel en un edificio de estilo andaluz ubicado en un extenso terreno ajardinado con grandes árboles y lleno de flores. Espaciosas habitaciones con aire acondicionado y 5 suites; piscina, canchas de tenis, gimnasio, casino, discoteca, restaurante y bar. La Suite Presidencial tiene su propio comedor y preciosos muebles antiguos. **$$$**

Hôtel Kinam
Plaza de Saint-Pierre, esquina con la calle Lambert
Tel.: 257 6525/0462
Fax: 257 4410;
kinam@haltiworld.com
Hotel de estilo *gingerbread* que goza de una magnífica ubicación en la plaza central; el personal es muy amable. El restaurante mira a la piscina y cuenta con un bar de ambiente íntimo. Cómodas y encantadoras habitaciones decoradas al estilo tropical; las de la parte trasera son más silenciosas que las de la fachada. **$$$**

Hôtel Montana
Calle Cardozo
Tel.: 257 4030, 257 1920/21
Fax : 257 6137;
htmontana@aol.com
Habitaciones espaciosas, amuebladas con gusto, provistas de aire acondicionado y decoradas con vivos colores tropicales. Dos restaurantes, un bar y una tienda de recuerdos. **$$$**

Villa Creole
Avenida Panaméricaine
Impasse José de Saint Martin
Tel.: 257 1570/71, 257 1609, 257 8106, 257 7228
Fax: 257 4935;
villacreol@aol.com
Un bonito y acogedor hotel de estilo andaluz regentado por una familia, situado entre patios y jardines con unas vistas preciosas. Muebles antiguos de caoba, cuadros originales y una atractiva piscina. Restaurante con terraza. Las 72 habitaciones tienen aire acondicionado, televisión por cable y teléfono. **$$$**

Medio

Hôtel Caraïbes
Calle Léon Nau 13
Tel.: 257 2524
Un hotel sencillo, agradable, tranquilo y a buen precio construido en la década de 1920. Las habitaciones tienen aire acondicionado y baño; bar, restaurante, salón de TV y piscina. **$$**

Económicos

Hôtel Ibo Lélé
Calle Borno, en la carretera a Montagne Noir, pasado Pétionville
Tel.: 257 5668/1695
Fax: 257 8012
Construido en la década de 1950, este hotel disfruta de unas vistas espectaculares sobre Puerto Príncipe. Sus habitaciones recuerdan a las típicas de los moteles estadounidenses; todas tienen baño, teléfono y terraza. Restaurante, piscina, sala de juegos y jacuzzi. Posee su propio generador. Baile los fines de semana. **$**

Hôtel Ife
Calle Grégoire 30
Tel.: 257 2168/0737
Un modesto y encantador refugio en la zona más bulliciosa de Pétionville. Carece de comedor, pero está cerca de algunos restaurantes excelentes y de los locales nocturnos. **$**

Sunset Suites
Carretera Ibo Lélé 15
Tel.: 257 0553
Un pequeño y tranquilo hotel a unos 15 minutos andando (cuesta arriba) de la plaza Saint Pierre. Seis habitaciones con baño y agua caliente; televisor en el vestíbulo y una piscina en el jardín. Se puede encargar la comida en el Café des Arts (del mismo propietario). Los fines de semana de verano se escucha la música de la cercana discoteca Ibo Lélé. **$**

CASAS DE HUÉSPEDES

Medio

Doux Séjour
Calle Magny 32
Tel.: 257 1560
Alojamiento sencillo en una calle tranquila. Tarifas semanales; habitaciones con ventilador y baño. **$$**

Hôtel Tamarin
Carretera de Kenscoff 17
Tel.: 275 7022
Fax: 257 7022
Habitaciones sencillas en un hotel muy cerca de la plaza Saint-Pierre. **$$**

Villa Kalewes
Calle Grégoire 99
Tel.: 257 0817
Habitaciones en una mansión con piscina, cerca de la plaza Saint-Pierre, en la parte alta y más tranquila de la calle. **$$**

Económicos

Marabou
Calle Stephen Archer 72
Tel.: 257 1934
Justo detrás de la iglesia de Saint-Pierre. La propietaria, Odette Weiner, organiza espectáculos folclóricos. **$–$$**

COSTA DE ARCADINS

Los complejos turísticos de la orilla septentrional del golfo de la Gonâve permiten la entrada, durante el día, a las personas que no se alojan en ellos para que utilicen sus instalaciones o coman en sus restaurantes. Los fines de semana es cuando reciben más visitas y, por tanto, la oferta culinaria es mayor.

Guía de precios

Precio por una habitación doble:
$$$ = caro, más de 50 dólares
$$ = medio, entre 15 y 50 dólares
$ = económico, menos de 15 dólares

Caros

Kaliko
Km 61, carretera nacional 1
Côte des Arcadins
Tel.: 298 4640; 222 8040 (Puerto Príncipe)
Fax: 298 4610
Un hotel de tamaño medio con 40 habitaciones con aire acondicionado; restaurante, bar, canchas de tenis, piscina. La playa es en parte de arena y en parte de guijarros. **$$$**

Moulin sur la Mer
Km 77, carretera nacional 1
Tel.: 222 1918, 245 1013 (Puerto Príncipe); 278 6700/05
Fax: 278 6720;
Moulinsm@haitiworld.com
Un extenso complejo turístico ubicado en una plantación restaurada del siglo XVIII, con un gran estanque y bonitos jardines. Una ampliación moderna tiene habitaciones con aire acondicionado y agua filtrada. Los huéspedes pueden utilizar *carts* de golf para moverse por sus 20 hectáreas de superficie. Cena en el restaurante Le Boucanier de la playa. Multitud de actividades al aire libre, como barcas de pedales, buceo con tubo y submarinismo. Un pequeño edificio en el recinto alberga el museo colonial Ogier-Fombrun, uno de los mejores museos dedicados a la historia del período colonial en Haití. **$$$**

Wahoo Beach
Km 64, carretera nacional 1
Tel.: 223 2950
Fax: 222 5332
Complejo playero con jardines, restaurante, piscina y deportes acuáticos. **$$$**

Medio

Kyona Hotel Beach
Km 60, carretera nacional 1
Tel.: 222 6788 (Puerto Príncipe); 257 8663/9137
Fax: 257 6850
Hotel a pie de playa en un precioso emplazamiento, el más cercano a Les Arcadins. Las habitaciones tienen ventiladores en el techo; restaurante y bar. Estupendo para la práctica del buceo. Cerca del pueblo pesquero de Luly. **$$**

Ouanga Bay Beach Hotel
Km 66, carretera nacional 1
Tel.: 234 0430
Un delicioso hotel a pie de playa con un personal muy amable, habitaciones con balcones; deportes acuáticos. Música en vivo los fines de semana. **$$**

El norte

CAP-HAÏTIEN

Caros

Hôtel Mont Joli
Calle B, Carenage
Tel.: 262 0300; 222 7764
Fax: 262 0326
En un alto al norte de Cap-Haïtien, con magníficas vistas de la ciudad y la bahía. Todas las habitaciones miran al mar y tienen aire acondicionado, TV y baño. Con un animado restaurante al lado de la piscina y un acogedor bar. Se aceptan tarjetas de crédito. **$$$**

Roi Christophe
Calle 24 B
Tel.: 262 0414
Un elegante edificio colonial en un frondoso jardín tapiado, en el centro de la ciudad. Aire acondicionado, baño y desayuno incluido. Se aceptan tarjetas de crédito. **$$$**

Medio

Les Jardins de l'Océan
Boulevard de Mer 90
Carénage
Tel./Fax: 262 1169/2277
Una preciosa casa encalada con 8 habitaciones de distintos tamaños (todas con baño). También tiene dos habitaciones con aire acondicionado y están previstas otras 10. Restaurante francés, bar con terraza y unas bellas vistas del puerto. **$$**

Pension Brise de Mer
4 Carénage
Tel.: 262 0821
Un peculiar hotel al norte de la ciudad regentado por una familia; decorado con muebles de época y con vistas al mar. Tiene una balconada con mecedoras y un restaurante con terraza. Todas las habitaciones con ducha; el precio incluye el desayuno y la cena. **$$**

Económicos

Hôtel La Sagesse
Calle 9 A
Tel.: 262 2116
Básico pero muy céntrico. Todas las habitaciones con agua fría. Dispone de un pequeño restaurante. **$**

Hôtel Le Flambeau & Chou Chou
En la estación de autobuses de Barrière Bouteille, en la calle L
Ambos hoteles, uno al lado del otro, son muy baratos y básicos. Habitaciones sencillas con baño compartido. **$**

LABADIE

La carretera finaliza en Labadie, donde hay un número creciente de preciosos centros de vacaciones a los que sólo es posible llegar en barco.

Caros

Cormier Plage
Tel.: 262 1000
En las afueras de Labadie Nord; un agradable complejo playero situado en una hermosa franja de arena, con un buen restaurante e instalaciones deportivas. **$$$**

Medio

Habitation Labadie
Tel.: 222 2245 (La Société Cap-Labadie)
En Pointe Sauvage, una pequeña isla frente a la costa de Labadie a la que sólo se puede llegar en barco. Alojamiento en suites, excelente comida, una pequeña playa, una bonita piscina con bar y un ambiente cordial. **$$**

Norm's Place
Tel.: 262 0400
Un recoleto hotel a pie de playa con un ambiente evocador, cerca del pueblo de Labadie; el edificio era una fortaleza francesa del siglo XVI. La comida del restaurante es muy buena. Sólo es posible llegar en taxi acuático. **$$**

Económicos

Belli Beach Bar
Plage Belli
Tel.: 262 2338
Un grupo de pequeñas habitaciones y un restaurante con unas vistas fantásticas de una pequeña cala. **$**

PORT-DE-PAIX

Medio

Figuier Guesthouse
Isla de la Tortuga
Sin teléfono. Deje un mensaje para Víctor en el tel.: 257 8400 ext. 6412
Habitaciones sencillas con baño, situado en el este de la isla. **$$**

Hôtel Le Plaza International
Calle B Sylvain
Tel.: 268 5448
Un hotel de clase turista a orillas del mar, a unos 5 minutos en coche de la ciudad. Chalés con aire acondicionado y un buen restaurante. **$$**

Económicos

Hôtel Bienvenue
Calle Stenio Vincent 92
Tel.: 268 5138
Un céntrico hotel con habitaciones limpias con baño. **$**

GONAÏVES

Gonaïves es la localidad más próxima a Soukri y Souvenance, ideal para los turistas que quieran asistir a las ceremonias y peregrinaciones vuduistas. Hay un par de hoteles.

Económicos

Hôtel Family
Carretera de Dattes
Carrefour Laborde
Tel.: 274 0600
Un hotel grande y sencillo con una piscina y un aparcamiento seguro. Algunas habitaciones tienen aire acondicionado. Dispone así mismo de habitaciones triples; hay que encargar las comidas con antelación. **$**

El sur

JACMEL

Caros

Hôtel de la Place
Calle de l'Église 3
Tel.: 288 2832
Este hotel lo frecuentan hombres de negocios haitianos de viaje en Jacmel. Algunas de las habitaciones tienen aire acondicionado. **$$$**

Hôtel La Jacmelienne
Calle Sainte-Anne, esquina con la avenida de la Liberté
Tel.: 222 4899, 288 3451
Fax : 288 3453.
Un hotel en un emplazamiento privilegiado, en una ancha playa cerca del muelle de los cruceros y del centro urbano. Habitaciones con baño, ventilador y amuebladas con lo mínimo; algunas tienen aire acondicionado; restaurante, bar y piscina. **$$$**

Medio

Joe's Place
Calle Commerce, al lado del n.° 40.
Tel.: 288 2805
Fax: 288 3182
Un hotel poco corriente propiedad de un estadounidense. Este magnífico edificio fue una casa exportadora de café en la década de 1880 y luego la residencia del crítico y promotor de arte *naïf* Selden Rodman. Conserva sus ornamentos originales de hierro, entre ellos la escalera circular y los preciosos balcones. El dueño es el mismo que el de la más económica casa de huéspedes **Guy's Guest House,** en la avenida de la Liberte. Al lado de la tienda de artesanía Baruk en la que se venden bonitos objetos de madera lacada y pintada. **$$-$$$**

Manoir Alexandra
Cerca de la calle Seymour Pradel
Tel.: 288 2711
Una hermosa mansión de estilo *gingerbread* con unas vistas insuperables sobre Jacmel y la bahía. Los precios, aunque razonables (unos 300 gourdes), son por persona, no por habitación. Baño compartido en todas las habitaciones. **$$**

Alojamiento en casas particulares

Association des Micro-Enterprises Touristiques du Sud-Est (AHMETS), calle d'Orléans 40, tel.: 288 2840. Esta asociación establece unas exigencias mínimas –que los miembros deben cumplir para poder asociarse– y supervisa a los habitantes de Jacmel que alquilan habitaciones a los turistas en su propia casa; es un excelente programa que brinda una magnífica oportunidad para conocer a una familia haitiana. Habitaciones sencillas o dobles. **$**

Económicos

La Coquille Restaurant & Guest House
Calle de la Mandou
Un pequeño establecimiento con habitaciones básicas con baño en un edificio independiente detrás del restaurante. **$**

ALREDEDORES DE JACMEL

Medio

Hôtel Cyvadier Plage
Avenida Barranquilla
Tel.: 288 2834
Un pequeño hotel en un exuberante jardín con vistas a la cala. Restaurante con terraza. **$$**

ÎLE-À-VACHE

Caros

Port Morgan
Tel.: 286 1600
Un gran complejo turístico con un puerto deportivo y alojamiento en bungalós. Excelentes playas en las cercanías. **$$$**

LES CAYES

Medio

Hôtel La Cayenne
Presqu'île des Caques
Tel.: 286 0770
Un hotel modesto pero cómodo en una zona que pronto estará urbanizada. **$$**

Económicos

Hôtel Le Meridien
Carpentier
Tel.: 286 0331

Guía de precios

Precio por una habitación doble:
$$$ = caro, más de 50 dólares
$$ = medio, entre 15 y 50 dólares
$ = económico, menos de 15 dólares

Un pequeño establecimiento con habitaciones con aire acondicionado a sólo 5 minutos de la ciudad. Dispone de generador propio. **$**

PETIT-GOÂVE

Medio

Le Relais de l'Empereur
En el centro de la ciudad, junto a la plaza mayor.
Un hotel regentado por una familia local, ubicado en un impresionante edificio que en el pasado fue testigo de unas cuantas fiestas del mundo del espectáculo. Todavía conserva algunos muebles originales de mediados del siglo XIX, cuando era la residencia del emperador Faustino I. Las habitaciones tienen una gran cama con baldaquino y un espacioso baño con grifos chapados en oro. El hotel organiza excursiones a la cercana playa Cocoyer en el barco de un pescador; allí disfrutará de un sabroso asado. **$$**

JÉRÉMIE

Económicos

Auberge Inn
Calle Roumer
Un hostal remozado, con un porche, hermosos detalles originales de caoba y amueblado con algunas antigüedades preciosas. Algunas de las habitaciones comparten el baño. El solar llega por la parte de atrás hasta la siguiente calle, Brouet. **$**

Hôtel La Cabanne
Un edificio rosa con flores. Las habitaciones, con ventilador, están bastante descuidadas. Dispone de una sala de conferencias con comedor y bar. El exterior está muy bien conservado. **$**

ALREDEDORES DE JÉRÉMIE

Económicos

Anse du Clerc
Pequeños bungalós básicos con una cama y una mesa, sin ventilador ni retrete. El agua procede de un manantial dentro del recinto. Situado en un bucólico y hermoso paraje, en una ancha bahía apartada. Tiene hamacas para echarse a descansar y la electricidad funciona con energía solar unas 12 horas al día. **$**

Dónde comer

Qué comer

La comida criolla es una combinación de sabores franceses, tropicales y africanos condimentada con especias locales. La mayoría de los platos de carne se preparan fritos, como por ejemplo: *taso* (vaca frita), *kabri* (cabra), *griyo* o *grillot* (cerdo frito), *poule* (pollo frito) y *lambi* (cobos); a menudo acompañados con *krèyol sòs* (salsa criolla). La *langouste* (langosta) es una especialidad de la costa.

Son habituales las salsas picantes –*piment oiseau, ti malice*–, mientras que el *banan peze* (banano frito) es un aperitivo o acompañamiento habitual. *Djon djon* es una pequeña seta haitiana que se vende seca y que se utiliza en numerosas recetas para darles sabor. Cuando se sirve con arroz también se llama *djon djon*. En Haití crecen algunas de las frutas tropicales más deliciosas. Por lo general se pueden comprar en los pueblos donde se cultivan o en los puestos de los mercados o de los vendedores ambulantes de las ciudades. Existen algunos tipos de plátanos que no se pueden comer crudos y hay que freírlos o cocerlos. Hay también pequeñas bananas muy dulces que se deshacen en la boca (llamadas *bananes*). Otras frutas típicas son los mangos, las sandías, los kumquats, los corosoles, las guanábanas y las chirimoyas. La caña de azúcar se puede pelar para sorber el jugo directamente del tallo; pruébelo, es muy refrescante.

Dónde comer

Es muy difícil establecer categorías para clasificar los restaurantes haitianos, ya que las diferencias entre restaurantes que podrían considerarse dentro de una misma categoría pueden ser muy grandes. Puede incluso haber una diferencia notable de un día para otro en el mismo restaurante. El precio no refleja necesariamente la calidad de la comida, del servicio o del ambiente. Algunos de los establecimientos mencionados a continuación son locales sencillos donde la comida es muy buena, pero carecen de teléfono, así que preséntese en ellos y ¡a comer!

PUERTO PRÍNCIPE

Chez Rose
Esquina de la calle Quatre con Bellevue Pacot (cerca del hotel Prince)
Tel.: 245 5268
Exquisita comida haitiano-criolla. Abre de lunes a sábado de 12:00 a 21:00/22:00 h. **$$**

Aux Artistes
Instituto Francés de Haití
Boulevard Harry Truman, esquina con la calle des Casernes
Tel.: 222 3720
Un buen local para tomar un bocado después de asistir a algún acto cultural o visitar la biblioteca del instituto. Abierto de 10:00 a 16:00 h de martes a viernes, los sábados de 9:00 a 17:00 h. **$–$$**

Café Jardin du Musée
Calle Légitime 2
(detrás del Museo de Arte)
Tel.: 222 8738
Comida francesa y haitiana, muy concurrido a la hora de comer por el personal de la embajada francesa. **$–$$**

Le Plaza (en el Holiday Inn)
Calle Capois
Un restaurante que ofrece una barata y copiosa comida bufé. **$–$$**

Café Terrasse
Calle Capois 11, esquina con Ducoste
Tel.: 222 5648/5025; 221 2956
En este local almuerzan muchos empleados de las agencias de ayuda internacional. **$**

Chez Yanne
Boulevard Harry Truman 19
Tel.: 222 0188/7676
Comida criolla en un restaurante con aire acondicionado. **$**

Jerry's Subs
Calle Capois

Unos bocadillos estupendos, cerca del teatro Rex. **$**

Le Bec Fin
Calle des Miracles
Sencillas y sabrosas recetas haitianas a un precio muy razonable. **$**

Rotisserie Lifran
Avenida Delmas (cerca del cine Imperial y del Citibank)
Sirve un delicioso pollo a la barbacoa. **$**

Tiffany
Boulevard Harry Truman 12
Bicentenaire
Tel.: 222 0993/3506
Comida francesa, haitiana, estadounidense y criolla. **$**

Restaurantes de hoteles

Hôtel Oloffson
Avenida Christophe 60
El restaurante del hotel abre a mediodía y por la noche y sirve comida haitiana e internacional. Dispone de mesas al aire libre en el porche. **$$–$$$**

Le Plaza Restaurant
(en el hotel Le Plaza)
Calle Capois 10, Champ-de-Mars
Tel.: 222 0766
Un buen restaurante que ofrece bufé los días laborables. **$$–$$$**

Heladerías

Crème Maison
Ruelle 4
Turgeau
Tel.: 245 5592
Una buena heladería.

Red Rose Ice Cream
Avenida John Brown 261
Tel.: 245 6062
Otra heladería.

PÉTIONVILLE

Cassagne
Calle Borno 8
Tel.: 257 1223
Fax: 246 0410
Menú haitiano en un antiguo palacete con una bonita decoración y situado en un precioso lugar. Ambiente y servicio excelentes. **$$$**

Chez Gérard
Calle Pinchinat 17 (cerca de la plaza Saint-Pierre)
Tel.: 257 1949
Puede ser uno de los mejores, pero la comida (francesa y haitiana) no siempre está igual de buena. Situado en un bonito patio ajardinado. Dispone de un bar para tomar algo antes de cenar, donde los clientes piden del menú del día que se anuncia en una pizarra. Tiene algunos platos vegetarianos. **$$$**

Precios orientativos

Precio aproximado por persona por una comida:
$$$ = caro, más de 10 dólares
$$ = medio, entre 5 y 10 dólares
$ = económico, menos de 5 dólares

Guess Who
Calle Grégoire 49 (esquina con calle Louverture)
Tel.: 256 3256
Un agradable establecimiento en el que se puede comer en la azotea, en el corazón de Pétionville. Recetas muy creativas, desde brochetas asadas hasta queso ravioli con albahaca. El servicio puede ser bastante lento. Un local muy concurrido por las noches, cuando el bar está abierto y el menú es limitado. Música los jueves. **$$$**

La Plantation
Impasse Fouchard, una bocacalle de la calle Borno
Tel.: 257 0979
Es un poco difícil dar con él, pero sin duda la búsqueda merece la pena. El cocinero francés prepara platos haitianos y franceses. Ambiente relajado; se sirve una bebida en el bar-recepción antes de pasar al precioso comedor, con mesas al aire libre o a cubierto. Una carta muy variada, pero no siempre tienen todo lo que se ofrece. Uno de los postres más sabrosos es el llamado Grand Marnier. Servicio excelente. **$$$**

La Souvenance
Calle Gabart 8, esquina con Aubran
Tel.: 257 7688
Exquisita comida francesa preparada con ingredientes locales e importados. Uno de los mejores y más caros restaurantes de Haití, donde todo está siempre delicioso. Los dueños son personas amistosas y hospitalarias y el servicio es excelente. Se sirven bebidas en el pequeño bar del vestíbulo. **$$$**

Les Cascades
Calle Clerveaux 73, esquina con Ogé
Tel.: 257 7589/7597/6704
Ambiente relajado; las paredes están decoradas con cuadros de artistas locales. La comida, haitiana y francesa, puede ser excelente, sobre todo si el propietario está en la cocina. Sopa de langosta, chuleta de ternera (importada) y bananas flameadas o *crêpes suzette* preparadas en la misma mesa. El servicio es magnífico. **$$$**

Café des Arts
Calle Lamarre 19
Tel.: 257 1131/7979
Un restaurante francés situado bajo la galería Monnin, a la que pertenece. El ambiente recuerda al de los establecimientos de la orilla izquierda del Sena, en París. Abierto a diario a mediodía y por la noche. Música en vivo. **$$–$$$**

Nature et Delices
Calle Grégoire 49
Tel.: 257 4613
Una tienda de exquisiteces y dietética que vende sándwiches hechos al momento preparados con los mejores ingredientes. Ofrece una amplia variedad de alimentos dietéticos importados y raciones para picar. Es un buen local donde comprar comida para llevar de picnic. **$$–$$$**

Beyrouth
Calle Villatte 31
Tel.: 257 2658
Un restaurante libanés con jardín. Llame con antelación. **$$**

La Voile
Calle Rigaud 32 (entre Lamarre y Faubert)
Tel.: 257 4561
Ambiente relajado y comida francesa, por lo general de buena calidad. El personal es muy amable y el servicio muy bueno. Especialidades del día además de los platos de la carta. Excelente carta de vinos. **$$**

Le Coin des Artistes
Calle Panaméricaine 59
(debajo de la galería Festival Arts)
Tel.: 257 2400
Un establecimiento sencillo de ambiente informal que suele estar lleno. Marisco fresco del cercano

mercado de pescado; el pescado asado puede estar exquisito. **$$**

Le P'tit (Petit) Bistrot
Calle Grégoire 40
Tel.: 257 3042
Un diminuto restaurante con algunas mesas al aire libre encajonado entre dos edificios; sirve deliciosas pizzas además de platos franceses y haitianos. Acogedor y con un personal muy amable. **$$**

Parasol Café
Choucoune Plaza
Tel.: 257 4007/4008
En el centro comercial **Promenada**, en Choucoune Plaza, cerca de la oficina de correos, en la calle Grégoire. Entre las tiendas hay una librería, boutiques y una sucursal de la agencia de viajes Agence Citadelle. El café es uno de los dos establecimientos donde se sirven comidas. **$$**

1950
Calle Louverture 18 (entre Grégoire y Lamarre)
Tel.: 257 1929
Un bar muy animado lleno de expatriados (el antiguo Bolero Bar). Su especialidad son las pizzas, pero utiliza queso estadounidense. Mesas al aire libre. El personal puede resultar poco atento. **$**

China Garden
Comida china, principalmente para llevar, mediocre pero a muy buen precio. Es una cafetería en la que no se ve a ningún camarero chino. Sirve generosas raciones. **$**

Fabrizio
Calle de Louverture 26
Tel.: 257 8433
Buena comida italiana, pizzas y platos de pasta de una calidad admirable; las raciones son enormes. Un comedor corriente en la parte delantera y grandes mesas de estilo familiar en la sala de la parte posterior, en la que hay un enorme televisor. Un local informal y acogedor con una excelente relación calidad-precio. Si va a beber vino tinto y le gusta a temperatura ambiente pídalo así, ya que si no se lo servirán frío. **$**

Fior di Latte
Choucoune Plaza
Tel.: 256 4575
Bocadillos, ensaladas, pizzas y unos deliciosos helados italianos en un hermoso patio ajardinado bajo las tiendas. Ingredientes frescos. Un buen local tanto para comer como para cenar. **$**

Muncheez
Avenida Panaméricaine
Un establecimiento muy concurrido que prepara unas de las mejores pizzas de Haití. Para llevar o para consumir en el patio, con vistas a esta bulliciosa calle. **$**

Saint-Pierre
Plaza Saint-Pierre
Un bar y restaurante muy animado que goza de una gran aceptación entre los expatriados franceses y canadienses. La carta va desde pizzas y filetes hasta platos griegos. **$**

Restaurantes de hoteles

Continental/Gourmet
(en El Rancho)
Carretera El Rancho
Tel.: 257 2080/2082
El hotel El Rancho tiene tres sitios diferentes donde comer, pero la poco inspirada comida se elabora toda ella en la misma cocina. Hay mesas en torno a la piscina, un lugar muy agradable para comer. Dentro hay un oscuro comedor y un restaurante más acogedor y más caro al lado. El personal es lento y poco atento. **$$$**

La Ville Belle
(en Villa Creole)
Avenida Panaméricaine
Impasse José de Saint-Martin
Tel.: 257 1570/1571/1609
Excelente comida europea servida en un encantador cobertizo en los preciosos jardines del hotel. Hay un bar de ambiente cordial con algunas salas reservadas en las que suelen reunirse hombres de negocios y diplomáticos. Todos los días una o dos recetas innovadoras complementan la carta, no muy extensa pero interesante. Los domingos por la noche hay costillas y los lunes prepara una barbacoa; esos días no se sirven los platos de la carta. Desayunos y comidas junto a la piscina, bajo un enorme almendro. **$$$**

Hôtel Kinam
Plaza Saint-Pierre
Tel.: 257 0462/6525
Comida haitiana y europea servida en un atractivo comedor con vistas a la piscina. Tanto la calidad de la comida como la del servicio varían mucho, lo que es una pena, porque por lo demás el personal del hotel es muy amable. Vaya a beber algo o tomar un aperitivo y disfrute del ambiente. **$$**

Café Marabou
Calle Stephen Archer 72
(detrás de la plaza Saint-Pierre)
Tel.: 257 1934
La comida es más *tex-mex* que criolla. Servicio amable y eficaz y un patio exterior. A veces actúan grupos de danzas tradicionales haitianas; telefonee para consultar las fechas. **$**

Le Tamarin
Carretera Kenscoff 17
Tel.: 257 6900/6980
Sólo abre los domingos. **$**

Comida rápida

Dominos Pizza, calle Panaméricaine, cerca del desvío a Villa Creole y El Rancho.
Fabrizio Pizza, Delmas, cerca de Radio Shack
Tel.: 246 3558.
Tres establecimientos.
Hit Pizza, calle Lamarre 21
Tel.: 257 6433

ALREDEDORES DE PÉTIONVILLE

Mountain Maid Inn
Baptist Mission, Fermathe
Tel.: 255 9807
Una cafetería de ambiente estadounidense con aperitivos, hamburguesas, patatas fritas y helados. **$$$**

Altitude
Carretera Kenscoff 1300
Abierto los fines de semana; excelente comida criolla en un fresco entorno montañoso. **$**

La Florville
Kenscoff
Comida haitiana e internacional con música en vivo. **$**

CAP-HAÏTIEN

Los restaurantes y los locales de copas de Cap-Haïtien se han trasladado a la cada vez más popular zona de Carenage (en el extremo norte del Boulevard). La mayoría de los restaurantes sirven la típica comida mezcla de las influencias francesa y criolla; la única excepción son un par de pizzerías.

Éclipse
Calle du Boulevard
Carenage
Tel.: 262 3523
Un excelente bar y restaurante especializado en platos tradicionales haitianos de calidad; lo regenta una encantadora pareja francesa. Ambiente relajado y romántico. Música en vivo varios días a la semana. Abierto de lunes a sábado desde el mediodía hasta la noche.

Mont Joli
Calle B, Carénage
Tel.: 262 0300
Típica comida haitiano-francesa en este restaurante al lado de la piscina con música en vivo por las noches. El personal es atento y amable; dispone de una estupenda carta de cócteles. **$$$**

Roi Christophe
Calle 24 B
Tel.: 262 0414
Excelentes platos franceses-criollos en un melancólico escenario. El bar, con una barra en forma de herradura, es un sitio magnífico para conocer gente. **$$$**

Cap 2000
Calle 5 Boulevard
Un concurrido restaurante al borde del mar que sirve comida haitiana, bocadillos y helados. Abierto de 7:00 h a 23:00 h. **$$**

Les Jardins de l'Océan
Carenage 90
Recetas francesas clásicas servidas en el restaurante de la planta baja. Pizzas hechas al momento en el bar de la azotea. **$$**

Marina Anacoana
Calle 13–14 Boulevard
Comida y bebidas tradicionales servidas en el centro cultural junto al malecón. **$$**

Advantage Bar Restaurant
Calle 18 K
Comida haitiana en un delicioso restaurante próximo a la plaza de Armes; decorado con llamativos murales. Abierto de 6:00 a 22:00 h de lunes a viernes. **$**

La Caille
Calle du Boulevard
Carénage
Un bullicioso establecimiento al aire libre situado a unos metros del Éclipse. La pista de baile del patio siempre está llena, lo mismo que las mesas, donde los clientes saborean los aperitivos que piden en la pequeña cocina, donde la actividad es frenética. **$**

Ozan Nan Na
Calle 18 A 46
Un espléndido bar y restaurante muy barato que mira al mercado de artesanía; bocadillos y platos combinados haitianos. Abierto a diario de 9:00 a 14:00 h. **$**

Precios orientativos

Precio aproximado por persona por una comida:
$$$ = caro, más de 10 dólares estadounidenses.
$$ = medio, entre 5 y 10 dólares estadounidenses.
$ = económico, menos de 5 dólares estadounidenses.

PORT-DE-PAIX

La mayoría de los hoteles de esta ciudad tienen restaurantes que merece la pena descubrir.

Capitol Restaurant
Calle Estimé
Platos típicos haitianos. **$**

Chez Ketia Bar Restaurant
Calle Stenio Vincent
Un pequeño y económico restaurante. **$**

JÉRÉMIE:

Alliance Française
Además de un restaurante, hay canchas de tenis y es el mejor sitio para enterarse de los espectáculos que se presentan en la ciudad. Es así mismo el lugar de reunión favorito de los expatriados franceses.

Castillo Restaurant et Bar
Calle H Merlet 28
Tel.: 284 5658/5659
El exterior está decorado con intrincados ornamentos de hierro forjado, mientras que en el interior una preciosa escalera de caracol, también de hierro forjado, conduce al restaurante del segundo piso. Abierto a diario desde las 7:00 h hasta que se va el último cliente. Sirve desayunos, comidas, cenas y aperitivos. El balcón sobre la entrada es un buen sitio para tomar una bebida por la tarde o por la noche. El menú es variado.

Chez Patou
Calle Monseignor Beaugé
Un restaurante en un edificio de dos pisos con un helado de cucurucho pintado en la fachada, de color blanco y rojo. También es un bar de tapas y un buen local en el que tomar una cerveza bien fría o un helado.

JACMEL

Hôtel de la Place
Calle de l'Église 3, en la plaza de Armas
Tel.: 288 2832
Comida rápida haitiana y estadounidense en un local muy animado. La terraza es un lugar estupendo para sentarse a tomar una copa.

La Crevette Resto Club
Calle Sainte-Anne
Tel.: 288 2834
Goza de una excelente ubicación cerca del muelle. Prepara unos sabrosos platos de marisco y pescado. Música en vivo los fines de semana.

La Jacmelienne
Calle Sainte-Anne
Tel.: 222 4899
Mesas al aire libre que a la hora de cenar se llenan, pero la calidad del servicio es muy inconstante.

Notas sobre la bebida

En las discotecas encontrará la mayor parte de las marcas internacionales de licores, mientras que los restaurantes de categoría más alta ofrecen vinos franceses. Las destilerías haitianas elaboran el excelente ron Barbancourt. El aguardiente local, llamado Clairin, hecho con caña de azúcar, corre generosamente en las ceremonias de vudú. «Culligan» es el nombre genérico con el que se conoce el agua filtrada, esterilizada y embotellada.

Bares y discotecas

La siguiente lista es sólo una pequeña selección de los locales nocturnos de Haití. La mayoría se hallan dispersos por las principales ciudades, con concentraciones en los alrededores de Puerto Príncipe y en Jacmel.

Pétionville

Cheers, en la calle Villatte de Pétionville cuenta con una buena barra y buena comida. Lo frecuentan haitianos y turistas con dinero para gastar.
Mango's, en El Rancho, carretera El Rancho, Pétionville.

Jacmel

Chez Dimicaté Bar
Avenida Baranquilla, frente a Teleco
Congo Plage, en la calle Sainte-Anne de Jacmel; un pequeño restaurante y bar con buenos precios situado frente al hotel La Jacmelienne. Los fines de semana suele estar muy animado.
Distraction Bar, en la calle B H Jeune de Cayes Jacmel, es en realidad una modesta casa de huéspedes en la que se sirven comidas y bebidas acompañadas de música haitiana por las noches.
Platinum Resto Bar, en la calle de Commerce.
Samba, en Jacmel, es un enorme local con espacio interior y exterior en el que todas las noches hay música en vivo para bailar. Actúan grupos locales como Les Invincibles y bandas internacionales. Abierto de lunes a viernes de 21:00 a 3:00 h, los sábados de 19:00 a 3:00 h.
Yaquimo Plage, en Jacmel; una discoteca y restaurante al aire libre.

Cultura

Arte haitiano

Un cuadro original de arte *naïf*, con sus alegres y vivos colores, puede ser un magnífico –aunque no necesariamente barato– regalo para llevar a alguien (*véase el capítulo «El arte haitiano», pág. 99*).

Además de los artistas consagrados cuyas obras tienen precios que se corresponden con su fama, hay muchos buenos pintores que aún no han sido descubiertos.

En general, las galerías más conocidas son los mejores sitios para comprar arte. No obstante, existen numerosos artistas excelentes aún por descubrir que exponen sus cuadros en otros lugares porque no están representados por las galerías.

Conviene tener una idea de los precios antes de comprar un cuadro, lo que puede resultar complicado porque las galerías más famosas sólo exhiben la obra de un puñado de artistas.

Si desea adquirir una obra de arte original lo más aconsejable es mirar antes en varios lugares. No tardará en distinguir con claridad qué cuadros son meras imitaciones producidas en serie. También se puede visitar a los pintores en sus estudios y echar un vistazo en el Museo de Arte Haitiano de Puerto Príncipe, así como en las tiendas más pequeñas.

Asegúrese de que el cuadro está pintado al óleo, no con pintura acrílica, y sobre un lienzo. No se olvide tampoco de preguntar si el cuadro que quiere comprar es una pintura de verdad y no un grabado.

Recuerde que regatear para tratar de conseguir un buen precio no sólo está admitido sino que es lo que se espera del cliente. En caso de que desee comprar varias obras es probable que logre un mejor precio si negocia por todas ellas en conjunto.

Galerías de arte

PUERTO PRÍNCIPE Y ALREDEDORES

Pacot es un precioso barrio en las afueras de la capital lleno de viejos árboles, flores y residencias victorianas en el que se encuentran los hoteles Prince y Oloffson, así como algunas galerías de arte excelentes.

Damballa Art Gallery
Calle Magasin de l'État 243
Una maravillosa galería de reducidas dimensiones.

Dantor
Calle Fonts-Forts 77, cruzando el parque desde la oficina de correos central.

Galerie Carlos Jara
Calle Armand Holly 28, Debussy
Tel.: 245 7164
Esta galería cuenta con una buena colección de arte. Se halla situada a 10 minutos en coche de Pacot.

Galerie Issa
Avenida de Chili 17, Pacot
Tel.: 222 3287
Issa es el personaje real en el que se basó Graham Greene para «el contacto sirio» de su novela *Los comediantes*. Seguramente tiene más pinturas que un almacén, y a muy buenos precios. Un buen sitio al que ir después de haber concretado nuestras preferencias.

Georges Nader Gallery
Calle Bouvreuil 18, Croix Desprez
Tel.: 245 0565; también en la calle Grégoire 50, Pétionville
Tel.: 257 5602/0855
gnader@haitiworld.com
Abierta de lunes a sábado de 10:00 a 19:00 h.

Le Centre d'Art
Ruelle Roy 58, Pacot
Tel.: 222 2018
Un elegante espacio de exposiciones en una antigua mansión que se dedica a promover nuevos artistas conforme a la intención de sus fundadores, DeWitt Peters y Selden Rodman.

PÉTIONVILLE Y ALREDEDORES

Expressions Galerie d'Art
Calle Metellus 55
Tel.: 257 0112

En ella se exhiben obras de artesanía además de cuadros y esculturas.

Galerie Bourbon-Lally
Calle Lamarre, 23
Tel.: 257 6321

Galerie Caribe
Calle Geffrard, 56
Tel.: 257 7048

Galerie Mapou
Avenida Panaméricaine, 8
Tel.: 257 6430

Galerie Marassa
Calle Lamarre, 17
Tel.: 257 1967/5424
Fax: 257 8981
Expone la obra de artistas modernos y objetos decorativos de laca de Créations Moro, una tienda de Jacmel.

Galerie Monnin
Calle Lamarre, 19
Tel.: 257 4430
Una galería regentada por una familia en la que se exponen pinturas y esculturas. Abierta de lunes a viernes de 10:00 a 18:00 h, los sábados de 10:00 a 14:00 h.

Rainbow Art Gallery
Calle Pierre Wiener 9, Bourdon
Tel.: 245 6655/6039
Expone y vende objetos de artesanía además de cuadros.

JACMEL

Domond Artist Studio
Portail Léogane 76
Parizot Domond es un pintor y *oungan* (sacerdote) de vudú. Uno de los temas de sus pinturas es el particular empleo de símbolos vuduistas y de colores que sumergen al espectador en el mundo fantástico que él nos muestra. Sólo habla criollo, de modo que vaya acompañado de un intérprete.

CAP-HAÏTIEN

Philomé Obin, el pintor *naïf* más célebre de Cap-Haïtien, fundó la **École du Cap-Haïtien**. Buena parte del arte que se produce en Cap-Haïtien se inspira en la vida cotidiana de sus vecinos, retratados entre los característicos edificios de tonos pastel de la ciudad.

Galerie Toussaint l'Ouverture
Calle 16-17 B
Una pequeña galería con una buena selección de obras de pintores y artesanos de la ciudad.

Museos

Museo de Arte Haitiano
Calle Légitime
Puerto Príncipe
Tel.: 222 2510
Una de las mejores colecciones de arte *naïf* de la isla. Abierto de lunes a sábado de 10:00 a 16:00 h.

Museo de Ogier-Fombrun
Moulin-sur-la-Mer, Montrouis
Un museo compacto pero interesante que narra la historia de Haití desde los tiempos de los taínos.

Museo del Panteón Nacional
Puerto Príncipe
Tel.: 222 3167
Un museo subterráneo con interesantes piezas históricas.

La ruta de los fuertes

Las fortalezas en ruinas que salpican la costa haitiana fueron construidas por los franceses o los ingleses en los siglos XVII y XVIII, mientras que los fuertes del interior los levantaron los propios haitianos después de obtener la independencia en 1804.

Cap-Haïtien acoge en el norte las ruinas de tres fortalezas francesas: **Magny**, **Joseph** y **Picolet**. Dominan la entrada al puerto y desde ellas se divisa la costa atlántica hasta donde alcanza la vista en todas las direcciones. Entre sus restos hay cañones, bolas de cañón y partes de los cimientos y de las murallas.

Fuerte Dauphin, en la ciudad de Fort Liberté, al este de Cap-Haïtien, data de la década de 1730. Se conserva en bastante buen estado, por lo que puede constituir una escapada interesante; no existe ninguna otra razón para ir a Fort Liberté.

La incomparable **Citadelle** (*véase pág. 307*) es una colosal fortaleza en lo alto de una montaña para cuya construcción fueron necesarios 20 000 hombres y 13 años.

Se encuentra a 19 kilómetros de Cap-Haïtien y es visible desde casi cualquier punto en un radio de 32 kilómetros. Subir hasta este imponente monumento requiere un esfuerzo considerable, pero una vez arriba las vistas son espectaculares.

Pétion edificó el **fuerte Jacques** en el siglo XIX; el **fuerte Alexandre** se halla enclavado en las hermosas colinas que se elevan sobre Puerto Príncipe.

Fiestas y festivales

CARNAVAL

En todo Haití la recta final del mes de carnavales son los tres días que preceden al Miércoles de Ceniza.

El carnaval de **Jacmel** es el más popular por sus esmerados disfraces tradicionales y por sus animados festejos. No obstante, la música se considera mejor en **Puerto Príncipe**, donde hay conciertos gratuitos al aire libre por toda la ciudad durante las tres o cuatro semanas anteriores al Domingo de Carnaval, cuando las bandas se preparan para los días fuertes. Ya son muy pocos los que se disfrazan en la capital y las carrozas se adornan con una decoración menos deslumbrante que en el pasado. Sin embargo, no hay nada comparable a la experiencia de la explosión musical que resuena desde los puestos y las carrozas, junto con los fogosos bailes y canciones.

RARA

El festival *rara*, el «carnaval de los campesinos», se celebra desde el Miércoles de Ceniza hasta el Domingo de Pascua. Las bandas de música rara recorren el campo vestidas con trajes de alegres colores y tocando instrumentos de viento fabricados por los propios músicos, golpeando tambores, bailando y cantando. A su paso pueden congregarse multitudes de mil personas o más, mientras un generoso consumo de alcohol anima la fiesta. Léogane es uno de los mejores lugares para disfrutar de este festival.

SAUT D'EAU

Durante julio y agosto muchas localidades celebran sus fiestas –tanto folclóricas como religiosas–, entre ellas Petit Goâve, Souvenance, Soukri, Limonade, Plaine du Nord y Ouanaminthe. Las celebraciones que tienen lugar en Soukri (cerca de Gonaïve) son únicas ya que sólo honran a los *loas* (espíritus) Congo.

Deporte

Actividades al aire libre

Aunque Haití no es precisamente un paraíso del deporte, los viajeros más enérgicos sí tienen cosas que hacer y los demás tienen muchas cosas para ver.

DEPORTES ACUÁTICOS

Cormier Plage
Labadie Nord
Tel.: 262 1000
Este lujoso complejo turístico ofrece tanto a los huéspedes como a los que no lo son la posibilidad de practicar diversos deportes acuáticos, entre ellos el submarinismo, el buceo con tubo y la vela.

Pegasus Diving Services
B.P. 15785
Pétionville
Tel.: 298 4621 (tienda); 238 2471/3140 (taller de buceo).
José Roy organiza inmersiones en las aguas de la costa de Arcadins, que conoce como la palma de su mano.

FÚTBOL

El fútbol es un deporte que goza de una gran popularidad en Haití; asista a algún partido en el estadio Sylvio Cator de Puerto Príncipe o en el Parc Saint Victor de Cap-Haïtien.

PELEAS DE GALLOS

Las peleas de gallos son un espectáculo que trasciende clases y razas. Prácticamente todos los municipios de Haití tienen un reñidero al que acuden tanto los pobres como los ricos.

De compras

Artesanía

Haití es famoso por sus obras de arte y de artesanía únicas y de excelente calidad. Las figuras de animales y las máscaras de carnaval de cartón piedra, los objetos de laca negra pintados de vivos colores, las originales tallas en madera y los excepcionales trabajos en metal, desde pequeños *bibelots* hasta grandes verjas decorativas, las exquisitas caretas de cuero para colgar en la pared, las estatuillas esculpidas en esteatita y los utensilios relacionados con las ceremonias de vudú son sólo una parte de la oferta.

A continuación se indican las principales calles por las que pasearse, así como unos pocos comercios.

CENTRO DE PUERTO PRÍNCIPE

Marché de Fer (Mercado de Hierro)
Boulevard Jean-Jacques Dessalines
Puerto Príncipe

Abierto de lunes a viernes de 8:00 a 16:00 h, los sábados de 8:00 a 12:00 h. Se espera que el cliente regatee, algo que conviene hacer incluso si el precio parece razonable.

Este mercado cubierto, caluroso y lleno de gente, está abarrotado de artículos de todo tipo y de todas las calidades. Tallas en madera y en esteatita, cuadros, artículos de cuero, objetos de hierro, telas estampadas, sombreros de paja, banderas vudú y pequeños recuerdos rivalizan por captar la atención del cliente junto a prendas de vestir, calzado y alimentos. Recuerde que los vendedores y los intermediarios pueden acabar casi a golpes cuando compiten entre ellos por acompañar a los compradores a sus puestos o a los de otros que les pagarán una comisión por la consiguiente venta.

ALREDEDORES DE PUERTO PRÍNCIPE

En Pacot hay infinidad de tiendas de artesanía, por lo que una visita a esta zona puede constituir una buena idea para ir de compras.

Ambiance
Calle M, 17. Pacot
Un edificio de estilo *gingerbread* con bellos artículos de artesanía haitiana e internacional.

Comité Artisanal Haïtien
Calle 3, 29. Pacot
Tel.: 222 8440
Abierto de lunes a viernes de 9:00 a 16:00 h, los sábados de 10:00 a 12:00 h. Esta excelente cooperativa llena un gran espacio con objetos de artesanía procedentes de todo Haití a precios razonables. Al otro lado de la calle, justo enfrente, hay otra tienda de artesanía. Vaya hasta la esquina, gire a la izquierda y camine tres manzanas (pasando el hotel Oloffson) hasta la calle Capois, donde encontrará más tiendas.

Gingerbread
Avenida Lamartinière 52
Bois Verna
Tel.: 245 3698
Abierto de lunes a viernes de 10:00 a 16:00 h, los sábados de 10:00 a 13:00 h. Vende objetos de hierro, de cartón piedra, banderas vudú, figuras talladas en asta y otras obras de artesanía.

PÉTIONVILLE Y ALREDEDORES

Pétionville tiene demasiadas tiendas de artesanía como para listarlas todas. Algunas no permitirán que un turista pase de largo sin que antes entre a echar un vistazo. En la **calle Cierveaux** y en torno a **Bourdon** existen algunos establecimientos interesantes; la siguiente lista propone algunos para empezar.
En las ciudades pequeñas del resto de Haití pregunte a cualquiera dónde se encuentran los estudios, los talleres y las galerías.

Capeline Nap Nap
Calle Grégoire 81
Encima de la oficina de correos y la Promenade. Enseres domésticos pintados a mano, muchos de ellos de Cap-Haïtien.

Ceramic Art
Thomassin 35, Laboule
Tel.: 255 7799
Fleur de Canne
34 bis, calle Gabart, Pétionville
Tel.: 257 4266
Especialistas en utensilios para la mesa. Todos los artículos están hechos por ellos o para ellos. Aceptan encargos.
Le Grenier
Avenida Panaméricaine 74
Una pequeña tienda de antigüedades con un heterogéneo conjunto de artículos.
Pierre Pierre
Carretera de Delmas 85 Bis
Tel.: 246 5277
Sunny Home
Carretera de Delmas 393
Tel.: 257 3230

CROIX DES BOUQUETS

Esta pequeña ciudad, perteneciente al municipio de Puerto Príncipe, se encuentra a una hora de la capital, pero el viaje merece la pena ya que en ella tienen su taller la mayoría de los artesanos que fabrican los hermosos objetos de hierro de Puerto Príncipe.

JACMEL

Moro's, en la calle de Commerce, dispone de una amplia selección de hermosos objetos de laca.

Eche un vistazo en las pequeñas tiendas de la **calle Sainte-Anne**, así como en **Zoo Art**, en la calle Triscotte.

CAP-HAÏTIEN

En la calle 17, cerca del Boulevard, hay unos tenderetes en los que los artesanos venden sus creaciones.

JÉRÉMIE

Abricots, una pequeña ciudad a unos 7 kilómetros de distancia de Jérémie, es el centro artesanal de la región.

Comperettes es un delicioso tipo de pan que sólo se encuentra en Jérémie.

Ron

Llevarse algo de ron haitiano a casa es una buena idea . Pruebe el **Barbancourt**, considerado el mejor para la exportación. El **clairin** es un licor elaborado con caña de azúcar que se utiliza en las ceremonias de vudú.

Idioma

Criollo

El criollo (*kréyol*) se pronuncia de manera similar al francés. Las «es» se pronuncian como graves excepto cuando llevan acento agudo. Así, *pase* se dice «pasé». Otro punto que conviene saber es que «yo» se escribe *M*, pero se pronuncia «om».

FRASES ÚTILES

Saludos

Hola *Bonjou*
Adiós *Orevwa*
¿Cómo está? *Ki jan ou ye?*
¿Qué pasa? *Sak pase?*
¿Qué hay de nuevo? *Ban m nouvèl ou!*
Estoy bien *M la*
¿Usted? *E ou menm*

Conversación

¿Cómo se llama usted? *Ki jan ou rele?*
Permítame que me presente *Kite m prezante m*
Me llamo Pablo *M rele Pòl*
Me alegro mucho de conocerle *M bien kontan fè konesans ou*
¿Habla usted criollo? *Ou pale kréyol?*
...español? *pannyòl?*
...francés? *fransè?*
...inglés? *anglè?*
Sí, sé hablar criollo *Wi, m pale kréyol*
No, no sé hablar criollo *Non, m pa pale kréyol*
Hable más despacio, por favor *Pale pi dousman, sivouple*
¿Entiende? *Ou konpran?*
Entiendo *Mwen konprann*
No entiendo *M pa konprann*
Por favor *Sivouple!*
Gracias *Mèsi*
Muchas gracias *Mèsi anpil*
De nada *De ryen*
Lo siento *M regrèt*
Tenga cuidado *Pinga!*
¿Qué desea? *Sa ou ta vle?*
Querría... *Mwen ta vle...*
Desearía aprender criollo *Mwen ta vle aprann kréyol*
Querría un zumo de naranja *Mwen ta vle ji zoranj*
¿Necesita algo? *Sa ou bezwan?*
Necesito... *Mwen bezwan...*
Preferiría... *M pito...*
¿Cuánto cuesta...? *Konbyin pou...?*
¿Cuánto cuesta este libro? *Konbyin pou liv la?*
Cuesta 5 dólares *Senk dola pou liv la*
¿Qué horas es? *Kilè li ye?*
Es la una *Li inè*
Son las dos *Li dezè*
Tengo hambre *Mwen grangou*
Tengo sed *Mwen swèf*
Hace calor *Li fè chò*
Hace frío *Li fè frèt*

Direcciones

¿Dónde está la calle mayor? *Ki kote Granri ye?*
Vaya todo derecho *Ou prale tou dwat*
Vaya todo derecho por esta calle *Ou pran ri sila a tou dwat*
Gire a la derecha *Ou vire a derwat*
Gire a la izquierda *Ou vire a goch*
Me he perdido *M pèdi*

PROCEDENCIA DE LAS FOTOGRAFÍAS

Tony Arruza 30, 66, 72, 90, 93, 95, 200, 284, 302
AKG London 23, 26I, 33, 42, 45, 46, 47, 48, 49
Steve Bly 12/13, 137, 143, 172I, 199
Bill Boyce 154, 272/273, 276, 282P, 287, 289L/D, 298D, 300, 316/317, 319, 322I, 325
Bridgeman Art Library 20, 29, 32, 36, 38, 40, 44, 50
Michele Burgess 310
Skip Brown 4, 144I, 152, 195, 203D
Thomas Conlin/Aquatic Adventures 150
Nancy Crampton 126
Editions d'Art Daniel Derveaux 18/19
Gregory Drezdzon 140
Jean-Leo Dugast/Panos Pictures 125, 288, 289P, 308, 309, 310P
Sarah Errington/Hutchison Library 70, 292
Yves Fonck 2, 2/3, 5, 6/7, 17, 21, 51, 71I, 73, 74, 76/77, 87I/D, 88, 92, 94, 99, 103, 107I, 131, 147, 270/271, 274/275, 290, 297, 298P, 298I, 299, 304/305, 306, 311, 313, 314, 320P, 321, 322D, 326, 327, 329, 330, 331, 333, 334, 335
Marc French/Panos Pictures 67, 75, 104, 285, 338, 340
Eduardo Gil 28
Leah Gordon/Axiom 68, 106I, 123, 148/149, 323, 328, 341,342
Leah Gordon 1, 100, 105, 108, 116, 127, 128, 130, 133, 283, 286P, 291, 307, 312, 315, 318, 320, 336/337, 343
Ronald Grant Archive 265P
Andreas M. Gross 35, 37D, 59, 69, 83, 119, 172D, 174, 178, 182, 188, 190, 208P, 211I, 212P, 213P, 215, 227, 323P, 331P
J. Hatt/Hutchison Library 109
J. Henderson/Hutchison Library 71D, 282
David Hoey 164, 201I
Jeremy Horner/Hutchison Library 180/181
Jamaica National Library 34, 28
Catherine Karnow 4/5, 14, 23I, 52, 56/57, 58, 62, 63, 85, 86I, 91, 110, 122, 134, 138D, 139, 160/161, 162/163, 169, 186, 187P, 194, 202D, 204/205, 224/225, 226, 228, 229, 231P, 239, 240, 241, 242, 252P, 255, 263P
Monika Latzel 86D, 144D, 153, 168, 176, 210, 211P, 233, 242P, 245P, 245, 247, 248/249, 251, 344
M+W Fine Arts/New York/Jose Martin 31
Nancy Durrell McKenna/Hutchison Library 80, 82, 243, 263
Paul Murphy 39, 96/97, 171, 209P, 211D
P. Regent/Hutchison Library 135
Wolfgang Rossig/APA 5I, 24, 25D, 102, 114, 151, 173, 176, 177, 183, 184, 202I, 208, 209, 214, 218, 220, 221, 244, 258, 259, 260, 261, 266, 267, 171P, 172P, 174T, 210T, 220T, 253T, 260T, 303
Elizabeth Saft (por cortesía de la **New York Public Library**) 22
Kay Shaw Photography 339
Robert Smith 10/11, 111, 112, 113, 115, 117, 120, 121
Sean Sprague/Panos Pictures 132
Martin Ar.homas 8/9, 60, 61, 81, 118, 124, 129, 136, 141, 142, 145, 146, 155, 158/159, 184T, 185, 189, 192/193, 196, 197, 201D, 206, 207, 216/217, 219, 222, 223, 230, 232D, 236/237, 238, 246, 250, 252, 254, 256/257, 264, 265I/D, 268, 269
Topham Picturepoint 232I, 332
Mireille Vautier 53, 64/65, 89, 98, 101, 106D, 107D, 138I, 281, 284P, 286, 293, 296, 301P, 301, 324
Ilona Weöres 191, 196P, 199P
Philip Wolmuth/Hutchison Library 78/79, 84, 175
Norbert Wu/NHPA 179

REPÚBLICA DOMINICANA Y HAITÍ
GUIAS OCEANO

Editor de cartografía **Zoë Goodwin**
Producción **Linton Donaldson**
Asesores de diseño
Carlotta Junger, Graham Mitchener
Investigación fotográfica
Hilary Genin, Britta Jaschinski, Natasha Babaian

Dobles páginas

Páginas 54/55 *Fila superior, de izquierda a derecha*: M. Thomas, Yves Fonck, Maurice Harvey/Hutchison Library. *Fila central, de izquierda a derecha*: Yves Fonck, Wolgand Rossig/APA, Yves Fonck. *Fila inferior, de izquierda a derecha*: Catherine Karnow, Yves Fonck, Yves Fonck.
Páginas 156/157 *Fila superior, de izquierda a derecha, todas de*: Mark Cowardine. *Fila central, todas de*: Mark Cowardine. *Fila inferior, de izquierda a derecha*: Mark Cowardine, Monika Latzel, Tom Conlin.
Páginas 234/235 *Fila superior, de izquierda a derecha*: Monika Latzel, Nancy Durrell McKenna/Hutchison Library, Nancy Durrell McKenna/Hutchison Library, Monika Latzel. *Fila central, de izquierda a derecha*: Monika Latzel, Nancy Durrell McKenna/Hutchison Library. *Fila inferior, de izquierda a derecha*: Monika Latzel, Andreas M. Gross, Wolfgang Rossig/APA.
Páginas 294/295 *Fila superior de izquierda a derecha*: Andreas M. Gross, Steve Bly, Nancy Durrell McKenna/Hutchison Library, B. Jones & M. Shimlock/NHPA. *Fila central, de izquierda a derecha*: Wolfgang Rossig/APA, Daniel Heuclin/NHPA. *Fila inferior, de izquierda a derecha*: David Hoey, Yves Fonck, Wolfgang Rossig/APA, Martin Harvey/NHPA.

Mapas
Phoenix Mapping
© 2002 Apa Publications GmbH & Co. Verlag KG (sucursal de Singapur)

Índice

Los números en *cursiva* remiten a las fotografías.

En el siguiente índice están incluidos ambos países. Para identificar cada lugar como perteneciente a uno u otro país se han utilizado las siguientes siglas:
(RD) = República Dominicana
(H) = Haití

A

B

M

N

O

P

NOTAS DE VIAJE

NOTAS DE VIAJE

NOTAS DE VIAJE